西安交通大学 研究生创新教育系列教材

现代无损检测技术

主编 沈玉娣 副主编 曹军义

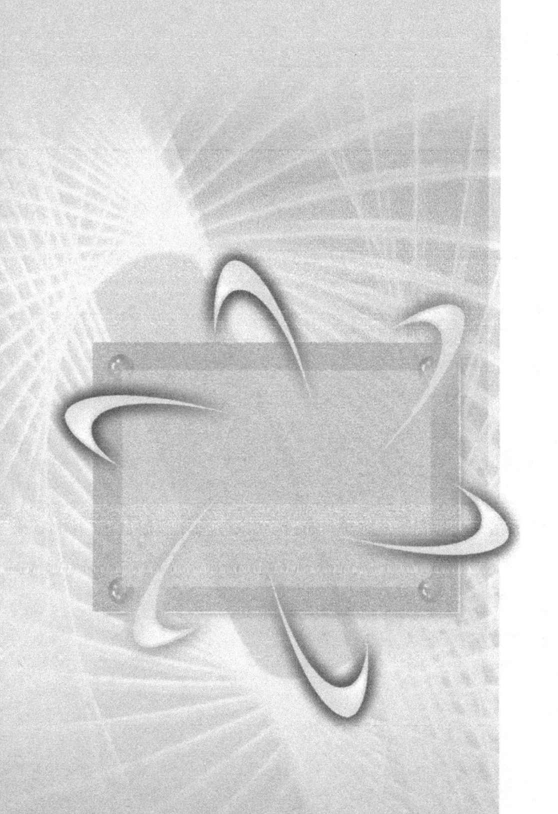

西安交通大学出版社
XI'AN JIAOTONG UNIVERSITY PRESS

内容简介

本书详细阐述了超声、射线、涡流、磁粉、渗透、声发射、工业CT、红外、激光全息、电子错位散斑、微波、振动与噪声、泄漏、目视检测技术的检测原理,检测方法,特点和应用范围,同时介绍了中子照相检测、电子舌和电子鼻检测、光纤检测等无损检测新技术。

本书可作为大专院校研究生、本科生的参考教材,也可作为相关专业的技术人员的参考用书。

图书在版编目(CIP)数据

现代无损检测技术/沈玉娣主编. —西安:西安交通大学出版社,2012.7(2022.2重印)
ISBN 978-7-5605-4199-0

Ⅰ.①现… Ⅱ.①沈… Ⅲ.①无损检验
Ⅳ.①TG115.28

中国版本图书馆CIP数据核字(2012)第014159号

书　　名　现代无损检测技术
主　　编　沈玉娣
责任编辑　桂　亮　刘雅洁

出版发行　西安交通大学出版社
(西安市兴庆南路1号　邮政编码710048)
网　　址　http://www.xjtupress.com
电　　话　(029)82668357　82667874(发行中心)
(029)82668315(总编办)
传　　真　(029)82668280
印　　刷　西安日报社印务中心

开　　本　727mm×960mm　1/16　**印张**　25.375　**字数**　470千字
版次印次　2012年7月第1版　2022年2月第4次印刷
书　　号　ISBN 978-7-5605-4199-0
定　　价　50.00元

读者购书、书店添货如发现印装质量问题,请与本社发行中心联系、调换。
订购热线:(029)82665248　(029)82665249
投稿热线:(029)82664954
读者信箱:jdlgy@yahoo.cn

总　序

创新是一个民族的灵魂，也是高层次人才水平的集中体现。因此，创新能力的培养应贯穿于研究生培养的各个环节，包括课程学习、文献阅读、课题研究等。文献阅读与课题研究无疑是培养研究生创新能力的重要手段，同样，课程学习也是培养研究生创新能力的重要环节。通过课程学习，使研究生在教师指导下，获取知识并理解知识创新过程与创新方法，对培养研究生创新能力具有极其重要的意义。

西安交通大学研究生院围绕研究生创新意识与创新能力改革研究生课程体系的同时，开设了一批研究型课程，支持编写了一批研究型课程的教材，目的是为了推动在课程教学环节加强研究生创新意识与创新能力的培养，进一步提高研究生培养质量。

研究型课程是指以激发研究生批判性思维、创新意识为主要目标，由具有高学术水平的教授作为任课教师参与指导，以本学科领域最新研究和前沿知识为内容，以探索式的教学方式为主导，适合于师生互动，使学生有更大的思维空间的课程。研究型教材应使学生在学习过程中可以掌握最新的科学知识，了解最新的前沿动态，激发研究生科学研究的兴趣，掌握基本的科学方法，把教师为中心的教学模式转变为以学生为中心教师为主导的教学模式，把学生被动接受知识转变为在探索研究与自主学习中掌握知识和培养能力。

出版研究型课程系列教材，是一项探索性的工作，也是一项艰苦的工作。虽然已出版的教材凝聚了作者的大量心血，但毕竟是一项在实践中不断完善的工作。我们深信，通过研究型系列教材的出版与完善，必定能够促进研究生创新能力的培养。

西安交通大学研究生院

前　言

随着现代工业的发展、产品复杂程度的增加以及人们对产品可靠性要求的提高，无损检测技术在产品质量控制中发挥着越来越重要的作用，已成为产品制造质量控制、保障设备安全运行的重要手段，在很多行业得到了广泛的应用。无损检测已形成一门独立的综合性应用技术。

无损检测是一种多学科，多行业交叉的综合性技术。近年来随着信息技术、计算机技术的发展，新的无损检测技术不断地被开发及应用，极大地丰富了无损检测的方法、理论和技术，推动了无损检测的发展。为此本教材在内容上首先介绍了常规的五种无损检测方法，同时也介绍了部分近年出现的新方法、新技术。在编写中兼顾介绍各种检测方法的原理、对缺陷有害度的综合评价方法、适用范围及特点，目的在于使读者在学习不同的检测方法和理论的基础上，掌握一些实践应用技巧，以利于研究生创新意识和创新能力的培养。

本教材由沈玉娣副教授担任主编，曹军义副教授担任副主编，共同负责全书的统稿及修改工作。全书校正工作最后由沈玉娣副教授完成。全书内容共分 15 章，其中，第 1、2、3、7、12 章由沈玉娣副教授编写；第 5、9、10、15 章由曹军义副教授编写；第 8 章由张西宁教授编写；第 6、11、14 章由廖与禾讲师编写；第 4、13 章由王琇峰讲师编写；李锐参与了第 6、10、15 章的资料整理及部分编写工作，薛士明参与了第 5、9、11 章的资料整理及部分编写工作，邹今春参与了第 2 章的资料整理及部分编写工作。

本教材编写过程中得到了天华化工机械及自动化研究设计院化工设备质量监督检验中心杨海军副主任/高工、陕西天宇无损检测公司胡锡宁总工、兰州石化公司曹春荣高工的帮助与支持，在此对他们表示衷心的感谢。

在本教材的编写过程中编者参考了国内外公开出版的相关专著、教材、学术论文，也参考了国内相关的学位论文，编者对这些专著、教材、论文的作者表示衷心的感谢。

西安交通大学杨玉孝副教授为本教材主审，为本教材的内容提出了许多宝贵的改进意见和合理建议。从审稿到定稿过程无不浸含着杨玉孝副教授大量的心血和汗水，在此特向杨玉孝副教授表示衷心的感谢。在本教材出版之际，感谢我校研究生院创新教育教材建设项目的资助，感谢西安交通大学出版社为本教材出版所付出的辛勤劳动。

限于编者的水平，书中难免会存在错误和不妥之处，恳请读者批评和指正。

编　者

2011 年 11 月

目　录

第1章 绪 论

1.1 无损检测的目的与内容

1.1.1 无损检测的定义

无损检测(Non-Destructive Testing,简称 NDT)是一门新兴的综合性应用技术。无损检测是在不损伤被检测对象使用性能的条件下,利用材料内部由于结构异常或缺陷存在所引起的对声、热、光、电、磁等反应的变化,探测各种工程材料、零部件、结构件等内部和表面缺陷,并对缺陷的类型、性质、数量、形状、位置、尺寸、分布及其变化作出判断和评价。

1.1.2 无损检测的目的

无损检测的目的是定量掌握缺陷与强度的关系,评价构件的允许负荷、剩余寿命,检测设备(构件)在制造、使用过程中产生的缺陷情况,以便改变制造工艺、提高产品质量、及时发现故障,保证设备安全可靠地运行。

1)质量管理 对加工的原材料或零部件提供实时质量控制,例如:材料或零件的缺陷及分布等。同时,将无损检测过程中获得的与质量相关的信息反馈到设计、工艺等部门,为改进产品的设计与制造工艺提供依据。另外,可以根据验收标准,利用无损检测技术把产品质量控制在允许的范围内,以利于提高材料的利用率。

2)设备的在役检测 用无损检测技术对运行中的设备或停机检修的设备进行检测,可以及时发现设备存在的安全隐患,保证设备安全运行。

3)质量监控 零部件在进行组装或设备投入使用前进行检验,判断产品是否合格。

1.1.3 无损检测的主要内容

随着现代工业和科学技术的发展,无损检测技术从单纯的质量检验发展成为一门多用途的综合技术。无损检测的主要内容包括以下三个方面。

1)无损探伤 发现材料或工件中的缺陷,确定缺陷的位置、数量、大小、形状及性质。以便对设备的安全运行、产品的质量作出评价，同时，为产品设计、制定（修订）工艺提供依据。

2)测试 包括测定材料的机械物理性能，例如：裂纹扩展速率、机械强度、硬度、导电率等；检查产品的性质和状态，例如：热处理状态、应力应变特性、硬化层深度；产品的几何度量，例如：产品的几何尺寸、涂层、镀层、板厚等的测量。

3)监控 对正在运行中的重要部件进行动态检测，把部件缺陷的变化连续地提供给检测者。

1.1.4 无损检测的特点

无损检测技术具有如下特点。

① 不会对构件造成任何损伤。无损检测是在不破坏构件的条件下，利用材料的物理性质因有缺陷发生变化的现象，来判断构件内部和表面是否存在缺陷，而不会对材料、工件和设备造成任何损伤。

② 为找缺陷提供了一种有效方法。任何结构、部件或设备在加工或使用过程中，由于其内外部各种因素的影响，不可避免地会产生缺陷。操作使用人员不仅要知道是否有缺陷，还要查找缺陷的位置、大小及其危害程度，并要对缺陷的发展进行预测和预报。无损检测为此提供了一种有效的方法。

③ 能够对产品质量实现监控。产品在加工或成型过程中，如何保证产品质量及其可靠性是提高效率的关键。无损检测能够在铸造、锻造、冲压、焊接、切削加工等每道工序中，检查该工件是否符合要求，可避免徒劳无益的加工，从而降低生产成本，提高产品质量和可靠性，实现对产品质量的监控。

④ 能够防止因产品失效引起的灾难性后果。机械零部件、装置或系统，在制造或服役过程中丧失其规定功能而不能工作，或不能继续完成其预定功能称为失效。失效是一种不可接受的故障。用无损检测技术提前或及时检测出失效部位和原因，并采取有效的措施，就可以避免灾难性事故的发生。

⑤ 具有广泛的应用范围。无损检测技术适用于各种设备、压力容器、机械零件等缺陷的检测，例如金属材料、非金属材料、铸件、锻件、焊接件、板材、棒材、管材以及多种产品内部与表面的缺陷的检测。因此无损检测技术受到工业界的普遍重视。

1.1.5 使用无损检测时应注意的问题

① 检测结果的可靠性。一般来说，不管采用哪一种检测方法，要完全检测出结构的异常部分是非常困难的。因为缺陷与表征缺陷的物理量之间并非一一对应的关系，因此需要根据不同情况选用不同的物理量。有时甚至同时使用两种或多

种无损检测方法，才能对结构异常做出可靠的判断。

② 检测结果的评价。无损检测结果必须与一定数量的破坏性检测结果相比较，才能得到合理的评价。而且这种评价只能作为材料或构件质量和寿命判定的依据之一。

③ 无损检测实施时间。无损检测应该在对材料或工件质量有影响的每道工序之后进行。例如焊缝检测，在热处理前对原材料和焊接工艺进行检查，在热处理后则对热处理工艺进行检查，有时还要考虑时效对焊缝的影响等。

1.2　无损检测方法及其选择

1.2.1　常用的无损检测方法

无损检测技术是应用物理、电子技术与材料学等各门学科相互渗透和结合的产物。随着无损检测技术应用的日益广泛和伴随着其他基础科学的综合应用，已发展了几十种无损检测方法。表1-1为常用无损检测方法的适用范围、优点与局限性。

表1-1　常用的无损检测方法的适用范围、优点与局限性

方法	用途	优点	局限性
超声检测	检测锻件裂纹、分层、夹杂，焊缝中的裂纹、气孔、夹渣、未熔合、未焊透；型材的裂纹、分层、夹杂、折叠；铸件中的缩孔、气泡、热裂、冷裂、疏松、夹渣等缺陷及测厚	对平面型缺陷十分敏感，一经探伤便知结果；设备易于携带	为耦合传感器，要求被检测表面光滑；难以探测出细小裂纹；要有参考标准，要求检测人员有较高的素质，不适用于形状复杂或表面粗糙的工件
声发射检测	检测构件的动态裂纹、裂纹萌生及裂纹生长等	实时连续监控，探测可以遥控，装置轻便	传感器与试件耦合应良好，试件必须处于应力状态，噪声不得进入探测系统。设备贵，人员素质要求高
噪声检测	检测设备内部结构的磨损、撞击、疲劳等缺陷，寻找噪声源	仪器轻便，检测分析速度快，可靠性高	外界干扰大

续表 1-1

方法	用途	优点	局限性
激光检测	检测微小变形、夹板蜂窝结构的胶接质量、充气轮胎缺陷、测量裂纹等	检测灵敏度高，面积大，不受材料限制，结果便于保存	仅适用于近表面缺陷检测
微波检测	检测复合材料、非金属制品、火箭壳体、航空部件、轮胎等，测量厚度、密度、湿度等	灵敏度高，绝缘好，抗腐蚀，不受电磁干扰	不能检测金属材料内部缺陷，一般不适用于检测小于 1 mm 的缺陷，空间分辨率较低。
光纤检测	检测锅炉、泵体、铸件、炮筒、压力容器、火箭壳体、管道内表面的缺陷及焊缝质量和疲劳裂纹等	灵敏度高，绝缘好，抗腐蚀，不受电磁干扰	仪器成本较高，不能检测结构内部缺陷
涡流检测	检测导电材料表面或接近表面的裂纹、夹杂、折叠、凹坑、疏松等缺陷，能确定缺陷的位置和相对尺寸	经济，简便，可自动对准工件探伤，不需耦合	仅限于导电材料，穿透浅，要有参考标准，难以判断缺陷种类，不适用于非导电材料
X射线检测	检测焊缝中未焊透、气孔、夹渣、铸件中缩孔、疏松、热裂等，并能确认缺陷的位置、大小及种类	功率可调，照相质量比 γ 射线高，可永久记录	仪器成本较高，不易携带，有放射危险，要素质高的操作人员，较难发现焊缝裂纹和未熔合缺陷，不适用于锻件和型材
γ 射线检测	检测焊接不连续（包括裂纹、气孔、未熔合、未焊透及夹渣）以及腐蚀和装配缺陷。最易检查厚壁体积型缺陷	获得永久记录。γ 源可以定位在诸如钢管和压力容器之类的物体内	不安全，要保护被照射的设备。要控制检验源的曝光能级和剂量，对易损耗的辐射源必须定期更换，γ 源输出能量（波长）不能调节，成本高，要有素质高的操作和评价人员

续表1-1

方法	用途	优点	局限性
磁粉检测	检测铁磁性材料和工件表面或近表面的裂纹、折叠、夹层、夹渣等,并能确定缺陷的位置、大小和形状	简单、操作方便、速度快,灵敏度高	限于磁性材料,探伤前必须清洁工件,涂层太厚会引起假显示,某些应用要求探伤后要退磁,难以确定缺陷深度
渗透检测	能检测金属和非金属材料的裂纹、折叠、疏松、针孔等表面开口缺陷,并能确定缺陷的位置、大小、形状	对所有材料都适用,投资相对较少,探伤简便,结果易解释	涂料、污垢及涂覆金属等表面层会掩盖缺陷,孔隙表面的漏洞也能引起假显示,探伤前后必须清洁工件,难以确定缺陷的深度,不适于疏松多孔材料
目视检测	检测表面缺陷,焊接外观和尺寸	经济,方便,设备少	只能检查外部(表面)损伤,要求检验员视力好
工业CT检测	缺陷检测,尺寸测量,装配结构分析,密度分布表征	能给出检测试件断层扫描图像和空间位置、尺寸、形状,成像直观,分辨率高,不受试件几何结构限制	仪器成本高

上述方法中较为成熟并在工程技术中得到广泛应用的检测方法有:射线、超声、涡流、磁粉、渗透五种常规检测方法。此外,激光全息照相干涉、声发射、微波、红外等无损检测技术已得到日益广泛的应用。

1.2.2 无损检测方法的选择

由于被检测对象非常复杂,不同的材料、不同的加工方法在构件中形成的缺陷也不同,同时无损检测的方法种类多,所以选择无损检测方法、设计无损检测方案是无损检测工作中的重要环节。只有选择了正确的方法,才能进行有效的无损检测。

因此,必须在掌握各种无损检测方法的特点、适用范围及它们之间的相互关系，在综合分析、评价的基础上，对具体的检测对象选择恰当的无损检测方法及检测方案。

一般，选择无损检测方法首先必须搞清楚选择无损检测的原因。主要考虑：①检测什么？②检测对象工件的材质、成型方法、加工过程、使用经历、缺陷的可能类型、部位、大小、方向、形状等；③选择哪种方法能达到目的？

应用无损检测的原因确定后，选择无损检测方法要考虑的主要因素是：缺陷的类型、缺陷在工件中的位置、工件的形状、大小、材质。材料与加工工艺中的常见缺陷见表1-2。

表1-2　材料与加工工艺中的常见缺陷

材料与工艺		常见缺陷
加工工艺	铸　造	疏松、裂纹、缩孔、气孔、冷隔、夹渣、夹砂
	锻　造	疏松、白点、裂纹、偏析、夹杂、缩孔
	焊　接	裂纹、夹渣、气孔、未熔合、未焊透
	热处理	开裂、变形、脱碳、过烧、过热等
	冷加工	表面粗糙、深度缺陷层、组织转变、晶格扭曲等
金属型材	板　材	裂纹、夹杂、皮下气孔、龟裂等
	管　材	裂纹、折叠、夹杂、翘皮、划痕
	棒　材	裂纹、夹杂、皮下气孔、缩孔、折叠、皱纹等
	钢　轨	裂纹、白核、黑核
非金属型材	橡　胶	气泡、分层、裂纹等
	塑　料	气孔、夹杂、分层、粘合不良等
	陶　瓷	夹杂、气孔、裂纹等
	混凝土	空洞、裂纹等
维修检查		疲劳裂纹、应力腐蚀、摩擦腐蚀等
复合材料		未粘合、粘合不良、脱粘、树脂开裂、水溶胀、柔化等

根据缺陷的形貌，可将缺陷分为体积型缺陷和平面型缺陷。可以用三维尺寸或体积来描述的缺陷称为体积型缺陷，常见的体积型缺陷及可采用的无损检测方法见表1-3。平面型缺陷是指一个方向很薄而另两个方向较大的缺陷，其缺陷类

型及可选用的无损检测方法见表1-4。

表1-3　不同体积型缺陷可采用的无损检测方法

缺陷类型	可选用的检测方法
夹杂、夹渣、疏松	目测检测(表面)、渗透检测(表面)、磁粉检测(表面及近表面)、涡流检测(表面及近表面)
缩孔、气孔、腐蚀坑	微波检测、超声检测、射线检测、中子照相、红外检测、光全息检测

表1-4　不同平面型缺陷可采用的无损检测方法

缺陷类型	可选用的检测方法
分层、粘结不良、折叠	目测检测、磁粉检测、涡流检测、超声检测
冷隔、裂纹、未熔合	微波检测、声发射检测、红外检测

不同的无损检测方法对构件材料的特征也有不同的要求,如表1-5所示。

表1-5　不同检测方法对应的不同材质

方法	材质
渗透	缺陷必须延伸到表面,非多孔材料
磁粉	必须是磁性材料
涡流	必须是导电材料
微波	能透入微波
X射线检测	与工件厚度、密度及化学成分有关
计算机层析成像	与工件厚度、密度及化学成分有关
中子照相	与工件厚度、密度及化学成分有关
全息干涉检测	表面光学性质
散斑干涉检测	表面光学性质

被检测构件的尺寸不同,适用的无损检测方法也不同。表1-6所示为不同厚度的构件可采用的无损检测方法。

表 1-6 不同工件厚度可采用的无损检测方法

被测工件厚度	方法
仅检测表面(与壁厚无关)	目测检测、渗透检测
最薄件(壁厚≤1mm)	磁粉检测、涡流检测
较薄件(壁厚≤3mm)	微波、光全息、声全息、声显微镜、红外检测
较厚件(壁厚≤50mm)	X射线检测、计算机层析成像检测
厚件(壁厚≤250mm)	中子射线检测、γ射线检测
最厚件(壁厚≤10m)	超声检测

注:表 1-6 使用时应注意以下几点:

①由于不同材料的构件的物理性质不同,表中的壁厚是一个近似值;

②除中子射线检测外,其他适合于厚壁检测的方法都适合于薄壁构件的检测;

③适合于薄壁检测的方法都适合于厚壁构件的表面或近表面缺陷的检测;

④当采用高能直线加速器作为射线源时,X射线、计算机层析成像检测可检测壁厚数百毫米的构件。

1.3 无损检测技术的现状与发展

1.3.1 无损检测技术的发展过程

无损检测经历了无损检查、无损检测、无损评价三个阶段。一般统称为无损检测。

无损检查(Non-Destructive Inspection,NDI)主要用于产品的最终检验,在不破坏产品的前提下,发现零件中的缺陷。满足工程设计中对零部件强度设计的需要。

无损检测(Non-Destructive Testing,NDT)不但要进行产品的最终检验,还要测量过程工艺参数。特别是加工过程中所需要的工艺参数,如:温度、压力、流量、残余应力,等等。

无损评价(Non-Destructive Evaluation,NDE)不但要进行产品的最终检验及过程工艺参数的测量,而且在材料中不存在致命缺陷时还要:①从整体上评价材料中缺陷的分散程度;②在 NDE 的信息与材料的结构性能之间建立联系;③对决定材料性质、动态响应和服役性能指标的实测值等因素进行分析和评价。即,无损评价是在掌握被检对象的使用条件下,综合评价构件的完整性、可靠性、使用性能等。与 NDI 和 NDT 相比,无损评价要求检测人员的知识面更广、基础更扎实、综合分析能力更强。

1.3.2 国内外无损检测技术发展概况

随着科学技术的不断发展,无损检测技术已发展到一个比较成熟的阶段,许多国家在缺陷的无损检测评定方法、测量仪器、人员培训等方面都有了相应的规范和标准。同时还开展了广泛的国际交流活动。

美国是拥有先进的无损检测技术最多的国家,从1942年美国最先有组织地抓这项工作以来,已有70年的发展史。日本、德国是无损检测技术与工业化应用结合得最好的国家。英国、法国、波兰等国家也都有把无损检测技术应用于工业生产的完善计划,并都有自己的无损检测研究中心。

我国从20世纪50年代起,各工业部门相继开始采用无损检测技术。目前几乎所有的无损检测的常规方法都在我国得到了实际应用。随着工业化水平的提高,我国的无损检测技术取得了长足的进步,已建立、发展了一支训练有素的无损检测队伍。同时,我国出现了一批无损检测仪器生产厂家。

20世纪70年代以来,随着计算机技术、电子技术的快速发展,计算机技术不断地应用到无损检测领域,使得无损检测技术得到了飞速的发展,使无损检测仪器的性能得到很大提高,同时无损检测的新技术和新方法也不断地出现。

1.3.3 无损检测技术的新进展

工程中应用的无损检测方法很多,但由于各种无损检测方法都有其适用范围和局限性,因此新的无损检测方法一直在不断地被开发和应用。同时随着物理、机械、电子、材料学科和计算机技术、传感器技术、信号处理技术、缺陷识别技术等的发展与融入,无损检测技术已发展成为一门综合性的学科,并且不断地得到新的发展和应用。传统的无损检测技术也在不断被赋予新的技术内涵。例如X射线数字化实时成像技术、复杂型面构件超声自动检测技术、超声相控阵技术、激光超声技术、数字化无损检测技术,等等。

1)X射线数字化实时成像技术 与传统的胶片照相技术相比,X射线数字化实时成像技术具有无需胶片与胶片的暗室处理、检测速度快、图像的动态范围大、能对图像进行数字化处理、检测实时性强等特点。

2)超声自动化检测技术 通过解决型面跟踪、信噪比等问题,超声自动化检测技术已发展到对发动机盘(含粉末涡轮盘)、大型曲面复合材料构件等的全自动化检测,并同时给出A扫描、B扫描、C扫描结果。

3)超声相控阵技术 超声相控阵检测是近20年来发展起来的新技术,初期主要用于医疗领域,随着计算机技术和电子技术的快速发展,已逐渐应用于工业无损检测，特别是在核工业及航空工业等领域，如核电站主泵隔热板的检测、核废料罐电子束环焊缝的全自动检测等。近几年，在相控阵系统设计、系统模拟、生产与测试和应用等方面已取得了一系列进展。

相控阵无损检测技术是多声束扫描成像技术，使用由多个晶片组成的多阵元换能器来产生和接收超声波波束，通过控制换能器阵列中各阵元发射（或接收）脉冲的时间延迟，改变声波到达（或来自）物体内某点时的相位关系，实现聚焦点和声束方向的变化，然后采用机械扫描和电子扫描相结合的方法来实现图像成像。

4)激光超声技术 激光超声学是20世纪90年代形成的，近年来已发展成超声学中的重要分支，并在激光超声信号的激发与接收、传播、应用等方面取得了很大进展。

激光超声技术是利用激光来激发和检测超声的新兴技术，是涉及光学、声学、热学、电学、材料学、医学等多学科的综合技术。与传统的超声检测技术相比，激光超声技术具有非接触、遥感、高效、易于检测复杂形状的构件等特点。它尤其适用于新型薄膜材料、复杂形状表面的结构，以及高温、高压等恶劣环境下系统的无损评估，例如热轧钢管壁厚的在线检测、飞机整体机身的激光超声成像，等等。此外，激光超声源能同时激发纵波、横波、表面波以及各种导波，是实验中验证各种复杂媒质中声传播理论的有效手段。

激光超声技术是利用激光束代替超声发射（接收）探头。激光可以在固体中产生超声，也可以在气体和液体中产生超声。激光在固体中激发超声波是利用固体媒质直接与脉冲激光相作用，由吸收的光能转变成声能。

激光超声的检测技术主要有传感器检测和光学法检测两类。

传感器检测是利用PVDF压电薄膜直接与试样耦合，或利用静电传感器、电磁声换能器等宽带换能器，接收激光超声信号，但传感器必须与试样接触，或者非常接近试样表面，以获得高的检测灵敏度。

光学检测法是利用激光照射到样品表面，接收表面的反射光，并从反射光的相位、振幅、频率等的变化中得出光激超声信号的方法。光学检测法又分为非干涉和干涉两种。非干涉法检测的原理是当照射到试样表面的检测光束直径小于超声波波长时，反射检测光束由于表面超声波动而发生偏转，偏转大小由位移检测器接收，偏转值直接与声波的幅值及性质有关。这一方法能检测出试样的内部缺陷和微结构。干涉法检测是将试样表面直接用作迈克尔逊干涉仪测量臂中的反射镜，聚焦的激光束照射到试样表面，从表面反射光与由光源分离出的参考光束发生干涉，使光束发生频移，由检测器检测出频移，从而测量试样振动位移。

激光超声技术除了对材料的力学特性可进行非接触的在线检测外，还可用于生物、医学领域的应用研究。与扫描探针显微镜相结合，还可开展纳米尺度上材料物性的研究。

5)数字化无损检测技术 数字化无损检测技术,也被称为计算机化的无损检测,它是传统无损检测技术与计算机技术结合的产物。数字化无损检测仪器具有抗干扰能力强、检测精度与速度高于传统的无损检测仪器、能实现数据的分析和存储等特点。数字化无损检测包括数据采集和数据处理两个部分。数据采集过程仍需要利用传统无损检测方法获得原始的模拟信号。这些模拟信号经 A/D 转换,转换成计算机能识别的离散数字信号,通过相应的信号处理、图像处理,得到与缺陷相关的图像或信息。

第2章　超声检测技术

2.1　概述

超声检测(Ultrasonic Testing,UT)技术是应用最广泛、使用频率最高且发展较快的一种无损检测技术。超声检测是利用材料本身或内部缺陷对超声波传播的影响来检测判断结构内部或表面缺陷的大小、形状及分布情况,并对材料或结构的性能进行评价的一种无损检测技术。它广泛应用于工业及医疗领域。

2.1.1　超声检测的工作原理

超声波的实质是以波动的形式在介质中传播的机械振动,超声检测是利用超声波在介质中的传播特性,例如超声波在介质中遇到缺陷时会产生反射、折射等特点对工件或材料中的缺陷进行检测。其工作原理如图2-1所示。

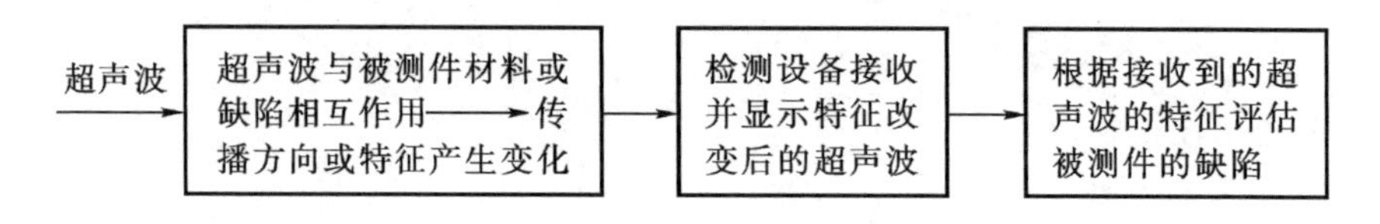

图2-1　超声波检测原理示意图

通常用来发现缺陷并对缺陷进行评估的信息有:①是否存在来自缺陷的超声波信号及其幅度;②入射超声波与接收超声波之间的时间差;③超声波通过材料后能量的衰减;等等。

2.1.2　超声检测的优点与局限性

与其他无损检测方法相比,超声检测有以下优点与局限性。

1)超声检测的优点　作用于材料的超声强度低,最大作用应力远低于材料的弹性极限,不会对材料的使用产生影响;可用于金属、非金属、复合材料制件的无损检测与评价;对确定内部缺陷的大小、位置、取向、性质等参量,较之其他无损检测方法有综合优势;设备轻便,对人体与环境无害,可作现场检测;所用参数设置及有关波形均可存储供以后调用。

2)超声检测的局限性　对材料及制件缺陷作精确定性、定量表征仍需作深入研究;为使超声波能以常用的压电换能器为声源进入试件,一般需要用耦合剂,要求被测表面光滑;难以探测出细小的裂纹;要求检测人员有较高的素质;工件的形状及表面粗糙度对超声检测的可实施性有较大的影响。

2.1.3　超声检测的适用范围

超声检测的适用范围很广,适用的检测对象包括:①各种金属材料、非金属材料、复合材料;②锻件、铸件、焊接件、胶接件、复合材料构件;③板材、管材、棒材等;④被检测对象的厚度可小到 1 mm,大到几米;⑤可以检测表面缺陷,也可以检测内部缺陷。

2.2　超声波与超声场

2.2.1　超声波及其分类

1. 超声波

声波的频率范围很宽,从 10^{-4}～10^{12} Hz,有 16 个数量级。人的耳朵能够听到的声音的频率范围为 20～20000 Hz。当声波的频率超过人耳听觉范围的频率极限时,人耳就觉察不出这种声波的存在,称这种高频的声波为超声波,其频率范围:$f>2\times10^4$ Hz。

对于宏观缺陷的检测,常用频率为 0.5～25 MHz。对于钢等金属材料的检测,常用频率为 0.5～10 MHz。超声波具有如下特性。

①方向性好。超声波是频率很高、波长很短的机械波,具有良好的方向性,可以定向发射。

②能量高。超声检测频率远远高于可听声频率,而声波的能量与频率平方成正比。由此超声波的能量远高于可听声的能量。

③能在界面上产生反射、折射、衍射及波型转换。在超声检测中,特别是在脉冲反射法检测中,就是利用超声波能在界面上反射、折射等特点进行缺陷检测的。

④穿透能力强。超声波在大多数介质中传播时,传播能量损失小、传播距离大、穿透能力强。

2. 超声波的分类

(1)按波形分

声波根据波阵面的形状可以分为平面声波、球面声波与柱面声波。

波阵面 声波在传播过程中某一瞬间相位相同的各点所连成的曲面称为波阵面或波前。波的传播方向称为波线。在各向同性的均匀媒质中,波阵面垂直于波线。

平面声波 波的扰动只在一个方向上传播,则这种波称为平面声波。相应的声源称为平面波源,其波阵面为相互平行的平面(见图 2-2(a))。

球面声波 波的扰动是从点波源向各个方向传播出去的,称为球面声波,相应的声源称为球面声源,其波阵面为同心的球面(见图 2-2(b))。

柱面声波 波阵面是同轴柱面的声波(见图 2-2(c))。

活塞波 在超声波检测的实际应用中,圆盘形声源尺寸既不能看成很大,也不能看成很小,所发出的超声波既不是单纯的平面波也不是单纯的球面波,介于球面波与平面波之间,称为活塞波。理论上假设产生活塞波的声源是一个有限尺寸的平面,声源各质点作同频率、同相位、同振幅的振动。在离声源较近处由于干涉的原因,波阵面形状较复杂,在距声源足够远处,波阵面类似于球面。

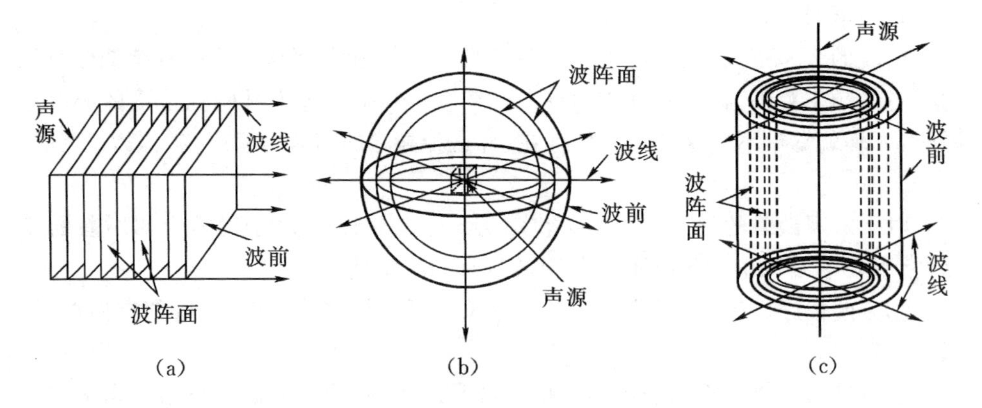

图 2-2 波线、波前、波阵面

(a)平面声波;(b)球面声波;(c)柱面声波

(2)按振动的持续时间分

按振动的持续时间,超声波可分为连续波与脉冲波。

连续波 介质中各质点振动时间为无穷时的波,如图 2-3(a)所示。

脉冲波 质点振动时间很短的波,如图 2-3(b)所示。在超声检测中用得多的是脉冲波。

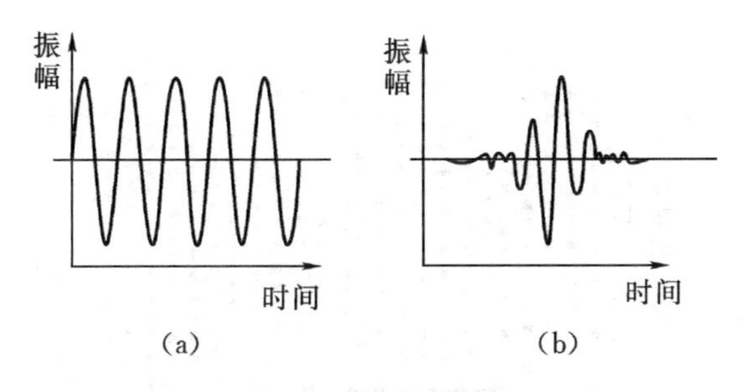

图 2－3　连续波与脉冲波
(a)连续波；(b) 脉冲波

(3)按超声波的波型分

根据介质质点的振动方向与波动传播方向之间的关系来区分超声波的波型。金属材料探伤中超声波的波型有以下几种。

纵波波型(压缩波)　介质质点的振动方向和波动传播(前进)方向一致的波称为纵波,如图 2－4 所示。弹性介质受到交替变化的拉应力和压缩应力作用产生纵波。固体、液体、气体在受到拉、压作用力时均能产生体积变形和产生弹性波,所以纵波可以在固体、液体和气体中传播。由于纵波的产生与接收比较容易,所以在超声检测中用得最广泛。需要应用其他波型时,常采用纵波声源经波型转换后得到超声检测所需要的波型。

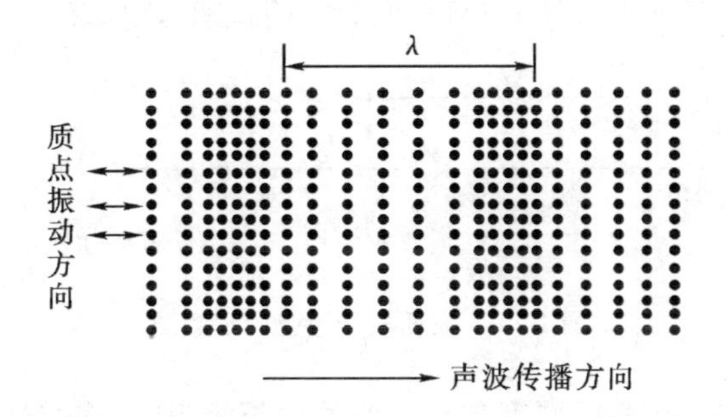

图 2－4　纵波示意图

横波波型(剪切波)　介质质点的振动方向与波传播(前进)方向互相垂直的波称为横波,又称剪切波,如图 2－5 所示。弹性介质在传播横波时产生剪切变形,因此只有能产生剪切力的固体才能传播横波。在超声检测中通过波型转换,很容易在材料中得到一个传播方向与表面有一定倾角的单一波型,以便检测与表面不平行的缺陷。因此,在工程实际中常采用横波检测。

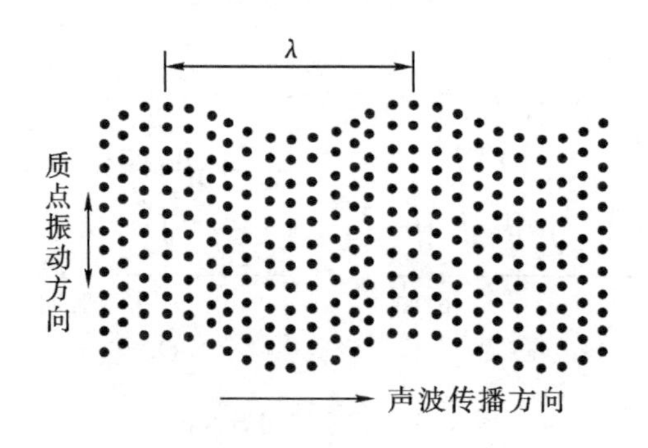

图 2-5 横波示意图

表面波(瑞利波) 表面波是仅在半无限大固体介质的表面或与其他介质的界面及其附近传播而不深入到固体内部传播的波型的总称。瑞利波是表面波的一种,是在半无限大固体介质与气体或液体介质的交界面上产生,并沿界面传播的一种波型,是瑞利于 1887 年首先研究并证实其存在的。瑞利波传播时,质点沿椭圆轨迹振动,是纵波振动与横波振动的合成。椭圆的长轴垂直于波的传播方向,短轴平行于波的传播方向,如图 2-6 所示。瑞利波只能在固体介质中传播。超声检测中应用的表面波主要为瑞利波,因此,通常所说的表面波就是指瑞利波。

瑞利波传播时质点振动能量随着穿透深度的增加而下降,通常认为瑞利波的穿透深度约为一个波长,所以它只能检测工件的表面和近表面缺陷。同时,瑞利波可以沿圆滑曲面传播而没有反射,对表面裂纹的检测灵敏度高。

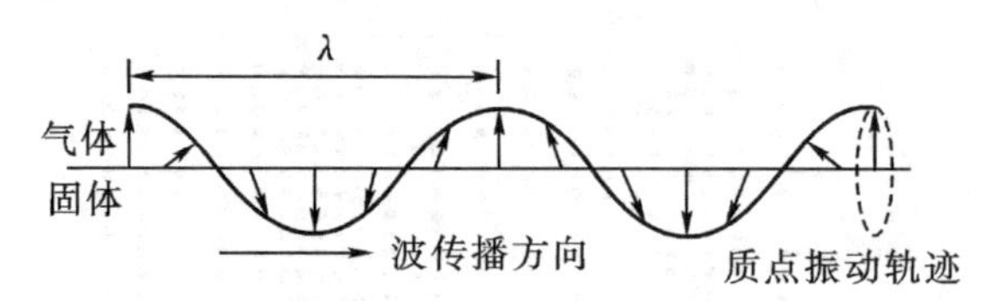

图 2-6 表面波(瑞利波)示意图

板波(兰姆波) 当板的厚度与超声波的波长相当时,在弹性薄板中传播的超声波称为板波(也称兰姆波)。板波传播时,薄板的两表面和板中间的质点都在振动,声场遍及整个板的厚度。板两表面的质点振动是纵波和横波的组合,质点的振动轨迹为一椭圆。板波按其传播方式又可分为对称型(S 型)板波和非对称型(A 型)板波两种,如图 2-7 所示。

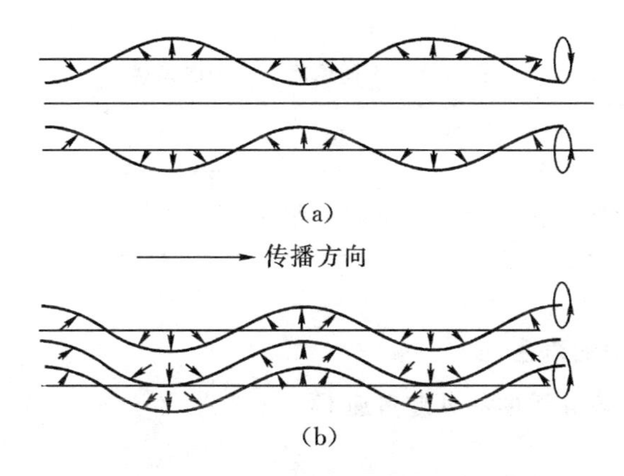

图 2-7　板波(兰姆波)示意图
(a)对称型板波；(b)非对称型板波

2.2.2　超声波的传播速度

声波在介质中的传播速度称为声速,常用 C 表示。超声波传播的速度与超声波的波型、传声介质的特性等有关。声速又可分为相速度与群速度，相速度是声波传播到介质的某一个选定的相位点时,在传播方向的速度;群速度是指传播声波的包络线上,具有某种特性(如幅值最大)的点上,声波在传播方向上的速度。群速度是波群的能量传播速度,在非频散介质中,群速度与相速度相等。

1. 液体、气体介质中的声速

(1)液体、气体介质中的声速公式

由于液体、气体介质只能承受压应力,不能承受剪切应力,所以液体、气体介质中只能传播纵波,其声速的表达式

$$C=\sqrt{\frac{K}{\rho}} \tag{2-1}$$

式中:K 为体积弹性模量；ρ 为介质的密度。

(2)液体介质中的声速与温度的关系

几乎除水以外的所有液体,当温度升高时,容变弹性模量减小,声速降低。水中的声速在温度为 74℃时最高,在温度低于 74℃时,水中的声速随温度升高而增加,当温度高于 74℃时随温度的升高而降低。式(2-2)为水中声速与温度的关系,不同温度下水中的声速见表 2-1。

$$C_{\mathrm{L}}=1557-0.0245\,(74-t)^2 \tag{2-2}$$

式中:t 为水的温度,℃。

表 2-1 不同温度下水中的声速

温度/℃	10	20	30	40	50	60	70	74	80	90	100
声速 /$\mathrm{m \cdot s^{-1}}$	1456.6	1485.6	1509.6	1528.7	1542.9	1552.2	1556.6	1557	1556.1	1550.7	1540.3

2. 固体介质中的声速

(1)无限大固体介质中的纵波声速 C_L

$$C_L = \sqrt{\frac{E(1-\sigma)}{\rho(1+\sigma)(1-2\sigma)}} \tag{2-3}$$

式中:E 为介质的杨氏弹性模量;σ 为介质的泊松比;ρ 为介质的密度。

(2)无限大固体介质中的横波声速 C_S

$$C_S = \sqrt{\frac{E}{2\rho(1+\sigma)}} = \sqrt{\frac{G}{\rho}} \tag{2-4}$$

式中:G 为介质的切变弹性模量。

(3)表面波的声速

在半无限大固体介质中,当 $0<\sigma<0.5$ 时,表面波(瑞利波)声速 C_R 的近似计算公式

$$C_R = \frac{0.87+1.12\sigma}{1+\sigma}C_S = \frac{0.87+1.12\sigma}{1+\sigma}\sqrt{\frac{G}{\rho}} \tag{2-5}$$

由式(2-3)、(2-4)、(2-5)可知:①固体介质中的声速与介质的弹性模量及密度有关,介质的弹性模量越大,密度越小,则声速越大;②声速还与超声波的波型有关,在同一固体介质中,纵波、横波、表面波的声速各不相同,并且相互之间有以下关系

$$\frac{C_L}{C_S} = \sqrt{\frac{2(1-\sigma)}{1-2\sigma}} > 1, \quad 即\ C_L > C_S$$

$$\frac{C_R}{C_S} = \frac{0.87+1.12\sigma}{1+\sigma}, \quad 即\ C_S > C_R$$

即 $C_L>C_S>C_R$。

这表明在同一种固体介质中,纵波声速大于横波声速,横波声速大于表面波声速。例如,钢:$\sigma\approx0.28$,$C_L\approx1.8C_S$,$C_R\approx0.9C_S$,即 $C_L:C_S:C_R=1.8:1:0.9$。

(4)细棒中的纵波声速

超声波检测时,细棒指的是直径与波长大致相当的情况。声波在细棒中以膨胀波的形式传播,称之为棒波,当棒的直径≪0.1λ 时,棒波的声速与泊松比无关,其计算公式

$$C_L = \sqrt{\frac{E}{\rho}} \tag{2-6}$$

(5)板波(兰姆波)的声速

超声波作用到薄板上时,由于薄板上下界面的作用,所形成的沿薄板延伸方向传播的波的特性与给定的频率及板厚有关,对于给定的频率及板厚组合,还可有多个对称或非对称的振动模式,每个模式具有不同的相速度。因此,板波具有频散特性。板波的计算公式参见本章后续介绍的兰姆波检测的内容。

2.2.3 超声场的特征量

充满超声波的空间,或在介质中超声振动波及的质点所占据的范围称为超声场。描述超声场特征的物理量称为超声场的特征量。

(1)声压

超声场中某点的瞬时压强 P_1 与没有超声场存在时在同一点的瞬时压强 P_0 之差称为声压,声压的符号一般用 P 表示,单位为帕斯卡(Pa),1 Pa=1 N/m²。

对于无衰减的平面余弦声波,声压可以用式(2-7)表示。

$$P = \rho CA\omega\cos\left[\omega\left(t-\frac{x}{C}\right)+\frac{\pi}{2}\right] = \rho Cu \tag{2-7}$$

式中:ρ 为介质的密度;C 为介质中的声速;ω 为角频率,$\omega=2\pi f$; A 为介质质点的振幅;x 为质点离声源的距离;u 为质点振动速度; t 为时间。

式(2-7)中,$\rho CA\omega$ 为声压的振幅,且有

$$|P_m| = |\rho CA\omega|$$

式中,P_m 为声压极大值。

(2)声阻抗

介质在一定表面上的声阻抗是该表面上的平均有效声压 P 与该处质点的振动速度 U 之比,用 Z 表示。

$$Z = \frac{P}{U} \tag{2-8}$$

声阻抗的单位为帕·秒/米³(Pa·s/m³)

声阻抗表示介质的声学特性。不同的介质有不同的声阻抗,对于同一种介质,

波型不同其声阻抗也不同。超声波通过界面时，声阻抗决定着超声波在通过不同介质的界面时能量的分配。

(3)声强

在垂直于超声波传播方向上，单位面积上单位时间内通过的声能称为声强，用 I 表示，单位为每平方厘米瓦(W/cm^2)。

超声波传播到介质某处时，该处原来静止的质点开始振动，因此具有动能。同时该处的质点产生弹性变形，即该处的质点也具有位能，其总能量是动能与位能之和。其平均声强为

$$I = \frac{1}{2}\frac{P^2}{\rho C} \tag{2-9}$$

(4)奈倍与分贝

在工程实际中，所遇到的声强数量级往往相差悬殊，如引起人耳听觉的声强范围是 $10^{-16} \sim 10^{-4}\ W/cm^2$，相差 12 个数量级，采用它来度量不太方便，如果采用其比值(相对量)的对数来比较及计算可简化运算，奈倍与分贝就是两个同量纲的量之比的对数的单位。通常规定引起听觉的最弱声强 $I_0 = 10^{-16}\ W/cm^2$ 作为声强的基准，实际声强 I 与基准声强 I_0 之比的常用对数称为声强级，单位为贝尔(B)。

$$\Delta = \lg \frac{I}{I_0}\ (B)$$

实际应用贝尔太大，常取其 1/10，即分贝(dB)来作单位。

$$\Delta = 10\lg \frac{I}{I_0} = 20\lg \frac{P}{P_0}\ (dB) \tag{2-10}$$

在超声检测中，当超声检测仪的垂直线性较好时，仪器示波屏上的波高与声压成正比，这时有

$$\Delta = 20\lg \frac{P}{P_0} = 20\lg \frac{H}{H_0} (dB) \tag{2-11}$$

式(2-11)中的声压基准 P_0 或波高基准 H_0 可以任意取。H/H_0，P/P_0 与 dB 的换算关系如图 2-8 所示，表 2-2 是常用的声压比(波高比)对应的分贝值。

表 2-2 常用声压比(波高比)对应的分贝值

P/P_0 或 H/H_0	10	4	2	1	1/2	1/4	1/10
dB	20	12	6	0	−6	−12	−20

若对 P/P_0 或 H/H_0 取自然对数，则其单位为奈倍(NP)。

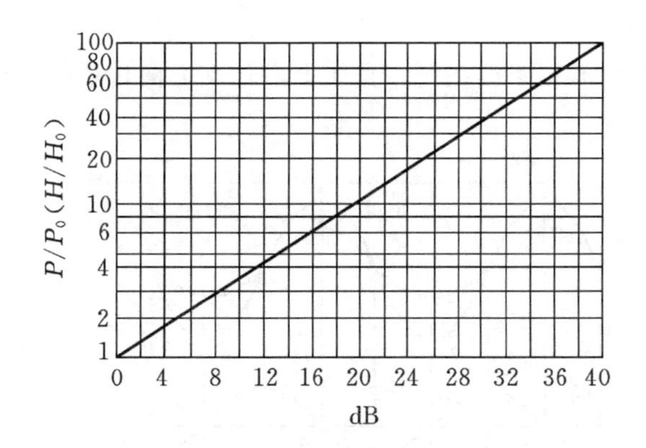

图 2-8　P/P_0或 H/H_0与分贝值的换算图

$$\Delta = \ln \frac{P}{P_0} = \ln \frac{H}{H_0} \quad (\text{NP}) \qquad (2-12)$$

令 $P/P_0=\mathrm{e}$ 代入式(2-12),得 $\Delta=\ln \frac{P}{P_0}=\ln \mathrm{e}=1(\text{NP})$

把 $P/P_0=\mathrm{e}$ 代入式(2-11),得 $\Delta=20\lg \frac{P}{P_0}=20\lg \mathrm{e}=8.68\ (\text{dB})$

所以 1 NP=8.68 dB,或 1 dB=0.115 NP。

2.3　超声波的传播

2.3.1　超声波的波动特性

(1)波的叠加

当几列波同时在一个介质中传播时,如果在某些点相遇,则相遇点的质点振动是几列波的合成,合成声场的声压等于每列声波声压的矢量和。相遇后各列声波仍保持它们各自原有的特性(频率、波长、幅度、传播方向等)向前传播。

(2)波的干涉

当两列频率相同、波型相同、相位相同或相位差恒定的波源所发出的波相遇时,合成后声波的频率与原频率相同,幅值与两列波的相位差有关,在某些位置振动始终加强,在另一些位置振动始终减弱或抵消,这种现象称为干涉。能产生干涉现象的波称为相干波。

(3)驻波

当两列振幅相同的相干波在同一直线上沿相反方向传播时叠加而成的波称为驻波，如图 2-9 所示。

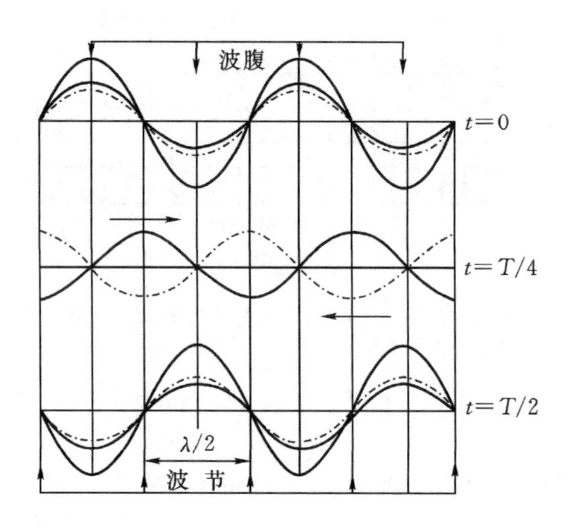

图 2-9 驻波示意图

(4)惠更斯原理

惠更斯原理是由荷兰的物理学家惠更斯于 1690 年提出的一项理论。波动起源于波源的振动，波的传播需借助于介质中质点之间的相互作用。对连续介质来说，任何一点的振动将引起相邻质点的振动。波前在介质中达到的每一个点都可以看作新的波源(即子波源)向前发出的子波。而波阵面上各点发出的子波所形成的包络面，就是原波阵面在一定时间内所传播到的新的波阵面。图 2-10 为惠更斯原理示意图。

(5)超声波的散射与衍射

衍射是指声波绕过障碍物的边缘而继续向前传播的现象，如图 2-11 所示。散射则是指声波遇到障碍物后不再向特定的方向传播，而是向各个不同的方向发射声波的现象。超声波传播过程中遇到有限尺寸的障碍物时，产生的衍射与散射现象与障碍物的尺寸有关。

设障碍物的尺寸为 a，超声波的波长为 λ，则：①当 $a\ll\lambda$ 时，障碍物对超声波的传播几乎没有影响；②当 $a<\lambda$ 时，超声波到达障碍物后将成为新的波源向四周散射；③当 $a\approx\lambda$ 时，超声波将产生不规则的反射和衍射；④当 $a\gg\lambda$ 时，有入射波的反射与透射。如果障碍物与周围介质的声特性阻抗差异很大，则障碍物界面上发

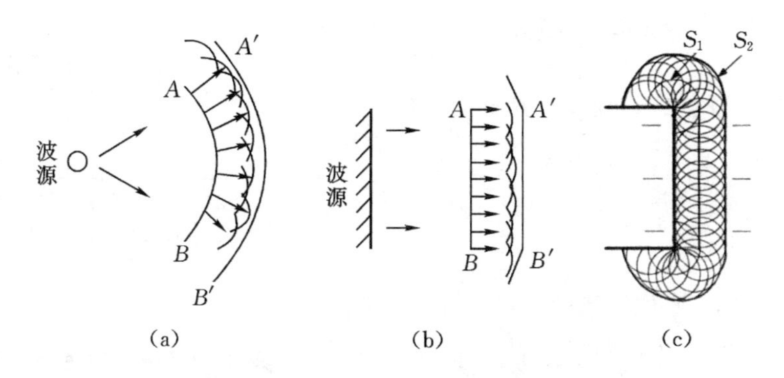

图 2-10　惠更斯原理示意图

(a)球面波;(b)平面波;(c)活塞波

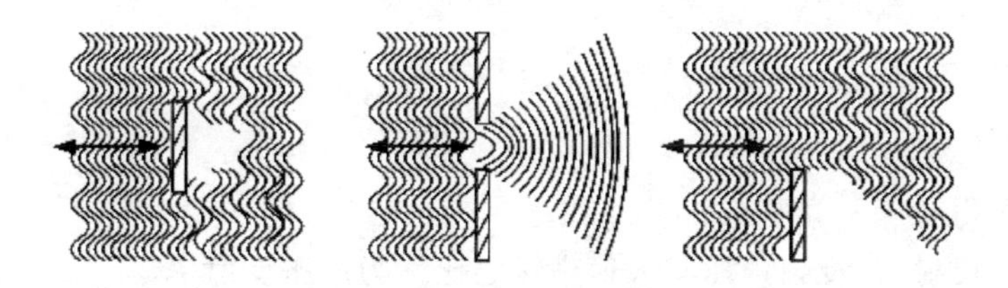

图 2-11　声波衍射示意图

生全反射,其后形成一个声影区。

2.3.2　超声波在异质界面的传播特性

超声波在无限大介质中传播时是一直向前传播不改变方向的,但遇到异质界面时会发生反射和折射现象。即:一部分超声波在界面上反射回第一介质,另一部分透过界面折射进入第二介质。此时可能发生波型转换、能量分配及传播方向的变换等。

1. 超声波垂直入射到异质界面时的反射与透射

(1)超声波垂直入射到单一平面时的反射与透射

超声波垂直入射界面时,在介质Ⅰ中会产生一个与入射方向相反的反射波,介质Ⅱ中产生一个与入射方向相同的透射波,如图 2-12 所示。

超声波垂直入射时,界面两侧声波必须满足两个边界条件:

① 一侧的总声压等于另一侧的总声压

$$P_e + P_r = P_t \tag{2-13}$$

②两侧质点振动速度振幅相等，保持连续性

$$V_e + V_r = V_t \tag{2-14}$$

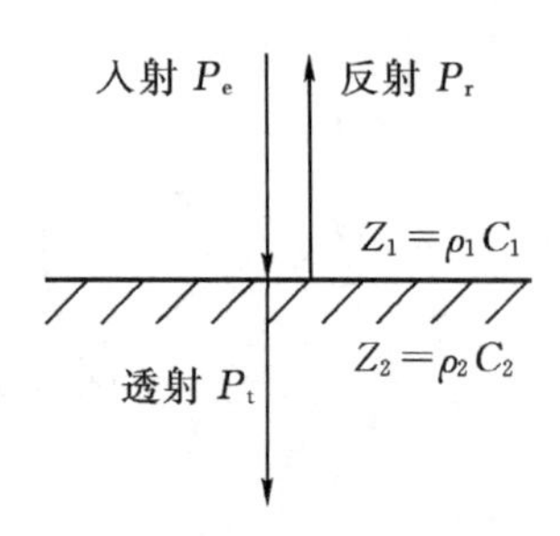

图 2-12　超声波垂直入射单一平面时的反射与透射

由 $P_e=\rho_1 C_1 V_e = Z_1 V_e$，$P_t=\rho_2 C_2 V_t = Z_2 V_t$，$P_r=\rho_1 C_1 V_r = -Z_1 V_r$，可得 $V_e=\dfrac{P_e}{Z_1}$，$V_t=\dfrac{P_t}{Z_2}$，$V_r=-\dfrac{P_r}{Z_1}$。

把 V_e，V_r，V_t 代入式(2-14)，得

$$\frac{P_e - P_r}{Z_1} = \frac{P_t}{Z_2}$$

由式(2-13)可得

$$\frac{P_e + P_r}{Z_2} = \frac{P_t}{Z_2}$$

所以

$$\frac{P_e - P_r}{Z_1} = \frac{P_e + P_r}{Z_2}$$

由此可得：

①声压反射率：反射声压与入射声压之比称为声压反射率。

$$r = \frac{P_r}{P_e} = \frac{Z_2 - Z_1}{Z_2 + Z_1} \tag{2-15}$$

②声压透射率：透射声压与入射声压之比称为声压透射率。

$$t = \frac{P_t}{P_e} = \frac{2Z_2}{Z_2 + Z_1} \tag{2-16}$$

式中：P_e 为入射波声压；P_r 为反射波声压；P_t 为透射波声压；Z_1 为第一种介质的声阻抗；Z_2 为第二种介质的声阻抗。

③声强反射率：界面上反射波的声强与入射波的声强之比称为声强反射率。

$$R = \frac{I_r}{I_e} = r^2 = \left(\frac{Z_2 - Z_1}{Z_2 + Z_1}\right)^2 \tag{2-17}$$

④声强透射率：界面上透射波的声强与入射波的声强之比称为声强透射率。

$$T = \frac{I_t}{I_e} = \frac{Z_1 P_t^2}{Z_2 P_e^2} = \frac{4Z_1 Z_2}{(Z_1 + Z_2)^2} \tag{2-18}$$

由上述可知，界面两侧介质声阻抗的差异影响声波反射与透射能量的比例。差异越大，反射能量越大，透射能量越小。当界面两侧的声阻抗接近时，反射率几乎为零，声波接近全透射。

当 $Z_1 > Z_2$ 时，$r<0$，反射波声压 P_r 与入射波声压 P_e 相位相反，反射波与入射波合成声压振幅减小，例如超声波(纵波)垂直入射到钢与水的界面，如图 2-13(a)所示。

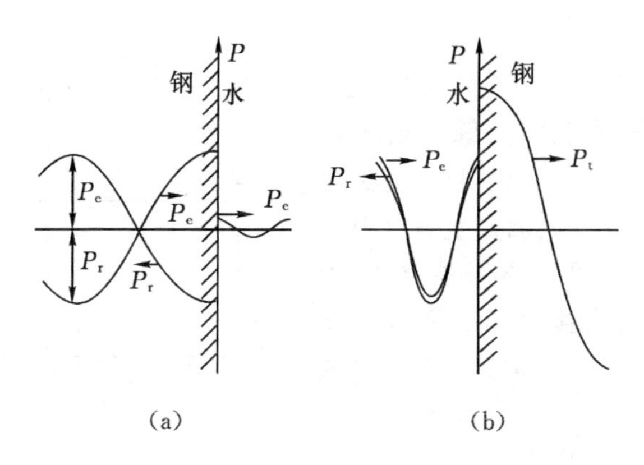

图 2-13　纵波垂直入射到钢/水、水/钢界面时的反射与透射

(a)纵波在钢→水界面上的反射与透射；(b)纵波在水→钢界面上的反射与透射

当 $Z_2>Z_1$ 时，$r>0$，反射波声压 P_r 与入射声压 P_e 同相位，界面上反射声波与入射声波叠加，合成声压振幅增大为 P_e+P_r。例如超声波(纵波)垂直入射到水与钢的界面，如图 2-13(b)所示。

表 2-3 是上述两种情况下的声压、声强反射率与透射率。

表 2-3　纵波垂直入射时钢/水、水/钢界面的声压、声强反射率与透射率

	声压反射率 r	声压透射率 t	声强反射率 R	声强透射率 T
$Z_1>Z_2$(钢/水)	−0.935	0.065	0.875	0.125
$Z_2>Z_1$(水/钢)	0.935	1.935	0.875	0.125

可见，超声波垂直入射到钢→水界面时，声压透射率很低，反射率很高，反射率中的负号表示反射波与入射波相位相反；超声波垂直入射到水→钢界面时，反射率为正值，说明反射波声压 P_r 与入射声压 P_e 相位相同，声压透射率大于 1，即透射声压大于入射声压；从能量分配来看，反射声能占绝大部分，这是因为，声强不仅与声压的平方成正比，还与声阻抗成反比。还可以看到，超声波垂直入射到界面时，声强反射率和透射率与从何种界面入射无关。

当 $Z_1 \gg Z_2$ 时，如钢/空气界面，则：$r\approx -1$，$t\approx 0$，$R\approx 1$，$T\approx 0$。即当入射波介质的声阻抗远大于透射波介质的声阻抗时，声压几乎全反射，只是反射波声压与入射波声压的相位变化了 180°。

当 $Z_1\approx Z_2$ 时，$r\approx 0$，$t\approx 1$，即超声波垂直入射到两种声阻抗相差很小的界面时，几乎全透射，无反射。

(2)声压往复透射率

在脉冲反射法检测中，超声波往复通过同一检测面。超声检测探头既发射超声波，又接收超声波，探头发出的超声波透过界面进入工件，在固/气底面产生全反射后再次透过界面回到介质Ⅰ，被探头接收，如图 2-14 所示。探头接收到的回波声压 P'_t 与入射波声压 P_e 之比称为声压往复透射率。

$$T_P = \frac{P'_t}{P_e} = \frac{P_t}{P_e} \times \frac{P'_t}{P_t} = \frac{4Z_1Z_2}{(Z_1+Z_2)^2} \tag{2-19}$$

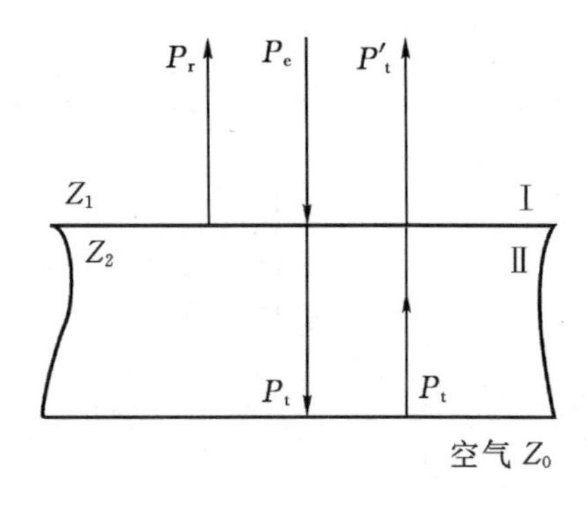

图 2-14　声压往复透射示意图

声压往复透射率与界面两侧介质的声阻抗有关，与从何种介质入射到界面无关。界面两侧的声阻抗相差越小，声压往复透射率越高。声压往复透射率的高低直接影响超声检测的灵敏度，往复透射率越高，检测灵敏度越高。反之，检测灵敏度低。

(3)薄层平界面的反射率与透射率

在超声检测中经常遇到耦合层、缺陷薄层，此时，超声波由介质Ⅰ入射到介质Ⅰ与Ⅱ界面，随后通过介质Ⅱ射到介质Ⅱ与Ⅲ的界面，最后进入介质Ⅲ。由于异质薄层很薄，进入薄层的超声波会在薄层两侧的界面引起多次反射与透射，形成一系列的反射波与透射波，如图 2-15 所示。

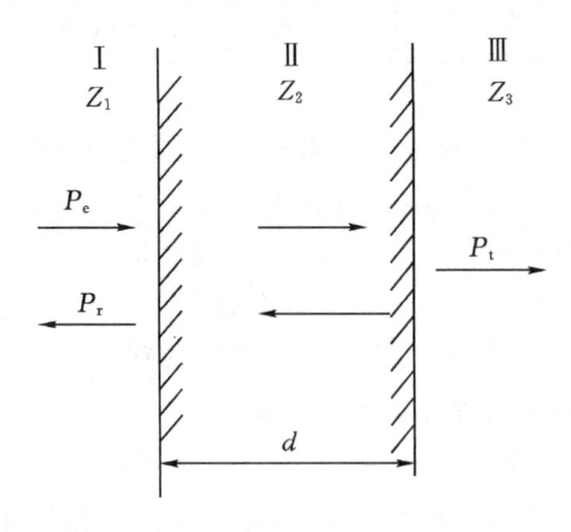

图 2-15　薄层界面上的反射与透射

当超声波的脉冲宽度相对于中间层厚度较宽时，中间层两侧的各反射波与透射波互相叠加产生干涉，这时介质Ⅰ中收到的是各反射、透射波发生干涉叠加后的反射回波，介质Ⅲ中的透射波也是干涉叠加后的透射波。一般，超声波通过薄层时的声压反射率与透射率不仅与介质及薄层的声阻抗有关，而且与薄层厚度与波长之比有关。

1)均匀介质中的异质薄层($Z_1=Z_3\neq Z_2$)　设薄层厚度为 d，介质Ⅱ中的波长为 λ_2，两种介质的声阻抗之比为 m，$m=Z_1/Z_2$。则异质薄层的声压反射率与透射率为

$$r=\sqrt{\frac{\frac{1}{4}\left(m-\frac{1}{m}\right)^2\sin^2\frac{2\pi d}{\lambda_2}}{1+\frac{1}{4}\left(m-\frac{1}{m}\right)\sin^2\frac{2\pi d}{\lambda_2}}} \tag{2-20}$$

$$t=\sqrt{\frac{1}{1+\frac{1}{4}\left(m-\frac{1}{m}\right)\sin^2\frac{2\pi d}{\lambda_2}}} \tag{2-21}$$

由式(2-20)、(2-21)可知：

①当 $d=n\times\lambda_2/2\ (n=1,2,3,\cdots)$ 时，$r\approx 0$，$t\approx 1$，即薄层厚度为其半波长的整数倍时，超声波几乎全透射而无反射；

②当 $d=(2n+1)\times\lambda_2/4\ (n=1,2,3,\cdots)$ 时，声压透射率最低，声压反射率最高。

2)薄层两侧介质不同($Z_1\neq Z_3\neq Z_2$)　薄层两侧介质均不相同，即非均匀介质中的薄层，类似于探头晶片与工件之间存在保护膜或耦合剂。其声强透射率

$$T=\frac{4Z_1Z_3}{(Z_1+Z_3)^2\cos^2\frac{2\pi d}{\lambda_2}+\left(Z_2+\frac{Z_1Z_3}{Z_2}\right)^2\sin^2\frac{2\pi d}{\lambda_2}} \tag{2-22}$$

①当 $d=n\times\lambda_2/2\ (n=1,2,3,\cdots)$ 时，$T=4Z_1Z_3/(Z_1+Z_3)^2$。即超声波垂直入射两侧介质声阻抗不同的薄层时，若薄层厚度等于半波长的整数倍，则通过薄层的声强透射率与薄层的性质无关。

②当 $d=(2n+1)\times\lambda_2/4\ (n=1,2,3,\cdots)$，且 $Z_2=\sqrt{Z_1Z_3}$ 时，$T=1$，即超声波全透射。

2. 超声波倾斜入射到界面时的反射、折射与波型转换

超声波倾斜入射到两种不同介质的界面时，在界面上会产生反射、折射及波型转换现象。入射声波与入射点法线之间的夹角称为入射角，如图 2-16 所示。

(1)反射

1)纵波入射　当纵波以入射角 α_L 倾斜入射到异质界面时，在入射波所在的介质Ⅰ中入射点法线的另一侧，会产生与法线成夹角 α'_L 的反射纵波，反射波与法线

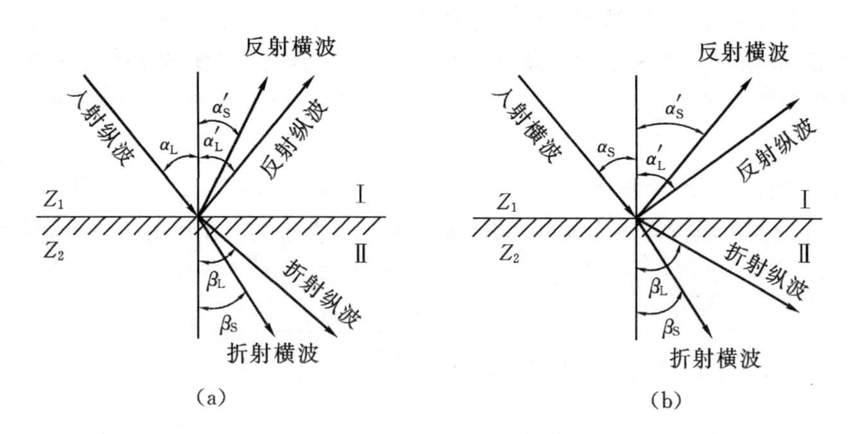

图 2-16 超声波倾斜入射界面时的反射、折射、波型转换示意图

(a)纵波入射；(b)横波入射

之间的夹角称为反射角。

入射纵波与反射纵波之间的关系符合几何光学的反射定律：入射声束、反射声束、入射点的法线位于同一平面内；入射角等于反射角，即 $\alpha_L = \alpha'_L$。

同时，当介质Ⅰ为固体时，在界面上还会由波型转换产生横波反射，横波反射角与纵波入射角之间的关系与光学中的斯涅尔定律相同

$$\frac{\sin\alpha_L}{C_{L_1}} = \frac{\sin\alpha'_S}{C_{S_1}} \tag{2-23}$$

2)横波入射 当入射波为横波时，也会出现同样的现象。横波反射角 α'_S 等于横波入射角 α_S，当介质Ⅰ为固体时，纵波反射角α'_L与横波入射角 α_S 之间的关系

$$\frac{\sin\alpha_S}{C_{S_1}} = \frac{\sin\alpha'_L}{C_{L_1}} \tag{2-24}$$

当介质Ⅰ为气体或液体时，入射波和反射波都只能是纵波，且反射角等于入射角。

(2)折射

当两种介质中的声速不同时，透射波的传播方向会改变，这种现象称为折射。入射声束、折射声束、入射点的法线位于同一平面内。当介质Ⅱ为固体时，无论是纵波入射还是横波入射，介质Ⅱ中可能同时存在纵波、横波两种折射波型。折射角与入射角之间的关系如下。

纵波入射

$$\frac{\sin\alpha_L}{C_{L_1}} = \frac{\sin\beta_L}{C_{L_2}} = \frac{\sin\beta_S}{C_{S_2}} \tag{2-25}$$

横波入射

$$\frac{\sin\alpha_S}{C_{S_1}}=\frac{\sin\beta_L}{C_{L_2}}=\frac{\sin\beta_S}{C_{S_2}} \tag{2-26}$$

式(2-23)～(2-26)中：α_L，α_S 为介质Ⅰ中纵波、横波入射角；α'_S，α'_L 为介质Ⅰ中纵波、横波反射角；β_L，β_S 为介质Ⅱ中纵波、横波折射角；C_{L_1}，C_{S_1} 为介质Ⅰ中纵波、横波声速；C_{L_2}，C_{S_2} 为介质Ⅱ中纵波、横波声速。

由于在同一介质中纵波声速大于横波声速，所以 $\alpha'_L>\alpha'_S$，$\beta_L>\beta_S$。

(3)临界角

1)第一临界角　由式(2-26)可知，$\frac{\sin\alpha_L}{C_{L_1}}=\frac{\sin\beta_L}{C_{L_2}}$，当 $C_{L_1}>C_{L_2}$ 时，$\beta_L>\alpha_L$，随着 α_L 增大，β_L 也增大，当 α_L 增大到一定程度时，$\beta_L=90°$，这时所对应的纵波入射角称为第一临界角，用 α_{I} 表示。

$$\alpha_{\mathrm{I}}=\arcsin\left(\frac{C_{L_1}}{C_{L_2}}\right) \tag{2-27}$$

2)第二临界角　由式(2-25)、(2-26)可知，$\frac{\sin\alpha_L}{C_{L_1}}=\frac{\sin\beta_S}{C_{S_2}}$，当 $C_{S_2}>C_{L_1}$ 时，$\beta_S>\alpha_L$，随着 α_L 增大，β_S 也增大，当 α_L 增大到一定程度时，$\beta_S=90°$，这时所对应的纵波入射角称为第二临界角，用 α_{II} 表示。

$$\alpha_{\mathrm{II}}=\arcsin\left(\frac{C_{L_1}}{C_{S_2}}\right) \tag{2-28}$$

产生表面波的入射角

$$\alpha_{LR}=\arcsin\left(\frac{C_{L_1}}{C_R}\right)$$

由式(2-27)、(2-28)可知：①当 $\alpha_L<\alpha_{\mathrm{I}}$ 时，介质Ⅱ中既有折射纵波又有折射横波；②当 $\alpha_{\mathrm{I}}<\alpha_L<\alpha_{\mathrm{II}}$ 时，介质Ⅱ中只有折射横波；③当 $\alpha_L\geqslant\alpha_{\mathrm{II}}$，且当$\alpha'_S=\alpha_{LR}$时，在介质Ⅱ中形成表面波。

3)第三临界角　当介质Ⅰ为固体，超声横波倾斜入射到异质界面上时，由于 $C_{L_1}>C_{S_1}$，由式(2-24)可知，$\alpha'_L>\alpha_S$，随着 α_S 的增大，α'_L 也增大，当 α_S 增大到一定程度时，$\alpha'_L=90°$，这时对应的横波入射角称为第三临界角。

$$\alpha_{\mathrm{III}}=\arcsin\left(\frac{C_{S_1}}{C_{L_1}}\right) \tag{2-29}$$

可见，当 $\alpha_S\geqslant\alpha_{\mathrm{III}}$ 时，在介质Ⅰ中只有横波反射，即横波产生全反射。

(4) 声压往复透射率

超声波倾斜入射时声压往复透射率的定义与垂直入射时相同。设入射声压为 P_e，探头接收到的回波声压为 P_a，如图 2-17 所示，则声压往复透射率

$$T = \frac{P_a}{P_e} \tag{2-30}$$

(5)端角反射

超声波倾斜射向两个相互垂直的相邻表面中的任一表面，且其反射波指向另一表面时构成端角反射，即超声波在平面构成的直角内的反射叫端角反射。在端角反射中，同类型的反射波和入射波总是相互平行，方向相反，且 $\alpha+\beta=90°$，如图 2-18 所示。不同类型的反射波和入射波互不平行，且难以被发射探头接收。

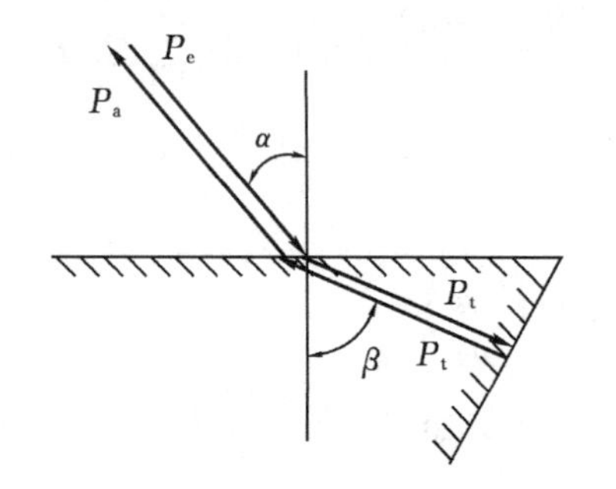

图 2-17 斜入射声压往复透射率示意图

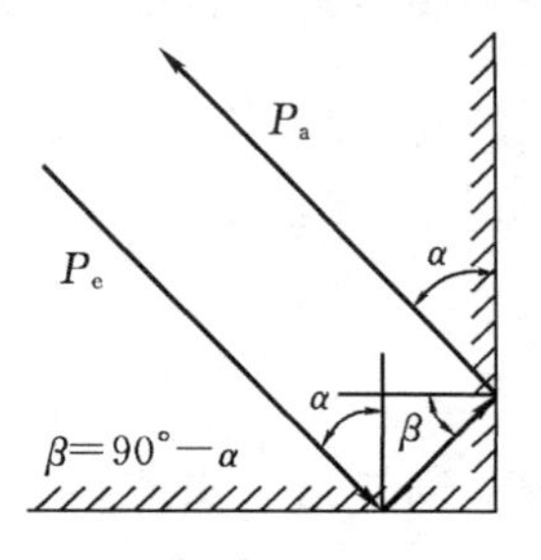

图 2-18 端角反射示意图

回波声压 P_a 与入射声压 P_e 之比称为端角反射率，用 $T_{端}$ 表示。

$$T_{端} = \frac{P_a}{P_e} \tag{2-31}$$

3. 超声波在曲界面上的反射与折射

超声波入射到曲界面时，会产生聚焦与发散现象，而且还会产生波型转换。超声波遇到曲界面时的聚焦与发散和入射超声波的波型、曲面两侧的声速比等因素有关。这里介绍的内容不考虑波型转换现象。

(1)平面波在曲界面上的反射与折射

1)平面波入射到曲界面时的反射 平面波入射到曲界面时的反射如图 2-19 所示。平面波与曲面上各入射点的法线成不同的夹角，入射角为 0 的声线沿原方向返回，称为声轴。其他声线的反射角随离声轴距离的增大而逐渐增大。

当平面波入射到球面时，反射波可视为从焦点发出的球面波；当平面波入射到柱面时，反射线汇聚于一条焦线上，反射波可视为从聚焦轴线发出的柱面波。

2)平面波入射到曲界面时的折射 平面波入射到曲界面时，其折射波也将发生聚焦或发散，如图 2-20 所示。这时，折射波的聚焦与发散和曲面的凹凸、界面两侧的声速有关。

对于凹曲面，当 $C_1<C_2$ 时聚焦，当 $C_1>C_2$ 时发散；对于凸曲面，当 $C_1>C_2$ 时

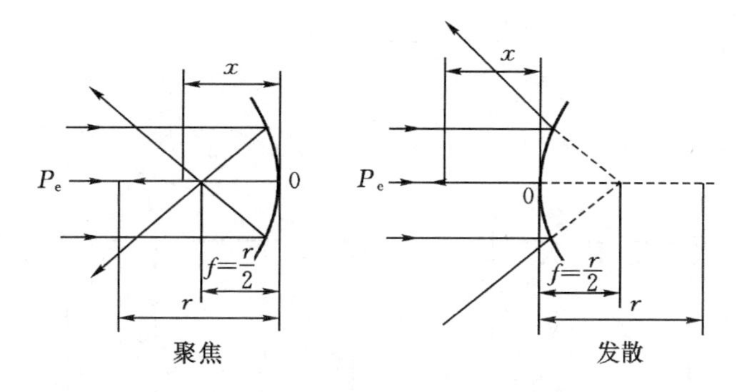

图 2-19　平面波入射到曲界面时的反射

聚焦，当 $C_1<C_2$ 时发散。

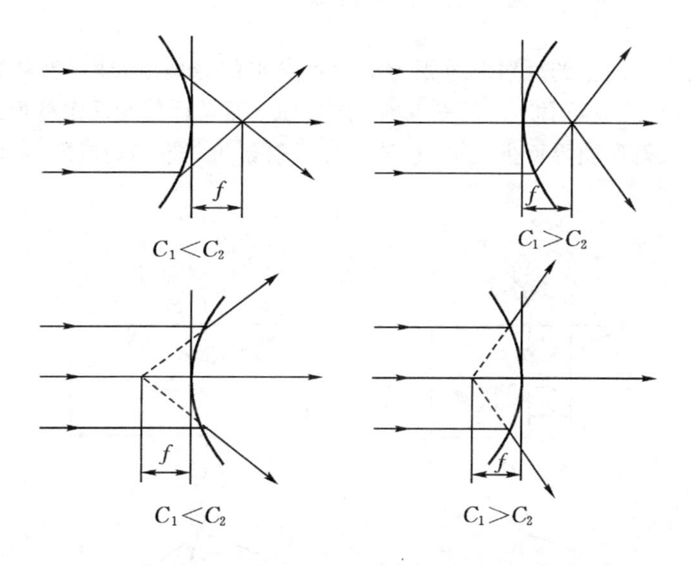

图 2-20　平面波入射到曲界面时的折射

当平面波入射到球面时，折射波可视为从焦点发出的球面波；当平面波入射到柱面时，折射波可视为从聚焦轴线发出的柱面波。

(2)球面波在曲界面上的反射与折射

球面波入射到曲界面时，反射波将发生聚焦与发散，凹曲面的反射波聚焦，凸曲面的反射波发散，如图 2-21 所示。球顶点到波源的距离 a、像距 b、焦距 f、与声速比 $\frac{C_2}{C_1}$ 之间的关系为

$$\frac{1}{b}-\frac{C_2/C_1}{a}=\frac{1}{f} \tag{2-32}$$

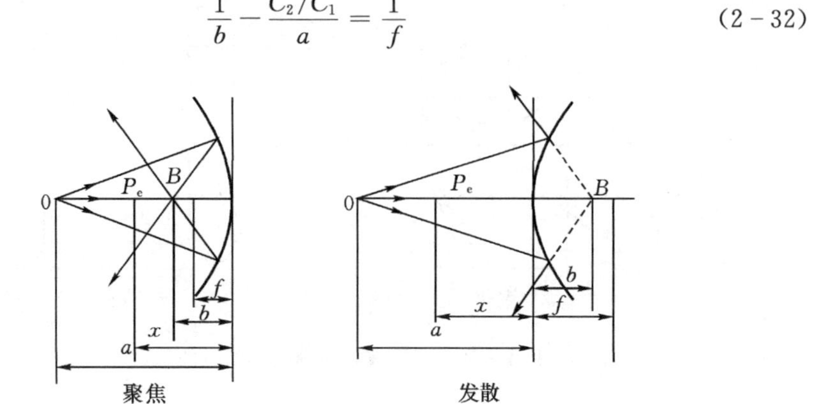

图 2-21 球面波在曲界面上的反射

球面波在球面上的反射波可视为从像点发出的球面波，球面波在柱面上的反射波既不是单纯的球面波，也不是单纯的柱面波，而是近似为两个柱面波的叠加。

球面波入射到曲界面上，其折射波也会反射聚焦与发散，如图 2-22 所示。

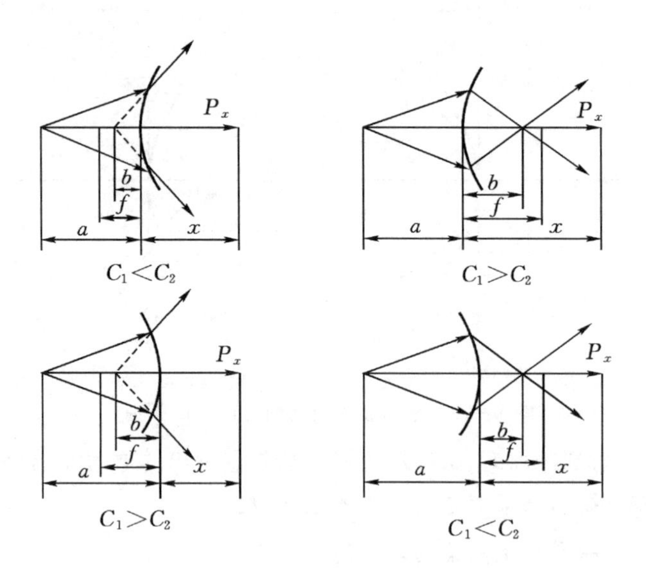

图 2-22 球面波在曲界面上的折射

表 2-4、2-5 列出了在曲面轴线上离曲面顶点 x 处的反射波声压、折射波声压的计算公式。

表2-4　曲界面上反射波声压计算公式

入射波	球面曲界面	柱面曲界面
平面波	$P_x=P_e\left\lvert\frac{f}{x\pm f}\right\rvert$	$P_x=P_e\sqrt{\left\lvert\frac{f}{x\pm f}\right\rvert}$
球面波	$P_x=\frac{P_e}{a}\left\lvert\frac{f}{x\pm f(1+\frac{x}{a})}\right\rvert$	$P_x=\frac{P_e}{a}\sqrt{\left\lvert\frac{f}{\left(1+\frac{x}{a}\right)\left[x\pm f\left(1+\frac{x}{a}\right)\right]}\right\rvert}$
式中符号说明	f为焦距，$f=r/2$（r为曲率半径）；P_e为曲面顶点处入射波声压；x为轴线上某点到曲面顶点的距离；公式中的负号用于聚焦，正号用于发散	

表2-5　在曲面轴线上离曲面顶点x处的折射波声压计算公式

入射波	球面曲界面	柱面曲界面
平面波	$P_x=tP_e\left\lvert\frac{f}{x\pm f}\right\rvert$	$P_x=tP_e\sqrt{\left\lvert\frac{f}{x\pm f}\right\rvert}$
球面波	$P_x=t\frac{P_e}{a}\frac{f}{x\pm f\left(1+\frac{xC_2}{aC_1}\right)}$	$P_x=t\frac{P_e}{a}\sqrt{\frac{f}{\left(1+\frac{xC_2}{aC_1}\right)\left[x\pm f\left(1+\frac{xC_2}{aC_1}\right)\right]}}$
式中符号说明	f为焦距，$f=r/(1-C_2/C_1)$，r为曲率半径；t为声压透射率；P_e为曲面顶点处入射波声压；x为轴线上某点到曲面顶点的距离；a为球顶点到波源的距离；公式中的负号用于聚焦，正号用于发散。C_1，C_2为曲界面两侧的声速。	

2.3.3　超声波在固体介质中的衰减

超声波在固体介质中传播时，声压随距离的增加逐渐减弱的现象称为超声波的衰减。

1. 引起衰减的原因

1）扩散衰减　超声波在传播的过程中由于声束的扩散而引起的衰减称为扩散衰减。超声波的扩散衰减与介质材料的性质无关，与波阵面的形状有关。扩散衰减的规律可用声场的规律来描述。

2)吸收衰减 超声波在介质中传播时,由于介质中质点间的粘滞性造成的质点之间的内摩擦以及热传导引起的超声波的衰减称为吸收衰减。

3)散射衰减 超声波在介质中传播遇到障碍物时,如果障碍物的尺寸与超声波的波长相当或更小时会产生散射现象。产生散射衰减主要原因有:①材料内部的不均匀,例如金属材料中的杂质、气孔等产生的散射;②晶粒尺寸与超声波波长相当的多晶材料引起的散射。

2. 衰减的规律

在实际的超声检测中,超声波在材料中的衰减主要考虑吸收衰减与散射衰减,如果不考虑扩散衰减,对于平面声波,声压的衰减规律

$$P_\alpha = P_0 e^{-\alpha x} \tag{2-33}$$

式中:P_0 为入射到材料中的起始声压;α 为衰减系数,奈培/毫米(Np/mm);P_α 为与声压 P_0 相距 x 处的声压值;x 为与声压 P_0 处的距离。

3. 衰减系数

金属材料等固体介质中,衰减系数 α 等于散射衰减系数 α_S 和吸收衰减系数 α_a 之和(不考虑扩散衰减)。

$$\alpha = \alpha_S + \alpha_a \tag{2-34}$$

吸收衰减系数与频率成正比

$$\alpha_a = C_1 f \tag{2-35}$$

散射衰减系数与晶粒的直径、超声波的波长之间的关系

$$\alpha_S = \begin{cases} C_2 F d^3 f^4, & d < \lambda \\ C_3 F d f^2, & d \approx \lambda \\ C_4 F \dfrac{1}{d}, & d > \lambda \end{cases} \tag{2-36}$$

式中:f 为超声波的频率;d 为晶粒的直径;λ 为超声波的波长;F 为各向异性系数;C_1,C_2,C_3,C_4 为常数。

在液体介质中,主要是吸收衰减

$$\alpha = \alpha_a = \frac{8\pi^2 f^2 \eta}{2\rho C^3} \tag{2-37}$$

式中:η 为介质的粘滞系数;ρ 为介质的密度;C 为介质中的声速。

1)薄板工件衰减系数的测定 对于厚度较小,且上下底面平行、表面光洁的薄板工件或试块,通常用比较多次反射回波高度的方法测定其衰减系数。

$$\alpha = \frac{20\lg\left(\dfrac{B_m}{B_n}\right) - \delta}{2(n-m)d} \tag{2-38}$$

式中：m,n 为底波的反射次数；B_m,B_n 为第 m,n 次底波的高度；δ 为反射损失，每次反射损失约为(0.5～1.0) dB；d 为薄板的厚度。

2)厚工件衰减系数的测定　对于厚度大于 200 mm 板材或轴类工件，可用第一、第二次底波高度比来测定衰减系数，这时衰减系数

$$\alpha = \frac{20\lg\left(\frac{B_1}{B_2}\right) - 6 - \delta}{2d} \tag{2-39}$$

式中：B_1,B_2 为第一、二次底波的高度；δ 为反射损失，每次反射损失约为(0.5～1.0)dB；d 为薄板的厚度；6 为扩散衰减引起的分贝差。

2.3.4　多普勒效应

在实际情况下，声源与工件之间往往存在相对运动，特别是在自动化探伤中。这时，由缺陷反射回来的超声波频率与声源发射超声波的频率有所不同，这种现象称为多普勒效应，由此引起的频率变化称为多普勒频移。

设：S 点为声源，声源发出的频率为 f_S，介质中传播的声速为 C，波长为 λ。声源不动，接收点与声波传播方向同向移动，接收到的频率为

$$f_0 = f_S \frac{C - V_0}{C}$$

接收点不动，声源以 V_S 向接收点移动，此时接收到的波长如同被挤紧了的波长

$$\lambda' = \frac{C - V_S}{f_S}$$

所以接收到的频率为

$$f_0 = \frac{C}{\lambda'} = f_S \frac{C}{C - V_S}$$

声源与接收点同时同向移动

$$f_0 = f_S \frac{C - V_0}{C \quad V_S}$$

当速度方向不一致时，可把在声源与接收点连线上的速度分量代入。

用脉冲反射法检测时，超声波的发射与接收都是一个探头完成，一般探头不动，工件移动。

工件与发射方向相对运动：$f_0 = f_S \frac{C+V}{C-V} \approx (C+2V)\frac{f_S}{C}$

工件与发射方向同向运动：$f_0 = f_S \frac{C-V}{C+V} \approx (C-2V)\frac{f_S}{C}$

2.3.5 圆盘声源的超声场(活塞源声场)

超声波在传播过程中的衍射、干涉会直接影响超声场的结构，而检测结果与超声场的结构紧密相关。因此，了解超声场的特性对实际检测十分重要。通常将超声检测中直探头作为圆形活塞声源来处理。

1. 圆盘声源在声速轴线上的声压分布

圆盘可视为无限多个小声源 dS 组成，每个小声源都可辐射球面声波，根据叠加原理，声场中任意点 M 的声压 P 等于每个小声源向该点辐射的声能的叠加。

设声源发出的波为连续简谐波，且不考虑衰减，则圆盘型纵波声源在声束轴线上声压分布为

$$P = 2P_0 \sin\left[\frac{\pi}{\lambda}\sqrt{a^2+S^2}-S\right] \tag{2-40}$$

式中：P_0 为声源处的声压；λ 为波长；a 为圆盘半径；S 为声程，声束中心轴线上离声源的距离。

2. 近场区、远场区

在超声检测中，用压电晶片作振源，借助于晶片的振动向工件中发射超声波，并以一定的速度由近及远传播，使工件中充满超声场。

因晶片大小、振动频率、传播介质的不同，使声压和声能产生不同的分布状况。由式(2-40)知，圆形活塞声源轴线上的声压是声程 S 的正弦函数，由于正弦函数的最大值为 1，最小值为 0，所以声压的最大值为 $2P$，最小值为 0。

当 $\sin\left(\frac{\pi}{\lambda}\sqrt{a^2+S^2}-S\right)=\sin n\pi=0$ 时，轴线上有声压极小值，可以证明声压极小值对应的距离为 $S=\frac{D^2-(2\pi\lambda)^2}{8n\lambda}$，$(n=1,2,\cdots<\frac{D}{2\lambda},)$ 即在声束的轴线上有 n 个声压极小值。

当 $\sin\left(\frac{\pi}{\lambda}\sqrt{a^2+S^2}-S\right)=\sin(2m+1)\frac{\pi}{2}=1$ 时，轴线上有声压极大值，可以证明声压极大值对应的距离为 $S=\frac{D^2-(2m+1)\lambda^2}{4(2m+1)\lambda}$，$(m=1,2,\cdots<\frac{D-\lambda}{2\lambda})$，即在声束的轴线上有 m 个声压极大值。

当 $m=0$ 时，对应此值到声源的距离 $S=N$，则

$$N=\frac{D^2}{4\lambda}-\frac{\lambda}{4} \tag{2-41}$$

当 $D \gg \lambda$ 时，$\lambda/4$ 可以忽略，则有

$$N \approx \frac{D^2}{4\lambda} \tag{2-42}$$

在声场中，称 $S < N$ 的区域为声源的近场区，最后一个声压最大值至声源的距离 N 称为近场长度。在近场区内声压分布十分复杂，出现很多极大值与极小值，如图 2-23 所示。所以，如果在近场区内有缺陷存在，其反射波不规则，对缺陷的判断十分困难。

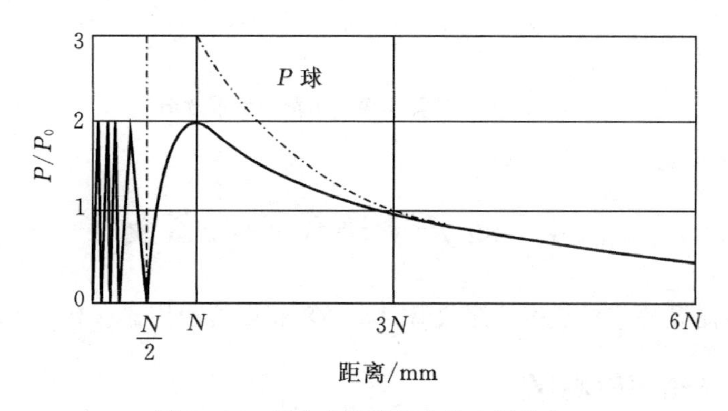

图 2-23　圆盘声源轴线上的声压分布

当 $S > N$ 时，声场中的区域称为远场区。在远场区声压随距离增加而减小。与球面波相似，两者之间的误差比较大，当 $S = N$ 时约为 57%。只有 $S > 3N$ 后，声压与声程比较符合反比关系。因此习惯上以 $S \geqslant 3N$ 时为远场区，此时的声压分布为

$$P = P_0 \frac{\pi D^2}{4\lambda} \frac{1}{S} \tag{2-43}$$

3. 超声波的指向性

声场中的声压不但随声程 S、时间 t 而变，而且与声束的半扩散角有关。半扩散角的大小反映声场中能量的集中程度和几何边界。当半扩散角 $\theta = 0$ 时，声压最大。

$$\theta = \arcsin\left(0.61\frac{\lambda}{a}\right) = \arcsin\left(1.22\frac{\lambda}{D}\right) \tag{2-44}$$

式中：a 为圆形晶片的半径、D 为圆形晶片直径。若为方形晶片，a 为边长，则

$$\theta = \arcsin\frac{\lambda}{a} \tag{2-45}$$

声场中声束集中向一个方向辐射的性质叫声源的指向性，把与中心轴线夹角 θ 处的声压与中心轴线的声压比称为指向性系数。

$$Q = \frac{P(S,\theta)}{P(S,0)} \tag{2-46}$$

声源正前方能量最集中的锥形区称为主声束(主瓣),主声束旁边的能量较小区称为副瓣或副声束,如图 2 - 24 所示。

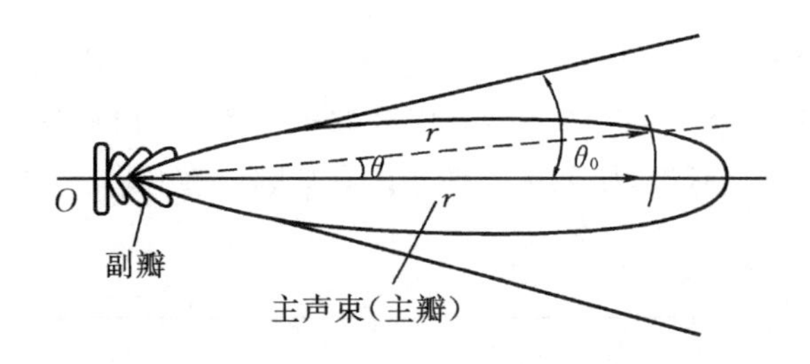

图 2 - 24 圆盘声源声场指向性示意图

2.4 超声检测设备及器材

超声检测设备包括超声检测仪器、探头等,超声检测用器材有试块、耦合剂等。

2.4.1 超声检测仪

超声波检测仪是超声检测的主要设备,其作用是产生电振荡并加于探头上,激励探头发射超声波,同时将探头送回的电信号放大,用一定方式显示出来,从而得到被检工件内部有无缺陷及缺陷位置和大小等信息。

1. 超声检测仪器的分类

超声检测仪器按照超声波的连续性可分为三类。

1)连续波检测仪 这类仪器指示的是声的穿透能量,通过探头向工件发射连续且频率不变的超声波,根据透过工件的超声波的能量变化判断工件中有无缺陷及缺陷的大小。这种仪器灵敏度低,不能确定缺陷位置。目前已经很少使用。

2)调频波检测仪 这类仪器通过探头向工件发射连续且频率周期性变化的超声波,根据发射波与反射波的差频变化情况判断工件中有无缺陷。由于只适合于检测与探测面平行的缺陷,目前也很少用。

3)脉冲波检测仪 这种仪器发射一持续时间很短的电脉冲,激励探头发射脉冲超声波,并接收工件中反射回来的脉冲信号。通过检测信号的返回时间与幅度判断工件中是否存在缺陷及缺陷的大小。脉冲反射式检测仪的信号显示方式可分为:A 型显示、B 型显示、C 型显示。A 型脉冲反射式超声检测仪是使用范围最广、最基本的一种仪器。

①A 型显示是一种波形显示,它将超声波的传播时间与信号的幅度以直角坐

标的形式显示出来。显示器的 x 坐标为超声波的传播时间，y 坐标为超声波的反射幅度，如图 2－25 所示。

设试件厚度为 t，探伤面到缺陷的距离为 x。从发射脉冲（始波 T）到缺陷波 F 的长度 L_F，到底波 B 的长度 L_B，则可由 $\frac{x}{t}=\frac{L_F}{L_B}$ 确定缺陷的位置。

②B 型显示，在屏幕上显示与声束平行，且位于探头正下方的一个声像，如图 2－26(b)所示。

③C 型显示，也是一种平面显示，屏幕上显示与声束轴线垂直且与探头有一定距离的横断面声像，如图 2－26(c)所示。其缺陷信号幅度用亮度表示。

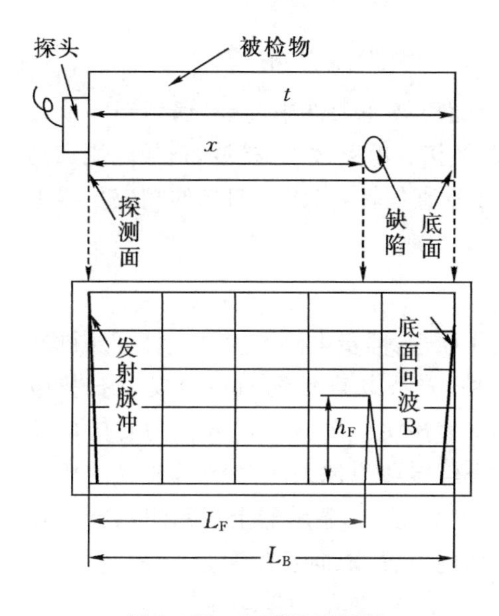

图 2－25　A 型显示原理

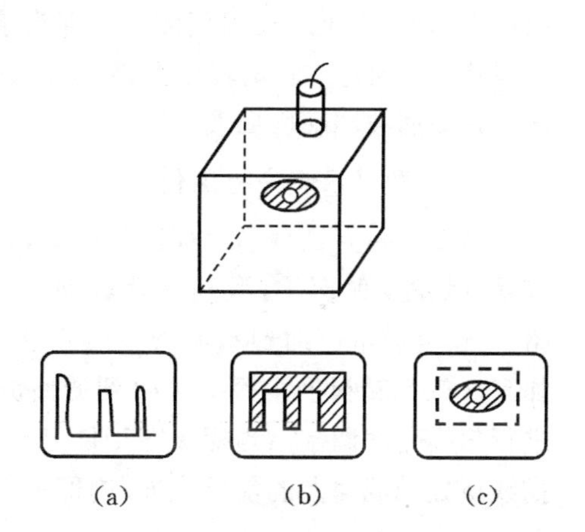

图 2－26　超声检测仪缺陷显示示意图
(a)A 型显示；(b)B 型显示；(c)C 型显示

2. 模拟式超声检测仪

(1)A 型脉冲反射式超声检测仪

A 型脉冲反射式超声检测仪由同步电路、扫描电路、发射电路、接收放大电路、显示器、电源电路等主要电路，以及延时电路、报警电路、深度补偿电路、标记电路、跟踪及记录等附加装置组成。电路框图如图 2－27 所示。

工作原理：同步电路产生周期性同步脉冲信号，一方面，同步脉冲触发扫描发生器产生线性的锯齿波，经扫描放大加到示波管水平（x 轴）偏转板上，产生一个从左到右的水平扫描线，即时基线。另一方面触发发射电路产生高频脉冲，施加到探

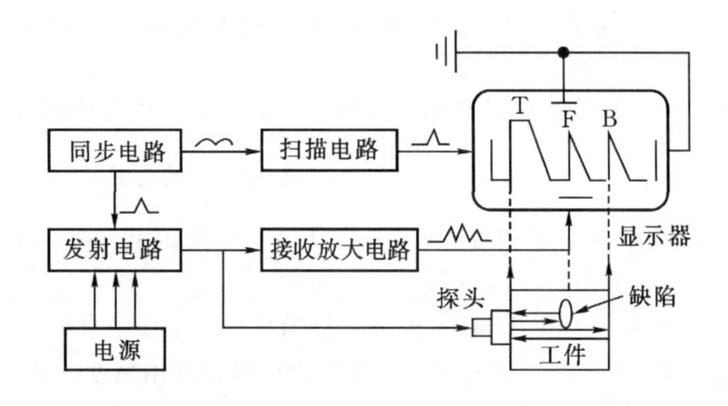

图 2-27 A型脉冲反射式超声检测仪电路框图

头上，激励晶片振动，在工件中产生超声波。超声波在工件中传播，遇到缺陷或底面产生反射，产生的反射回波再由探头接收，经接收电路放大、检波，信号电压加到示波管的垂直(y轴)偏转板上，使电子束发生垂直偏转，在水平扫描的相应位置上产生缺陷回波和底面回波。

(2)B型显示超声检测仪

图2-28为B型超声检测仪框图，其工作原理：同步电路产生周期性同步脉冲信号，触发发射探头，激励晶片振动，在工件中产生超声波同时也触发y扫描电路，将锯齿波电压加到示波管y轴偏转板上；随探头位置变化而变化的直流电压加到x轴偏转板上。探头接收到的回波信号经接收电路放大加到示波管的栅极进行扫描亮度调制。当探头在工件上沿直线移动时，在显示器上显示出沿探头扫描线所处的截面上的前后表面，内部反射界面的位置、取向及深度。

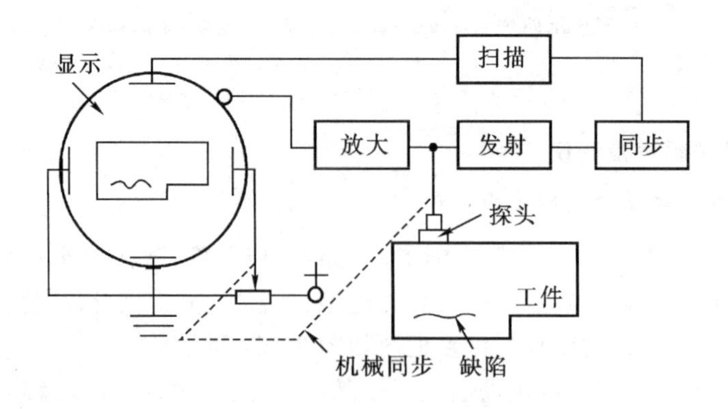

图 2-28 B型显示超声检测仪框图

(3)C型显示超声检测仪

C型显示超声检测仪一般由同步、发射、放大、与门、闸门、平面显示器与机械同步组成，如图2-29所示。其工作原理：同步电路产生周期性同步脉冲信号，触发发射探头，激励晶片振动，在工件中产生超声波，同时触发闸门电路以获得闸门信号。探头在工件上移动的x分量对应的电压加到x偏转板上，同时把移动的y分量对应的电压加到y偏转板上，即探头对工件的扫描分量(x、y)必须与电子扫描同步，回波信号经放大后，和闸门输出信号同时加到“与门”电路上，以选与发射脉冲有一定时间差的回波信号，并把它作为亮度调制信号加到示波管栅极上。在示波管上显示与声束轴线垂直并与探头相距某一给定距离的工件横断面的声像。工件横断面与探头的距离由工件中的声速和闸门发射时间差决定，改变这个时间差可以改变该距离，从而得到另一距离横断面的C型显示。C型显示超声检测仪只能显示缺陷的长度与宽度，不能显示缺陷的埋藏深度。

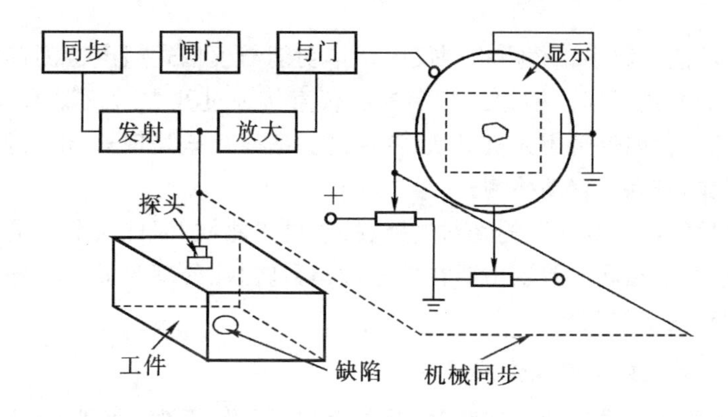

图2-29　C型显示超声检测仪框图

3. 数字式超声检测仪

数字式超声检测仪整机由微处理器系统同步和控制，由发射、接收、数控放大器单元，数据调整实时采集、存储和分析、处理单元以及回波显示和打印输出等部分组成。

(1)数字式超声检测仪与模拟式超声检测仪的异同点

①基本组成。图2-30为数字式超声检测仪的电路框图，由图可见，其发射电路与模拟式超声检测仪相同，接收放大电路的衰减器与高频放大器等也与模拟式超声检测仪相同，信号放大后由A/D转换器转换成数字信号，输送到微处理器进行处理，显示器显示处理结果，模拟式超声检测仪上的检波、滤波、抑制等功能可以

通过对数字信号的处理来完成。数字式仪器的显示是由微处理器控制实现逐行逐点扫描，在显示器上显示二维点阵图。发射电路与模数转换由微处理器协调各部分的工作，不再需要同步电路。

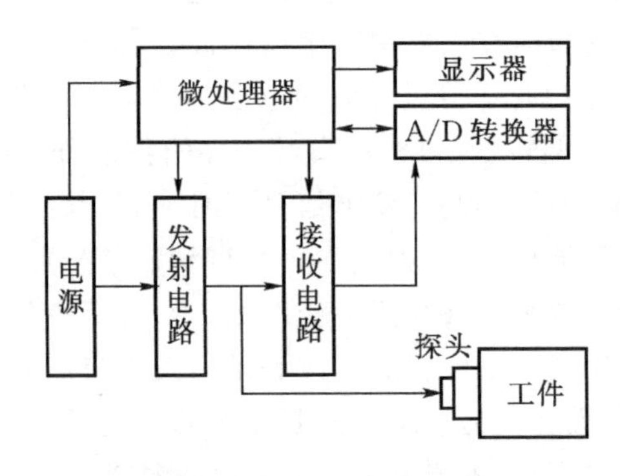

图 2-30 数字式超声检测仪框图

②仪器功能。数字式超声检测仪的基本功能与模拟式超声检测仪相同，各部分功能的控制方式不同。模拟式超声检测仪直接通过开关对仪器的电路进行调整；数字式超声检测仪采用人机对话，将控制数据输入微处理器，由微处理器控制各电路的工作，有利于自动检测。

③仪器性能。两类仪器的发射电路、接收电路相同，因此仪器的灵敏度、分辨率、放大线性基本相同。差别主要在信号的模数转换、处理及显示部分，这部分功能直接影响对缺陷的判断。

(2) 数字式超声检测仪优缺点

优点：接收信号数字化，使超声信号的存储、记录、再现、处理、分析都很方便，可以使超声信号永久记录，使检测过程的重现更方便，同时也能从超声信号中得到更多的量化信息；软件功能可以扩展，有利于满足不同使用场合的要求；为自动检测系统的实现提供了条件。

缺点：模数转换器的采样频率、数据长度、显示器的分辨率等直接影响信号的质量，如果信号失真，会造成漏检、误检等，因此在使用时应引起重视。

2.4.2 超声探头

超声探头也称超声换能器，是超声检测中实现声能与电能相互转换的重要器件。在超声检测中用的超声换能器主要有：压电换能器、磁致伸缩换能器、电磁声换能器、激光超声换能器。其中使用最普遍的是压电换能器。

1. 探头的结构

超声探头(压电换能器)主要由压电晶片、保护膜、阻尼块、外壳和接插电极等组成,斜探头还有一个使压电晶片与入射面成一定角度的斜楔,如图 2-31 所示。其中压电晶体是探头中的关键元件。压电式超声探头就是利用压电晶体的压电效应与逆压电效应,实现电振动与机械振动(超声波)相互转换。

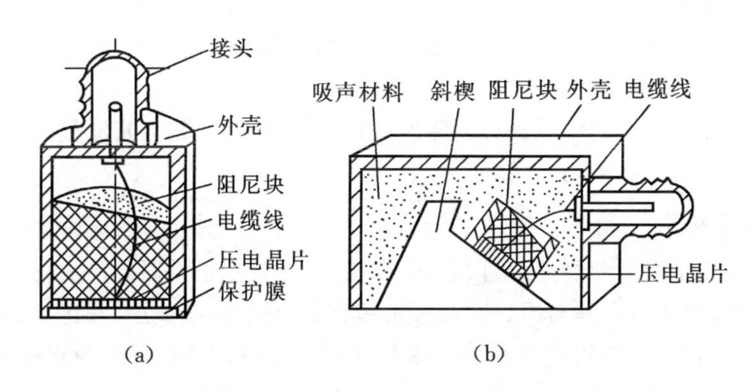

图 2-31　压电式超声探头的结构

(a)直探头；(b)斜探头

2. 探头的种类

超声检测中探头的种类很多,通常分直探头、斜探头、表面波探头及可变角、聚焦、浸液探头,还有其他特殊探头。

(1)接触式纵波直探头

接触式纵波直探头又称平探头,用于发射和接收垂直于探头表面的纵波,它以直接接触工件表面的方式进行垂直纵波检测。主要用于检测与检测表面平行或近似平行的缺陷。

(2)接触式斜探头

接触式斜探头有纵波探头、横波探头、表面波探头、兰姆波探头、可变角探头。横波探头在工件中激发横波,同时接收工件中返回的横波。这几种探头的共同特点是在发射纵波的晶片与工件之间加进一个斜楔 。

由于产生纵波容易,而且转换效率高,因此在超声检测需要其他波型时,先获得纵波,然后利用波型转换来得到其他波型。斜探头是考虑斜楔对波型转换的作用原理后,利用纵波在斜楔与工件界面上的波型转换而在工件中产生所需要的波型的一种探头。斜探头主要考虑两个方面:使工件中获得所需的波型及足够的声能;不能由于斜楔的存在使杂波增加而影响缺陷回波的判断。

纵波斜探头是入射角 $\alpha_L < \alpha_I$ 的探头,是利用小角度的纵波进行缺陷检测,或在横波衰减过大时,利用纵波穿透能力强的特点进行纵波斜入射检测。使用时工件中同时存在横波干扰。

横波探头是入射角 $\alpha_I < \alpha_L < \alpha_{II}$ 且折射波为纯横波的探头,主要用于检测与检测表面成一定角度的缺陷。

表面波探头是入射角在产生表面波的临界角附近,通常 $\alpha_L \geqslant \alpha_{II}$,用于检测工件的表面或近表面缺陷。

兰姆波探头的入射角根据板的厚度、检测频率及选定的兰姆波模式而定,主要用于对薄板中缺陷的检测。

(3)双晶探头

双晶探头是指两片晶片组合在一个探头中,一片用于发射超声波,另一片用于接收超声波,中间夹有隔离层。双晶探头具有灵敏度高、杂波少、盲区小、工件中近场区长度小、检测范围可调等特点。根据入射角 α_L 的不同,可分为双晶纵波探头($\alpha_L < \alpha_I$)和双晶横波探头($\alpha_I < \alpha_L < \alpha_{II}$),如图 2-32 所示。

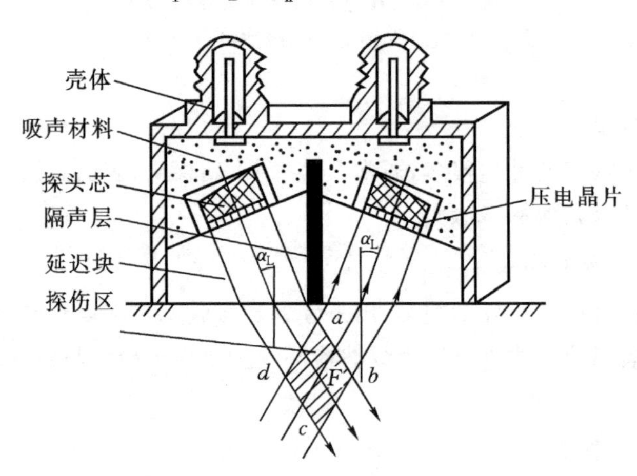

图 2-32 双晶探头结构

(4)接触式聚焦斜探头

接触式聚焦斜探头有透镜式、反射式、曲面晶片式三种,如图 2-33 所示。其主要特点:对聚焦区范围内的缺陷检测能力强。曲面晶片聚焦探头的效果最好,但制作难度大,价格昂贵。

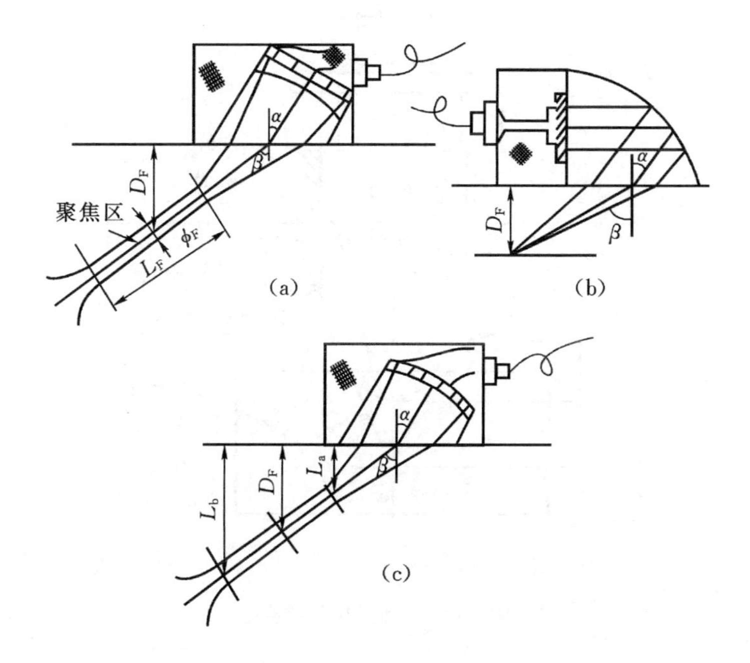

图 2-33　聚焦探头示意图

(a)透镜式；(b)反射式；(c)曲面晶片式

(5)水浸探头

1)水浸平探头　水浸平探头相当于可在水中使用的纵波探头，外形与直探头相仿。外壳可以长一些，可以不用保护膜，可以使压电晶片暴露在水中，但需解决两个新问题：①对于会产生潮解的压电晶片必须考虑封闭问题；②由于晶片与水直接接触，二者声阻抗相差很大(33∶1.5)，只有 17%的声能传入水中。为提高水浸探头辐射到水中的声能，可在压电晶片前覆盖一层匹配介质(如碘酸锂)，或改变探头的倾角使声束在水中倾斜入射到工件，也可以通过折射而在工件中产生纯横波。

2)液浸聚焦探头　液浸聚焦探头是在水浸平探头的晶片平面上加上声透镜构成的，如图 2-34 所示，图中 F 为声透镜的焦距，F'为实际焦距。其特点：在聚焦区内超声束宽度减小，而声强增大。

(6)电磁超声探头

电磁超声探头的原理：通电流的导体在磁场中受洛伦兹力的作用，电流方向、磁场方向、受力方向之间互相垂直。电磁超声探头由高频线圈和磁铁组成，如图 2-35所示。高频线圈用于产生高频激发磁场，磁铁提供外加磁场。

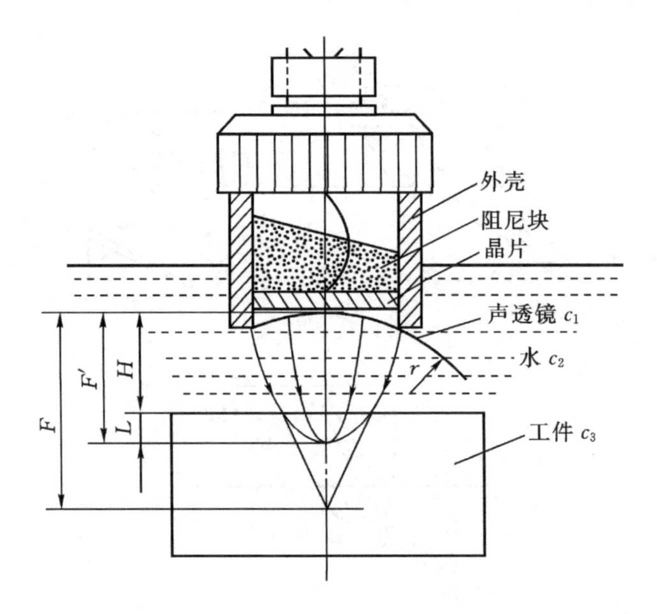

图 2-34 液浸聚焦探头

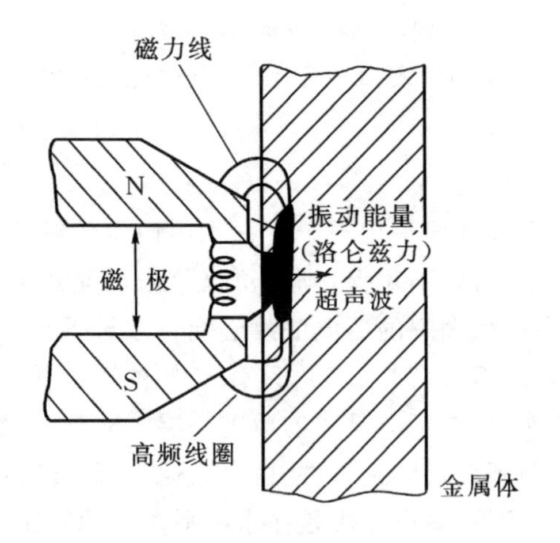

图 2-35 电磁超声探头

电磁超声探头的优点是:可以在导电工件中产生和接收数兆赫兹级的超声纵波、横波和兰姆波;由于探头无需和工件表面接触,所以可用脉冲反射法对高温(可高至 900℃)的金属进行检测。其缺点是:检测对象必须是导电材料;检测灵敏度与离工件表面的距离有关;超声转换效率较低,需要配置前置放大器。

(7)其他探头

除上面介绍的几种探头外，还有可变角探头、表面波探头、充水探头、轮式探头、微型探头、内孔探头，等等。最新出现的探头是薄膜探头，这种探头用环氧树脂PVF2 压电薄膜粘到一根细长的铜棒上组成。具有高压电常数、高柔顺性，可用于任何形状的工件表面。其主要特点是：灵敏度高、声阻抗低、密度低、质量轻、易于加工、性能稳定。

2.4.3　试块

1)试块的作用　在超声检测中为了保证检测结果正确、可重复性及可比性好，必须采用具有已知固定特性的试样(试块)对检测系统进行校准。此外，对于缺陷的评定，检测中常用与已知量比较的方法来进行，即与试块作比较测量。因此，试块的作用是：①确定检测灵敏度，超声检测的灵敏度太高时杂波多，导致判伤困难，太低又会引起漏检，用试块上某一人工反射体来调整检测灵敏度；②测试仪器和探头的性能；③调整扫描速度，用试块调整仪器示波屏上水平刻度与实际声程之间的比例关系，即扫描速度，以便对缺陷进行定位；④评判缺陷大小，利用试块绘出距离-波幅当量曲线对缺陷进行定量分析。

2)试块的分类　在超声检测中常用的试块有：对比试块、标准试块、模拟试块三类。试块上的人工反射体有横孔(长横孔、短横孔、横通孔)、平底孔、V 型槽和其他线切割槽。

3)标准试块　标准试块是指材质、形状、尺寸及表面状态等均由某些权威机构制定的试块。其基本要求是试块的材料应该材质均匀、无杂质、易于加工、不易变形且具有良好的声学性能。试块的形状与尺寸要符合标准要求。常用的标准试块如下。

①ⅡW 试块，是 1955 年由荷兰人首先提出，1958 年由国际焊接学会讨论通过的。主要用于横波检测。该试块的国际标准是 ISO2400—1972(E)，其材质相当于我国的 20 号钢，结构尺寸如图 2－36 所示。

②CSK－IA 试块，是我国承压设备无损检测标准 JB/T4730—2005 中规定的标准试块，是在ⅡW 试块基础上改进得到的，如图 2－37 所示。

③CSK－ⅡA、CSK－ⅢA、CSK－ⅣA 试块，是 JB/T4730—2005 标准中规定采用的焊接超声波检测用的横孔标准试块。

我国 CSK 系列标准试块要求试块材质与工件相同或相近。

4)对比试块　对比试块是指以特定的方法检测某些特定的检测对象采用的试块。要求材料的透声性能、声速、声衰减等尽可能与被检工件相同或相近，材质也尽可能与被检工件相同或相近。外形应尽可能简单，并能代表工件的特征，厚度与

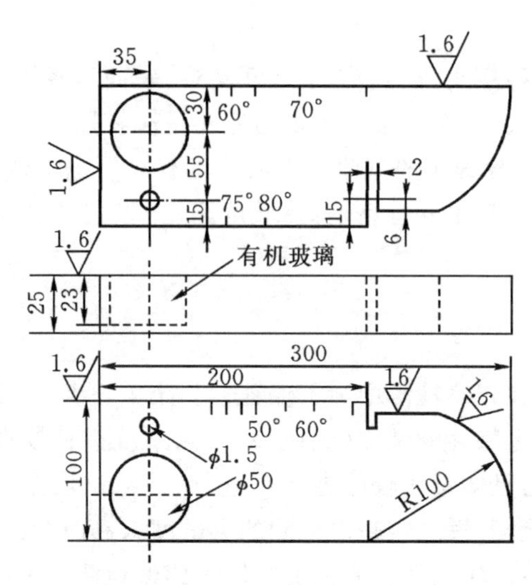

图 2-36 ⅡW 试块

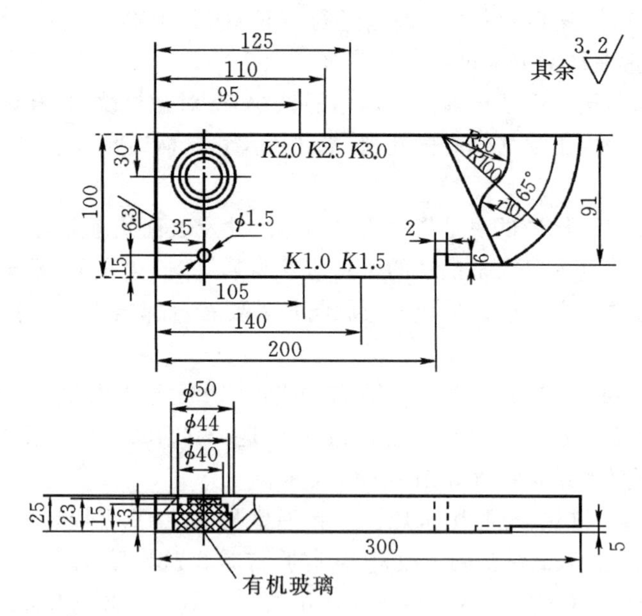

图 2-37 CSK-IA 试块

被检工件相当。对比试块一般采用人工反射体。

2.4.4　超声检测仪器与探头的主要性能

1. 超声检测仪的主要性能

超声检测仪各部分的主要性能见表 2－6。

表 2－6　超声检测仪各部分的主要性能

	主要性能
脉冲发射部分	脉冲重复频率、发射脉冲频谱、脉冲持续时间
	发射电压幅度(发射脉冲幅度)，其高低影响发射的超声波的能量
	脉冲上升时间，与可用超声波的频率有关，上升时间越短，频带越宽，上限频率高，可配用的探头的频率也高。脉冲上升时间短，脉冲宽度也可以减小，从而可减小盲区，提高分辨力
接收部分以及与示波管结合性能	垂直线性：输入到超声检测仪接收电路的信号的幅度和与其在显示器上所显示的幅度成正比关系的程度。在用波幅评定缺陷尺寸时，垂直线性对测试结果的正确度影响较大
	频率响应，又称接收电路带宽，常用频带的上、下限频率表示。在采用宽带探头时，接收电路的频带要包含探头的频带才能保证波形不失真
	噪声电平，空载时最大灵敏度下电噪声的幅度。其大小会限制仪器可用的最大灵敏度
	最大使用灵敏度，信噪比大于 6 dB 时可检测的最小信号的峰值电压，表示系统接收微弱信号的能力
	衰减器准确度，反映衰减器读数的增减与显示的信号幅度变化之间的对应关系。对仪器灵敏度的调整、缺陷当量的评定均有重要意义
	垂直偏转极限，示波管上 y 偏转最大时对应的刻度值
	垂直线性范围，垂直线性在误差范围内的显示屏上的信号幅度范围，用上、下限刻度值(%)表示
	动态范围，在增益不变的情况下，超声检测仪可运用的一段信号幅度范围，在此范围内信号不过载或畸变。用满足上述条件的最大输入信号与最小输入信号之比的分贝值表示

续表 2-6

	主要性能
时基部分	水平线性,又称为时基线性或扫描线性。输入到超声检测仪中的不同回波时间间隔与超声检测仪显示屏时基线上回波的间隔成正比关系的程度。主要取决于扫描电路产生的锯齿波的线性。它影响确定缺陷位置准确度
	水平偏转极限,示波管上 x 偏转最大时对应的刻度值,通常要求大于满刻度值(100%)
	水平线性范围,规定的误差范围内的时基线刻度范围
数字超声检测仪除满足上述性能外还需要考虑采样频率、A/D 转换精度(位数)、时间响应等	

2. 探头的主要性能

1)频率响应 在给定的反射体上测得的探头的脉冲回波频率特征。

2)相对灵敏度 是以脉冲回波方式,在规定的介质、声程和反射体上,衡量探头电声转换效率的一种度量。不同的标准有不同的表达方式。

3)时间域响应 通过脉冲回波的形状、脉冲宽度(长度)、峰数等特征来评价探头的性能。脉冲宽度与峰数是以不同的形式来表示所接收回波信号的持续时间。脉冲宽度是指在低于峰值幅度的一定规定水平上所测得的脉冲回波前沿和后沿之间的时间间隔。峰数是指在所接收信号的波形持续时间内,幅度超过最大幅度的20%(14 dB)的周数。脉冲宽度越窄、峰数越少,则探头的阻尼效果越好,探头的分辨力好,灵敏度略低。

4)探头的声场特性 包括:距离幅度特性、声束扩散特性、声轴偏斜角、双峰。

①距离幅度特性。是探头声轴上规定反射体回波声压随距离变化的曲线,由距离幅度特性可测出声场的最大峰值距探头的距离、远场区幅度随距离下降的快慢等。

②声束扩散特性。指不同距离处横截面上声压下降至声轴上声压值的-6 dB时声束宽度,不同探头的声束宽度变化与半扩散角有关。

③声轴偏斜角与双峰。反映声束轴线与探头几何轴线偏离的程度,双峰是指沿横向移动时,同一反射体产生两个波峰的现象。声轴偏斜角与双峰均与声束横截面上的声压分布相关,反映的是最大峰值偏离探头中心轴线的程度。

5)斜探头的入射点与折射角 入射点是指斜楔中纵波声轴入射到探头底面的交点;折射角的标称值指钢中横波的折射角,由斜楔的角度决定。

3. 超声检测仪与探头的组合性能

超声检测仪与探头的组合性能包括灵敏度(灵敏度余量)、分辨力、信噪比。

1)灵敏度　是超声检测系统能检测出最小缺陷的能力;灵敏度余量是指仪器最大输出(增益、发射强度最大,衰减和抑制为零)时,使规定反射体回波达到基准高度时仪器所需衰减的衰减总量,用分贝表示。灵敏度余量大,说明检测系统的灵敏度高,它与仪器和探头的综合性能有关,因此又称为仪器和探头的综合灵敏度。

2)分辨力　超声检测系统能够对一定大小的两个相邻反射体提供可分离指示时两者的最小距离。

①纵向分辨力。由于超声脉冲有一定的宽度,在深度方向上分辨相邻信号的能力有一个最小限度(最小距离)。

入射面分辨力和底面分辨力:在工件的入射面和底面附近可分辨的缺陷和相邻界面的距离,也称为上表面分辨力和下表面分辨力;它与实际检测时的检测灵敏度有关,检测灵敏度高时,界面脉冲或脉冲宽度会增大,使得分辨力降低。

②横向分辨力。探头平移时,分辨两相邻反射体的能力称为横向分辨力。

3)信噪比　显示屏上有用的最小缺陷回波幅度与无用的最大噪声幅度之比。

2.5　超声波检测方法及特点

2.5.1　按原理分类

按超声检测原理,超声检测可分为脉冲反射法、穿透法、共振法。

(1)脉冲反射法

脉冲反射法是目前应用最广泛的一种超声波检测方法。其基本原理:将具有一定持续时间和一定频率间隔的超声脉冲发射到被测工件,当超声波在工件内部遇到缺陷时就会产生反射,根据反射信号的大小及在显示器上的位置可以判断出缺陷的大小及深度。脉冲反射法包括缺陷回波法、底波高度法、多次底波法。

1)缺陷回波法　是脉冲反射法的基本方法,它是根据超声检测仪显示屏上显示的缺陷回波判断缺陷的方法。图2-38是缺陷回波法原理示意图。当被检工件内部无缺陷时,显示屏上只有发射脉冲(始波)及底面回波;当被检工件内部有小缺陷时,显示屏上有发射脉冲(始波)、缺陷回波及底面回波;当被检工件内部有大缺陷时,显示屏上有发射脉冲(始波)、缺陷回波,没有底面回波。

2)底波高度法　根据底面回波高度的变化判断工件内部有无缺陷的方法,称为底波高度法。对于厚度、材质不变的工件,如果工件内部无缺陷,其底面回波的高度基本不变,工件内部有缺陷时,底面回波的高度会减小甚至消失,如图2-39

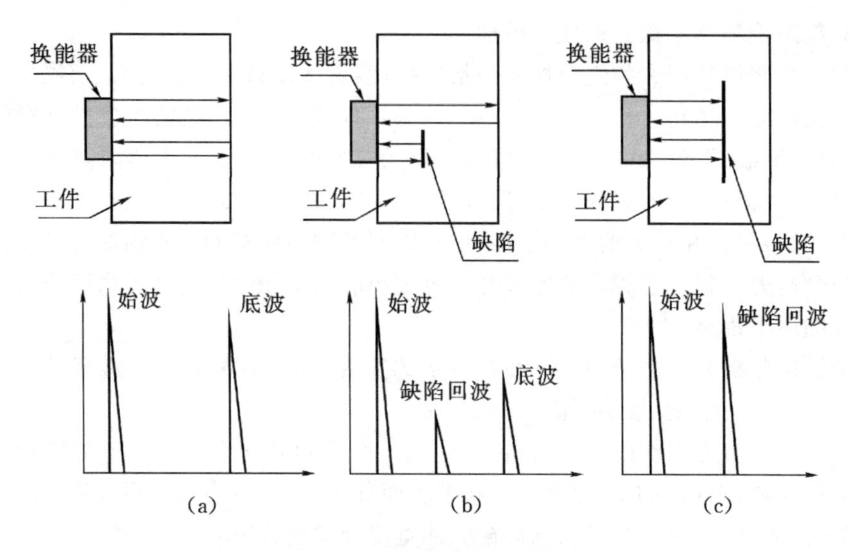

图 2-38　缺陷回波法示意图

(a)无缺陷；(b)有小缺陷；(c)有大缺陷

所示。

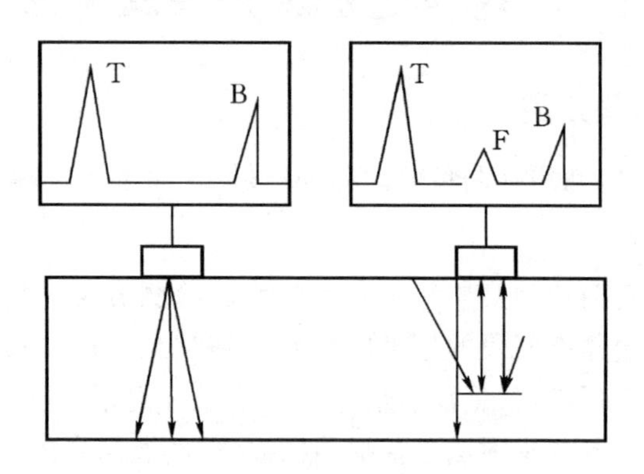

图 2-39　底波高度法原理示意图

底波高度法要求被检工件的探测面与底面平行，而且不易对缺陷定位。因此这种方法一般作为一种辅助检测手段，与缺陷回波法配合使用，以利于发现某些倾斜或小而密集的缺陷。

3)多次底波法　是以多次底面脉冲反射信号为依据进行检测的方法，如果工件内部无缺陷，在显示屏上出现高度逐次递减的多次底波，如果工件内部存在缺陷，由于缺陷的反射、散射而增加了声能的损耗，底面回波次数减少，同时也打破了各次底面回波高度逐次衰减的规律，并显示缺陷回波，如图 2－40 所示。

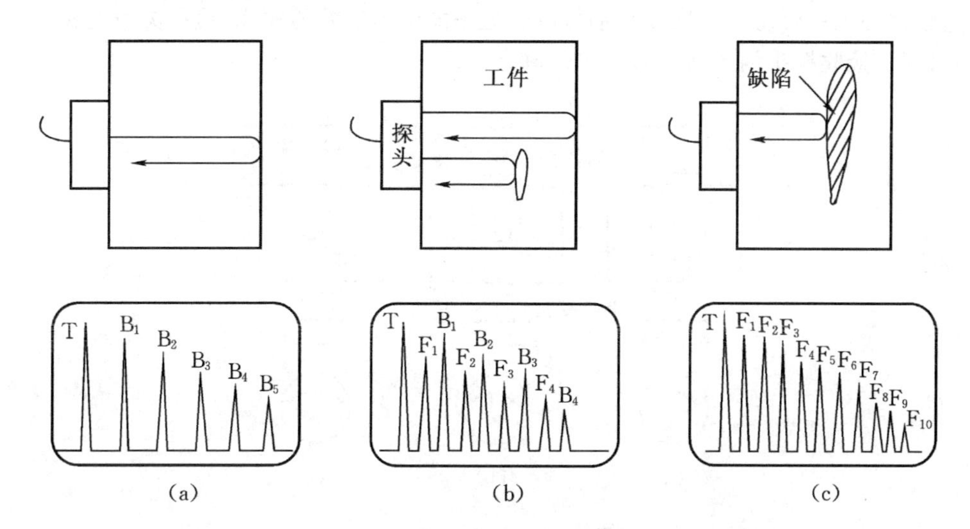

图 2－40　多次底波法示意图

(a)无缺陷；(b)有小缺陷；(c)有大于声束直径的缺陷

多次底波法用于对厚度不大、形状简单、检测面与底面平行的工件进行检测。缺陷检出的灵敏度低于缺陷回波法。也可用于探测吸收性缺陷(如疏松等)，声波穿过缺陷不引起反射，但声波衰减很大，几次反射后由于声源耗尽使底波消失，如图 2－41 所示。

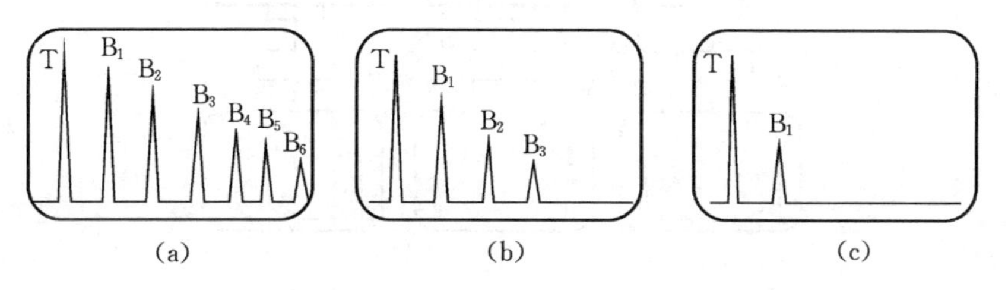

图 2－41　带有吸收性缺陷直接接触纵波多次底波法

(a)无缺陷；(b)有吸收性缺陷；(c)有严重吸收性缺陷

(2)穿透法

将两个探头分别置于工件的两侧。一个探头发射的超声波透过工件被另一侧的探头接收，根据接收到的能量大小判断有无缺陷。穿透法可用连续波(见图 2－42)和脉冲波(见图 2－43)两种不同的方式。穿透法适于检测薄工件的缺陷和衰减系数较大的匀质材料工件;设备简单,操作容易,检测速度快;对形状简单,批量较大的工件容易实现连续自动检测。但不能给出缺陷的深度,检测灵敏度较低,对发射、接收探头的相对位置要求较高。

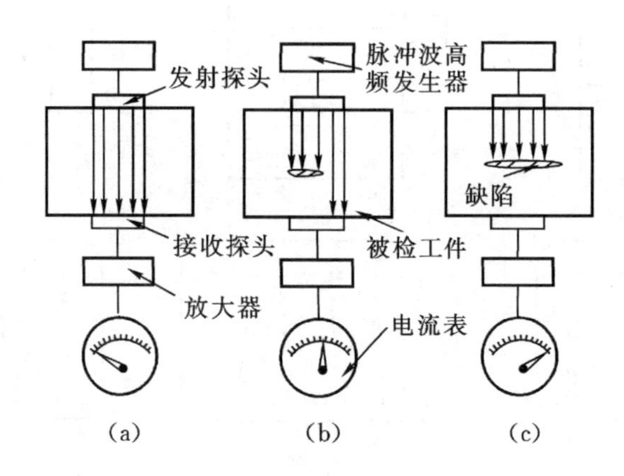

图 2-42 连续波穿透法

(a)无缺陷;(b)有小缺陷;(c)有大缺陷

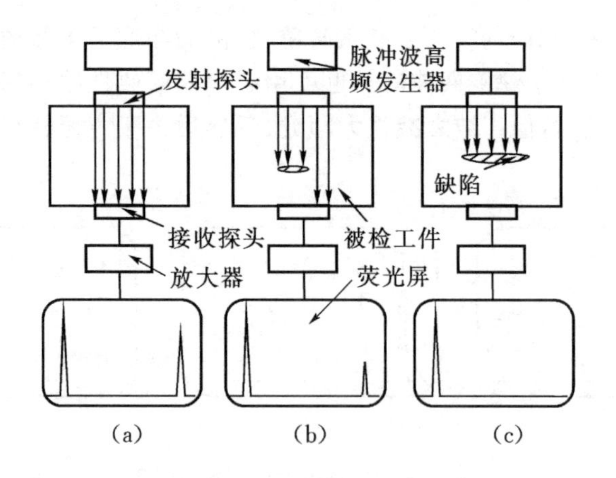

图 2-43 脉冲波穿透法

(a) 无缺陷;(b)有小缺陷;(c)有大缺陷

(3)共振法

一定波长的声波,在物体的相对表面上反射,所发生的同相位叠加的物理现象称共振,应用共振现象来检验工件的方法称共振法。常用于测工件的厚度。用共振法测厚的关系式为

$$\delta = \frac{n\lambda}{2} = \frac{nc}{2f} \tag{2-47}$$

式中：n 为共振次数(半波长的倍数)；f 为超声波的频率；λ 为超声波波长；c 为试件中的超声波声速；δ 为试件厚度；

2.5.2　按波型分类

根据检测采用的超声波波型，超声检测方法可以分为：纵波法、横波法、表面波法、板波法、爬波法。

(1)纵波法

1)纵波直探头法　使用纵波直探头进行检测的方法，它是波束垂直入射到工件的检测面，以固定的波型和方向透入工件，也称为垂直入射法。主要用于板材、锻件、铸件、复合材料的检测，当缺陷平行于检测平面时，检测效果最佳。

垂直入射法分为单晶直探头脉冲反射法、双晶直探头脉冲反射法和穿透法。常用的是脉冲反射法。单晶直探头的远场区近似于按简化模型进行理论推导的结果，所以可用当量法对缺陷进行评定。同时，由于受近场盲区和分辨率的限制，只能发现工件内部离检测面一定距离外的缺陷。双晶直探头利用两片晶片，一片发射，一片接收，很大程度上克服了近场盲区的影响，适用于检测近表面缺陷和薄壁工件。

2)纵波斜探头法　纵波斜探头法是将纵波以小于第一临界角的入射角倾斜入射到工件检测面，利用折射纵波进行检测的方法。此时，工件中既有纵波、又有横波，由于纵波的传播速度大于横波的传播速度，因此，可以利用纵波来识别缺陷。小角度的纵波斜探头常用来检测探头移动范围较小、检测范围较深的工件，例如从螺栓端部检测螺栓。也可用于检测粗晶材料，例如奥氏体不锈钢焊接接头。

(2)横波法

将纵波通过斜楔或水等介质倾斜入射到工件检测面，利用波型转换得到横波进行检测的方法称为横波法。由于入射声束与工件检测面成一定夹角，所以又称为斜射法。

横波法主要用于焊缝及管材的检测。检测其他工件时，作为一种辅助检测手段，用以发现与检测面成一定倾角的缺陷。

(3)表面波法

表面波只在工件表面下几个波长深度的范围内传播，当表面波在传播过程中遇到裂纹时：①一部分声波在裂纹开口处以表面波的形式被反射，并沿工件表面返回；②一部分声波仍以表面波的形式沿裂纹表面继续向前传播，传到裂纹顶端时，部分声波被反射而返回，部分声波继续以表面波的形式沿裂纹表面向前传播；③一部分声波在表面转折处或裂纹顶端转变为变形纵波或变形横波，在工件内部传播，如图2-44所示。表面波检测时主要利用表面波的这些特点检测工件表面或近表面缺陷。表面波可检测的深度约为表面下两倍波长。

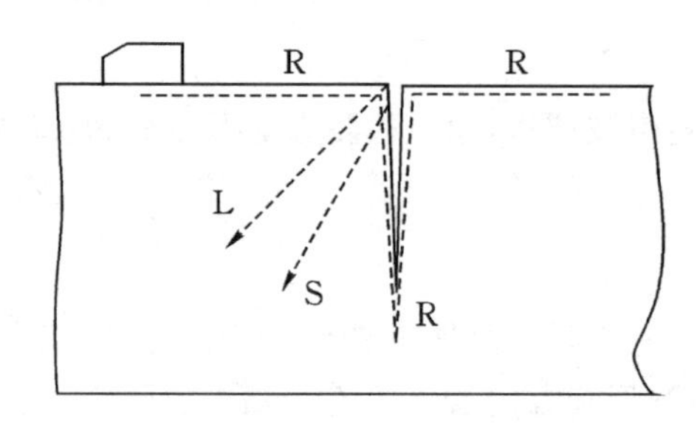

图2-44 表面波传播到表面裂纹时的传播示意图

(4)板波法

利用板波进行检测的方法，主要用于检测薄板、薄壁管等形状简单的工件。

(5)爬波法

当纵波以第一临界角附近的角度(±30°)从介质Ⅰ倾斜入射到介质Ⅱ时，在介质Ⅱ中不但产生表面纵波，而且还存在斜射横波。通常把横波的波前称为头波，把沿介质表面下一定距离处在横波和表面纵波之间传播的峰值波称为头波或爬波，如图2-45所示。

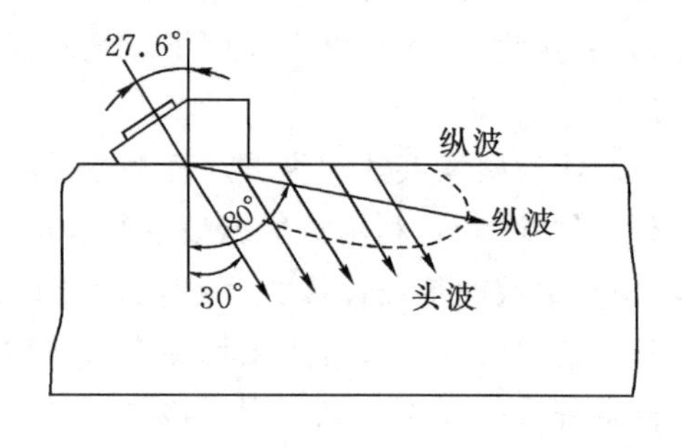

图2-45 爬波产生示意图

爬波受工件表面刻痕、不平整、凹陷等干扰较小，有利于检测表面下缺陷。爬波离开探头后衰减快，回波声压约与距离的4次方成反比，检测距离较小，通常只有几十毫米。采用双探头(一个发射，一个接收)检测比较有利。

2.5.3 按探头数目分类

(1)单探头法

用一个探头(既发射超声波又接收超声波)的检测方法，称为单探头法。单探头法操作方便，可以检测出大多数缺陷，是最常用的一种检测方法。这种方法对于与声束垂直的面状缺陷的检出效果最好，与声束平行的面状缺陷难以检出。当声束轴线与缺陷倾斜时，根据倾斜角度的大小，有可能接收到部分缺陷回波，也可能反射波声束全部反射到探头之外，导致无法检出缺陷。

(2)双探头法

使用两个探头(一个发射，一个接收)进行检测的方法称为双探头法，用于发现单探头法难以检出的缺陷。双探头法根据探头排列方式和工作的方式，可以分为并列式、交叉式、V 形串列式、K 形串列式、串列式等，如图 2-46 所示。

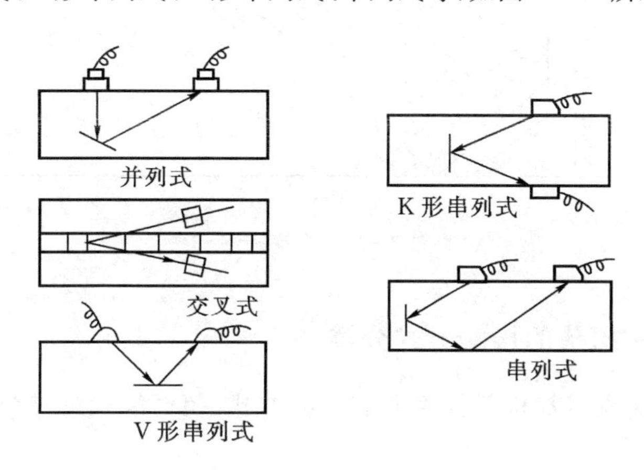

图 2-46　双探头的排列方式

1)并列式　两个探头并列放置，检测时两者作同步同向移动。直探头并列放置时，一般一个探头固定，一个探头移动，以便发现与检测面倾斜的缺陷。有较高的分辨能力与信噪比，适用于薄工件、近表面缺陷检测。

2)交叉式　两个探头的轴线交叉，交叉点为需要检测的部位。这种检测方法可以发现与检测面垂直的面状缺陷，在焊缝检测中用来发现横向缺陷。

3)V 形串列式　两个探头相对放置在同一面上，一个探头发射的超声波被缺陷反射，反射的回波刚好落在另一个探头的入射点上。主要用来发现与检测面平行的面状缺陷。

4)K 形串列式　两个探头以相同的方向分别放置在工件的上下表面，一个探头发射的超声波被缺陷反射，反射的回波进入另一个探头。主要用来发现与检测面垂直的面状缺陷。

5)串列式　两个探头一前一后以相同的方向放置在工件的同一表面，一个探头发射的超声波被缺陷反射，反射的回波经底面反射进入另一个探头。主要用来发现与检测面垂直的片状缺陷(如厚焊缝的中间未焊透)。

(3)**多探头法**

使用两个以上的探头组合进行检测的方法称为多探头法,如图 2-47 所示。主要是通过增加声束来提高检测速度或发现各种取向的缺陷。

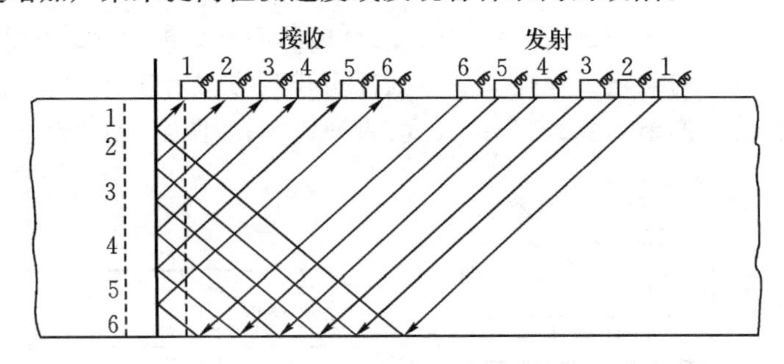

图 2-47 多探头法

2.5.4 按探头的接触方式分类

按检测时探头与被检工件表面的接触方式,超声波检测可分为接触法、液浸法。

(1)**接触法**

由于探头与被检工件表面间的耦合剂层很薄,可以看做两者直接接触,这种检测方式称为直接接触法。这种方法要求检测表面粗糙度小,操作方便,缺陷检出灵敏度高,是实际检测中应用最多的方法。

(2)**液浸法**

探头与工件浸没在液体中,以液体做耦合剂进行检测的方法。液体可以是油也可以是水。这种方法探头不接触工件,适用于检测表面粗糙的工件,探头不易磨损,耦合稳定,检测结果重复性好,便于实现自动检测。液浸法又可分为全浸没式和局部浸没式,如图 2-48 所示。

1)全浸没式 被检工件全部浸没在液体中,适合于检测体积小、形状复杂的工件。

2)局部浸没式 把工件的一部分浸没在水中或被检工件与探头之间保持一定的液体层进行检测的方法。适合于检测体积大的工件。局部浸没式又可分为:喷液式、通水式、满溢式。

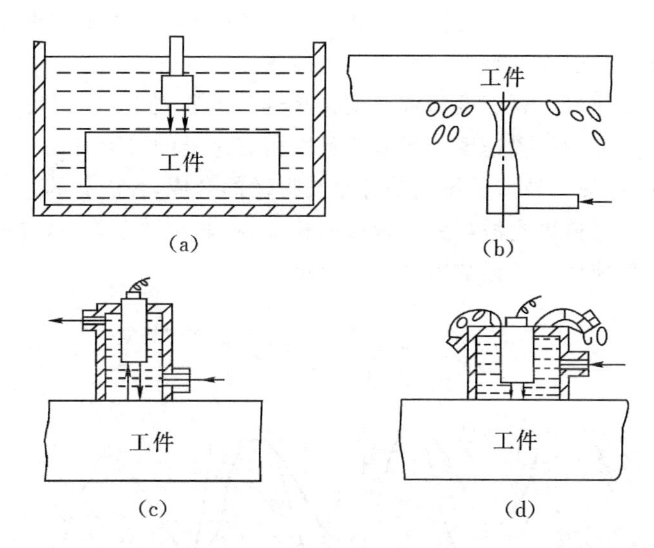

图 2-48　液浸法检测示意图
(a) 全浸没式；(b)喷液式局部浸没；(c)通水式局部浸没；(d)满溢式局部浸没

2.6　兰姆波检测技术

2.6.1　兰姆波检测原理

兰姆波在结构中传播时，结构内部的各种损伤会引起应力集中、裂纹扩展，这些以及损伤周围的边界都会引起在结构中传播的兰姆波信号的散射和能量的吸收。如遇到基体组织发生显著变化的情况，例如分层、孔洞等缺陷时，会发生反射和散射现象，使得接收到的信号的波包幅值、频率成分以及模式可能会发生变化。这时信号中包含了基体组织中的缺陷信息，通过对信号进行采集、分析提取出其中所包含的缺陷信息，就可以对缺陷的存在、当量大小、类型以及位置等进行判别。

2.6.2　兰姆波的波速

在板的某一点上激励超声波，由于超声波传播到板的上下界面时，会发生波型转换。经过在板内一段时间的传播之后，因叠加而产生“波包”，即所谓的板中兰姆波模态。兰姆波在板中传播时，存在不同的模态，各种模态的叠加效果即为兰姆波。兰姆波的模态分为对称波(S)和反对称波(A)，如图 2-7 所示。每种波型都包含多阶模态，例如对称波模态有 S_0，S_1，S_2，…，反对称波模态有 A_0，A_1，A_2，…。

这些兰姆波模式有不同的相速度和群速度，其大小依赖于频率和板厚的乘积。对称波和反对称波可以相互独立地在介质中传播。

兰姆波的波速分为相速度和群速度。相速度是振动相位的传播速度，是对单一连续谐振波定义的传播速度。当多个速度稍有差异的波同时在一个介质中沿同一方向传播时，介质中质点的振动是各个波振动的合成，合成后的包络线的传播速度称为群速度。群速度是波群的能量传播速度，在非频散介质中，群速度等于相速度。相速度和群速度的关系如图 2-49 所示。

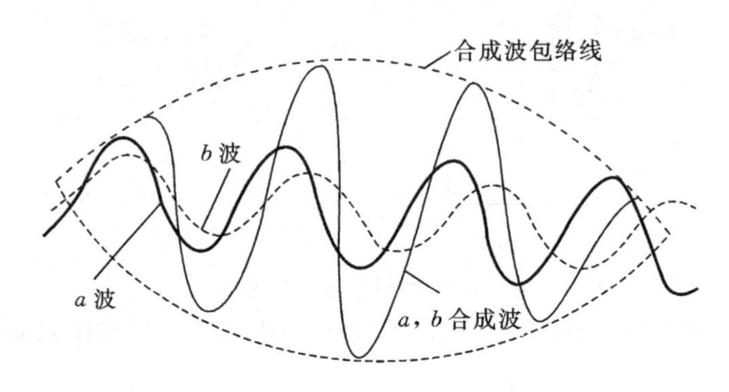

图 2-49 相速度和群速度的关系

兰姆波波速与频率 f、板厚 d 的关系如下。

对称型(S)：$$\frac{\tan\pi fd\sqrt{|c_p^2-c_s^2|/c_p^2c_s^2}}{\tan\pi fd\sqrt{|c_p^2-c_l^2|/c_p^2c_l^2}}=4\frac{\sqrt{(c_p^2/c_l^2-1)(c_p^2/c_s^2-1)}}{(2-c_p^2/c_s^2)^2} \qquad (2-48)$$

反对称型(A)：$$\frac{\tan\pi fd\sqrt{|c_p^2-c_s^2|/c_p^2c_s^2}}{\tan\pi fd\sqrt{|c_p^2-c_l^2|/c_p^2c_l^2}}=4\frac{(2-c_p^2/c_s^2)^2}{\sqrt{(c_p^2/c_l^2-1)(c_p^2/c_s^2-1)}} \qquad (2-49)$$

式中：f 为声波频率；d 为板厚；c_l 为无限大介质中纵波声速；c_s 为无限大介质中横波声速；c_p 为兰姆波的相速度。

上式清楚地表达了兰姆波的相速度 c_p 与频率、板厚乘积 fd 的关系。方程决定了兰姆波是多模式的、频散的，即对于某一个 c_p 值对应有无数个 fd 值。

实际应用中，对于频率单一的连续波，兰姆波的声速就是相速度。对于脉冲波，兰姆波的声速是群速度。由于群速度求解非常困难。因此，为了方便起见，把脉冲波中振幅最大的频率及其附近频率成分的群速度作为脉冲波的群速度，这样群速度与相速度一样与 fd，c_s，c_l 有关。

由于兰姆波的相速度 c_p、群速度 c_g 计算困难，实际中往往通过查相应的速度图来确定。

2.6.3　兰姆波的传播特性

兰姆波的主要特点是多模式和频散，在任一给定的激发频率下，至少存在两种兰姆波模式，而各模式的相速度又随着激发频率的改变而发生变化，即频散。各模式的频散特性使兰姆波检测变得非常复杂，所以，兰姆波检测中很关键的一个方面是缺陷信号的提取和精确的信号解释。

(1)兰姆波的衰减

由于兰姆波是在二维空间传播，因此应当比在三维空间中传播的声波衰减小一些，但是由于其波长短，由热损耗产生的衰减比较大，同时还受表面的影响，所以兰姆波检测的距离不大。兰姆波的衰减特点是与距离成非比例关系，有时也不随距离单调变化。图 2-50 是一实测兰姆波随距离的衰减曲线。由图可见，A_1 型或 S_1 型兰姆波的衰减是随距离单调变化的，而 A_0S_0 型（A_0、S_0 的合成波）和 A_2S_2 型兰姆波的衰减不是单调变化。

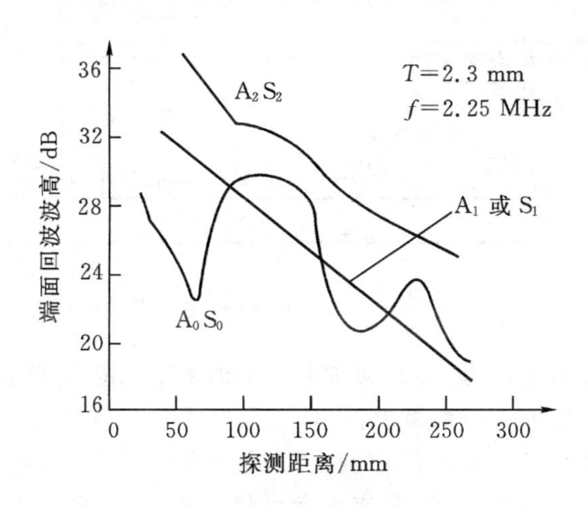

图 2-50　实测兰姆波随距离的衰减曲线

(2)反射时兰姆波波型的变化

兰姆波在端面上反射时，不是所有的能量全部按原来的波型反射，其中有一部分以其他兰姆波波型反射，例如，发射探头产生 S_5 型兰姆波，反射波中除了 S_5 兰姆波，可能还会出现 S_4，S_0+A_0 型兰姆波。

(3)兰姆波回波信号的宽度

当脉冲很窄时，它包含的频率较宽，群速度有多个值，不同群速度的兰姆波经过一定距离的传播后在端面反射，各个波型的反射又不一样，探头接收到的回波信号会发生畸变。一般,信号宽度变宽,甚至会出现多个波。为了防止波型在传播中畸变,需要选择合适的板波类型,即选择群速度图中板波群速度随频率变化比较缓慢的波型。

2.6.4 兰姆波的激发与接收

兰姆波信号的激发与接收主要有两种方式。

①单探头式和双探头式。单探头式是用一个探头既承担信号的发射任务,同时也要完成信号的接收任务。双探头式是用一个探头完成信号的发射任务,用另一探头完成信号的接收任务。还有采用多个换能器组成探头阵列来激发和接收兰姆波的,即采用一个压电传感器作为激励传感器,用多个压电传感器作为接收传感器,组成多通道兰姆波检测系统。图 2-51 所示为斜探头一发一收方式实验装置示意图。

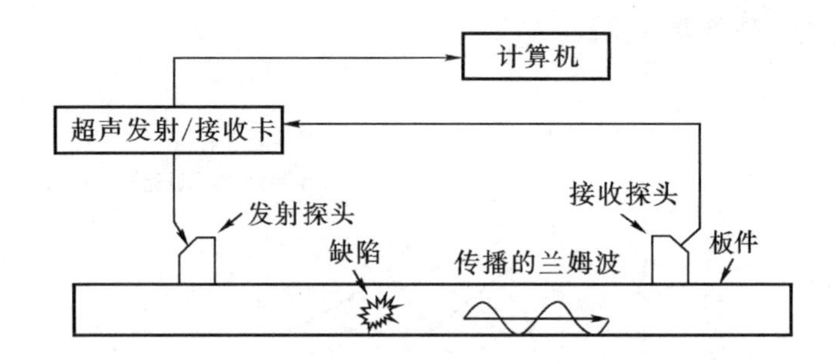

图 2-51　斜探头一发一收方式实验装置示意图

②纵波斜射法和垂直耦合法。纵波斜射法即采用一定角度的透声锲使纵波直探头以一定入射角度射入被测板中,这种激发方式与普通的横波检测方式相同。不同的兰姆波波型是通过选择不同的探头入射角来实现的。而垂直耦合法是用超声纵波直探头垂直耦合在被测板材表面发射超声波,垂直耦合时板中传播的超声波是多模式的兰姆波。

2.6.5 兰姆波检测的一般程序

进行兰姆波检测时,关键是要确定最佳检测参数,这就要求必须首先选择适当的兰姆波模式。兰姆波检测的一般步骤如下。

①选择发射脉冲,用频谱分析的方法测定探头发射的超声波频谱,以便选择窄频带脉冲。

②制作试块,试块的厚度和材料与被测板相同,长度可选 20 mm、30 mm 等,

试块上制作人工缺陷。

③选择合理的波型，如果需要的传播距离大，应选择以纵波成分为主的板波波型；如果需要测定板与其他介质的粘结良好程度，应选择以横波成分为主的板波波型。先根据频率与板厚的乘积在群速度图上选择群速度随频率变化缓慢的板波波型，再根据波型、频率与板厚的乘积，从相应的图中查得入射角。

④根据入射角选择合适的探头，在试块上调整扫描速度。用试块端面反射脉冲信号观察所选兰姆波的衰减特性，注意是否有非单调特性。

⑤根据人工反射体的反射，选择检测灵敏度。

⑥检测时，当发现端面信号前有信号出现时，用手指拍打确定缺陷的确切位置。

2.6.6　兰姆波模式的识别

由兰姆波的传播特性可知，入射兰姆波和接收到的兰姆波并不一定具有相同的模式。因此进行准确的兰姆波模式识别是十分关键的。由于兰姆波的复杂性，仅在时域或者频域是不能识别出信号中包含的兰姆波模式成分。在兰姆波检测中，常用的模式识别方法有动态光弹法、二维傅里叶变换、时频分析法等。

1）动态光弹法　动态光弹法回避了传统的电学测量方法，直接从板的侧面观察兰姆波的形成、传播、散射等过程。

2）二维傅里叶变换法　当被激励的不同模式兰姆波的群速度在激发频率范围内比较接近时，进行兰姆波速度测量和模式识别就比较困难。二维傅里叶变换就是将接收到的幅度-时间记录转换为各个离散频率点的幅度-波数记录，从而分解出单个兰姆波，并可对其幅值进行测量。二维傅里叶变换最大的优点就是可同时测量兰姆波的幅值和相速度。通过对接收信号的二维傅里叶变换，得到其二维傅里叶变换的三维图像，再得到二维傅里叶变换的等高线图，然后与理论计算所得到的波数-频率的频散曲线进行对比，从而确定检测信号中所包含的兰姆波模式。这种方法能够在一定程度上识别出兰姆波模式，但是由于受二维傅里叶变换的分辨率的限制，尚不能将两个挨得很近的模式更清楚地检测出来。

3）时频分析法　时频分布是在时频空间对信号进行描述，它所表示的是信号在时频空间的能量分布密度，兰姆波的群速度是声波能量传播的速度，兰姆波群速度频散曲线是在速度-频厚空间描述兰姆波的能量传播特性，所以，兰姆波的时频分布与群速度频散曲线有一定的对应关系。当传播距离一定时，可将兰姆波的群速度频散曲线转换到时间-频厚空间，得到兰姆波的理论时频分布曲线。这样就可以通过对比理论时频分布曲线和实际检测信号的时频分布图，来确定信号的组成。反过来，也可以通过时频分析来确定兰姆波的群速度频散特性。

2.7 相控阵超声检测技术

2.7.1 概述

(1)相控阵超声检测技术的发展

相控阵超声的基本概念来自于相控阵雷达技术。在相控阵雷达中,大量的子天线单元按一定形状排列起来,通过控制每个子单元发射电磁波束的延时和幅度,就能在一定空间范围内合成灵活聚焦扫描的雷达波束。相控阵超声则是用若干压电振元组成阵列换能器,实现声束的相控发射和接收。在工业无损检测领域中,最近几年来对相控阵超声检测的研究已经成为热点。

近年来,国外对相控阵超声检测技术的研究日趋活跃,例如在核工业、航空工业等质量要求高的行业,开始引入相控阵超声技术进行缺陷检测。对传统超声检测效果不太理想的奥氏体焊缝、混凝土和复合材料,也进行了相控阵超声检测的尝试。在相控阵系统的设计、生产与测试方面取得了一系列的进展,如新型换能器材料、相控阵换能器、动态聚焦系统等。

(2)相控阵超声检测技术的优点

与传统超声检测技术相比,相控阵超声检测技术的优点是:

①采用电子方法控制声束聚焦和扫描,可以在不移动或少移动的情况下进行快捷的扫描,提高检测速度;

②由于可对声束角度进行控制,具有良好的声束可达性,通过多个检测角度的设定,能对复杂几何形状和在役零件进行检测;

③通过动态控制声束的偏转和聚焦,可以实现对焦点位置的动态控制,可使检测分辨力、信噪比和灵敏度等性能提高。

2.7.2 相控阵超声成像

相控阵超声检测技术通过控制阵列换能器各阵元的发射和接收,形成合成声束的聚焦、扫描等各种效果,从而进行超声成像。

在相控阵超声发射状态下,阵列换能器中各阵元按一定延时规律顺序激发,产生的超声发射子波束在空间合成,形成聚焦点和指向性。改变各阵元激发的延时规律,可以改变焦点位置和波束指向,形成在一定空间范围内的扫描聚焦。

在相控阵超声接收状态下,阵列换能器的各阵元接收回波,按不同延时值进行延时,然后加权求和作为输出。通过设定一定的延时规律,可以实现对声场中的指定物点进行聚焦接收。采用不同的延时规律,即可实现对不同点和不同方向上的接收聚焦和扫描。

通过相控阵超声发射和接收,采用相位延时、动态聚焦、动态孔径、动态变迹、编码发射、数字声束形成等多项技术,就能获得声束所扫描区域内物体的超声成像。

对比其他超声成像方式,相控阵超声成像具有综合的优点。

①与 B 扫描、C 扫描等扫描方式相比,相控阵超声成像使用阵列换能器(探头),不需要移动探头就可以实现对物体一定声场范围内的扫查,免去了复杂的扫查装置。另外,扫描成像方式中的声束是由单探头发出的,其焦距、焦深等参数是固定的,不能在整个视场内得到清晰一致的成像;而相控阵超声成像则能灵活控制焦点位置、大小、焦深等多个参数,从而可以得到物体均匀一致、高分辨率的清晰成像。

②超声全息能得到目标的立体像,但它的灵敏度和分辨率不高,设备复杂昂贵,目前还未得到普遍应用。相控阵超声成像的检测灵敏度和分辨率大大高于超声全息成像,而且通过各个方向扫描声束的探测结果进行计算机重建,也可以得到被检测物体的三维成像。

③超声显微镜的成像分辨率很高,但它只适用于探查物体表面和近表面的微观结构;相控阵超声成像的分辨率虽然相比较低,但可以对厚大工件的内部进行成像检测。

④合成孔径成像和 ALOK 成像都具有分辨率高、信噪比高的优点,是已被证明行之有效的实用超声检测成像方法。相控阵超声成像则从原理上包含了这两种成像方式的优点:合成孔径成像和 ALOK 成像都以单探头进行移动发/收来合成阵的效应从而获得性能的提高,相控阵超声成像中的阵列传感器则在物理上就是阵列结构,因此同样能获得高分辨率和高信噪比。并且免去了移动探头的定位扫查机构,相控阵超声成像的系统更加简化、可靠性更强。

2.7.3　相控阵超声检测原理

1. 相控阵探头

相控阵探头的特点是压电晶片不再是一个整体,而是由多个独立小晶片单元组成的阵列。常用的有直线排列的线阵列、环形排列的面阵列,如图 2-52 所示。

2. 相控阵的发射与接收

(1)相控阵发射

多个换能器阵元按一定形状、尺寸排列,构成超声阵列换能器,分别调整每个阵元发射信号的波形、幅度和相位延迟,使各阵元发射的超声子波束在空间叠加合

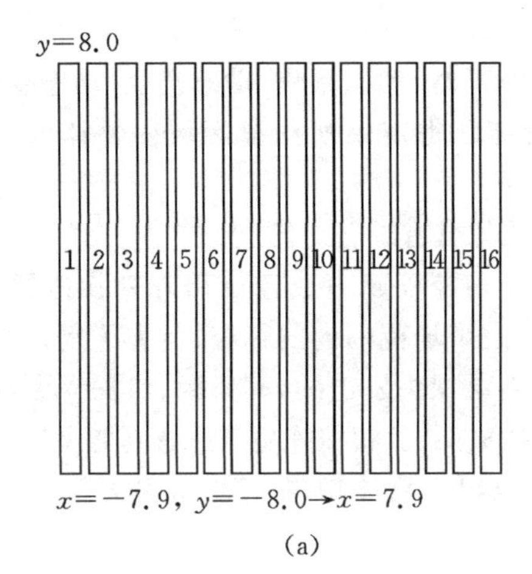

(a)

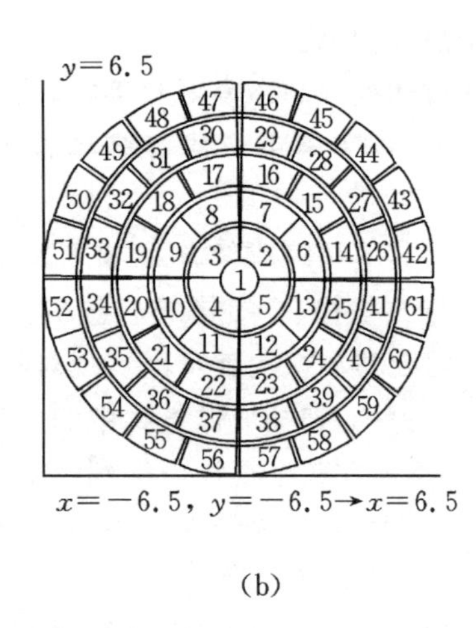

(b)

图 2-52 相控阵探头示意图

(a)线阵探头；(b) 环形面阵探头

成，从而形成发射聚焦和声束偏转等效果。

阵列换能器各阵元的激励时序是两端阵元先激励，逐渐向中间阵元加大延迟，使得合成的波阵面指向一个曲率中心，即发射相控聚焦。

阵列换能器各阵元的激励时序是等间隔增加发射延迟，使得合成波阵面具有一个指向角，形成发射声束相控偏转效果。

(2)相控阵接收

换能器发射的超声波遇到目标后产生回波信号，其到达各阵元的时间存在差异。按照回波达到各阵元的时间差对各阵元接收信号进行延时补偿，然后相加合成，就能将特定方向回波信号叠加增强，而其他方向的回波信号减弱或抵消。同时，通过各阵元的相位、幅度控制以及声束形成等方法，形成聚焦、变孔径、变迹等多种相控效果。图 2-53 为相控阵聚焦与偏转示意图。

2.7.4 相控阵超声在无损检测中的应用

(1) 高效可视化的超声检测

相控阵超声检测的一个重要的用途是进行超声成像，通过电子控制的方式进行发射声束聚焦、偏转，使超声束覆盖相当范围的空间区域，然后又用相控接收的方式对回波信号进行聚焦、变孔径、变迹等多种处理，就可以得到物体的清晰均匀的高分辨率声像，有利于分析评定检测结果。

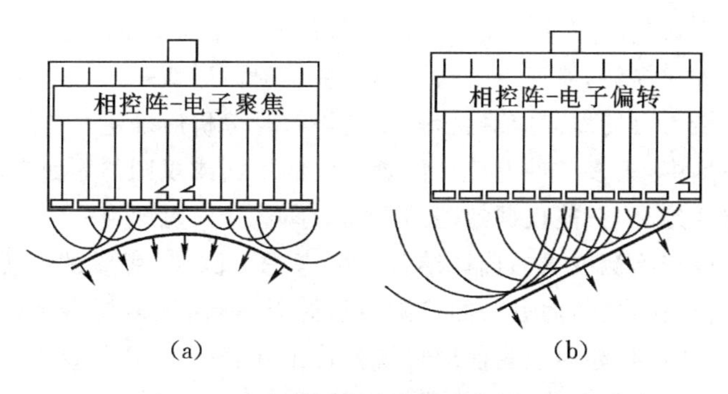

图 2-53　发射相控阵聚焦和偏转示意图

(a)相探聚焦；(b)相控偏转

(2)复杂几何形状的超声检测

在许多超声检测场合，由于被检测对象的几何形状复杂，使得传统的单探头超声检测非常困难，因为无法控制声束方向，需要不断更换探头位置从各个方向扫查。相控阵超声技术的突出优点是可灵活控制声束在空间各个方向、各个区域扫描，在不移动或少移动探头的情况下就可以方便地实现对复杂形状的扫查检测。

(3)超声检测中提高检测灵敏度和分辨力

相控阵超声检测技术可以形成聚焦声束，从而改善检测灵敏度和分辨力。声束宽度对超声检测横向分辨力有影响，声束宽度小于靶的侧向距离，容易识别相邻靶体；束宽等于靶距则刚好可以识别；束宽大于靶距，无法识别。显然，声束宽度越细，分辨力越高。

超声检测中常使用聚焦探头以提高超声检测的灵敏度和分辨力，和相控阵聚焦的效果相同。但是聚焦探头的焦点是固定的，而相控阵超声聚焦则可以做到灵活改变焦点位置、焦点尺寸、焦距深度，在大范围内都能获得最佳的检测灵敏度和提高分辨力。

2.8　超声检测通用技术

本节以脉冲反射法为例介绍超声检测通用技术。脉冲反射法超声检测的基本步骤：检测前的准备，仪器、探头、试块的选择，仪器调试与检测灵敏度的确定，耦合补偿，扫描方式，缺陷测定、记录、等级评定等。

2.8.1　检测面的选择与准备

当被检工件存在多个可能的声入射面时，检测面的选择首先考虑缺陷的最大可能取向。如果缺陷的主反射面与被检工件的某一表面近似平行，则选用从该表面入射的垂直入射纵波，使声束轴与缺陷的主反射面近似垂直，这样有利于缺陷的检测。缺陷的最大可能取向应对材料、工艺等综合分析后确定。

在实际检测中，很多工件上可以放置探头的平面或规则圆周面有限，超声波进入面可选择的余地小，只能根据缺陷的可能取向选择入射超声波的方向。因此，检测面的选择应该与检测技术的选择结合起来考虑。例如，变形过程使缺陷有多种取向，单面检测存在盲区，而另一面检测可以弥补等等，还需要多个检测面入射进行检测。同时，在进行超声检测前应目视被检工件表面，去除松动的氧化皮、毛刺、油污、切削颗粒等，以保证检测面能提供良好的声耦合。

2.8.2 仪器与探头的选择

1. 仪器的选择

目前超声检测仪器种类繁多，基本功能与主要性能均能满足常用超声检测的要求，应选择性能稳定、重复性及可靠性好的仪器。对于具体的检测对象，根据检测要求与现场条件选择检测仪器。一般应考虑：①定位要求高时选择水平线性误差小的仪器，定量要求高时选择垂直线性好、衰减精度高的仪器；②所需采用的超声频率特别高或特别低时，应考虑选用频带宽度包含所需频率的仪器；③薄工件检测和近表面缺陷检测时，应考虑选择发射脉冲可调为窄脉冲的仪器；④大型工件或高衰减材料工件检测，应选择发射功率大、增益范围大、信噪比高的仪器；⑤为了有效发现近表面缺陷和区分相邻缺陷，选择盲区小、分辨力好的仪器；⑥室外现场检测时，应选择重量轻、荧光亮度好、抗干扰能力强的便携仪器。

2. 探头的选择

探头在超声检测中实现超声波的发射与接收，是影响超声检测能力的关键器件。探头的种类多、性能差异大，应根据具体检测对象及检测要求选择探头。探头的选择包括探头的类型、频率、晶片尺寸、斜探头的角度、聚集探头的焦距，等等。

(1)探头类型的选择

一般要根据被检工件的形状和可能出现缺陷的部位、方向等条件来选择探头的类型，使声束轴线尽量与缺陷垂直。

纵波直探头的声束轴线垂直于检测面，适合于检测与检测面平行或近似平行的缺陷，如钢板中的夹层、折叠等。纵波斜探头是利用小角度的纵波进行检测，或在横波衰减过大的情况下，利用纵波穿透能力强的特点进行斜入射纵波检测，检测时在工件中既有纵波又有横波，使用时需要注意横波干扰，可利用纵波与横波的速度不同来识别。横波探头主要用于检测与检测面垂直或成一定角度的缺陷，如焊缝中的未焊透。双晶探头主要用于检测薄壁工件或近表面缺陷。水浸聚焦探头用于检测管材或板材。接触式聚焦探头的检测范围小、信噪比高,可用于缺陷的精确定位。

(2)探头频率的选择

超声检测频率一般在0.5～10 MHz之间,选择范围大。选择探头频率时,一般对于小缺陷、近表面缺陷、薄工件的检测,可以选择较高的频率;对于大厚度工件、高衰减材料,应选择较低的频率。对晶粒较细的锻件、轧制件、焊接件等,一般选用较高的频率,常用2.5～5 MHz;对晶粒较粗的铸件、奥氏体钢等宜选用较低的频率,常用0.5～2.5 MHz。如果频率过高,会引起严重衰减,示波屏上出现林状回波。信噪比降低,甚至无法检测。在检测灵敏度满足要求的情况下,选择宽频探头可提高分辨力和信噪比。

因此,针对具体检测对象,选择的频率需要在上述因素中取得一个较佳的频率,既保证所需的缺陷尺寸的检出,并满足分辨力要求,又要保证整个检测范围内有足够的灵敏度与信噪比。

(3)探头的晶片尺寸

探头圆晶片尺寸一般为$\phi10$～$\phi30$,晶片大小对检测也有影响,探头晶片的大小对声束的指向性、近场区长度、近距离扫查范围、近距离缺陷检出能力有较大的影响。实际检测中,检测范围大或检测厚度大的工件时选用大晶片探头,检测小型工件时,选用小晶片探头。

2.8.3　耦合剂的选用

(1)耦合剂

超声耦合是指超声波在探测面上的声强透射率,声强透射率高,超声耦合好。为了提高耦合效果,在探头与工件表面之间施加一层透声介质,称为耦合剂。耦合剂的作用是排除探头与工件表面之间的空气,使超声波能有效地传入工件,达到检测目的。同时,耦合剂可以减少摩擦。

耦合剂应能润湿工件与探头表面,流动性、粘度、附着力适当,同时透声性能好、价格便宜。对工件无腐蚀,对人体无害,不污染环境;性能稳定,不易变质,能长期保存。

(2)影响声耦合的主要因素

1)耦合层的厚度　耦合层的厚度为$\lambda/4$的奇数倍时,透声效果差,反射回波低。当耦合层的厚度为$\lambda/2$的整数倍或很薄时,透声效果好,反射回波高。

2)表面粗糙度　对于同一耦合剂,表面粗糙度大,耦合效果差,反射回波低。声阻抗低的耦合剂,随粗糙度的变大,耦合效果降低更快。但粗糙度也不必太低,因为表面很光滑时，耦合效果不会明显增加，而且会使探头因吸附力大而移动困难。

3)耦合剂声阻抗 对于同一检测面，耦合剂声阻抗大，耦合效果好，反射回波高。

4)工件表面形状的影响 工件表面形状不同，耦合效果也不一样，平面的耦合效果最好，凸面次之，凹面最差。

2.8.4 纵波直探头检测技术

1. 检测仪的调整

对于A显示超声检测仪，主要进行时基调整和检测灵敏度调整。

(1)时基线调整

调整的目的：① 使时基线显示的范围足以包含需检测的深度范围；② 使时基线刻度与在材料中声波传播的距离成一定的比例，以便准确地读出缺陷的深度位置，同时要将声程零位调整到与时基线刻度线对齐，以便于读数。

调整的内容：① 调整仪器示波屏上时基线刻度值 τ 与实际声程 x（单程）的比例，称为时基扫描线比例或扫描速度，通常根据所需扫描声程范围确定；②零位调节，采用延迟按钮将声程零位设置在所选定的水平刻度线上。在接触法中，声程零位放在时基线的零点，时基线的读数直接对应反射回波的速度。

调节方法：利用已知尺寸的试块或工件上的两次不同的反射波，通过调节仪器上的延迟旋钮和扫描范围，使两个信号的前沿分别位于相应的水平刻度值处。用来调节的两个信号可以来自于与试件同材料的试块的人工反射体的反射信号，也可以是试件本身已知厚度的平行面的反射信号。调整时基线用的试块应与被检材料具有相同的声速。

(2)检测灵敏度的调整

调整的目的是使仪器设置足够大的增益，保证规定的信号在显示屏上有足够的高度，以便于发现所需检测的缺陷。常用的调整方法有试块调整法、工件底波调整法。

1)试块调整法 根据工件厚度和对灵敏度的要求选择相应的试块，将探头对准试块上的人工反射体，调整仪器上有关灵敏度旋钮，使示波屏上人工反射体的最高反射回波达到基准高度。

2)工件底波调整法 该方法是依据工件底面回波与同深度的人工缺陷（如平底孔）回波分贝差为定值的原理进行的。这个定值可由下式计算

$$\Delta = 20\lg\frac{P_B}{P_f} = 20\lg\frac{2\lambda x}{\pi D_f^2} \quad (x \geqslant 3N) \tag{2-50}$$

式中：x 为工件厚度；D_f 为要求检测出的最小平底孔尺寸，mm。

利用底波调整检测灵敏度时，将探头对准工件底面，仪器保留足够的灵敏度余量，一般大于 $\Delta+(6\sim10)$dB(考虑扫查灵敏度)，将抑制旋钮调至“0”，调增益旋钮使底波 B_1 最高达到基准高度(如80%)，然后用衰减器增益 ΔdB(即衰减余量减小 ΔdB)。

(3)传输修正值的测定

传输修正是在利用试块调节灵敏度时，当工件的表面状态和材质与对比试块存在一定差异时采取的一种补偿措施。测定两者差异的分贝值(即传输修正值)，可以在调节灵敏度时利用衰减(或增益)旋钮进行补偿。

(4)工件材质衰减系数测定

其目的是在检测大厚度工件的情况下，用计算法调整灵敏度和评定缺陷当量时，计算材质衰减引起的信号幅度差。由于材质的衰减系数与频率有关，因此在测定时应选用准备在实际检测时所用的探头。

测试的方法是利用工件两个相互平行的底面的反射波。测定的步骤：在工件无缺陷区选取三处检测面与底面平行且有代表性的部位，调节仪器使第一次底面回波幅度(B_1 或 B_n)为满刻度的50%，记录衰减系数，再调节衰减器，使第二次底面回波幅度(B_2 或 B_m)为满刻度的50%，两次衰减器读数之差即为(B_1-B_2)或(B_n-B_m)的分贝差值。把三次测得的衰减系数平均值作为该工件的衰减系数。

①当 $x<3N$（x 为工件厚度，N 为探头近场区长度，mm）时，衰减系数 $\alpha=\dfrac{B_n-B_m-20\lg\dfrac{n}{m}}{2x(m-n)}$；

②当 $x\geqslant3N$ 时，常利用底面的第一次和第二次回波来测定衰减系数，$\alpha=\dfrac{B_1-B_2-6}{2x}$。

2. 扫查

扫查是指移动探头使声束覆盖到工件上检测的所有体积的过程。扫查方式包括探头移动方式、扫查速度、扫查间距等，是为扫查的完整而作出的具体规定。

3. 缺陷评定

包括缺陷位置的确定、缺陷尺寸的评定。

(1)缺陷位置的确定

超声检测中一般可根据显示屏上缺陷回波的水平刻度值与扫描速度来确定缺陷位置。纵波直探头检测时，如果超声检测仪的时基线是按 $1:n$ 的比例调节的，观察到缺陷回波前沿的水平宽度值为 τ_f，则缺陷至探头的距离 x_f 为

$$x_f = n\tau_f \tag{2-51}$$

(2)缺陷尺寸的评定

目前,在工业超声检测中,缺陷定量的方法很多,常用的方法有当量法、回波高度法、测长法。

1)当量法 将缺陷的回波幅度与规则形状的人工反射体的回波幅度进行比较来对缺陷进行评定的方法。采用当量法确定的缺陷尺寸是缺陷的当量尺寸。

①当量试块比较法,是将工件中的自然缺陷回波与试块中的人工缺陷回波进行比较来对缺陷定量的方法。两者相等时以该人工反射体尺寸作为缺陷当量;若缺陷波高度与人工反射体的反射波高度不相等,则以人工反射体尺寸和缺陷波幅度高于或低于人工反射体尺寸回波幅度的分贝数表示。采用当量试块比较法时,试块与被检工件的材质、表面粗糙度、形状尽量一致,并且检测条件,如仪器、探头、灵敏度旋钮的位置等不变。

②当量计算法,根据超声检测中测得的缺陷回波与基准波(或底波)高的分贝差值,利用各种规则反射体的理论回波声压公式进行计算,求出缺陷当量尺寸的方法。该算法适合于缺陷位于3倍近场长度以外。表2-7列出了分贝差与缺陷当量尺寸的计算方法。

表2-7 缺陷当量尺寸的计算

分贝差类型	计算公式
不同直径与距离处的平底孔,其回波声压间的分贝差	$\Delta\ \mathrm{dB}=20\lg\frac{d_1^2}{d_2^2}\times\frac{x_2^2}{x_1^2}=40\lg\frac{d_1}{d_2}\times\frac{x_2}{x_1}$
若考虑材质衰减引起的声压随距离的变化,则其回波声压间的分贝差	$\Delta\mathrm{dB}=40\lg\frac{d_1}{d_2}\times\frac{x_2}{x_1}+2\alpha(x_2-x_1)$
不同距离处的平底孔与大平底孔回波声压间的分贝差	$\Delta\mathrm{dB}=20\lg\frac{\pi d_1^2 x_2}{2\lambda x_1^2}$
若测出缺陷回波高度与基准平底孔回波之间的分贝差 ΔdB,则缺陷当量尺寸	$d=\frac{d_j x}{x_j}10^{\frac{\Delta\mathrm{dB}-2\alpha(x_j-x)}{40}}$
若测出缺陷回波高度与大平底回波之间的分贝差 ΔdB,则缺陷当量尺寸	$d=\sqrt{\frac{2\lambda x^2}{\pi x_D}\times10^{\frac{\Delta\mathrm{dB}-2\alpha(x_D-x)}{40}}}$
式中:d_j为基准平底孔直径,mm;x_D为大平底孔离探头的距离,mm;x_j为基准平底孔的埋深,mm;x为缺陷埋深,mm;α为衰减系数,dB/mm	

③当量 AVG 曲线法，利用 AVG 曲线确定工件中缺陷当量尺寸的方法。纵波直探头检测时可用平底孔 AVG 曲线确定工件中缺陷当量。用 AVG 曲线评定缺陷当量时，既可用通用 AVG 曲线，也可用实用 AVG 曲线。图 2－54 为平底孔通用 AVG 曲线。

用 AVG 曲线给缺陷定量的原理：先测出缺陷回波幅度相对于某一基准反射体回波幅度的分贝差，再根据分贝差在 AVG 曲线上查出缺陷的当量尺寸。

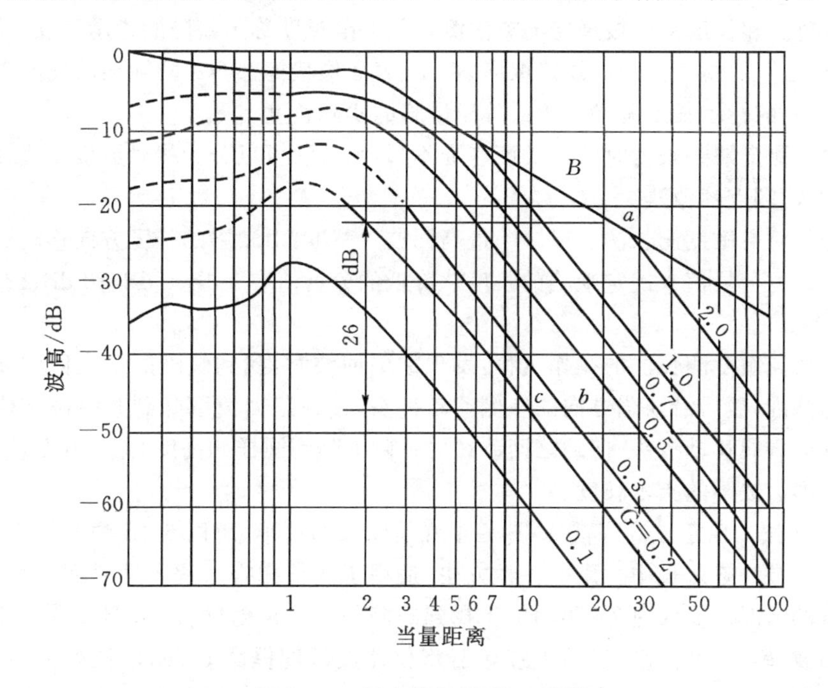

图 2－54　平底孔通用 AVG 曲线

2）回波高度法　根据回波高度给缺陷定量的方法称为回波高度法。回波高度法分为缺陷回波高度法与底面回波高度法。这种方法不能明确给出缺陷尺寸，也没有考虑缺陷深度、声束直径对检测结果的影响。一般用于对缺陷定量要求不严格的工件的检测，且不适合检测形状复杂的工件。

①缺陷回波高度法。在检测条件一定时，缺陷的尺寸越大，反射的声压越大。对于垂直线性好的仪器，声压与回波高度成正比。因此，缺陷的大小可以用缺陷回波的高度来表示。

②底面回波高度法。当被检工件上下面与入射声束垂直且缺陷反射面小于入射声束截面时，可用底面回波高度法。底面回波高度法表示缺陷大小的方法有 B/B_F、F/B_F、F/B（B 为无缺陷时底面回波高度，B_F 为有缺陷时底面回波高度，F

为缺陷回波高度)。

3)测长法 当工件中缺陷尺寸大于声束截面直径时,一般采用测长法来确定缺陷长度。缺陷长度测定的原理是:当声束整个宽度全部入射到大于声束截面(或大于声束截面直径)的缺陷上时,缺陷的反射幅度为其最大值,当声束的一部分离开缺陷时,缺陷反射面积减小,回波幅度降低,声束全部离开缺陷时,不再显现回波,测长法就是根据缺陷最大回波高度降低的情况和探头移动的距离来确定缺陷的边缘范围和长度的。按规定的方法测定的缺陷长度称为缺陷的指示长度。实际检测时,由于被检工件中的缺陷取向、性质、表面形状等都会影响缺陷回波的高度,因此,缺陷的指示长度总是小于或等于缺陷的实际长度。

根据测定缺陷长度时的灵敏度基准不同,测长法可以分为相对灵敏度法、绝对灵敏度法、端点峰值法。

①相对灵敏度测长法。以缺陷最高回波为基准,沿缺陷的长度方向移动探头,降低一定的分贝值来确定缺陷的长度。降低的分贝值有 3 dB、6 dB、10 dB、12 dB、20 dB 等几种。

相对灵敏度测长法的操作过程:发现缺陷回波时,找到缺陷的最大回波高度,以此为基准,然后沿缺陷方向的一侧移动探头,使缺陷回波下降到某一确定值,再沿相反的方向移动探头,使缺陷回波在另一侧下降到同样的高度,探头两个位置间的距离即为缺陷的指示长度。

6 dB 法 由于波高降低 6 dB 后正好是原来的一半,所以 6 dB 法又称为半波高度法。是缺陷测长中常用的一种方法,适用于测长扫查过程中缺陷回波只有一个高点的情况。操作过程:移动探头找到缺陷的最大反射回波后,调节衰减器,使缺陷回波降至基准高度,然后用衰减器将仪器灵敏度提高 6 dB,沿缺陷方向移动探头,当缺陷回波高度降至基准高度时,探头中心线间的距离即为缺陷的指示长度,如图 2-55 所示。

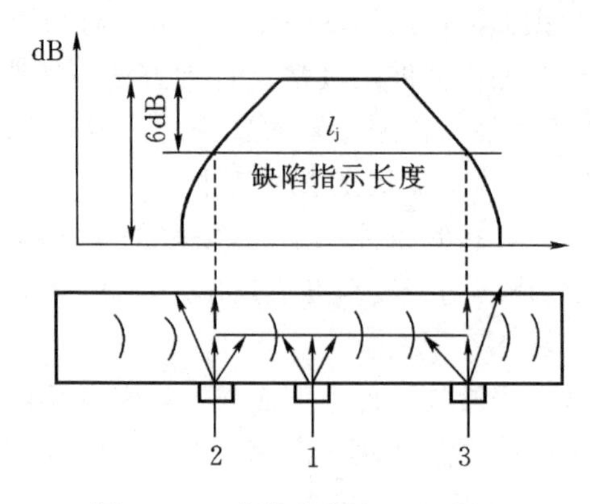

图 2-55 半波高度法(6 dB 法)

端点 6 dB 法(端点半波高度法)　当缺陷各部分反射波高有很大变化时，测长采用端点 6 dB 法。其操作过程：当发现缺陷后，探头沿缺陷方向左右移动，找到最大缺陷两端的最大反射波，分别以其为基准继续向左右移动探头，当端点反射波高降低一半(或 6 dB)时，探头之间的距离即为缺陷的指示长度，如图 2-56 所示。

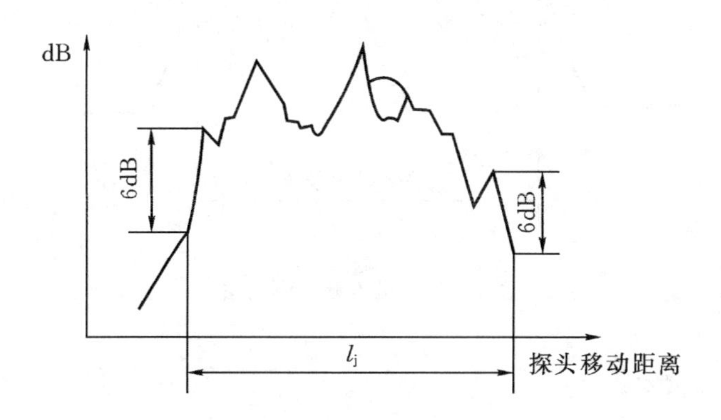

图 2-56　端点 6 dB 测长法

②绝对灵敏度测长法。它是自动检测中常用的方法，在仪器灵敏度一定的条件下，探头沿缺陷长度方向平行移动，当缺陷波高降到规定的位置(如图 2-57 中的 B 线)时，探头移动的距离即为缺陷的指示长度。测得的缺陷指示长度与测长灵敏度有关，测长灵敏度高，缺陷长度就大。

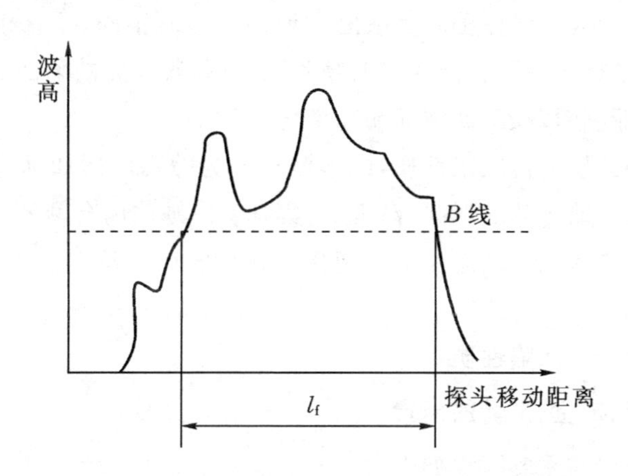

图 2-57　绝对灵敏度测长法

③端点峰值法。适用于测长扫查过程中缺陷反射波有多个高点的情况。探头

在扫查过程中，如果发现缺陷反射波峰值起伏变化，有多个高点时，可以将缺陷两端反射波极大值之间探头移动的长度作为缺陷指示长度，如图2-58所示。

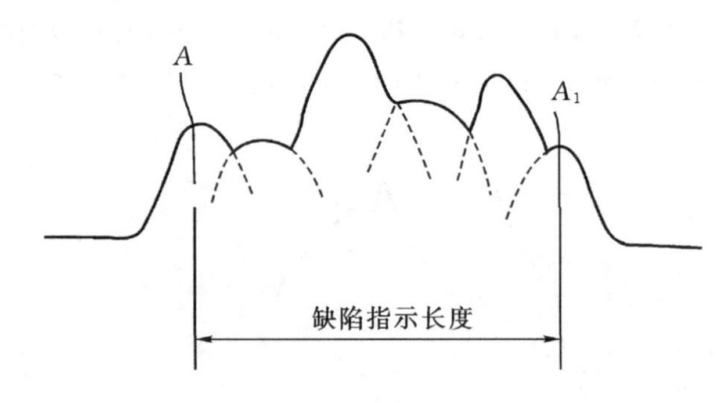

图2-58　端点峰值测长法

(3)缺陷性质分析

缺陷定性分析是一个很复杂的问题，在实际超声检测中，常常根据经验结合被检工件的加工工艺、缺陷特征、缺陷波形、底波情况来分析缺陷的性质。

①根据加工工艺分析缺陷性质，工件内部的各种缺陷与加工工艺紧密相关。因此，在检测前应查阅工件的图纸和相关资料，了解工件的材料、结构特点、几何尺寸、加工工艺。

②根据缺陷特征分析缺陷性质，缺陷特征指的是缺陷形状、大小、密集程度。对平面形缺陷在不同方向探测时其缺陷回波高点显著不同，垂直于缺陷方向探测时缺陷回波高，平行于缺陷方向探测时缺陷回波低，甚至无缺陷回波。对于点状缺陷，不同的方向探测时，缺陷回波无明显变化。

③根据缺陷波形分析缺陷性质，缺陷波形分为静态波形和动态波形。静态波形是指探头不动时缺陷波的形状、高度、密集程度。缺陷内含物的声阻抗对缺陷回波的高度有较大的影响。动态波形是指探头在检测面上移动过程中，缺陷波形的变化情况。

④根据底波分析缺陷性质。

(4)影响缺陷定位、定量的因素

影响缺陷定位的主要因素如下。

①仪器的影响。仪器的水平线性不良时，缺陷的定位误差较大；仪器的水平刻度不准时，缺陷定位误差也增大。

②探头的影响。声束轴线偏离探头几何中心较大时，会使缺陷定位精度下降；

如果探头性能不佳而存在两个主声束，发现缺陷时不能判定是哪个主声束发现的，难以确定缺陷的实际位置；探头的斜楔磨损，会使探头入射点发生变化，影响缺陷定位；探头指向性差时，定位误差也会增大。

③工件的影响。工件表面粗糙度不仅影响声耦合，而且由于表面凹凸不平使声波进入工件的时间产生差异，使缺陷定位困难；当工件与试块的材质不同时声速也不同，会使探头的 K 值发生变化，工件的内应力较大时将使声波传播的速度与方向发生变化，这些都会影响缺陷定位；工件的表面形状、边界、温度、内部缺陷的方向等都会影响缺陷定位精度。

④操作人员的影响。影响缺陷定量的因素有：仪器与探头的性能、耦合与衰减、工件的几何形状和尺寸缺陷的形状，等等。

(5)非缺陷回波的判别

在超声检测中，示波屏上除了始波 T、底波 B、缺陷回波 F 外，常常会出现一些其他的信号波，如迟到波、三角反射波、61°反射波、其他原因引起的非缺陷回波等。这些信号影响对缺陷的准确判别。

1)迟到波　当纵波直探头置于细长(扁长)工件上时，扩散纵波波束在侧壁产生波型转换，转换为横波，此横波在另一侧面又转换为纵波，最后经底面反射回到探头，被探头接收，在示波屏上出现一个回波。由于转换的横波声程长、波速小，传播时间比直接从底面反射的纵波长，所以，转换后的波总是出现在第一次底波 B_1 之后，故称为迟到波(见图 2－59)。又由于变型横波可能在侧壁产生多次反射，每反射一次会出现一个迟到波，因此迟到波往往有多个。由于迟到波总是位于 B_1 之后，并且位置特定，而缺陷一般位于 B_1 之前，因此，迟到波不会干扰缺陷的判别。

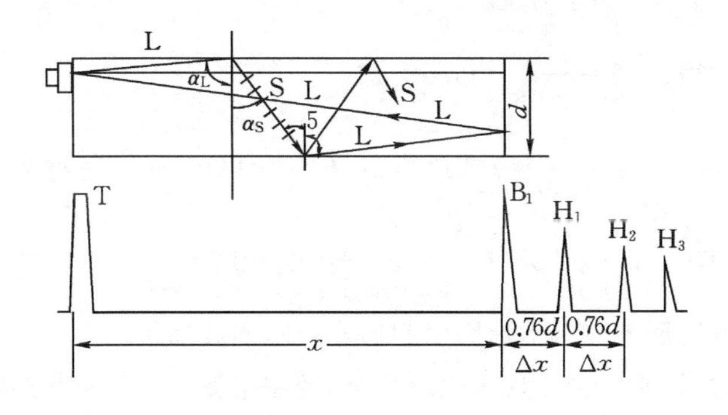

图 2－59　迟到波

2)三角反射波　纵波探头径向检测实心圆柱体时，由于探头平面与圆柱面接触面积小，使波束的扩散角增大，扩散波束会在圆柱面上形成三角反射路径，从而在显示屏上出现多个反射回波。把这种反射称为三角反射，如图 2-60 所示。两次三角反射波总是位于第一次底波 B_1 之后，而且位置特定，分别为 1.3 d 和 1.67 d，而缺陷回波一般位于 B_1 之前，因此三角反射波也不会干扰缺陷波的判别。

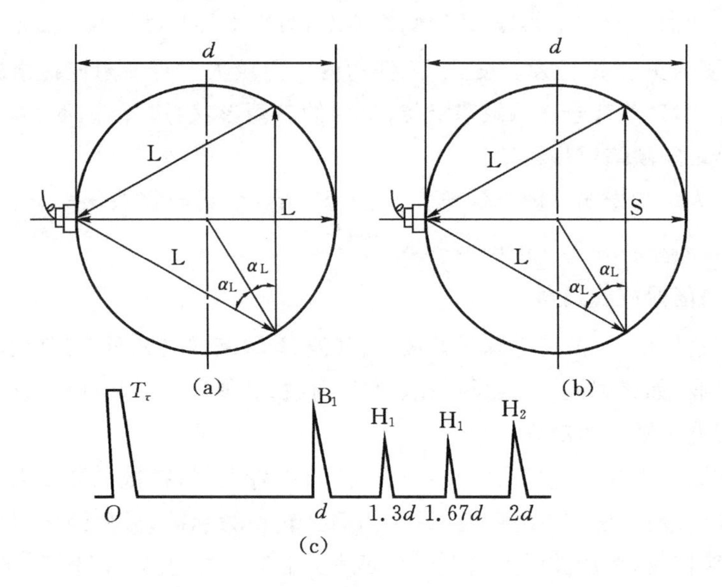

图 2-60　三角反射波

3) 61°反射　当探头置于直角三角形工件上时，如果纵波入射角 α 与横波入射角 β 的关系为 $\alpha+\beta=90°$，则在示波屏上会出现位置特定的反射波。

由 $\beta=90°-\alpha$ 得：$\sin\beta=\cos\alpha$。

由反射定律得：$\dfrac{\sin\alpha}{\sin\beta}=\dfrac{\sin\alpha}{\cos\alpha}=\tan\alpha=\dfrac{C_L}{C_S}$。

对于钢 $\tan\alpha=\dfrac{C_L}{C_S}=\dfrac{5900}{3230}=1.82$，即 $\alpha=61°$，所以，这种反射称为 61°反射。

61°反射的声程为：$x_{61}=a+b\dfrac{C_L}{C_S}=BE+EC=BC$。

4)其他非缺陷回波　其他原因引起的非缺陷回波如下。

①探头杂波，探头的吸收块吸收不良时，会在始波后出现一些杂波。声波在延迟块内的多次反射也可能产生一些非缺陷回波信号。

②工件轮廓回波，当超声波到达台阶、螺纹等轮廓时在示波屏上引起一些轮廓回波。

③耦合剂反射波，工件表面的耦合剂也会引起回波。

④幻象波，在超声检测中，提高重复频率可提高单位时间内的扫描次数，增强示波屏显示的亮度。但是重复频率过高时，第一个同步脉冲回波尚未消失，第二个同步脉冲又重新扫描，这样，在示波屏上产生幻象波，影响缺陷的判别，降低重复频率，幻象波消失。

⑤林状回波，超声检测中当选用较高的频率检测晶粒较粗的工件时，声波在粗大晶粒界面上产生散乱反射，在示波屏上形成林状回波。降低探头频率，林状回波降低。

第3章　射线检测

3.1　概述

射线检测(Radiographic Testing, RT)是根据被检件对透入的射线产生的不同的吸收或散射特性,对被检件的质量、尺寸、特性作出判断。

工业中应用的射线检测技术主要有:①射线照相检测技术,包括X射线照相检测技术、γ射线照相检测技术、中子射线照相检测技术、非胶片射线照相检测技术等;②射线实时成像检测技术,采用图像增强器、成像板、线阵列等构成射线实时成像检测系统;③射线层析检测技术。

3.1.1　射线检测的适用范围

射线检测是利用各种射线源对材料的透射性能,不同材料对射线的吸收、衰减程度的不同,使底片感光成黑度不同的图像来观察的。射线检测技术可以用于金属材料的检测,也可以用于非金属材料、复合材料、放射性材料的检测。射线照相检测主要用于体积型缺陷,如气孔、夹渣、疏松等检测,也可检测裂纹、未焊透、未熔合等。表3-1列出了射线照相检测的适用范围。

表3-1　射线检测的适用性

检测内容	检测对象	可检测的内容
内部质量检测	铸　件	裂纹、气孔、夹杂(渣)、偏析、疏松、冷隔
	焊接件	裂纹、气孔、夹杂、未焊透、咬边
	锻　件	夹杂、一定方向的分层与裂纹
	复合材料	复合层未粘合
	蜂窝结构	未熔合、脱焊、脱粘
	塑料制件	裂纹、气孔、夹杂
	电子元件	断丝、脱焊、错位等
厚度检测	规则材料	规则材料的厚度,镀层零件的镀层厚度
零件内部结构	机械组合件	组合零件的状态、组合方法
	密封件	填充液的液面高度

3.1.2　射线检测技术的主要优点与局限性

(1)射线检测技术的优点

射线检测几乎适用于所有材料，而且对试件形状及其表面粗糙度均无特别要求。对厚度为 0.5 mm 的钢板和薄如纸片的树叶、邮票、油画及纸币等，均可检查其内部质量；能直观地显示缺陷影像，便于对缺陷进行定性、定量及定位分析；射线底片能长期存档备查，便于分析事故原因。

(2)射线无损检测技术的局限性

射线在穿透物质的过程中被吸收和散射而衰减，使得用它检测的物体受到厚度限制；难以发现垂直于射线方向的薄层缺陷，对微小裂纹的检测灵敏度较低；检测费用比较高；射线对人体有害，需作特殊防护。

3.1.3　辐射防护

(1)射线的生物效应

辐射作用于生物体时，由于电离作用，会造成生物体细胞、组织、器官的损伤，引起病理反应，这种现象称为辐射生物效应。从辐射防护的观点，辐射生物效应可分为随机性效应和非随机性效应。随机性效应是效应的发生率与剂量的大小有关的辐射效应，并且不存在剂量阈值。非随机性效应是指存在剂量阈值的辐射效应，这种效应只有当剂量超过一定的值之后才发生，效应的严重程度也与剂量的大小有关。

(2)辐射防护的目的和基本原则

辐射防护的目的是减少射线对工作人员和其他人员的影响，也就是采取适当措施，从各方面把射线剂量控制在国家规定的允许剂量标准以下，以避免超剂量照射和减少射线对人体的影响。为了实现辐射防护的目的，辐射防护应遵循以下三个原则。

1)辐射实践的正当化　在任何包含电离辐射照射的实践中，应保证这种实践所产生的对人群和环境的危害小于这种实践给人群和环境带来的利益，即获得的利益必须超过付出的代价。

2)辐射防护的最优化　应当避免一切不必要的照射，在考虑经济与社会因素的条件下，所有辐射照射都应该保持在可合理达到的尽量低的水平。

3)个人剂量限值　在实施辐射实践的正当化和辐射防护的最优化的同时，应保证个人所接受的照射剂量当量不超过相应的限值。

辐射防护标准中对当量剂量的限值主要包括：对非随机性效应，规定了不同器官或组织最大容许当量剂量的限值；对随机性效应，依据可以接受的水平，以危险度为基础规定全身均匀照射的年当量剂量的限值和非均匀照射各器官或组织容许的有效当量剂量的限值。表3-2列出了GB18871—2002关于个人当量剂量限值的一些规定。

表3-2 GB18871—2002关于个人剂量限值的规定

效 应	照射对象与要求	年当量剂量限值/mSv[①]	
		职业人员	公众人员
非随机性效应	眼晶体	150	15
	四肢或皮肤	500	50
随机性效应	全身，连续5年平均	20	—
	全身，任何一年	50	1[②]

注：①Sv：希沃特，当量剂量的单位，1Sv=1 J/kg^2

②特殊情况下，如果5个连续平均剂量不超过1 mSv，则某一单一年份的有效当量剂量可提高到5 mSv。

(3)辐射防护方法

工业无损检测中，对X射线或γ射线外照射的防护主要从照射时间、照射距离、屏蔽三个方面来控制检测人员所受到的照射剂量。

1)时间防护 在照射率一定时，剂量=剂量率×时间，因此，可以针对照射率的大小确定容许受到照射的时间，以保证检测工作人员在一天内受到的照射剂量不超过国家规定的最大允许剂量当量值。

2)距离防护 如果将辐射源视为点源，则辐射场中某点的照射剂量与该点和辐射源的距离的平方成反比

$$\frac{D_1}{D_2}=\frac{F_2^2}{F_1^2} \tag{3-1}$$

式中：D_1，D_2为辐照场中点1、点2的照射剂量；F_1，F_2为辐射源与辐照场中点1、点2的距离。

可见，增大距离可使受到的射线剂量率下降。因此，在没有防护物或防护层厚度不够时，利用增大距离的方法同样能够达到防护的目的。

3)屏蔽防护 在实际检测中，当人与射线源的距离无法改变，检测时间又受到工艺操作的限制时，要降低检测人员的受照剂量，可以采用屏蔽防护。屏蔽防护是利用辐射通过物体时强度会减弱的原理，在人与辐射源之间加一层足够厚的屏蔽，把对人的照射剂量减少到容许剂量的范围。根据防护的要求，屏蔽方式可以是固

定式的，例如由砖墙或水泥墙建成的射线防护室，也可以是移动式的，例如铅房。不同屏蔽材料对射线的吸收能力不同，X射线、γ射线常用的防护材料是铅和混凝土。不同的X射线管电压所需的防护厚度也不同。因此，必须根据辐射源的能量、强度、用途、工作性质选择屏蔽材料，同时需要考虑成本与材料来源。

3.2　射线源及其特性

3.2.1　射线的种类

射线又称为辐射，按其特点可分为电磁辐射与粒子辐射两类。常见的射线有：X射线、γ射线、中子射线、β射线、α射线、质子射线等。

电磁辐射的量子是光量子，电磁辐射与物体的相互作用是光子与物体的作用。光量子简称为光子，其能量为

$$E = hf \tag{3-2}$$

式中：h为普朗克常数；f为辐射频率，Hz。

光子不带电荷，光子与一般粒子的本质区别是其静止质量为0，只有当光子运动时才具有质量，质量的大小还与它的运动速度相关。光子在真空中以$c=2.998\times 10^8\,\mathrm{m\cdot s^{-1}}$的恒定速度传播。

粒子辐射是指各种粒子射线，粒子辐射与电磁辐射的基本区别是具有确定的静止质量。

1)X射线与γ射线　X射线、γ射线是电磁辐射，均不带电，对物质具有很强的穿透能力，是目前工业射线检测中的主要手段。X射线是由人为的高速电子流撞击金属靶产生的。γ射线是由某些放射性物质自发产生的。

2)中子射线　中子是一种呈电中性的微粒子流，它是粒子辐射，这种粒子流具有巨大的速度和贯穿能力。中子射线与X射线和γ射线相比主要区别在于：它在被穿透材料中的衰减主要取决于材料对中子的俘获能力。中子射线是通过放射性同位素、加速器或核反应堆获得的。中子照相常用于检测火药、塑料和宇航零件等。

3)电子射线和β射线　电子射线和β射线都是由电子组成的，也属于粒子辐射。电子射线是利用加速器或其他高压电场加速电子获得的，β射线是β衰变过程中从原子核内发出的。

4)质子射线和α射线　质子射线和α射线带正电的粒子流，也是粒子辐射。质子射线可通过加速器获得，α射线是放射性同位素在α衰变过程中从原子核内发出的。

3.2.2 X射线与γ射线射线的性质

X射线与γ射线是一种电磁波，它与无线电波、红外线、可见光、紫外线等本质相同，具有相同的传播速度，但频率与波长不同。射线的波长短、频率高，因此它有许多与可见光不同的性质。

X射线与γ射线有以下性质：①在真空中以光速沿直线传播；②不带电荷，因此不受电场和磁场的影响；③不可见，能透过可见光不能透过的物质；④在媒质界面可以发生反射、折射等现象，但这些现象又与可见光有区别，如X射线只有漫反射，不能产生如可见光那样的镜面反射；⑤会发生衍射、干涉现象，由于波长远小于可见光的波长，所以衍射、干涉现象只有对很小的孔、狭缝等才能观察到；⑥在穿透物体的过程中，能与物质发生复杂的物理和化学作用，例如，使物质发生电离、使某些物质发生荧光、使某些物质产生光化学反应等；⑦具有辐射生物效应，对生物机体既有辐射损伤又有治疗作用。

3.2.3 X射线的产生及其特点

1. X射线的产生

(1)普通X射线的产生

在工业应用中，X射线是由一种特制的X射线管产生的，X射线管由阴极、阳极和高真空的玻璃或陶瓷外壳组成。阴极是钨丝，用于发射电子；阳极是由金属制成的靶。X射线管工作时在两极之间加有很高的直流电压(管电压)，从阴极灯丝发射的高速电子撞击到阳极靶上，其中大部分动能消耗于阳极材料原子的电离和激发，然后转变为热能，仅有极少一部分电子转化为电磁辐射，产生X射线。

(2)高能X射线的产生

普通X射线和γ射线检测，由于其能量低、穿透能力差，检测能力受到限制。例如，超过100 mm厚的钢板不能用普通的X射线检测，超过300 mm厚的钢板很难用γ射线进行检测，此时可采用加速器产生的高能X射线检测。

高能X射线的产生和普通X射线基本相似，所不同的是高能X射线的电子发射源不是热灯丝，而是电子枪，电子运动的加速也不是管电压，而是加速器。射线检测中应用的加速器都是电子加速器，能量在数兆电子伏到数十兆电子伏范围内。

2. X射线谱

X射线管产生的X射线的强度随波长的关系称为X射线谱。一般情况下，由X射线管发出的X射线，是由一系列不同波长的X射线和一个或几个特定波长的X射线所组成。把前者所组成的X射线谱叫作连续X射线谱；把后者叫作标识X

射线谱或特征 X 射线谱。

在 X 射线谱中，不同波长的射线具有不同的穿透力，波长越短，射线越硬，穿透力越强。X 射线谱可以用图示表示，一般横坐标为波长 λ，纵坐标为 X 射线产生的强度 I（或相对强度）。

(1) 连续 X 射线谱

当电子由 X 射线管的阴极飞出时，在电场力的作用下，高速飞向阳极，此时电子的速度不断增大，电场的位能转变成电子的动能，电子到达阳极时具有的动能为

$$E_e = \frac{1}{2}mv^2 \tag{3-3}$$

当高速电子到达阳极表面时，由于撞击前电子的初速度各不相同，撞击时电子的减速过程也各不相同，少量的电子在一次撞击过程中就丧失了全部动能，多数电子需经过多次撞击逐渐丧失动能，使得能量转换过程中所辐射的电磁波具有不同的波长，由此产生的波长连续变化的电磁脉冲就是连续 X 射线。

从阴极飞往阳极的电子流（即 X 射线管的管电流）的大小，影响 X 射线管所产生 X 射线量的大小。电子从阴极飞往阳极的运动速度（即 X 射线管的管电压）的大小，影响 X 射线质的高低，或其穿透力的强弱。从图 3-1 中可以看出，当增大管电流时 X 射线原各波长强度相应增大，当只增大管电压时，X 射线除各波长强度

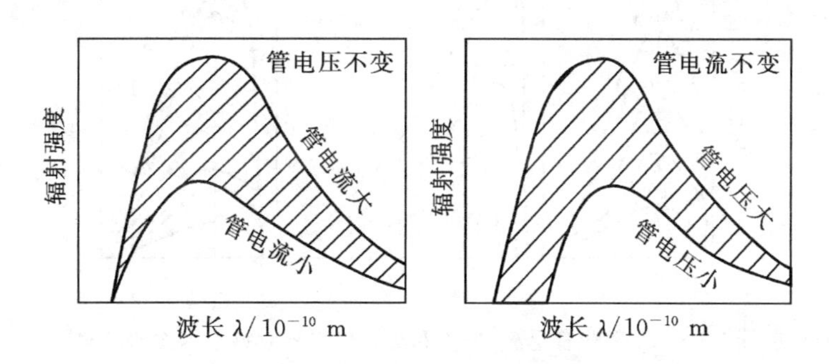

图 3-1 管电压与管电流对 X 射线质与量的影响

有相应增强，还出现了新的更短的波长。可见，连续 X 射线谱存在一个最短波长。其大小只依赖于电子的加速电压而与阳极靶的材料无关，如果一个电子在电场中的能量为 $E = eV$，且电子与阳极靶撞击时动能全部转换为辐射能，则产生辐射的光子的最短波长 λ_{min}

$$E = eV = hV = \frac{hc}{\lambda_{min}} \tag{3-4}$$

$$\lambda_{min} = \frac{12.4}{V} \times 10^{-8} \tag{3-5}$$

式中：h 为普朗克常数，$h=6.626\times10^{-34}$ J·S；c 为光速，$c=3\times10^{8}$ m/s；e 为电子的电荷，$e=1.6\times10^{-19}$ c；V 为管电压（加速电压），kV。

连续 X 射线谱中最大强度对应的波长 λ_m 与最短波长 λ_{min} 之间有以下近似关系

$$\lambda_m = 1.5\lambda_{min}$$

连续 X 射线总强度 I 可用连续谱曲线下的面积来表示

$$I = \int_{\lambda_{min}}^{\infty} I(\lambda)\mathrm{d}\lambda \tag{3-6}$$

$$I = K_i Z i V^2 \tag{3-7}$$

式中：K_i 为系数，$K_i\approx(1.1\sim1.4)\times10^{-6}$；$i$ 为管电流，mA；Z_i 为靶材料的原子序数；V 为管电压，kV；

式 3-7 表示连续 X 射线总强度 I 与管电流、管电压、靶材料的原子序数的关系。X 射线管电流、电压和靶材料对连续谱的总强度影响，如图 3-2 所示。

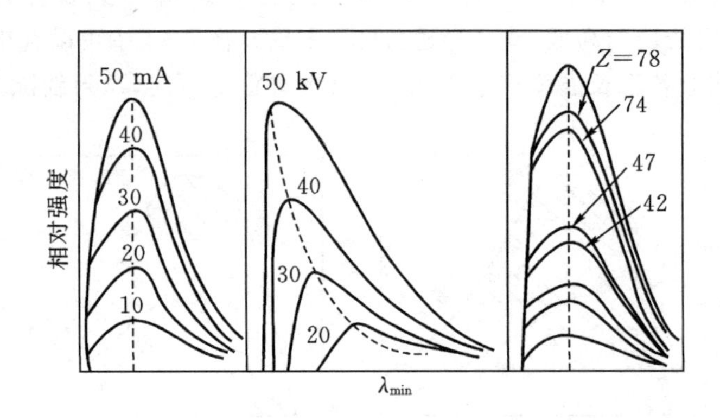

图 3-2 X 射线管电流、电压和靶材料对连续谱总强度的影响

连续 X 射线的强度在各个方向是不相同的。当管电压较低时，X 射线在垂直于电子流运动的方向上强度比较大，而在电子流前进的方向和相反的方向上 X 射线强度为零；在管电压很高时电子流前进的方向及其相反的方向也有 X 射线辐射，它的强度比垂直于电子流方向要弱；X 射线管所发出的 X 射线强度最大的方向是与电子流大约成 60°～70°角的方向。如图 3-3 所示。

管电压不同 X 射线管所辐射的连续 X 射线的强度集中程度也不一样。管电压越高，短波长成分越多，X 射线强度越集中，对物体的穿透能力就越强；反之就越弱。因此，在 X 射线检测过程中工件越厚所用的管电压就越高。

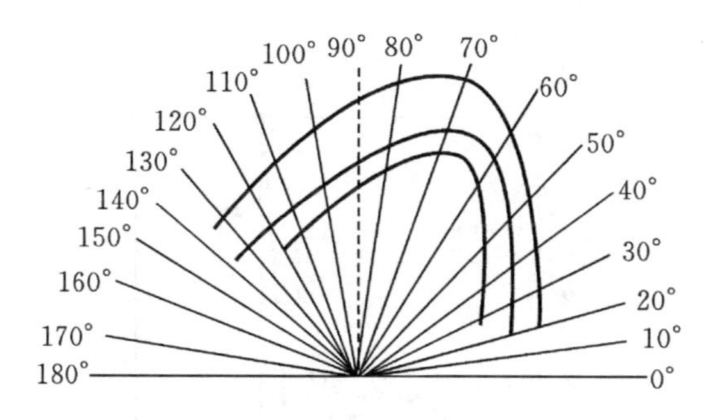

图 3-3　连续 X 射线强度分布示意图

X 射线管产生 X 射线的效率 η 等于连续 X 射线的总强度与管电压和管电流的乘积之比

$$\eta=\frac{I}{Vi}=\frac{K_iZiV^2}{Vi}=K_iZV \tag{3-8}$$

由上式可知，靶材原子序数越大、管电压越高，产生连续 X 射线的效率也越高。例如钨靶，当管电压为 200kV 时，所产生的 X 射线效率 2%，其余 98%左右的能量最终都转变为热能。因此，在选择 X 射线管阳极靶材时应选用原子序数大、熔点高的材料（如钨、钼等）。

(2)标识 X 射线

当 X 射线管管电压提高到某临界值 V_k后，在 X 射线谱中，除了波长连续分布的连续 X 射线外，还会出现几个特别的波长，其强度非常大，只取决于靶的材料，而与管电压和管电流无关，把这种标识靶材的特征波谱称为标识谱，V_k 称为激发电压。

当 X 射线管的管电压超过 V_k 时，阴极发射的电子可以获得足够的能量，它与阳极靶撞击时把靶原子的内层电子逐出壳层，使原子处于激发状态，此时外层电子向内层跃迁，同时放出一个光子，光子能量等于发生跃迁的两能级值的差。

不同靶材的激发电压不同，例如，钼的激发电压为 20.01 kV，故钼靶 X 射线管在管电压低于 20 kV 时不会产生特征 X 射线。图 3-4 所示是钼靶 X 射线管管电压为 35 kV 时产生两种标识 X 射线。从图中可以看到有两条波长分别为 63 pm 和 71 pm 的 K 系列标识 X 射线，叫做 K_α和 K_β。K_α标志射线是 L 层跃迁至 K 层放出的，K_β标志射线是 N 层跃迁至 K 层放出的。L,M,N 等各层也会发生标志辐射，但其能量小，通常被 X 射线管管壁吸收，所以 X 射线波谱中最常见的是 K 系标识谱。

标识谱总是伴随着连续谱存在。在射线检测时，所用的射线实际上是连续谱

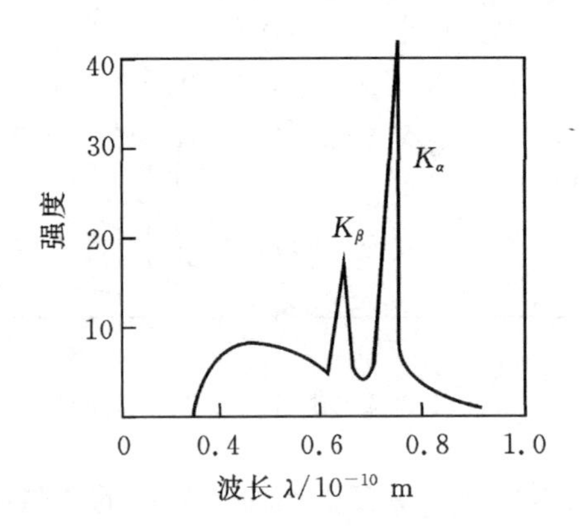

图 3-4 管电压为 35 kV 时钼靶的标识 X 射线与连续 X 射线的分布

和标识谱同时存在。

3.2.4 γ射线的产生及其特点

1. γ射线的产生

γ射线的本质和性质与 X 射线没有什么区别,只是其产生方式不同。γ射线是由放射性同位素产生的。放射性同位素衰变的主要方式有α衰变、β衰变、γ衰变。α衰变、β衰变是指原子核放出α粒子或β粒子的衰变过程。放射性元素的核经过α衰变或β衰变后可变成处于激发态的核。γ衰变是处于激发态的核返回正常状态的过程(这个过程也称为γ跃迁),这时将辐射γ射线。当一种放射性元素发生连续衰变时,有的过程是α衰变,有的过程是β衰变,在这些衰变过程中常伴随辐射γ射线。γ跃迁是核内能级之间的跃迁,与原子的核外跃迁一样都可以放出光子,光子的能量等于跃迁前后两个能级间的能量差。原子的核外电子跃迁放出的光子能量在几电子伏到几千电子伏之间,原子的核内跃迁放出的γ光子能量在几千电子伏到几十兆电子伏之间。

射线检测中所用的γ射线通常是由核反应制成的人工放射源。应用较广的γ射线源有钴 60(^{60}Co)、铱 192(^{192}Ir)、铥 170(^{170}Tm)、铯 137(^{137}Cs)等。

例如:钴 60 就是将稳定的同位素钴 59 置于核反应堆中,俘获中子而发生如下核反应制成

$$^{59}_{27}\mathrm{Co}+^{1}_{0}\mathrm{n}\rightarrow^{60}_{27}\mathrm{Co}+\text{能量 }E$$

$^{60}_{27}$Co 就是人工放射性同位素,经过一次β衰变成为处于 2.5 MeV 激发态的

Ni60，随后辐射出能量为 1.17 MeV 和 1.33 MeV 两种 γ 射线而跃迁到基态。

$$^{60}_{27}\mathrm{Co} \rightarrow \beta + \gamma_1(1.17\ \mathrm{MeV}) + \gamma_2(1.33\ \mathrm{MeV}) + ^{60}_{28}\mathrm{Ni}$$

放射性同位素的原子核在自发地放射出 γ 射线后能量逐渐减弱，这种衰变对不同的放射性同位素速度都不同，但对一定的放射性同位素，其衰变速度是恒定的，且不受外界环境如温度、湿度、压力、电磁场等物理、化学条件的影响，它是由原子核本身性质所决定的。

$$N = N_0 e^{-\lambda t} \tag{3-9}$$

式中：N 为放射性物质在 t 时刻尚未衰变的原子核的数量；N_0 为初始时刻($t = 0$)放射性物质未发生衰变的原子核的数量；λ 为放射性物质的衰变常数，即单位时间内原子核发生衰变核的几率。

由式 3－9 可见，放射性同位素的衰变服从指数规律。衰变常数 λ 反映了放射性物质的固有属性，λ 值越大，物质越不稳定，衰变得越快。放射性同位素衰变到原有核数一半所需要的时间称为半衰期，用 $T_{\frac{1}{2}}$ 表示，当 $T = T_{\frac{1}{2}}$ 时，$N = N_0/2$。例如钴 60($^{60}\mathrm{Co}$)的半衰期为 5.3 年。

$$\frac{N_0}{2} = N_0 e^{-\lambda T_{\frac{1}{2}}}$$

$$T_{\frac{1}{2}} = \frac{\ln 2}{\lambda} = \frac{0.693}{\lambda} \tag{3-10}$$

2. 物质的放射性比活度

γ 射线源在单位时间内发生的衰变数称为放射性活度，法定计量单位为贝可(Bq)，1 Bq 表示在 1 s 的时间内有一个原子核发生衰变，专用计量单位为居里(Ci)，1 Ci表示在 1 s 的时间内有 3.7×10^{10} 个原子核发生衰变。单位质量的放射性物质在单位时间内发生衰变的原子核数量称为该物质的放射性比活度，单位为贝可/克(Bq/g)或居里/克(Ci/g)。

3. γ 射线源应满足的要求

衰变系数越小的物质，半衰期越大，衰变速率越慢，使用的时间也越长，根据射线检测的特性，γ 射线源应满足：放射出的射线应有一定的能量，以满足检测厚度的要求；要有较长的半衰期，以满足使用期的要求；射线源的尺寸尽可能小，以满足检测灵敏度的要求；放射源应使用安全，便于处理。工业射线检测中常用的几种 γ 射线源的某些特性如表 3－3 所示。

表 3-3 常用的几种 γ 射线源的特性

γ 射线源名称		^{60}Co	^{137}Cs	^{192}Ir	^{170}Tm
γ 射线源能量/MeV		1.25	0.66	0.35	0.072
相当于 X 射线能量/MeV		2～3	0.6～1.5	0.15～0.8	0.03～0.13
对钢的吸收系数/cm^{-1}		0.22	0.1	2.1	20
密度/g·cm^{-3}		8.9	3.5	22.4	4
半衰期		5.3 年	33 年	75 天	130 天
半价层厚度/cm	Ae	4.6	3.6	2.4	1.2
	Fe	1.6	1.2	0.85	0.1
	Pb	1.1	0.6	0.1	0.03
适用范围/cm	Ae	—	3～12	2.5～10	0.5～5
	Fe	3～15	1.5～7	1～5	0.1～1.0

3.2.5 射线与物质的相互作用

X 射线和 γ 射线与物质相互作用时，其强度会减弱，原因是物质对射线的吸收与散射，射线被吸收时其能量转变为其他形式，如热能。散射则使射线的传播方向改变。在 X 射线和 γ 射线的能量范围内，光子与物质作用的主要形式有：光电效应、康普顿效应与电子对效应。在光子能量较低时，还应考虑瑞利散射。

图 3-5 是入射光子的能量 $h\nu$ 和作用物质的原子序数 Z 之间在产生三种主要

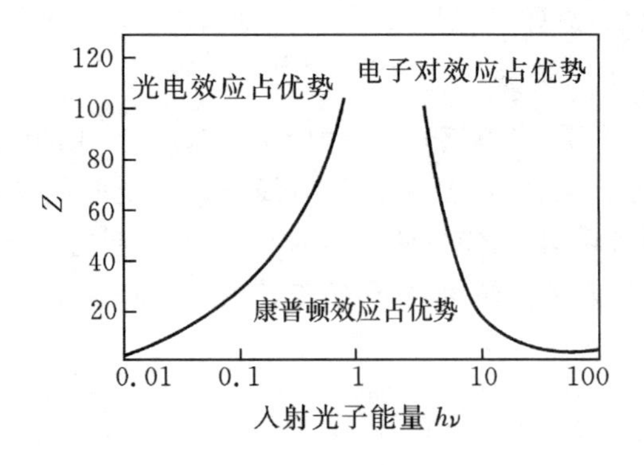

图 3-5 三种主要作用的相互关系

作用时的关系。当能量在 0.8～4 MeV 的范围时，主要是康普顿效应；在原子序数较小的情况下，康普顿效应占主要地位的光子能量区域很宽；在中等 Z 值以上，$h\nu$ 较小时主要是光电效应，$h\nu$ 较大时主要是电子对效应；当 Z 和 $h\nu$ 值位于图中的曲线上时，表明相邻两种相互作用的几率相等。

(1)光电效应

当光子射入物质时，与物质原子中的电子发生碰撞，将其全部能量传递给某束缚电子，使其摆脱核的束缚而成为自由电子，而光子本身消失，这种现象称为光电效应，光电效应发射出的电子叫光电子，如图 3－6 所示。发生光电效应的前提是光子能量必须大于电子的逸出能。光电效应具有如下特征。

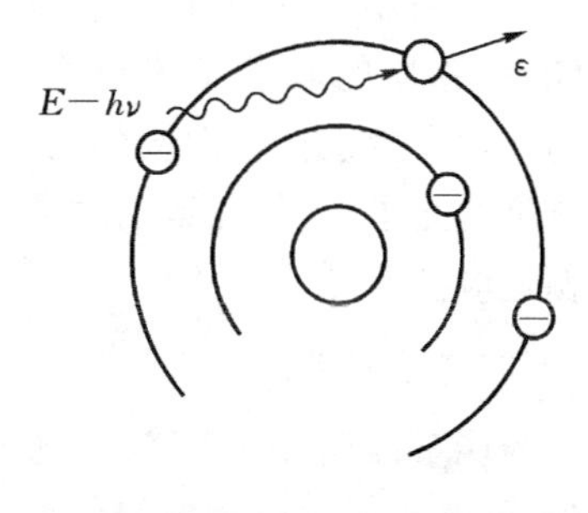

图 3－6　光电效应示意图

①在碰撞中入射光子的能量 $h\nu$ 全部被原子吸收，其中一部分能量消耗于光电子脱离原子束缚的电离能，另一部分作为光电子的动能。释放出的光电子的动能 E_e 与入射光子的能量 $h\nu$ 以及电子所在壳层逸出能 E_i 之间的关系

$$E_e = h\nu = E_i \tag{3-11}$$

②光电效应遵守动量守恒定律，光子碰撞在自由电子上不能产生光电效应。轨道电子吸收光子能量而作为光电子发射之后，剩下的整个原子向后反跳以保持动量守恒。自由电子没有原子核来保持动量守恒。

③发生光电效应时，原子在吸收一个光子的能量 $h\nu$ 之后将发射出一个 K 层、L 层或 M 层电子，使原子处于激发态，退激的过程有两种，一种是激发态原子立刻以标识 X 射线的形式释放能量 E_i 回到正常态，这时产生的 X 射线称为二次标识 X 射线；另一种过程是原子的激发能传给外壳层电子，使它从原子中发射出来，这种电子称为俄歇电子。因此，光电效应伴随着二次射线和俄歇电子的产生。

光电效应既发生在被射线照射的物体中，又发生在影像检测器(荧光屏或胶片)内，也就是这种效应使得射线照相成为可能，光电效应随着物质原子序数增高而加强，随着光量子能量增高而减弱。

(2)康普顿效应

入射光子与受原子核束缚较小的外层轨道电子或自由电子发生的相互作用称为康普顿效应，也称为康普顿散射。当 X 射线的入射光子与原子外层轨道电子碰撞时，光子的一部分能量传给电子并将其击出轨道，如图 3－7 所示，同时入射光子的能量减小且偏离入射方向而沿新路径前进，成为散射光子，被击出的电子称为反冲电子。散射光子与反冲电子的方向与入射光子的能量有关，随入射光子的能量增加，散射光子与反冲电子的偏离角减小。

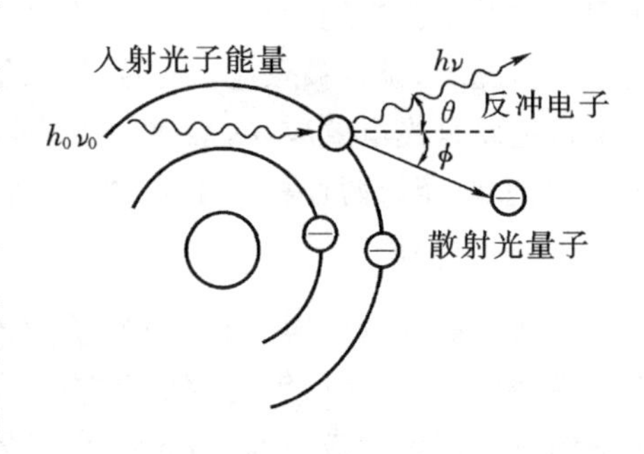

图 3-7 康普顿效应示意图

康普顿效应的发生概率与入射光子的能量、物质的原子序数相关，原子序数低的元素发生康普顿效应的可能性高；中等能量的光子，对各元素的主要作用是康普顿效应。

(3)电子对效应

当能量高于 1.02 MeV 的光子与物质作用时，光子在原子核场的作用下，转化成一对正负电子，而光子完全消失，这种现象称为电子对效应，如图 3-8 所示。在电子对效应中，入射光子消失，产生的正负电子对在不同的方向飞出，其方向与入射光子的能量有关。

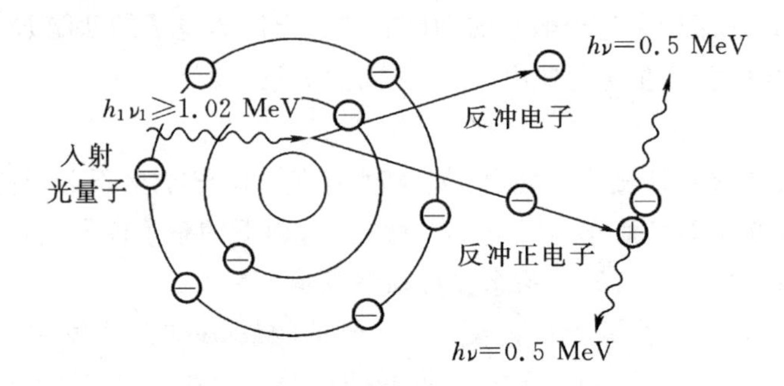

图 3-8 电子对的生成和消失

电子对效应产生的概率与物质原子序数的平方成正比，近似与光子能量的对数成正比，因此，在光子能量较高、原子序数较高时电子对效应是一种重要的作用。

电子对效应中产生的快速正电子，在吸收物质中通过电离损失和辐射损失消耗能量，速度很快减慢，在它运动快停止时与吸收物质中的一个电子结合，转化为两个能量为 0.51 MeV 的光子。

(4)瑞利散射

瑞利散射是入射光子与束缚较牢固的原子内层轨道电子作用的散射过程(也称为电子的共振散射)。在瑞利散射过程中，一个束缚电子吸收入射光子的能量后跃迁到能级，随即又释放一个能量约等于入射光子能量的散射光子，光子能量的损失可以忽略不计。即可以认为是光子与原子发生的弹性碰撞过程。

瑞利散射发生的概率与物质的原子序数及入射光子的能量有关，近似与原子序数的平方成正比，并随入射光子的能量的增大而减小。当入射光子的能量低于 200 keV 时，必须注意瑞利散射的影响。

3.2.6　射线透过物质时的衰减

由上述射线与物质的相互作用可知，入射光子的能量除了透射一次射线部分外，一部分转移到能量或方向改变的光子那里，即引起散射；一部分转移到与它相互作用的电子或产生的电子那里，由于电子可以与物质相互作用而相当部分损失在物体之中，引起吸收衰减。即，入射到物体的射线，由于一部分能量被吸收、一部分能量被散射，使其强度减弱。图 3－9 是射线与物质相互作用导致强度减弱及能量转换示意图。

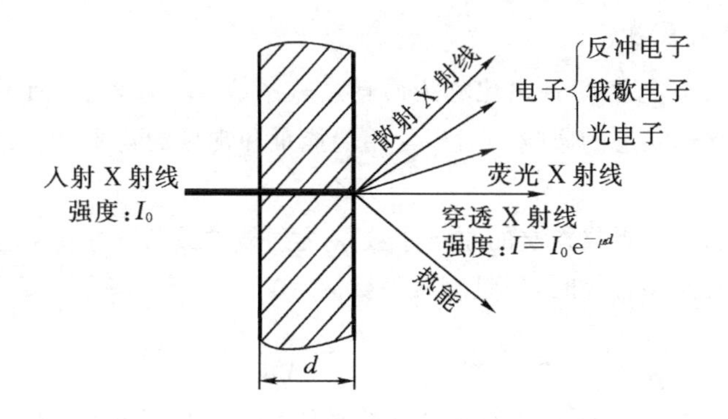

图 3－9　X 射线与物质相互作用示意图

按射线的能量，射线可划分为：①单色 X 射线，射线的能量是单一的，即只含有一种能量的光子，射线是单一波长的；②连续 X 射线，包含连续分布能量的射线，即射线含有不同能量的光子，也就是射线包含从一个波长到另一个波长的一段波长范围，其射线谱是连续谱。

1. 窄束、单色射线强度衰减规律

射线穿过物体后，透射射线包括一次射线、散射线、电子等。如果到达探测器(胶片)的射线只有一次射线，则称为窄束 X 射线；如果到达探测器(胶片)的射线除一次射线外还含有散射线，则称为宽束 X 射线。

(1)线衰减系数

射线穿透物体时的衰减与物体的性质、厚度及射线光子的能量有关。在均匀的介质中，在很小的厚度 Δd 范围内，射线强度的减弱与穿透物体的厚度成正比

$$\Delta I=-\mu I\Delta d \tag{3-12}$$

对式(3-12)积分,可得窄束X射线强度的衰减规律

$$I = I_0 e^{-\mu d} \tag{3-13}$$

式中:I为X射线通过厚度为d的物体后的强度;d为物体的厚度;I_0为X射线通过物体以前的强度;μ为线衰减系数。

由于射线的衰减是几种效应共同作用的结果,所以,线衰减系数μ可写成

$$\mu = \mu_{ph} + \mu_c + \mu_p + \mu_R \tag{3-14}$$

式中:μ_{ph}为光电效应线衰减系数;μ_c为康普顿效应线衰减系数;μ_p为电子对效应线衰减系数;μ_R为瑞利散射线衰减系数。

线衰减系数μ与射线能量、物质的原子序数及密度有关,μ大致与物质密度ρ成正比,与原子序数的关系:$\mu_{ph} \propto Z^5$,$\mu_c \propto Z$,$\mu_p \propto Z^2$。与射线能量$h\nu$的关系:$\mu_{ph} \propto (h\nu)^{-3.5}$,$\mu_c \propto (h\nu)^{-1}$,$\mu_p \propto \ln(h\nu)$。

(2)质量衰减系数

线衰减系数μ与密度ρ之比称为质量衰减系数,用μ_m表示,质量衰减系数不受物质密度和物理状态的影响。对于常用的能量和常见的物质,质量衰减系数

$$\mu_m = KZ^3\lambda^3$$

式中:K为系数;Z为吸收物质的原子序数;λ为射线的波长。

当吸收物质是混合物时,质量衰减系数

$$\mu_m = \frac{\mu}{\rho} = \mu_{m1}\alpha_1 + \mu_{m2}\alpha_2 + \cdots = \left(\frac{\mu_1}{\rho_1}\right)\alpha_1 + \left(\frac{\mu_2}{\rho_2}\right)\alpha_2 + \cdots \tag{3-15}$$

式中:μ_{m1},μ_{m2},…为各组成元素的质量衰减系数;ρ为混合物的密度;α_1,α_2,…为各组成元素含量的百分比;ρ_1,ρ_2,…为各组成元素的密度。

(3)半价层厚度

入射射线强度减少一半的吸收物厚度称为半价层厚度,由式(3-13)可知,当$d=d_{\frac{1}{2}}$时,$\frac{I}{I_0}=\frac{1}{2}$,所以半价层厚度

$$d_{\frac{1}{2}} = \frac{0.693}{\mu} \tag{3-16}$$

半价层的值随被透照工件和吸收体的种类不同而异。衰减系数越大,半价层的厚度越小,半价层对选择屏蔽射线的材料有重要的意义。

2. 宽束、多色射线强度衰减规律

实际射线检测中使用的X射线是含有许多不同波长的连续X射线。不同波长的射线穿过同样厚度的物体时所受到的衰减也不相同,每个波长λ均有与其相应的线衰减系数μ_λ,如果采用式(3-14)进行计算,必须对各个波长进行计算,要计

算其整体综合 μ 值相当复杂。

(1)散射线与散射比

入射到物体的射线与物体相互作用后，在出射的射线中将包含透过的一次射线、散射线、电子，对射线照相产生影响的散射线主要是康普顿效应。应用宽束射线时，一次射线 I_p 与散射线 I_s 将同时到达探测器，所以到达探测器的射线的总强度

$$I = I_p + I_s = I_p\left(1 + \frac{I_s}{I_p}\right) = I_p(1 + n) \tag{3-17}$$

式中：$n = \frac{I_s}{I_p}$，称为散射比，它的大小与射线能量、物质的特性、穿透厚度有关。

(2)平均衰减系数

射线检测时，如果射线是由几种不同能量的光子组成的，光子的能量不同，其衰减系数也不同。设一束多色入射射线的强度为 $I_0 = I_{01} + I_{02} + I_{03} + \cdots$，其中：$I_{01}, I_{02}, I_{03}, \cdots$ 为不同能量光子束流强度，对应的衰减系数分别为 $\mu_1, \mu_2, \mu_3, \cdots$，不同能量的射线一次透过的强度为：$I_1 = I_{01}e^{-\mu_1 d}$，$I_2 = I_{02}e^{-\mu_2 d}$，$I_3 = I_{03}e^{-\mu_3 d}$，…，则一次透过射线的总强度

$$I = I_1 + I_2 + I_3 + \cdots$$

$$I = I_0 e^{-\bar{\mu} d} \tag{3-18}$$

式(3-18)为多色射线衰减规律，$\bar{\mu}$ 称为平均衰减系数，可以根据试验数据计算。

(3)宽束、多色射线强度衰减规律

对于宽束、多色射线，其强度的衰减公式

$$I = I_0 e^{-\bar{\mu} d}(1 + n) \tag{3-19}$$

图 3-10 是 X 射线的衰减规律的实验曲线。图中 a 表示窄束 X 射线的衰减曲线，其波长 λ 虽有变化，但由于各不同波长的长度很接近，随被透照物体厚度的增加衰减系数变化很小。

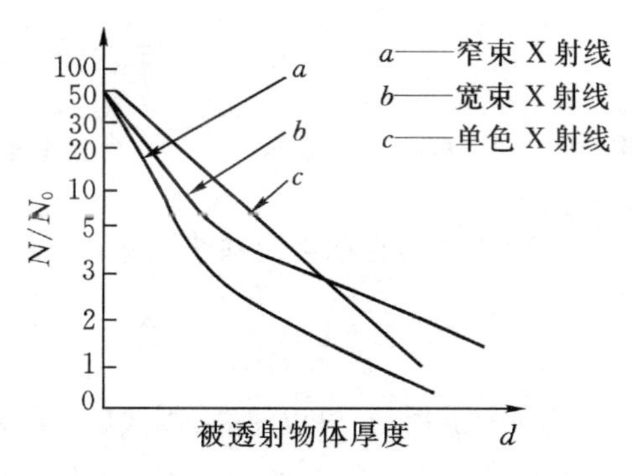

图 3-10　X 射线的衰减规律的实验曲线

曲线 b 表示宽束 X 射线的衰减曲线，曲线上各点的不同斜率即为连续 X 射线在该条件下的衰减系数 μ 值。

曲线 c 表示单色 X 射线的衰减曲

线。对同一波长的单色X射线，衰减系数 μ 与X射线的光子能量和被透照物质的关系是一个确定值，衰减系数不随被透照工件厚度的变化而改变。

3.2.7 射线照相的原理

当射线透过被检物体时，有缺陷部位与无缺陷部位对射线吸收能力不同，例如金属物体，缺陷部位所含空气和非金属夹杂物对射线的吸收能力低于金属对射线的吸收能力，通过有缺陷部位的射线强度高于无缺陷部位的射线强度，因而可以通过检测透过工件后的射线强度的差异来判断工件中是否存在缺陷。

目前，国内外应用最广泛、灵敏度比较高的射线检测方法是射线照相法。它是采用感光胶片来检测射线强度，在射线感光胶片上对应的有缺陷部位因接受较多的射线，从而形成黑度较大的缺陷影像，其示意图如图3-11所示。

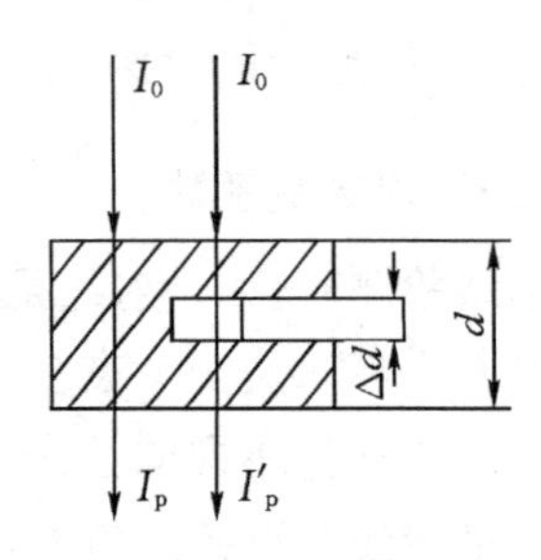

图3-11 射线检测原理示意图

设工件的厚度为 d，线衰减系数为 μ，缺陷在射线透过方向的厚度为 Δd，线衰减系数为 μ'，入射射线强度为 I_0，一次透射线的强度分别为 I_p（无缺陷部位）、I'_p（有缺陷部位），散射比为 n，则透射射线的总强度为

$$I = (1+n)I_0 e^{-\mu d}$$

$$I_p = I_0 e^{-\mu d}$$

$$I'_p = I_0 e^{-\mu(d-\Delta d)-\mu'\Delta d}$$

$$\Delta I = I'_p - I_p = I_0 e^{-\mu d}(e^{(\mu-\mu')\Delta d} - 1)$$

式中：ΔI 为缺陷与其附近的辐射强度差值，I 为背景辐射强度，两者之比为

$$\frac{\Delta I}{I} = \frac{e^{(\mu-\mu')\Delta d} - 1}{1+n} \tag{3-20}$$

将 $e^{(\mu-\mu')\Delta d}$ 展开成级数 $e^{(\mu-\mu')\Delta d} = 1 + (\mu-\mu')\Delta d + \frac{[(\mu-\mu')\Delta d]^2}{2!} + \cdots + \frac{[(\mu-\mu')\Delta d]^n}{n!}$，且取前两项代入式(3-20)，可近似获得

$$\frac{\Delta I}{I} = \frac{(\mu-\mu')\Delta d}{1+n} \tag{3-21}$$

当 $\mu' \ll \mu$ 时，μ' 可以忽略，则式(3-21)可写成

$$\frac{\Delta I}{I} = \frac{\mu\Delta d}{1+n} \tag{3-22}$$

射线强度差异是影响底片对比度的主要原因，因此，称 $\Delta I/I$ 为主因对比度。

影响主因对比度的因素有:透照厚度、线衰减系数、散射比。当缺陷沿射线透照方向厚度越大或被透照物质线衰减系数 μ 越大,则透过有缺陷部位和无缺陷部位的射线强度差越大,感光胶片上缺陷与本体部位的黑度差越大,底片的对比度也就越大,缺陷就越容易被发现。

3.3　射线检测设备

3.3.1　X 射线机

1. X 射线机的类型

工业用 X 射线机可以按照结构、使用功能、工作频率、绝缘介质不同的方面分类。

按 X 射线机的结构可分为便携式 X 射线机、移动式 X 射线机、固定式 X 射线机;按 X 射线机的使用性能可分为定向 X 射线机、周向 X 射线机、管道爬行器;按 X 射线机的工作电压可分为恒压 X 射线机、脉冲 X 射线机;按加在 X 射线管上的电压脉冲频率可分为恒频 X 射线机、脉冲 X 射线机;按使用的 X 射线管可分为玻璃管 X 射线机、陶瓷管 X 射线机;按 X 射线管焦点尺寸可分为微焦点 X 射线机、小焦点 X 射线机、常规焦点 X 射线机等。采用较多的分类方法是按结构分类。

2. 工业射线照相用 X 射线机的结构组成

工业射线照相中用的 X 射线机的结构一般由四部分组成:X 射线管(射线发生器)、高压发生器、冷却系统、控制系统。

(1)X 射线管

X 射线管是 X 射线机的核心器件,由阳极(金属靶)、阴极(灯丝)、管壳组成,如图 3-12 所示。

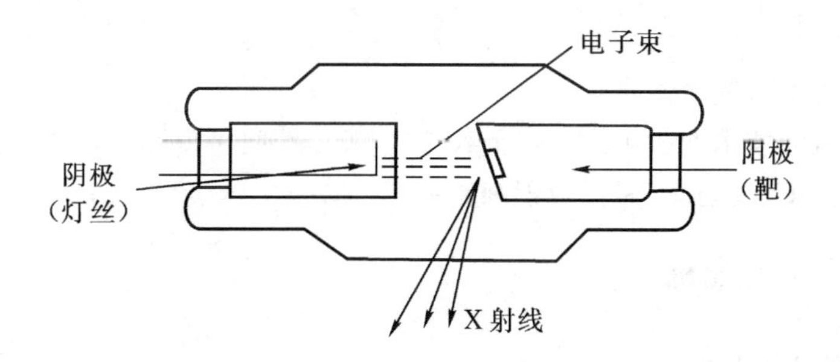

图 3-12　X 射线管示意图

1)阴极 X射线管的阴极是发射电子和聚集电子的部位，由发射电子的灯丝和聚集电子的凹面阴极头组成。灯丝一般用钨制作绕成一定的形状，装在阴极头内，如图3－13所示。

阴极通电后，灯丝被加热，发射电子，电子在X射线管的管电压作用下，高速飞向阳极靶，在阳极靶产生X射线。

2)阳极 X射线管的阳极由阳极靶、阳极体、阳极罩组成，如图3－14所示。其作用是承受高速电子的撞击，产生X射线。

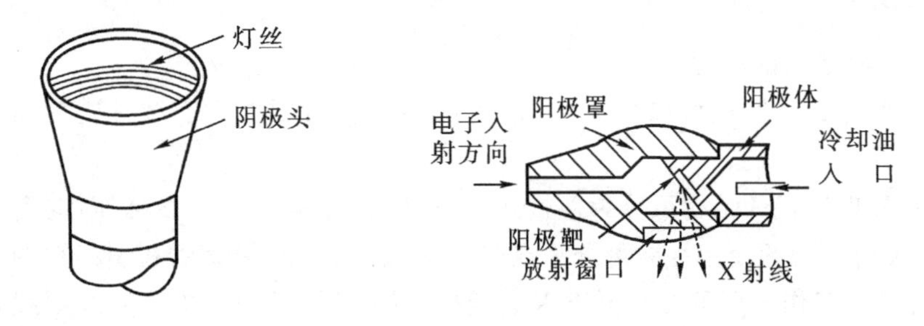

图3－13 X射线管的阴极示意图　　图3－14 X射线管的阳极结构示意图

(2)高压发生器 高压发生器是X射线管工作的基本电路，它由高压变压器、灯丝变压器、高压整流电路组成，组装在一个机壳中，内部充满绝缘介质。

(3)冷却系统 由于X射线管的能量转换效率低，电子的绝大部分动能转换成热能，因此，在X射线管工作时必须有良好的冷却系统，以保证X射线管的正常工作。X射线管的冷却方式有：辐射散热冷却、油循环冷却、水循环冷却等。

(4)控制系统

X射线管外部工作条件的总控制部分，包括基本电路、管电流调节、管电压调节及各种操作指示。

3. X射线机的技术性能

X射线机的技术性能包括工作负载特性（X射线机可使用的管电流、管电压等特性）、辐射强度、辐射角、漏泄辐射剂量等。

3.3.2 γ射线机

1. γ射线机的种类

γ射线机按其结构形式分为携带式、移动式和固定式、管道爬行器；按所用的放射性同位素的不同可分为：钴60γ射线机、铯137γ射线机、铱192γ射线机、硒

75γ 射线机、铥 170γ 射线机、镱 169γ 射线机。

在工业 γ 射线检测中主要使用便携式铱 192 γ 射线机、硒 75 γ 射线机、移动式钴 60 γ 射线机；铥 170 γ 射线机、镱 169 γ 射线机主要用于薄壁工件及轻金属的无损检测；管道爬行器用于管道的对接环焊缝检测。

2. γ 射线机的主要性能

γ 射线机的主要性能包括 γ 射线源、容量、重量、屏蔽体、通道形式等。我国生产的部分 γ 射线机的主要技术参数如表 3-4 所示。

表 3-4　γ 射线机的主要性能

技术参数 \ γ 射线机型号	CTS-1	YTS-1	SETS-1
外形尺寸/mm	530×390×310	421×242×287	240×110×180
主机重量/kg	200	28	8.5
屏蔽材料与重量	贫化铀，135 kg	贫化铀，19 kg	贫化铀，3.3 kg
γ 射线源	^{60}Co	^{192}Ir	^{75}Se
额定源活度/Bq	3.7×10^{12}(100Ci)	3.7×10^{12}(100Ci)	2.96×10^{12}(80Ci)
通道形式	S 通道	S 通道	直通道
输源方式	自动/手动	自动/手动	自动/手动
驱动机构长度/m	11	10	10
输源管长度/m	3×2.1	3×2.1	3×2.1

3. γ 射线机的特点

γ 射线机具有如下优缺点。

(1) γ 射线机的优点

① 穿透能力强、探测厚度大。例如检测钢制工件，400 kV 的 X 射线机的最大穿透厚度为 100 mm，而钴 60γ 射线机的最大穿透厚度可达 200 mm。

② 体积小，重量轻，不需要供电电源，适合于野外作业。

③ 同 X 射线机相比，效率高，对环缝和球罐可进行周向曝光和全曝光。

④ 可以连续运行，且不受温度、压力、磁场等外界条件的干扰。

⑤ 设备故障率低，与相同穿透厚度的 X 射线机相比，价格低。

(2)γ 射线机的缺点

① γ 射线源都有半衰期，半衰期短的射线源需要频繁更换。

② 由于辐射能量固定，不能根据工件厚度调节辐射能量，当穿透厚度与射线源能量不匹配时，会影响检测灵敏度。

③ γ 射线源的辐射强度随时间减弱，射线源的强度较小时，需要的曝光时间长。

④ 固有不清晰度比 X 射线大，在相同的检测条件下，灵敏度低于 X 射线机。

⑤ 对安全防护的要求高。

4. γ 射线机的组成

γ 射线机一般由射线源组件、源容器(主机体)、驱动机构、输源管和附件组成。

为了减少散射线，铱 192 和钴 60 产品附有各种钨合金光栏，可装在放射源容器上或装在放射源导管末端。按工作需要发射出定向、周向或球形射线场。源导管标准长度为 3 m，可根据需要延长。

源组件由辐射源物质、外壳和辫子组成，如图 3－15所示。外壳一般由内层铝与外层不锈钢制作，射线同位素密封在外壳中。

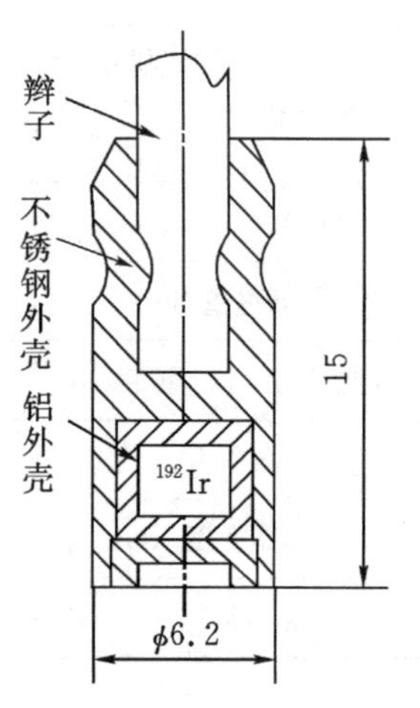

图 3－15 源组件结构示意图

γ 射线机机体(源容器)是 γ 射线机射线源的储存装置，容器内部装有屏蔽材料，屏蔽体内有两种结构形式："S 通道"和"直通道"。S 通道是在屏蔽体内设计成 S 形，如图 3－16 所示。直通道需解决屏蔽问题，结构较复杂。屏蔽体一般由贫化铀材料制作而成。

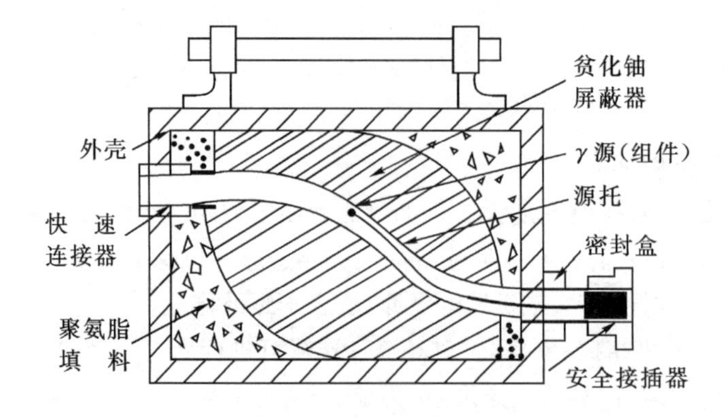

图 3－16 S 通道 γ 射线机源容器结构示意图

驱动机构由控制部件、控制导管、驱动部件构成。γ 射线机的控制方式有手控、电控。例如:钴 60 探伤仪除可手控外,还可采用电控器,其主要作用是可以预置延迟时间和曝光时间。当电控器启动后,在预置延迟时间内,操作人员可以远离探伤地点,直到曝光时间结束,电控器把放射源自动收回到源容器中。γ 射线源使用时首先启动操作器,使源驱动缆和连接器对接,并将 γ 射线源由操作器控制准确送至曝光位置,曝光完成后再将 γ 射线源退回至屏蔽体内。

5. 不同 γ 射线机适用的检测厚度

为了保证 γ 射线照相的底片质量。我国标准中对 γ 射线机的选择规定了它的适用厚度,如表 3-5 所示,由于它的射线能量很高,而且不像普通 X 射线机可以调节,需要特别注意它的下限值。

表 3-5　不同 γ 射线机的适用检测厚度

γ 射线源	工件厚度/mm		
	A 级	AB 级	B 级
^{60}Co	20～100	30～95	40～90
^{192}Ir	60～200	50～175	60～150

近年来,随着计算机等相关技术的发展,射线无损检测技术也有了很大进步,同时也开发出了许多相应的仪器与设备,其中,应用较广的是射线实时检测技术和数字式 X 射线检测技术。

3.3.3　加速器

在工业射线照相检测中,为了产生高能量的 X 射线,一般需要采用加速器,其基本原理是利用电磁场加速带电粒子,从而获得高能 X 射线。按加速粒子的种类,可将加速器分为电子加速器、质子加速器、重离子加速器和全离子加速器等。适合工业无损检测用的加速器主要有电子感应加速器、电子直线加速器和电子回旋加速器。

(1) 电子感应加速器

电子感应加速器的原理是利用电子轨道内部磁通量的增加产生涡旋电场加速电子,使电子沿着一个圆轨道运动,当电子到达需要的能量时,在辅助励磁线圈磁场的作用下,脱离圆形加速轨道,撞击在靶上产生 X 射线。

电子感应加速器的特点是结构简单,造价比较低,调整使用方便,能量范围比较宽。在工业无损检测中,常用能量为 15～35 MeV 的电子感应加速器,射线束焦点尺寸小，在水平方向约为 0.1 mm，垂直方向为 0.3～0.4 mm，近似为点光源，产生的锥形 X 射线的顶角约为 5°～6°，因而检测灵敏度高，可达 1%。可检测厚度为 50～500 mm 的钢件。

电子感应加速器的电子束流强度低，一般不超过 1 μA，因此射线剂量率很低，一般只有数十伦琴。这就延长了照射时间，降低了检测效率。尽管如此，目前它仍然是工业无损检测中用得比较多的一种加速器。

(2) 电子直线加速器

与回旋式加速器相比，电子直线加速器具有比较容易注入和引出粒子流，聚焦情况好，粒子沿直线轨道加速时辐射损失小，束流强度大等特点。但是，造价高，技术比较复杂，焦点尺寸比较大，因此检测灵敏度不如电子感应加速器。

按加速方式的不同可分为行波电子直线加速器和驻波电子直线加速器两类。

电子直线加速器可检测钢件的最大厚度达 600 mm，它的剂量率高，一般可达几百到几千伦琴，是电子感应加速器的 10～100 倍，因此检测速度快、效率高。

在工业射线照相检测中，它最适用于检测的能量范围是 1～15 MeV。在此能量范围内，电子直线加速器可以造得十分轻巧，操作使用方便。

(3) 电子回旋加速器

电子回旋加速器是利用恒定的磁场和高频电场，使电子沿具有公切点的逐渐加大的圆运动不断加速的电子加速器。能量可在较宽的范围变化，在工业射线照相检测中多为 6～25 MeV，能量的分散度小，束流强度比较大，束流的准直性好。

工业无损检测用加速器的性能特点如表 3-6 所示。

表 3-6 不同加速器的性能特点

类型	能量/MeV	X 射线输出能量 R[①] · min^{-1} · m^{-1}	焦点	对钢的检测厚度/mm	相对灵敏度/%
电子感应加速器	4～50	1～800	0.1×0.3	50～500	0.5～1.0
电子直线加速器	2～15	100～16000	$<\varphi 2$	60～600	0.6～1.5
电子回旋加速器	4～25	30～8000	$<\varphi 2$	60～600	0.8～1.5

注：R(伦琴)是暂时可使用的非法定计量单位，1 R=2.58×10^{-4} C/kg

3.3.4 射线照相胶片

1. 射线胶片的结构

射线胶片的结构如图 3-17 所示。射线胶片与普通胶片的主要区别：普通胶片在胶片片基的一面涂布感光乳剂层，另一面涂布反光膜；射线胶片为了增加乳化银含量以吸收较多的穿透能力很强的X射线或γ射线，提高胶片的感光速度，同时增加底片的黑度，在胶片片基的两面涂布感光乳剂层。

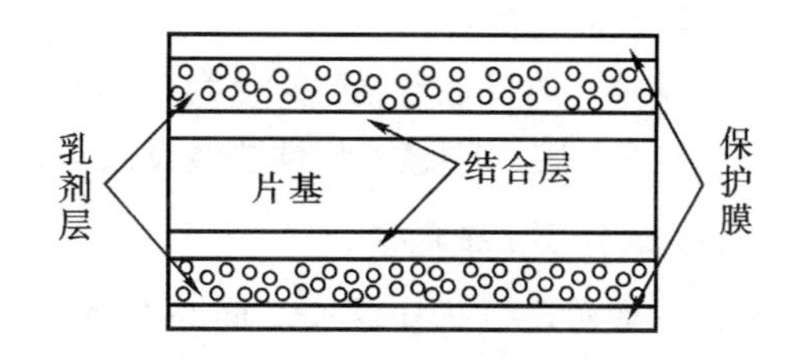

图3-17 射线胶片结构示意图

片基是感光乳剂层的支持体，大多采用醋酸纤维或聚脂材料制作，厚度约为0.175～0.20 mm。

感光乳剂层，厚度约为10～20 μm，通常由溴化银微粒在明胶中的混合体构成，乳剂中加入少量碘化银(一般不大于5%)，可改善感光性能，还加防雾剂、稳定剂及坚膜剂。

结合层(又称粘结或底膜)由明胶、水、表面活性剂(润湿剂)、树脂(防静电剂)组成，它的作用是使感光乳剂层和片基牢固地粘结在一起，防止感光乳剂层在冲洗时从片基上脱落。

保护层的主要成分是明胶、坚膜剂、防腐剂、防静电剂，厚度约为1～2 μm，其作用是防止感光乳剂层直接与外界接触而损坏。

2. 感光原理

胶片受到可见光或射线照射时，在胶片的感光乳剂层中会产生眼睛看不到的影像，称为“潜影”，经过显影处理，潜影可转化为可见的影像。潜影的形成可分为四个阶段：①可见光或射线照射时，在光子的作用下，卤化银微粒吸收光子，激发溴离子产生电子；②产生的电子移动，到达感光中心；③带负电荷的感光中心吸引卤化银晶格之间的银离子；④银离子与电子结合产生银原子。感光中心具有一个银原子后基本过程再重复，直至曝光结束。产生的银原子团称为潜影中心，潜影中心的总和即为潜影。

3. 底片黑度

胶片经过曝光和暗室处理后称为底片，底片上各处的银密度不同，对应的透光程度也不同。底片的光学密度就是底片的不透明程度，表示银使底片变黑的程度，所以，光学密度通常称为黑度。

设入射到底片的光强度为 I_0，透过底片的光强度为 I，则黑度(光学密度)

$$D = \lg \frac{I_0}{I} \tag{3-23}$$

4. 射线胶片的特性

射线胶片的特性包括：感光度(S)、梯度(G)、灰雾度(D_0)、宽容度(L)、最大密度(D_{max})等。胶片的感光特性曲线反映了这些感光特性。

(1)胶片的特性曲线

表示曝光量与底片黑度之间关系的曲线称为胶片的特性曲线，如图 3－18、3－19所示。图中，横坐标为射线曝光量的对数值，纵坐标为胶片显影后所得的相应黑度。

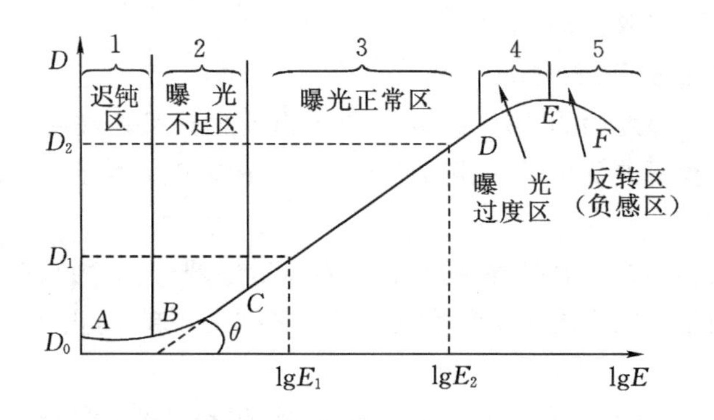

图 3－18 增感型胶片的特性曲线图

增感型胶片的特性曲线(图 3－18)可分为以下几部分。

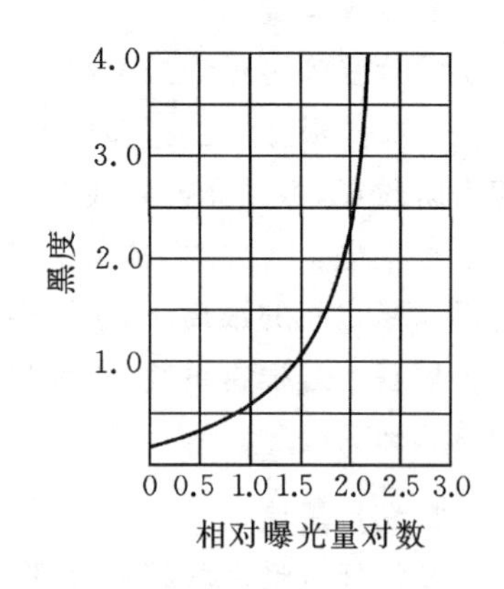

图 3－19 非增感型胶片的特性曲线

① 本底灰雾度区(D_0)，特性曲线原点至纵坐标 A 点的距离，胶片在未经曝光的情况下，经显影处理后也会有一定的黑度，此黑度值称为灰雾度 D_0，通常所指的灰雾度也包括片基本身的不透明度。

② 曝光迟钝区(AB 段)，又称不感光区。曝光量增加，底片黑度不增加，当曝光量超过 B 点时，才使胶片感光，B 点称为曝光量的阈值。

③ 曝光不足区(BC 段)，对应于曝光量的增加，底片的黑度增加缓慢。

④ 正常曝光区(CD)，底片黑度值随曝光量对数的增加呈线性关系，工业射线检测中规定的射线照片黑度都在这个范围内。在这一区域，黑度与曝光量之间近似满足

$$D = G\lg E + K \tag{3-24}$$

式中：D为底片黑度；E为曝光量；K为常数；G为特性曲线的斜率，即梯度。

⑤ 曝光过度区(DE)，曝光量继续增加时，黑度增加较小，曲线斜率逐渐降低直至E点为零。

⑥ 反转区(EF)，也称负感区，黑度随曝光量的增加而减小。

非增感型胶片的特性曲线(图3-19)也有曝光迟钝区、曝光不足区、曝光正常区，无明显的负感区。曝光过度区在黑度非常高的区域，超过了一般观光灯的观察范围，因此不再描绘在特性曲线上。非增感型胶片的特性曲线成"J"字形。

(2)射线胶片的特性参数

①感光度(S)，也称为感光速度，表示胶片感光的快慢。一般，把射线照片上产生一定黑度所用的曝光量的倒数定义为感光度，即$S=\frac{1}{E_S}$，其中E_S为曝光量。

②梯度(G)，也称反差系数。胶片特性曲线上任一点的切线的斜率称为梯度。由于特性曲线上各点的梯度值不同，所以常用特性曲线上两点连线的斜率来表示，称为胶片的平均梯度。

$$\bar{G} = \frac{D_2 - D_1}{\lg E_2 - \lg E_1} \tag{3-25}$$

式中：D_1为比灰雾度大1.50的一点的黑度；E_1为产生黑度D_1所需要的曝光量；D_2为比灰雾度大3.50的一点的黑度；E_2为产生黑度D_2所需要的曝光量。

③灰雾度(D_0)，又称本底灰雾度，表示胶片在未经曝光的情况下，经显影处理后也得到一定的黑度，特性曲线原点至纵坐标A点的距离。

④宽容度(L)，特性曲线上直线部分对应的曝光量的对数之差。

$$L = \lg E_2 - \lg E_1 \tag{3-26}$$

3.3.5 其他设备

(1)增感屏

当射线入射到胶片时，射线的大部分穿过胶片，只有一小部分与乳剂层中的溴化银起光化学作用，这样，为了得到一定黑度的胶片需要很长时间。因此，在射线照相时把胶片置于两张增感屏之间，以加快胶片的感光速度，缩短曝光时间。常用的增感屏有：金属增感屏、荧光增感屏、复合增感屏(金属荧光增感屏)。

(2)像质计(Image Quality Indicator, IQI)

像质计是用来检查和定量评价射线底片影像质量的器件，又称为影像质量指示器，简称IQI、透度计。

在射线照相前，被透照工件中所能发现的最小缺陷尺寸是无法知道的，一般采用带有人工缺陷的像质计来确定透照灵敏度。

工业射线照相用的像质计有：金属丝型像质计、阶梯孔型像质计和平板孔型像质计，此外还有槽型像质计、双丝像质计，其中使用最广泛的是金属丝型像质计。像质计应用与被透照工件材质相同或对射线吸收性能相似的材料制作。各种像质计设计了自己特定的结构和细节形式，规定了自己的测定射线照相灵敏度的方法。

1)丝型像质计 丝型像质计是一组直径按一定规律变化的直金属丝以一定间距平行排列，封装在低射线吸收系数的材料中，并附加必要的标识标志和符号。常用的丝型像质计的金属丝直径采用等比级数系列，一般采用公比为$\sqrt[10]{10}$(约 1.25)的等比数列决定的一个优先数列(ISO/R10 化整值系列)，一般封装在薄塑料膜中。丝型像质计的形式见图 3-20。

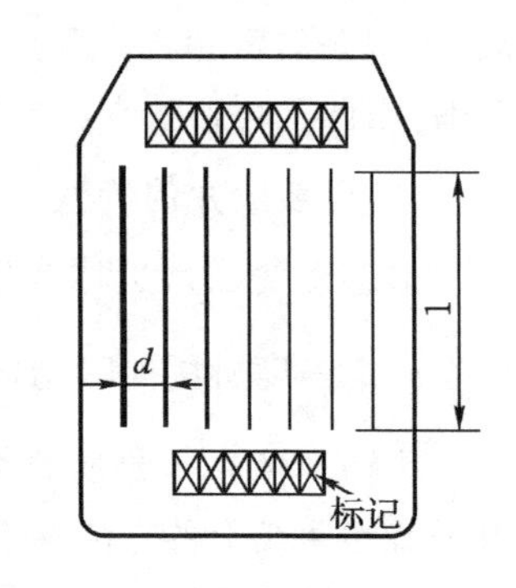

图 3-20 丝型像质计的形式

2)阶梯孔型像质计 阶梯孔型像质计的基本结构是在阶梯块上钻直径等于阶梯厚度的通孔，阶梯的形状可以变化，常用的是矩形和正六边形。对于厚度很小的阶梯常常钻上两个通孔，以克服小孔识别的不确定性。它的基本结构如图 3-21 所示。

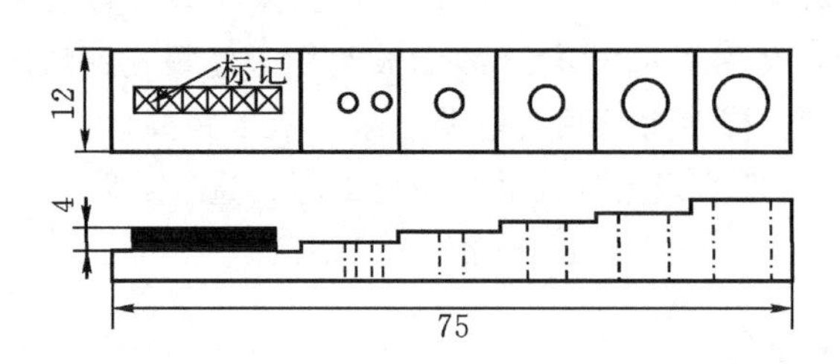

图 3-21 阶梯孔型像质计的基本结构

3)平板孔型像质计 平板孔型像质计是在美国广泛使用的 IQI，一般称其为透度计，它是在厚度均匀的矩形板上钻三个通孔，孔垂直于板的表面，若板厚为 T，则三个孔的直径分别为 $1T$、$2T$、$4T$，$1T$ 孔位于其余两孔中间，板厚 T 只取透照厚度的 1%、2%及 4%。平板孔型像质计的结构如图 3-22 所示。其中，矩形(图 3-22(a))像质计适合于较小的透照厚度，圆形(图 3-22(b))像质计适合于透照较厚的透照厚度。

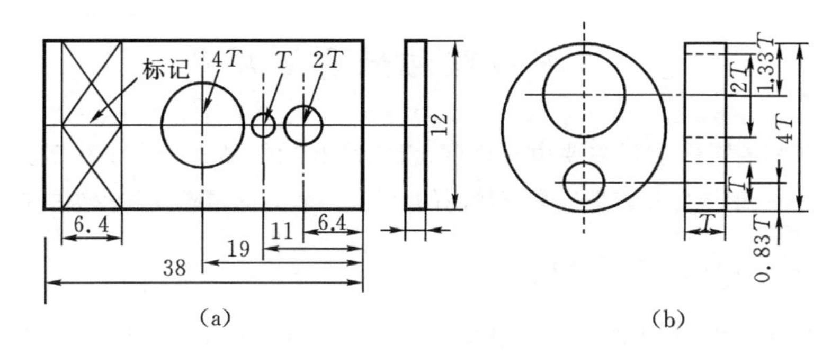

图 3-22　平板孔型像质计的基本结构
(a)矩形；(b)圆形

(3)黑度计(光学密度计)

黑度计是测量底片黑度的设备。在工业射线检测中，底片黑度测量的精度要求不高，目前的标准中一般规定测量误差不大于±0.1，为了满足这个要求，要求黑度计测量值的不确定度为0.05。

(4)暗盒

暗盒用来装射线照相胶片、增感屏，采用对射线吸收少、遮光性好的黑色塑料膜或合成革制作。其尺寸要求与胶片及增感屏的尺寸相匹配。

(5)标记

标记一般由铅制数字、字母、符号等组成，有识别标记与定位标记。识别标记包括产品编号、部位编号、透照日期、透照单位、透照人员代号，等等。定位标记主要是搭接标记、中心标记，搭接是连续检验时的透照分段标记，选用能显示搭接情况的方法或符号表示。中心标记指示透照部位的中心位置和分段编号的方向，一般用十字箭头“┼”表示。

(6)屏蔽铅板

屏蔽铅板的作用是控制散射线。在现场进行射线检测时，在暗盒后贴附厚度为1～3 mm的铅板，以屏蔽后方散射线。

(7)暗室用品

暗室用品包括工作台、切片刀、洗片盘(槽)、安全灯、工业天平、定时器、温度计、容器、底片干燥箱等。

3.4 射线照相的影像质量

射线照相的影像质量主要由对比度、清晰度和颗粒度三个因素决定。一般说来，一个良好的射线照相影像应具有较高的对比度、较好的清晰度和较细的颗粒度。

3.4.1 射线照相对比度

在射线照相中，对比度定义为射线照片两个区域的黑度差，常记为 ΔD。设射线照片上两个区域的黑度分别为 D'，D，则其对比度为

$$\Delta D = D' - D \tag{3-27}$$

射线照片上影像的对比度一般是指影像的黑度与背景黑度之差。

(1)射线照相对比度公式

从被透照工件厚度的缺陷的微小变化中即可得到射线照相对比度公式。假设：①厚度 d 的工件内部存在厚度为 Δd 的缺陷，且缺陷厚度相对于工件厚度非常小，缺陷中充满气体，其衰减系数可以忽略不计；②缺陷的存在不影响到达胶片的散射线量；③缺陷的微小变化不影响散射比。

胶片特性曲线的正常曝光区黑度与曝光量之间的近似关系

$$D = G\lg E + k$$

$$D' = G'\lg E' + k$$

式中：曝光量 E，E' 等于射线强度与曝光时间之积，$E = It$，$E' = I't$。

由于 d 与 $d + \Delta d$ 之间的变化很小，因此 D 与 D' 之差也很小，可以认为对应于 D 与 D' 的梯度近似相等，因此厚度变化引起的黑度差

$$\Delta D = G(\lg E' - \lg E)$$

可得

$$\begin{aligned}\Delta D &= G(\lg I't - \lg It)\\ &= G\left(\lg \frac{I'}{I}\right)\\ &= G\lg \frac{I + \Delta I}{I}\\ &= G\lg\left(1 + \frac{\Delta I}{I}\right)\\ &= G\,\frac{\ln(1 + \Delta I/I)}{\ln 10}\end{aligned}$$

由近似公式 $\ln(1 + x) = x$，得

$$\Delta D = G\frac{\Delta I/I}{\ln 10} = 0.434G\frac{\Delta I}{I}$$

将主因对比度公式$\frac{\Delta I}{I}=\frac{\mu\Delta d}{1+n}$代入上式，可得

$$\Delta D = G\frac{\Delta I/I}{\ln 10} = \frac{0.434G\mu\Delta d}{1+n} \tag{3-28}$$

式(3-28)即为射线照相对比度公式，在大多数情况下，上述假设引起的误差非常小，式(3-28)可以成立。

(2)影响射线照相对比度的因素

由式(3-28)可知，影响射线照相影像对比度的因素是主因对比度和胶片梯度。影响主因对比度的因素有缺陷的尺寸、衰减系数、散射比。影响胶片梯度的因素有胶片种类、底片厚度、显影条件等。也就是射线照相对比度与透照物体的性质、不同部分的厚度差、采用的透照技术、选用的胶片类型、暗室处理及射线照片的黑度有关。

3.4.2　射线照相的清晰度

如图 3-23 所示，当透照一个垂直边界时，理想的情况应得出阶跃形式的黑度分布，但实际上存在一个缓变区 U，U 的大小即为射线照相的清晰度。图中，I 为射线强度，D 为密度。

在工业射线照相中，产生底片影像不清晰的原因很多，其中主要原因是几何不清晰度和胶片固有不清晰度，此外还有屏不清晰度、移动不清晰度等。

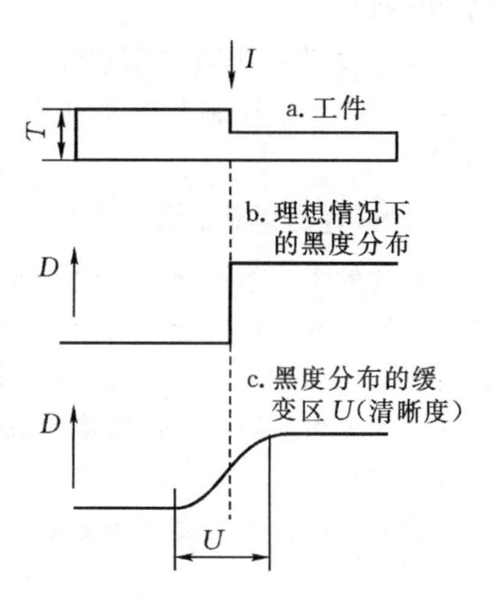

图 3-23　射线照相的不清晰度图

(1)几何不清晰度 U_g

实际射线源不是一个几何点，而是具有一定的尺寸，当射线透照一定厚度的工件时，工件表面轮廓或工件内部的缺陷在底片上的影像边缘会产生一定宽度的半影区，这个半影宽度就是几何不清晰度 U_g。工件中缺陷的几何不清晰度如图 3-24 所示。U_g 的值可以用式(3-29)计算。

$$U_g = \frac{d_f b}{F-b} \tag{3-29}$$

式中：d_f 为焦点尺寸；F 为焦距，即焦点至胶片的距离；b 为缺陷至胶片的距离。

由式(3-29)可见，焦点尺寸越小、焦距越大、缺陷离胶片的距离越近，几何不

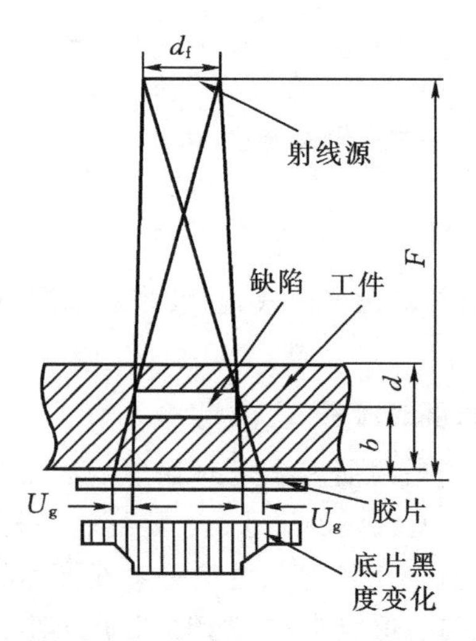

图 3-24 工件中缺陷的几何不清晰度

清晰度越小。

在射线照相中，几何不清晰度应控制在规定的范围内，除了选择射线源外，主要通过改变焦距控制几何不清晰度。选择适当的透照布置也能减小几何不清晰度。

(2)胶片的固有不清晰度 U_i

胶片的固有不清晰度是由于入射到胶片的射线在乳剂层中激发出的二次电子的散射产生的。在射线与乳剂层相互作用中产生的二次电子向各个方向散射，作用于临近的卤化银颗粒，使这些卤化银颗粒成为可显影的颗粒，这使得每个射线光量子产生的可显影的卤化银颗粒成为具有一定分布的区域，造成影像边界的扩散和轮廓的模糊。

固有不清晰度与射线的能量有关。图 3-25 是胶片固有不清晰度与射线能量

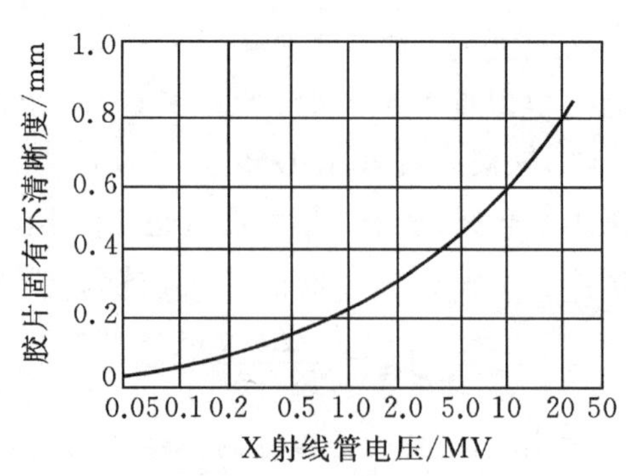

图 3-25 胶片固有不清晰度与射线能量的关系

的关系。

当使用荧光增感屏时，荧光物质晶粒对光线散射，还会造成屏的不清晰度 U_s，也将影响射线照相的影像质量。

射线照相总的不清晰度一般只考虑几何不清晰度与固有不清晰度，目前较为广泛采用的描述总不清晰度的关系式为

$$U = (U_g^2 + U_i^2)^{1/2} \tag{3-30}$$

3.4.3　射线照相的颗粒度

颗粒度是决定影像质量的另一个因素，它定义为射线照相影像黑度不均匀性的视觉印象。影像的颗粒度与胶片感光乳剂的粒度是不同的概念，胶片感光乳剂的粒度是感光乳剂颗粒尺寸的大小。颗粒度是卤化银颗粒的尺寸和颗粒在乳剂中分布的随机性、射线光量子被吸收的随机性的反映。

颗粒度产生的原因有：①胶片噪声，与银盐粒度及感光速度有关；②量子噪声，即量子随机分布的统计涨落，与射线能量、曝光量、底片黑度有关。一般颗粒度随胶片颗粒和感光速度的增大而增大，随射线能量的增大而增大，随曝光量与底片黑度的增大而减小。

颗粒度限制了影像能够记录和显示细节的最小尺寸。一个尺寸很小的细节，在颗粒度较大的影像中，或者不能形成自己的影像，或者其影像被黑度的起伏所掩盖，无法识别。

3.4.4　射线照相灵敏度

在应用射线检测方法进行检测时，评价射线照相影像质量的重要指标是射线照相的灵敏度。它表示射线照片纪录细节或缺陷的能力，有绝对灵敏度与相对灵敏度。

1. 绝对灵敏度

在射线照相底片上所能发现的工件中沿射线穿透方向上最小缺陷的尺寸，称为绝对灵敏度。由于射线照相时，不同厚度的工件所能发现缺陷的最小尺寸不同，比较簿的工件则只能发现细小缺陷，比较厚的工件则只能发现尺寸稍大一些的缺陷。因此，采用绝对灵敏度往往不能反映不同厚度工件的透照质量。

2. 相对灵敏度(或百分比灵敏度)

所能发现的最小缺陷尺寸占被透照厚度的百分比称为相对灵敏度(或百分比灵敏度)，相对灵敏更能反映不同厚度工件的透照质量。

相对灵敏度＝(放在工件之上可识别的最薄片的厚度/工件厚度)×100％，即

$$K = \frac{\Delta d}{d} \times 100\% \tag{3-31}$$

式中：Δd 为最小可识别单元的厚度；d 为工件厚度。

目前，一般所说的射线照相灵敏度都是指相对灵敏度，它是综合评定射线照相质量的指标。我国 X 射线照相质量分为三级，如表 3－7 所示。

表 3－7 我国 X 射线照相质量等级

质量等级	成像质量	适用范围
A 级	一般	承载负荷较小的产品与部件
AB 级	较高	锅炉和压力容器产品与部件
B 级	最高	航天飞机和设备等极为重要的产品与部件

3. 像质计灵敏度

目前各国普遍采用像质计灵敏度表示射线照相灵敏度。

(1)丝型像质计灵敏度

规定在射线照片上可识别的最细丝的直径 d_0 与透照厚度 d 的百分比，即

$$S_W = \frac{d_0}{d} \times 100\% \tag{3-32}$$

(2)阶梯孔型像质计灵敏度

规定在射线照片上可识别的最小孔所在的阶梯高度 h 与透照厚度 d 的的百分比，即

$$S_h = \frac{h}{d} \times 100\% \tag{3-33}$$

(3)平底孔型像质计灵敏度

以 $X-Y\,T$（T 为平底孔像质计板厚）表示，X 为透照厚度的百分数表示的板厚，Y 为应识别的最小孔径为板厚的倍数。每个表示式规定了一种灵敏度的级别，由于板厚与透照厚度间存在规定的关系，因此，其只有 9 个灵敏度级别：$1-1T$、$1-2T$、$1-4T$、$2-1T$、$2-2T$、$2-4T$、$4-1T$、$4-2T$、$4-4T$。

平底孔型像质计还规定了一种“等效灵敏度”，它规定使用与上述规定的灵敏度级别相同的射线照相技术的条件下，$2T$ 孔为最小可识别孔时的板厚与透照厚度的百分比。即

$$S_p = \frac{1}{d}\sqrt{\frac{d_p T}{2}} \times 100\% \tag{3-34}$$

式中：d 为透照厚度；d_p 为某个灵敏度级别可识别的最小孔径，它等于 $1T$、$2T$、$4T$。

4. 影响射线照相灵敏度的因素

(1)射线源尺寸与焦距的大小

影响射线透照灵敏度的因素很多，其中之一就是几何不清晰度。由式(3-29)可知，当被检件厚度一定时，欲减小半影宽度 U_g，主要决定因素是射线源和透照时采用焦距的大小。射线源越小、焦距越大时，半影 U_g 就越小。但焦距越大、照射面上的射线强度越低，要达到某一强度的曝光时间越长，曝光时间的增长既降低了检测效率又增加了散射线。因此选择焦距大小时，不但考虑几何不清晰度的要求，也要考虑曝光时间不能太长。

(2)射线能量

射线照相的必要条件是要使射线能够透过被检工件并使胶片感光，这就要求透照时必须有足够的射线硬度。但并不是X射线的管电压越高越好。因为透照电压直接决定材料的吸收系数和胶片的固有不清晰度，对射线照相灵敏度有重要的影响。因此，在能穿透工件的情况下，尽量采用较低的管电压，减少射线能量。

(3)散射线和无用射线的影响

射线照相检测过程中产生的散射线也会使胶片感光，从而降低了底片的对比度、清晰度及透照灵敏度。

(4)被检工件的外形

对外形复杂或厚薄相差悬殊的工件进行射线照相检测时，为了兼顾厚薄不同部位的曝光量，得到最佳的对比度，可以采用一些专门的措施，例如采用不同的曝光量分两次曝光、使用补偿泥或补偿液进行补偿，使黑度彼此接近。

(5)缺陷的形状及其所处位置

射线照相检测对气孔、夹渣、未焊透等体积形缺陷比较容易发现，而对裂纹、细微未熔合等片状缺陷，在透照方向不合适时就不易发现。缺陷的形状、方向和在工件中所处的位置对底片影像均有不同程度的影响，既影响其清晰度也影响灵敏度，应用时应予以注意。

在射线照相检测底片上缺陷的影像并不一定均与工件内部实际缺陷一样，对于细微裂纹，特别是裂纹平面与射线方向不平行时，在底片上就很难发现，所以有时在工件里有很长的裂纹，而在底片上只发现一段。对于长条状缺陷，如条状夹渣、未焊透、未熔合等缺陷，未熔合较轻的部位在底片上都有可能观察不到。因此实际上是一条程度不同的连续缺陷，而在底片上就可能显示出断续缺陷的影像。

实际中，缺陷在焊缝中的取向可能是各种方向的，而射线照相检测底片上的影像是在一个平面上的投影，不可能表示出缺陷的立体形状，所以要确定出缺陷的大小，还需要用几个透照方向来确定出不同方位的缺陷大小。

对角焊缝（T形焊缝或L形焊缝）或对接焊缝进行斜透射时，缺陷影像可能变形，底片上的缺陷影像位置与缺陷在焊缝中的实际位置也会有所错动。

(6)暗室处理

胶片的暗室处理过程包括显影、定影、水洗和烘干等步骤，暗室处理是射线照相检测的一个重要的过程，也是保证底片质量的重要环节，操作时应养成持角棱操作的习惯，以防止底片上粘上污物、指纹等，同时还应注意防止划伤、破损等。

3.4.5 射线照相检测的缺陷可检出能力

(1)细节影像可识别性

在射线照片上细节影像能否被人眼识别的关键是缺陷影像的对比度。缺陷影像的对比度 ΔD 必须满足两个条件。

1)$\Delta D>\Delta D_{\min}$ $\Delta D_{\min}$称为最小可见对比度，是识别缺陷影像所需要的最小黑度差，又称为识别界限对比度。$\Delta D_{\min}$与 ΔD 是两个不同的概念，ΔD 是底片客观存在的量值。而 $\Delta D_{\min}$是在一定条件下人眼对底片影像黑度的辨识能力，即识别灵敏度，取决于人眼的视觉特性，同时也与细节影像的限制、尺寸、所采用的照明条件有关，$\Delta D_{\min}$的值越小，人眼对底片影像的辨识能力越强，对缺陷影像的识别灵敏度越高。所以，当 $\Delta D>\Delta D_{\min}$时影像才能识别。

2)$\Delta D>(3\sim5)\sigma_D$ σ_D 为射线照片影像的颗粒度。这是从统计理论的信噪比的概念提出的条件。即必须使信号高于噪声 3～5 倍，才能从含背景噪声的信号中识别出有用信号。当影像的颗粒度小时，识别细节影像所需要的对比度可以低一些，当影像的颗粒度大时，识别细节影像需要高的对比度。

(2)细节影像可识别性公式

假设：①缺陷尺寸相对于工件厚度很小，且对散射线的强度影响可以忽略；②射线照片上影像的宽度等于影像本身宽度与不清晰度之和；③影像的可识别性决定于影像的黑度与背景黑度峰值之差；④射线照相影像的黑度分布可用形状因子修正为矩形分布；⑤影像的颗粒度对影像可识别性的影响可以忽略。则在射线照相检测中，影像的对比度与射线照相技术、缺陷尺寸的关系公式为

$$\frac{\delta V}{\delta A}=-\frac{2.3F\Delta D\left(1+\dfrac{I_S}{I_D}\right)}{\mu G} \tag{3-35}$$

式中：I_D 为到达胶片的一次射线强度；I_S 为到达胶片的散射线强度；μ 为射线的衰

减系数；G 为胶片特性曲线的梯度；F 为形状因子；ΔD 为缺陷影像与背景总的黑度差；δV 为缺陷体积；δA 为射线照片上射线影像的面积。

3.5　射线照相检测工艺

射线透照工艺是指为了达到规定的要求，对射线透照过程规定的相关的方法、程序、技术参数、技术措施等。

3.5.1　射线透照工艺条件的选择

射线透照工艺条件是指透照过程中的相关参变量及其组合，它包括设备器件条件、透照几何条件、工艺参数条件、工艺措施条件等。

1. 射线源和射线能量的选择

(1)射线源的选择

选择射线源主要考虑射线源所辐射的射线对被检工件具有足够的穿透力。X 射线的穿透力取决于管电压的大小。管电压越高，射线的质越硬，在工件中的衰减越小，穿透厚度越大。γ 射线源的穿透力取决于放射源的种类。表 3－8、3－9 分别列出了目前常用的 X 射线设备、γ 射线源适用的透照厚度。

表 3－8　工业 X 射线设备可透照的钢的最大厚度

射线能量/kV	高灵敏度法/mm	低灵敏度法/mm
100	10	16
150	15	24
200	25	35
300	40	60
400	75	100
1000	125	150
2000	200	250
8000	300	350
30000	325	420

注："高灵敏度法"表示用微粒胶片＋金属箔增感屏，相当于 JB/T4730 标准 B 级和 AB 级；"低灵敏度法"表示用粗粒胶片＋金属箔增感屏，相当于 JB/T4730 标准 A 级。

表 3-9 常用的 γ 射线源透照的钢的厚度范围

射线源种类	高灵敏度法/mm	低灵敏度法/mm
^{75}Se	14～40	5～50
^{192}Ir	20～90	10～100
^{137}Cs	30～100	20～120
^{60}Co	60～150	30～200

除穿透厚度外，还要考虑射线透照灵敏度。同时要注意 X 射线与 γ 射线灵敏度的差异。例如铱 192 放射源，当钢板厚度小于 40 mm 时，用铱 192 放射源透照的底片的对比度比 X 射线透照的底片的对比度差，对比度影响像质计的灵敏度，因此钢板厚度小于 40 mm 时，用铱 192 放射源透照所得的像质计透照灵敏度不如 X 射线透照所得的像质计灵敏度。当钢板厚度大于 40 mm 时，两者透照的像质计灵敏度相当。铱 192 的固有不清晰度值比 400 kV 的 X 射线还大。同时还要考虑这两类设备的不同特点。

(2)射线能量的选择

X 射线机的管电压可以根据需要调节，选择 X 射线能量主要考虑使 X 射线具有足够的穿透力。如果选择的 X 射线的能量过低，由于穿透力不够，到达胶片的透射射线强度过小，会造成底片黑度不足、灰雾增大、曝光时间过长等现象；如果选择的 X 射线的能量过高，随着管电压的升高，衰减系数下降、对比度降低、固有不清晰度增大、底片颗粒度增大，因而使射线照相的灵敏度下降。如果只考虑 X 射线透照灵敏度，在保证穿透力的前提下，选择能量较低的 X 射线。

能量较低的 X 射线可获得较高的对比度，但是对比度高透照厚度的宽容度也较小，透照厚度差的微小变化会产生很大的底片黑度差，使得底片的黑度超出允许的范围。因此，在被透照工件存在厚度差时，选择射线能量还要考虑透照厚度宽容度。

如果底片黑度不变，提高管电压可以缩短曝光时间、提高工作效率，但会降低灵敏度。因此，为了保证能量较低的 X 射线的透照质量，相关标准对不同透照厚度的最高管电压有一定的限制。

2. 焦距的选择

焦距主要影响几何不清晰度，由 $U_g=\dfrac{d_f b}{F-b}$ 可知，射线源越小、焦距越大时，U_g 的值就越小，底片上的影像越清晰，但焦距越大、照射面上的射线强度越低，要达到某一强度的曝光时间越长，曝光时间的增长既降低了检测效率又增加了散射线。因此选择焦距大小时，不但要考虑几何不清晰度的要求，也要考虑曝光时间不能太长。为满足几何不清晰度和曝光时间之间的折衷要求，JB/T4730 标准中规定了透照距离 $f(L_1)$ 与焦点尺寸 d_f、和透照厚度 $b(L_2)$ 之间应满足的关系，见表 3-10。

表 3-10　透照距离与焦点尺寸和透照厚度之间应满足的关系

射线检测技术等级	透照距离 $f(L_1)$	几何不清晰度 U_g 的值
A 级	$f \geqslant 7.5d_f \cdot b^{\frac{2}{3}}$	$U_g \leqslant \frac{2}{15}b^{\frac{1}{3}}$
AB 级	$f \geqslant 10d_f \cdot b^{\frac{2}{3}}$	$U_g \leqslant \frac{1}{10}b^{\frac{1}{3}}$
B 级	$f \geqslant 15d_f \cdot b^{\frac{2}{3}}$	$U_g \leqslant \frac{1}{15}b^{\frac{1}{3}}$

在工业射线检测中，焦距的最小值通常由诺模图查出。图 3-26、3-27 是 JB/

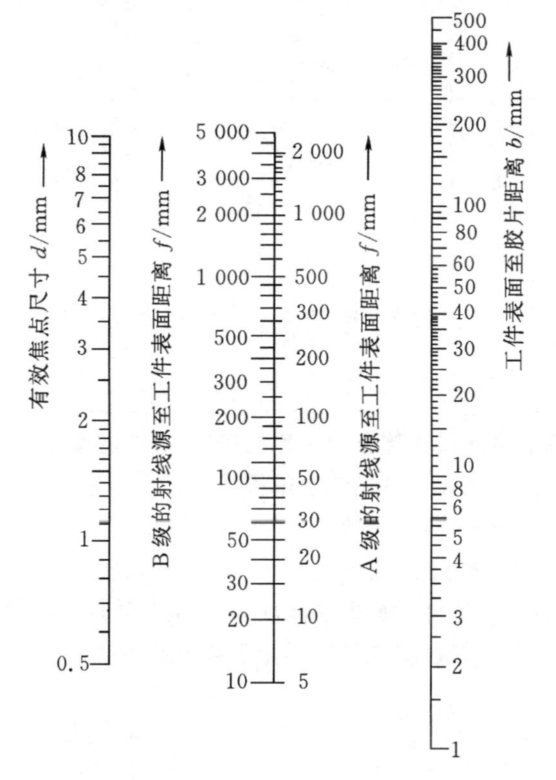

图 3-26　射线检测确定最小焦距的诺模图(A 级、B 级)

T4730标准中的诺模图。使用的方法是在 d_f 线和 $b(L_2)$线上分别找到焦点尺寸和透照厚度对应的点，两点连线与 $f(L_1)$的交点即为透照距离的最小值，焦距最小值为 $F_{min}=f+b$(或 $F_{min}=L_1+L_2$)。

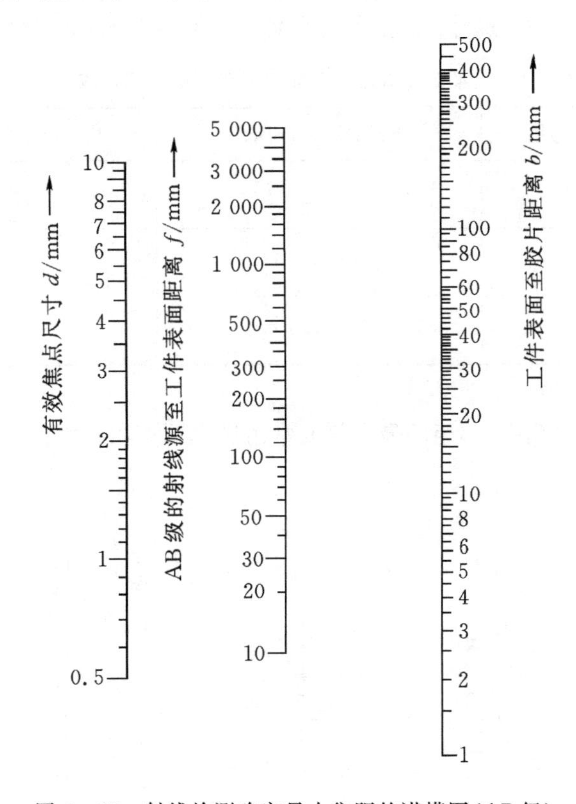

图 3-27 射线检测确定最小焦距的诺模图(AB级)

3. 曝光量的选择

射线照相检测的曝光量直接影响底片的黑度、影像的颗粒度，也影响射线照片影像可记录的细节最小尺寸。曝光量常用符号 E 表示，它定义为射线源发出的射线强度与透照时间的乘积。

对于X射线，采用管电流 i 与曝光时间 t 的乘积来表示：$E=it$。

对于 γ 射线，常用射线源的放射性活度 A 与曝光时间 t 的乘积表示：$E=At$。

为了保证射线照相质量，曝光量应不低于某一最小值。

3.5.2 透照布置

(1)基本透照布置

选择透照布置的基本原则是使透照区的透照厚度小，使射线照相能更有效地对缺陷进行检测。在进行具体的透照布置时主要考虑：①射线源、工件、胶片的相对位置；②射线中心束的方向；③有效透照区(一次透照区)，除此之外，还要考虑防散射措施、像质计与标记的使用，等等。射线照相的基本布置如图3-28所示。

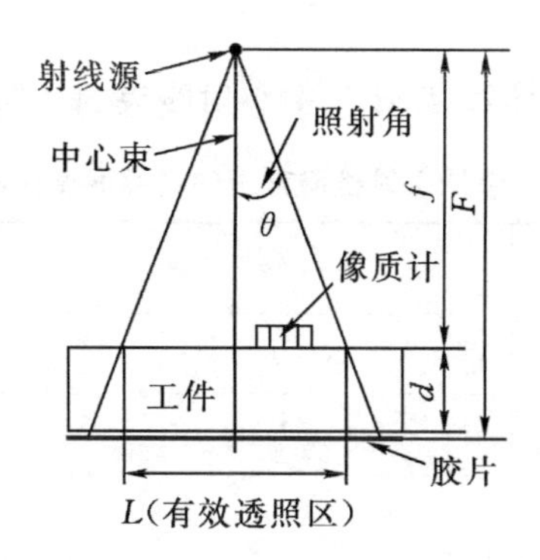

图3-28 射线照相的基本透照布置图

在确定透照布置时应综合考虑：①可能出现的缺陷类型及特点；②选择的透照布置应有利于保证达到验收标准的要求；③工件和设备的特点。

(2)有效透照区

有效透照区(也称一次透照区)是指透照区内在射线照片上形成的影像满足：①厚度处于规定的黑度范围；②射线照相灵敏度符合规定要求的区域。射线照片上只有满足这两项要求的区域，才能对工件的质量作出评定。有效透照区主要是控制一次透照中透照黑度变化的范围。

(3)透照厚度

透照厚度是透照时射线穿过工件的路径长度。在透照区内不同的位置其透照厚度也不同，如图3-29所示。在一次透照范围内，如果不同点的透照厚度相差过大，会造成射线照片上不同点的黑度相差大，导致不同点

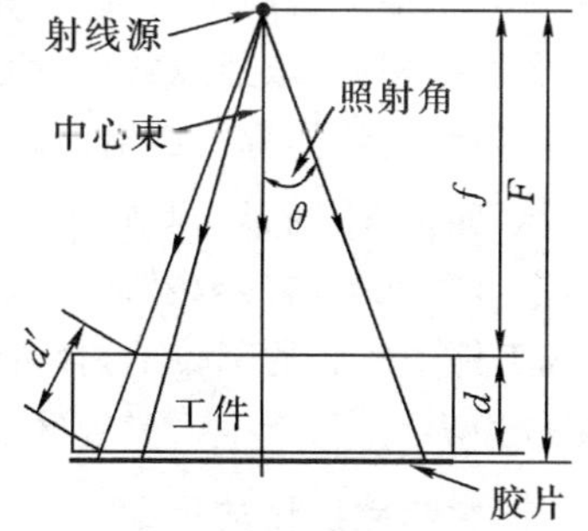

图3-29 透照厚度示意图

的影像质量不同,难以确定射线照片的射线照相灵敏度。因此相关标准对透照厚度都作出了相应的规定,不同的标准对透照厚度的规定有一些差异。主要的规定有如下。

①规定透照厚度比。透照厚度比用 K 表示,是有效透照区内最大透照厚度与最小透照厚度之比,如式(3-36)。从 20 世纪 60 年代开始国际标准采用这种方式,我国的一些标准也采用这种方式。表 3-11 是焊缝射线检测常用的透照厚度比的规定。

$$K=\frac{d'}{d} \tag{3-36}$$

式中:d'为边缘射线束的透照厚度;d 为中心射线束的透照厚度。

表 3-11 焊缝射线检测常用的透照厚度比的规定

焊缝类型	A 级	B 级
环　　焊	$K\leqslant1.1$	$K\leqslant1.06$
纵　　焊	$K\leqslant1.03$	$K\leqslant1.01$

②规定射线源与源照射的工件表面距离 f 和有效透照区大小 L 的关系,常用的规定:A 级 $f\geqslant2L$;B 级 $f\geqslant3L$。

③规定同一张射线照片的黑度,它规定了同一张射线照片的黑度必须处于规定的黑度范围之内。例如美国的一些标准规定:最大黑度不大于 $D_0+0.30D_0$;最小黑度不小于 $D_0+0.15D_0$,其中 D_0为像质计所处的黑度。

3.5.3 散射线控制

(1)散射线的来源

射线在穿透物质的过程中,射线量子与物质的相互作用会产生吸收与散射。与一次射线相比,散射线的能量减小、波长变长、运动方向改变,称它为二次射线。产生散射线的物体称为散射源,在射线照相时,凡是被射线照射到的物体都会成为散射源,如工件、暗盒、桌面、墙壁、地面,等等。来自暗盒正面的散射称为"前散射",来自暗盒背面的散射称为"背散射"。工件周围的散射线向工件背后的胶片散射,或工件中的较薄部位的射线向较厚部位散射称为"边蚀散射"。边蚀散射会导致影像边界模糊,产生低黑度区的边界被侵蚀、面积缩小的边蚀现象。

(2)影响散射比的因素

射线照相中产生的散射线的多少与射线的能量及被照射物体的材料、厚度、面积等有关。影响散射比的因素主要有：① 射线能量变化较大的情况下，散射比随射线能量的提高而降低；② 散射比随被透照物体的厚度增大而增大；③ 在较小的面积范围内，散射比随透照面积的增大而增大。但当面积增大到一定程度后，散射比不再增大。一般认为，透照直径小于 100 mm 左右时，散射比随透照面积的增大而增大，透照直径大于 100 mm 左右后，散射比不再增大。

(3)散射线的控制措施

射线照相检测过程中产生的散射线也会使胶片感光，从而降低底片的对比度、清晰度及透照灵敏度。对于散射线可以采取如下的防范措施。

①屏蔽措施。采用对射线有强烈吸收作用的材料把能够产生散射线的部位屏蔽起来。在实际射线照相检测中，一般采用铅屏蔽。

②限束措施。利用铅制的限束器或孔径光阑，限制射线在空气中的漫射，并使射线沿着孔径光阑成一平行射束进行投射。

③背衬措施。用较厚的铅板为衬垫材料，透照时垫在暗袋背面，以避免暗匣、暗袋背向产生散射线。

④过滤措施。在射线照相检测中，如果工件的边界或边缘部分在胶片面积之内，且要求边界都得到良好的缺陷灵敏度。对这种情况，可采用边界遮蔽的办法，也可采用过滤技术使之得到明显改善。

⑤采用金属增感屏。到达胶片的射线是一次射线束的较高能量部分与在工件中产生的散射线，由于康普顿散射，这种散射线能量较低，为防止其影响，可采取厚的前增感屏将其过滤掉。如果厚工件的边界在胶片面积之内，甚至用过滤技术也难以清除影像的“咬边”，这时，必须采取遮蔽边界，以防止无用射线到达胶片。

3.5.4　曝光曲线

在实际射线照相检测中常采用曝光曲线来确定透照参数。

(1)曝光曲线的类型

对 X 射线照相检测，常用的曝光曲线有两种：①以横坐标表示工件厚度、纵坐标用对数刻度表示曝光量，管电压为变化参数构成的曝光曲线，称为曝光量-厚度曲线；②以纵坐标表示管电压、曝光量为变化参数构成的曝光曲线，称为管电压-厚度曝光曲线，如图 3-30 所示。γ 射线曝光曲线的一般形式如图 3-31 所示，它以黑度为参数，纵坐标是对数刻度表示的曝光量，横坐标是透照厚度。对一个射线源画出曝光量与透照厚度的曲线。

(2)曝光曲线的制作

曝光曲线是在 X 射线机的机型、胶片、增感屏、焦距等条件一定的前提下，通

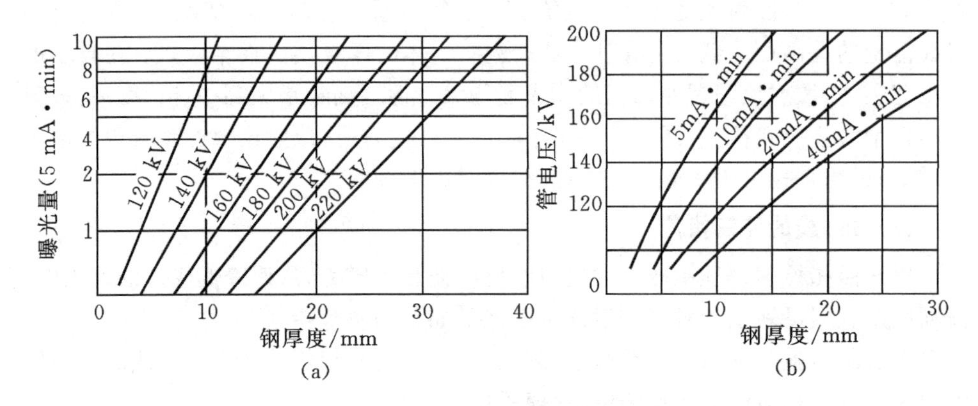

图 3-30 X射线曝光曲线

(a)曝光量-厚度曲线；(b)管电压-厚度曲线

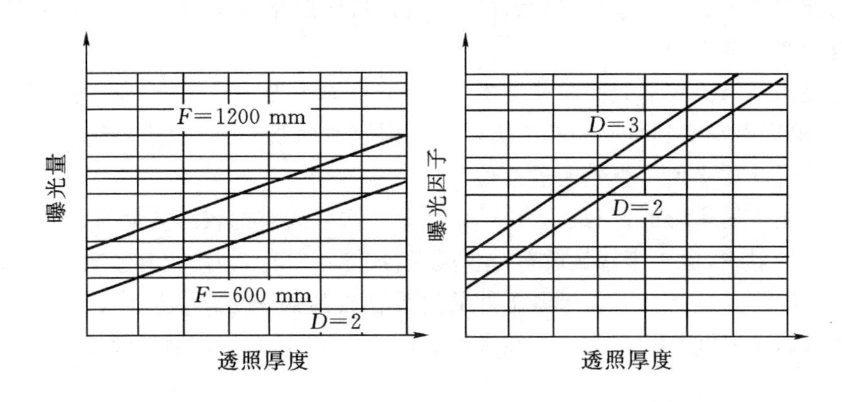

图 3-31 γ射线曝光曲线

过改变曝光参数，透照由不同厚度组成的钢阶梯试块，根据给定的要求达到的基准黑度，求得管电压、曝光量、黑度之间关系的曲线。

(3)曝光曲线的使用

任何曝光曲线只适用于一组特定的条件，这些条件包括：使用的X射线机、焦距(常取600～800 mm)、胶片类型、增感方式、底片冲洗条件、基准黑度(通常取3.0)。

曝光曲线主要用于直接确定透照参数。如果实际射线照相检测的条件与制作曝光曲线的条件完全一致，可以直接从曝光曲线确定所需要的透照参数。如果实际射线照相检测的条件与制作曝光曲线的条件不同，需要对从曝光曲线上得到的透照参数进行修正。

3.5.5 焊缝的射线照相工艺

射线照相应用最多的检测对象是焊缝的缺陷检测。下面简单介绍焊缝检测的射线透照工艺。

(1)平板焊缝射线照相技术

平板焊缝透照技术是射线照相中最基本的透照技术,平板焊缝多数都是直焊缝,在射线照相中,主要考虑射线的实际穿透厚度和入射方向。由于焊缝有加强高,有些还有垫板,所以射线的实际穿透厚度大于母材的厚度。表 3-12 列出了平板焊缝的穿透厚度与射线入射方向。

表 3-12 平板焊缝穿透厚度与射线入射方向

焊缝类型	焊缝状态	示意图	穿透厚度	透照方式及射线入射角
1	对接焊缝、单面焊、母材等厚	T_A T	$T_A=T+2$(2 为单面加强高)	与焊缝所在平面垂直或呈一定夹角。为保证能够检出焊缝内与板面方向垂直的裂纹,夹角≤15°
2	对接焊缝、双面焊、母材等厚	T_A T	$T_A=T+4$(4 为双面加强高)	
3	对接焊缝、单面焊、母材不等厚	T_A T_1 T_2	$T_A=T_1+2$	穿透厚度按薄的部分计算
4	对接焊缝、单面焊、母材等厚、加垫板	T_A T T'	$T_A=T+T'+2$	

续表 3-12

焊缝类型	焊缝状态	示意图	穿透厚度	透照方式及射线入射角
5	T型焊接，母材不等厚		$T_A=(1.1\sim1.15)(T+2)$	斜入射透照，夹角为25°~30°，控制斜入射厚度为(1.1~1.15)(T_1+2)
6	搭接、母材不等厚，厚度补偿		$T_A=T_1+T_2+2$	采用厚度补偿法透照时与第一类相同。如果不采用厚度补偿，根据实际厚度选择管电压

(2)环形焊缝射线照相技术

环形焊缝是指压力容器中管件、筒件等的圆周焊接。它的穿透厚度与透照方式有关。透照方式有单壁单投影、双壁单投影、双壁双投影，单壁单投影的透照厚度为T_A，其大小的计算与平板焊缝相同，双壁单投影与双壁双投影的透照厚度为T_B。图3-32是环形焊缝三种透照方式透照布置示意图。

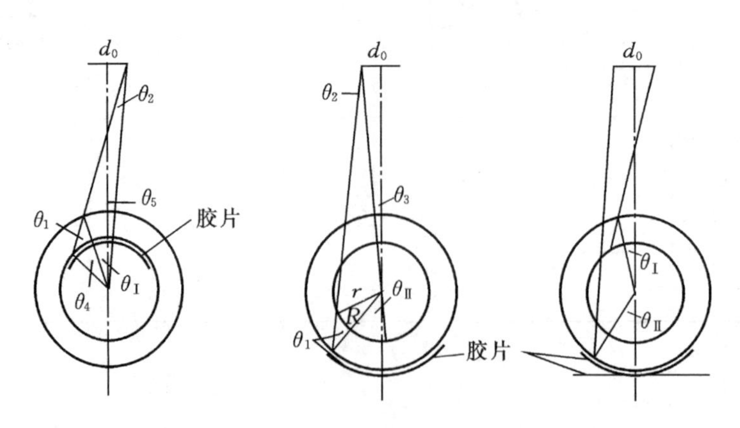

图3-32 环形焊缝透照布置示意图

表 3-13 列出了环形焊缝三种透照方式的有效透照长度、透照次数的计算公式。透照次数是焦距确定后，确定一焊缝需要的最小透照次数，然后根据透照次数确定有效透照长度。

表 3-13　环形焊缝三种透照方式的有效透照长度、透照次数计算公式

透照方式	计算公式	
	有效透照长度	透照次数
单壁单投影	$L_{\mathrm{I}}=\frac{\pi R}{90}\theta_1$	$N_{\mathrm{I}}=\frac{180}{\theta_1}$
双壁单投影	$L_{\mathrm{II}}=\frac{\pi r}{90}\theta_{\mathrm{II}}$	$N_{\mathrm{II}}=\frac{180}{\theta_{\mathrm{II}}}$
双壁双投影	$L_{\mathrm{III}}=\frac{\pi R}{90}(\theta_1+\theta_2)$	按上焊缝有效角计算：$N_1=2\left[\frac{180-\theta_1-\theta_{\mathrm{II}}}{2\theta_{\mathrm{I}}}\right]+1$ 按下焊缝有效角计算：$N_2=2\left[\frac{180-\theta_1-\theta_{\mathrm{II}}}{2\theta_{\mathrm{II}}}\right]+1$

3.5.6　厚度补偿技术

对于厚度差别比较大的小型工件，为了能在同一张底片上显示不同厚度的部位，需要采用厚度补偿技术，常用的厚度补偿方法有液浸法、金属块法、补偿泥法、滤波片法。

1)液浸法　被检工件外形复杂且体积较小时，可将工件浸入衰减系数基本相同的溶液(补偿液)中，补偿液的深度与工件顶部持平。补偿液的配方由被检工件的材料确定。常用的补偿液：①钢铁材料常用硝酸铅和醋酸铅溶液，1.6 kg 的醋酸铅溶于 3.6 kg 的热水，等完全溶解后加入 1.36 kg 硝酸铅，使用时可以根据需要冲淡；②铅材料常用氯化钡溶液，35 g 氯化钡加 100 mL 水；③铜材料常用近似饱和的碘化钡溶液。

2)金属块法　对于形状简单的大型工件，可用与被检工件相同材料的金属补偿块。要求金属补偿块与被检工件的曲面部分基本吻合，补偿的厚度基本相等。

3)补偿泥法　补偿泥法常用于形状复杂的工件。补偿泥是一种含有对射线吸收较大的物质(例如铅、钡等因素的化合物)的橡皮泥，可塑性好，铸件射线照相检测中常用补偿泥补偿。

4)滤波法　采用滤板滤波的方法滤除射线中的软射线部分，使射线的质相对变硬。滤板的材料与厚度一般根据被检工件的材料与厚度通过实验确定。

3.6 暗室处理与底片评定

3.6.1 暗室处理

(1)暗室处理的过程及要求

暗室处理是射线照相检测的一个重要环节,带有潜影的胶片经过暗室处理后变为带有可见影像的底片,这种底片记录了被检工件内部的质量。暗室处理包括显影、停显(或中间水洗)、定影、水洗、干燥几个基本过程。

暗室处理方法可分为自动处理与手工处理两类。自动处理采用自动洗片机完成胶片的暗室处理的过程。自动处理需要使用专用的显影液、定影液,一般在高温下进行处理,得到的射线照片质量好。手工处理分为槽式处理与盘式处理,槽式处理适用于处理规格比较一致的胶片,盘式处理适用于处理规格不固定、变化较大的胶片。表3-14列出了手工处理时各个环节的基本要求。

表3-14 手工处理过程要点

处理过程	温度/℃	时间/min	基本操作与要求
显影	20±2	4～6	水平方向、竖直方向移动胶片
停显	16～24	0.5～1	应保证胶片完全浸入在停显液中
定影	16～24	10～15	可间断适当时间移动胶片
水洗	一般16～24	≥30	流动水、级联方式可减少水洗时间
干燥	≤40	—	环境空气中应无灰尘、杂物

暗室一般分为两部分:存放和切装胶片工作室(干区);胶片从显影到干燥工作室(湿区)。为了保证胶片质量,暗室处理的各个环节必须严格遵守操作规程,同时,暗室的环境应满足以下要求:①在手工处理时,要求室温控制在20℃±5℃;②一般要求相对湿度为30%～60%;③暗室应安装通风设备,换气频率每小时5～10次;④暗室应配备两种照明方式,白炽灯、安全红灯;⑤要求暗室的墙壁与地面反光少,防水、防化学腐蚀。

(2)显影

显影是胶片处理过程的重要环节,它直接影响底片的质量。

1)显影液 一般,显影液的主要成分有显影剂、保护剂、促进剂、抑制剂。

2)影响显影的因素　除了显影液的配方外,显影时间、温度、搅动情况、显影液的老化等对显影都有影响。

(3)停显

停显的作用是终止显影、减少显影液对定影液的污染。胶片从显影液中取出后,胶片表面及乳剂层中残留的显影液仍在起显影作用,这时如果立即把胶片放入定影液,可能产生二色性灰雾,同时胶片上残留的显影液也会污染定影液。所以显影之后必须进行停显处理后再定影。把从显影液中取出的胶片放入停显液中,使胶片表面及乳剂层中残留的显影液与停显液相互作用,停止显影作用。常用的停显液是1.5%~5%的醋酸溶液,停显时间为0.1~1 min。

(4)定影

定影的作用是将感光乳剂层中未被感光也未被显影液还原的卤化银从乳剂层中溶解掉,使显影形成的影像固定下来。

1)定影液　定影液的主要成分有定影剂、保护剂、酸性剂、坚膜剂。

2)影响定影的因素　影响定影的主要因素有定影时间、定影温度、定影液老化程度、定影时的搅动。

3)干燥　干燥的目的是去除膨胀的乳剂层中的水分,分自然干燥与烘箱干燥。

3.6.2　底片评定

1.底片评定的基本要求

底片评定的基本要求包括底片质量要求、设备及环境条件要求、人员条件要求。

(1)底片质量要求

①灵敏度要求。灵敏度是评定射线底片质量最重要的指标,它表达了底片影像质量以及对最小缺陷的检出能力。对底片灵敏度的检查内容包括:底片上是否有像质计的影像;像质计的型号、规格与被检工件及标准是否相符;像质计的摆放位置是否正确;能够达到的像质计的灵敏度是多少?是否达到了所执行的标准的要求?

②黑度检查。黑度是评定射线底片质量又一重要指标。底片黑度可用光学计测定,测定时应注意,最大黑度一般在底片中部焊接接头热影响区位置,最小黑度一般在底片两端焊缝余高中心位置。只有当有效评定区内各点的黑度均在规定的范围内时,底片黑度才符合要求。

③标记检查。检查底片上标记的种类与数量是否符合相关的标准与检测工艺的规定。

④伪缺陷检查。伪缺陷是指非缺陷在底片上留下的影像，常见的伪缺陷影像有划痕、折痕、水迹、指纹、霉点、药物脱落、污染等。

⑤背散射检查。射线照相时，暗盒背面贴附一个“B”铅字标记，观片时如果发现在较黑的背景上出现“B”字较淡的影像，说明背散射严重，应采取防护措施后重拍。若不出现“B”字较淡的影像，或较淡背景上出现较黑的“B”字影像，说明底片未受背散射的影响，符合要求。

(2)环境及设备条件要求

环境及设备条件应能提供观察到最大的细节对比度和清晰的影像的观片条件，尽量避免影响评片人员工作的各种干扰。

①环境。观片室的照明与亮度会影响观片效果，需进行必要的控制。一般，室内光线应柔和偏暗，等于或略小于透过底片光的亮度；室内照明应避免直射人眼或在底片上产生反光。观片灯两侧设置放置观片工具的台面。

②观片灯。观片灯的亮度必须可调，以便适应观察底片不同黑度区域的影像。光源的颜色一般为白色，也允许在橙色或黄绿色之间。观片灯照明区要求不小于300 mm×80 mm，实际使用时采用遮光板来调节照明区的面积，照射的底片上的光应是漫散射的，可用漫散射玻璃来实现。

③观片工具。观片前应备齐各种观片工具，包括黑度计、评片尺、放大镜(一般放大倍数为2～5倍，不大于10倍)、比规(量规)、记号笔、遮光板、评片需要的各种标准、规范、图表、曲线、技术要求等。

(3)评片人员的要求

应系统地掌握射线检测的理论知识，具有一定的射线检测及评片的实践经验，同时需具备一定的材料、焊接、工艺等方面的相关知识；应熟悉射线检测标准、被检工件的设计制造规范和有关的管理法规；应经过系统的专业培训，并通过权威部门的考核与资格鉴定；视力良好。

2. 底片影像分析要点

射线照相底片上含有丰富的信息，从底片上不但可获得与缺陷相关的信息，同时也能了解到工件结构、几何尺寸、表面状态以及焊接和照相投影等信息。提取、分析这些信息有助于对影像作出正确的判断。

(1)通览底片时的影像分析要点

通过底片观察，并结合已经掌握的信息，应进行以下分析并作出判断：①焊接方法判断；②焊接位置判断；③焊接形式判断，区分单面焊、双面焊、加垫板焊；④评定区范围判断，焊接余高边缘、热影响区范围；⑤投影情况及投影位置评定；⑥焊接方向判断；⑦工件厚度变化判断，大致判断清晰度、对比度、灰雾度的大小及成像质量，评定底片质量是否符合标准规定的要求。

(2)缺陷定性时的影像分析要点

观察影像时除了要注意影像形状、尺寸、黑度外，还应观察分析：影像位置、影像的延伸方向、影像轮廓清晰度、影像的细节特征。

(3)影像定性分析方法——列举排除法

影像定性分析常用的方法是列举排除法，它是对一定形状的影像列出所有定性的可能性，然后根据每一类影像的特点，逐个鉴别，排除与影像特征不符的推测，最终得出正确的判断。

3. 缺陷识别与特征

缺陷识别是评片过程中最重要的环节，也是难度最大的一个环节。正确识别影像、判断缺陷性质主要依靠对射线底片上缺陷影像的识别，对被检工件的材质、结构、工艺特点的了解。

(1)缺陷识别的依据

识别缺陷的关键是射线底片上缺陷影像的特征，在底片上有些缺陷影像有非常明显的特征，而有些仅有细微的差别。可以通过观察影像的几何形状、影像的黑度及其分布、缺陷影像在底片上的位置进行分析判断。

(2)焊接缺陷影像

焊接缺陷的典型影像特点如表3-15所示。

表3-15　焊接缺陷的典型影像特点

缺陷	典型影像特点
裂纹	轮廓分明的黑线或黑丝。细节特征：黑线或黑丝上有微小锯齿、分叉，粗细和黑度有变化，有些裂纹影像呈较粗的黑线与较细的黑线相互缠绕状；线的端部尖细，端头前方有丝状阴影延伸。在影像分析时，要考虑各种因素对裂纹影像变化的影响
未熔合	根部未熔合：典型影像是一条细直黑线，线的一侧轮廓整齐且黑度较大，另一侧轮廓可能较规则也可能不规则。在底片上的位置是焊缝根部的投影位置，一般在焊缝中间，也可能由于坡口形状或投影的原因偏向一边。坡口侧壁未熔合：连续或断续的黑线，宽度不一、黑度不均匀，一侧轮廓较齐、黑度较大，另一侧轮廓不规则、黑度较小。在底片上的位置在焊缝中心至边缘的约1/2处，沿焊缝纵向延伸。层间未熔合：黑度不大且较均匀的块状阴影，形状不规则，伴有夹渣时，夹渣部位的黑度较大

续表 3-15

缺陷	典型影像特点
未焊透	轮廓分明、规则的连续或断续的黑色线条，呈条状或带状，其宽度取决于钝边间隙的大小，有时间隙很小，底片上呈现一条很细黑线，两侧轮廓整齐。其位置一般在焊缝影像的中部
夹渣	点状夹渣在射线底片上有一个或数个黑点，有时与气孔很难分开，其轮廓比气孔的明显，黑点均匀、形状不规则。条状夹渣在射线底片上的阴影形状不规则，宽窄不一、带有棱角、边缘不规则、线条较宽、黑度较大、轮廓清晰。薄条状夹渣在射线底片上的阴影呈宽而淡的粗线条，轮廓不明显、黑度不均匀。链状夹渣在射线底片上的阴影外形不规则端头有棱角、轮廓明显、黑度均匀。群状夹渣的射线底片上的阴影呈较密黑点群、形状各异、大小不一、间距不等、黑度变化不大。钨夹渣在射线底片上的影像是白色透明点，块状或者条状、轮廓清晰。由于钨对射线的衰减系数较大，因此白色点块的黑度极小
气孔	黑色圆点，也有呈黑线(线状气孔)或其他不规则的形状，轮廓比较圆滑，中心黑度较大，边缘稍减

4. 常见伪缺陷影像及识别

由于照相器材、工艺或操作不当在射线底片上留下的影像称为伪缺陷影像。常见的伪缺陷影像如表 3-16 所示。

表 3-16 常见的伪缺陷影像

伪缺陷	伪像的特点
划痕	细而光滑、十分清晰。借助反光观察可以看到底片上药膜有划伤痕迹
压痕	黑度很大、大小与受压面积有关的黑点，借助反光观察可以看到底片上药膜有压伤痕迹
折痕	曝光前受折的折痕影像为白色，曝光后受折的折痕影像为黑色，常见的折痕形状为月牙形。借助反光观察可以看到底片有折伤痕迹
水迹	黑色的点或弧线。水迹的黑带不大，痕迹形状与水滴一致
静电感光	形状为树枝状居多，也有点状和冠状斑纹

续表 3-16

伪缺陷	伪像的特点
显影斑纹	由曝光过度、显影液温度过高、浓度过大导致快速显影等原因造成显像不均匀产生的。影像呈黑色条状或宽带状，在整张底片范围内出现，对比度不大，轮廓模糊，一般不会与缺陷影像混淆
显影液沾　染	在显影操作开始前胶片上沾染了显影液，使沾染上显影液的部位提前显影，该部位的黑度比其他部位大，影像为点、条或成片的黑影
定影液沾　染	在显影操作开始前胶片上沾染了定影液，使沾染上定影液的部位发生定影作用，该部位的黑度比其他部位小，影像为点、条或成片的白影
增感屏伪缺陷	增感屏损坏或污染使局部增感性能改变而在底片上留下的影像。增感屏伪缺陷在底片上的形状和部位与增感屏上的完全一致

3.7　其他射线检测方法

3.7.1　高能X射线检测方法

(1)高能射线检测

当射线的能量达到1 MeV或更高时，一般称为高能射线检测。工业射线检测中用的高能X射线大多数是通过电子加速器获得的。常用的有电子回旋加速器和电子直线加速器。

(2)高能射线照相的特点

高能X射线照相法的基本原理与一般X射线照相法相同，它的主要特点如下。

1)射线穿透力强、透照厚度大　普通的X射线机对钢的穿透厚度通常小于100 mm，^{60}Co γ射线对钢的穿透厚度约为200 mm，而工业用的高能X射线机的能量范围1～24 MeV，对钢的穿透厚度可达到400 mm。

2)焦点小、焦距大、照相清晰度高　高能X射线机的体积比普通的X射线机大，散热问题相对容易解决，焦点可以做得很小。如电子回旋加速器焦点为0.3～0.5 mm，电子直线加速器焦点为1～3 mm。另外，为了保证足够大的辐照场，高能X射线照相需要选用大焦距，而小焦点和大焦距均有利于提高照相清晰度。

3)散射线少、照相灵敏度高　在高能范围内随射线能量的增加，散射比 n 也随之下降，因此高能射线照相散射比小、灵敏度高。

4)射线强度大 直线加速器距靶 1 m 处的剂量为 4～100 Gy/min，大大高于应用于工业射线检测的各种 γ 射线源的剂量率。因此采用直线加速器照相透照时间短、工作效率高。

5)可连续运行 普通的工业用 X 射线机开 5 分钟要间歇 5 分钟，其间歇率几乎为 1∶1，加速器可以连续运行不需要间歇。

6)照相厚度宽容度大 物质对高能射线的吸收规律不同于低能射线，其吸收系数随能量的变化比较缓慢。在 1～10 MeV 范围，物质对射线的吸收系数随能量增高变化缓慢减小，在 10～100 MeV 范围，物质对射线的吸收系数随能量增高变化缓慢增大，这种变化规律使高能射线照相具有大的厚度宽容度。

(3)高能 X 射线照相工艺

1)清晰度 高能 X 射线装置焦点小，而且在高能 X 射线照相时为了得到足够大的照射场，通常采用大的焦距，因此，几何不清晰度较小，由于射线能量高，固有不清晰度较大。固有不清晰度是影响高能射线照相清晰度的主要因素。表 3-17 给出了高能射线照相的固有不清晰度。

表 3-17 高能射线照相的固有不清晰度

射线能量/MeV	1	2	4	8	10	16
固有不清晰度 U_i/mm	0.15	0.3	0.4	0.6	0.8	1.0

2)灵敏度 如果工艺正确，对大多数材质和厚度范围内，高能射线照相灵敏度能够达到或低于 1%。

3)增感屏 增感屏的作用是增感和滤波。增感的效果是使底片黑度增大，滤波的效果是减少到达胶片的散射线。在高能 X 射线照相中，前屏的厚度对增感和滤波作用的影响显著，后屏的厚度对增感和滤波相对不重要。因此，在高能 X 射线照相时可以不使用后屏。通常前屏选择厚度 0.25 mm 左右的铅增感屏。如果使用后屏，厚度可与前屏相同。高能 X 射线照相时增感屏厚度可根据表 3-18 选择。

表 3-18 增感屏的选择

射线能量/MeV	1	2	4	8	16
最大增感时前铅屏厚度/mm	0.12	0.25	0.51	1.02	1.52
最佳影像时前铅屏厚度/mm	0.05～0.13	0.13～0.25	0.25	0.51～0.76	0.76～1.27

4)宽容度　采用一般的射线检测时,被检工件的厚度差不能超过10%~20%,采用高能X射线照相时可以获得很大的宽容度,可对形状复杂、壁厚相差很大(可相差一倍)的工件进行检测。

5)射线能量的选择　在保证合适的曝光时间的条件下,选用尽可能低的射线能量。

6)高能射线的防护　与一般X射线相比,高能X射线更要注意安全,有些高能X射线在几秒钟内就有会放出对人体致命的辐射剂量。包括X射线准直器,在高能辐射场中也会变成一个产生中子的辐射源,这些中子不但对工作人员有危害,而且有损胶片质量。因此,通常在建造高能X射线源的屏蔽室时,首先考虑工作人员的安全防护。

3.7.2　康普顿散射成像检测技术

(1)康普顿散射成像技术检测原理

射线检测通常都采用穿透法,射线源与检测器分别放置在工件的两侧,根据通过工件后的射线强度的衰减情况来判断材料和工件中是否存在缺陷。在一般射线检测的光子能量情况下,射线通过工件时的衰减主要决定于康普顿散射,而且这种散射线的存在还会影响底片的质量,因此在射线检测时要尽可能采取措施,设法消除这种散射线的影响。

康普顿散射成像技术是利用康普顿效应中产生的散射线成像的检测技术,它的基本原理是基于康普顿效应。在康普顿效应作用过程中,康普顿散射的总强度与被检材料的电子数成比例,通过测量康普顿散射可获得被检物体中的电子密度信息,该密度基本上与被检物体的物理密度成比例。因此,从物体中不同点产生的散射线也可以对物体的情况作出判断。

由于散射量子的空间分布几乎是围绕在散射中心各向同性,即在前后方向上放射量子数几乎相同,这就有可能把辐射源与检测器同时位于工件的一侧,利用康普顿散射效应来进行检测。

图3-33是康普顿散射成像技术原理示意图,检测器前面有准直器,工件不同深度层产生的散射线只能达到不同的检测器,如果在某一层中不同点的性质存在差异,所产生的散射线将会不同,检测器测量到的数据也不同,从而可以对工件中这一层的情况作出判断。

康普顿散射成像技术的关键是一次射线应具有适当的能量,以便产生足够的散射线。康普顿射线成像技术对射线源能量的选择和焦点尺寸,不需要象常规的射线照相检测技术那样严格。

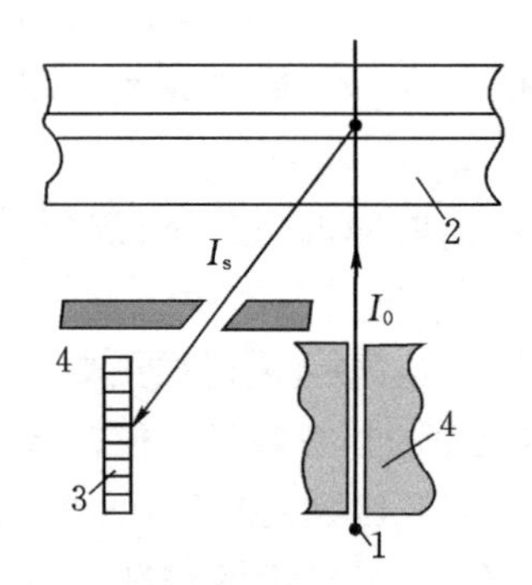

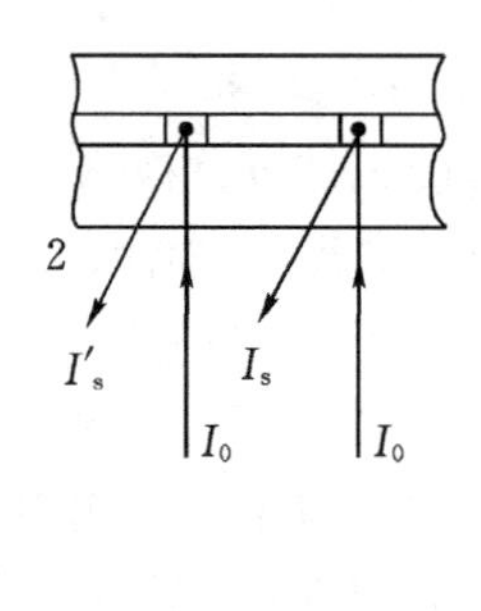

图 3-33　康普顿散射成像技术检测原理示意图

1—射线源；2—工件；3—检测器；4—准直器

(2)康普顿散射成像检测技术的特点

①只需靠近物体的一面，可用于检测用穿透法不能检测的大型工件。

②对物体密度的细微变化极为灵敏。检测灵敏度优于穿透法，特别是对原子序数低的材料更为明显，如铝、塑料和复合材料等。

③可直接呈现具有三维图像的深度信息，无需进行图像重建。

④可知缺陷在工件中的深度，能有效地用于分层检测(如复合结构检测)。

⑤由于射线辐射强度随被检工件离表面的深度增加而减弱，因此康普顿散射成像适用于检测被检工件的近表面缺陷。

3.7.3　射线实时检测技术

1. 概述

射线实时检测技术是一种应用穿透性射线产生的图像在射线透照的同时即可被观察到的技术。它最主要的技术就是利用荧光屏将射线转换成可见光，然后把它放大或转换成一种视频信号显示在电视监视器上，同时也可记录在录像带上。

与传统的射线照相检测方法相比，射线实时检测技术具有实时、高效、不用射线胶片、可连续记录、费用低等特点。能实时地显示被检工件内部或表面缺陷的性质、大小、位置等信息，能实时、快速、动态地评价被检工件的质量。

2. X射线实时成像检测系统

X射线实时成像检测系统是将穿过被检工件后不同强度的X射线转换为可见光后再转换成电信号或直接转换成电信号后进行图像处理，最终显示在监视屏上，根据能量转换方式，目前工业应用中射线实时成像检测系统有开放屏型、图像增强器型、X 射线灵敏摄像接收系统、X 射线敏感元件线阵列等类型。

X 射线实时成像检测系统一般主要由 X 射线源、机械装置、图像增强器、电视摄像机、图像采集和处理系统、计算机、显示和存储等部分组成，如图 3－34 所示。

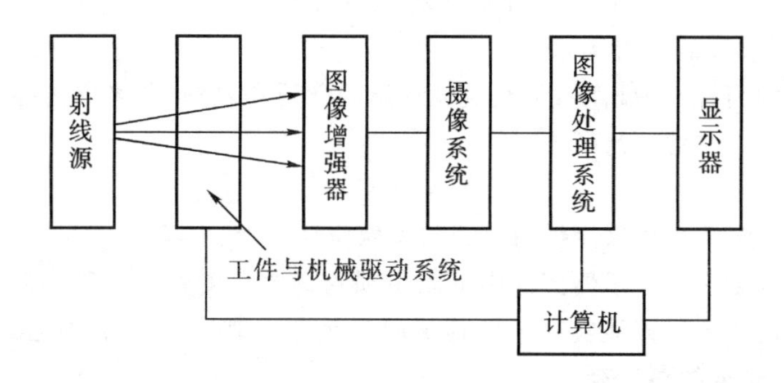

图 3－34　图像增强器的 X 射线实时成像检测系统框图

3. 射线实时成像检测系统的图像特性

(1)射线实时成像检测系统图像的构成要素

1)像素　构成数字图像的基本单元，对一幅图像，像素越多，单个像素的尺寸越小，图像的分辨率越高。

2)灰度　像素的亮度称为灰度。其变化范围取决于模数转换的位数，用二进制数 bit 表示。

(2)射线实时成像检测系统图像的质量指标

1)图像分辨率　显示器屏幕显示的图像可识别线条分离的最小距离称为图像分辨率，单位为 Lp/mm(线对/毫米)，又称为空间分辨率。可采用线对测试卡测定。线对测试卡由高密度材料(常用铅箔)制成的栅条排列构成，形成栅条与间距的比例为 1∶1 的线对图样，密封在低密度材料(常用透明塑料薄板)中。在显示屏上观察测试卡的影像，观察到的栅条刚好分离的一组线对即为图像分辨率。

2)图像不清晰度　一个边界明显的工件成像后，其影像边界模糊区域的宽度称为图像不清晰度。影响图像不清晰度的因素有几何不清晰度、荧光屏的固有不清晰度。

射线实时成像检测一般采用放大透照布置，在图像增强器输入屏(成像屏幕)得到的缺陷图像有一定程度的放大，因此，在射线实时成像检测中，几何不清晰度不但与焦点尺寸有关，还与选用的放大倍数有关。图像的放大倍数取决于射线源到工件的距离 f、射线源到成像平面的距离 F。定义放大倍数

$$M = \frac{F}{f} \tag{3-37}$$

则，其几何不清晰度为

$$U_{\rm g} = d_{\rm f}(M-1) \tag{3-38}$$

式中：$d_{\rm f}$ 为射线源的焦点尺寸。

荧光屏的固有不清晰度 $U_{\rm S}$ 与荧光物质的性质和颗粒、荧光屏的厚度和结构、射线能量有关。总的不清晰度为

$$U_{\rm O}^3 = U_{\rm g}^3 + U_{\rm S}^3 \tag{3-39}$$

图像不清晰度可以采用线对卡或双丝像质计测量。

3)对比灵敏度 显示器图像中可以识别的透照厚度百分比称为对比灵敏度，可用阶梯试块测定。射线实时成像检测时显示器上观察到的图像对比度 C 与主因对比度、荧光屏的亮度有关。

主因对比度为

$$\frac{\Delta I}{I} = \frac{-\mu\Delta d}{1+n} \tag{3-40}$$

荧光屏的亮度 B 与射线强度 I 的关系

$$B = mI \tag{3-41}$$

亮度对比度

$$\frac{\Delta B}{B} = \frac{-\mu\Delta d}{1+n} \tag{3-42}$$

显示器上观察到的图像对比度 C 与亮度的关系

$$C = \gamma\frac{\Delta B}{B} = \gamma\frac{-\mu\Delta d}{1+n} \tag{3-43}$$

式中：I 为射线强度；μ 为射线的线散射系数；n 为散射比；B 为荧光屏亮度；γ 为实时系统的灰度；m 为比例系数，输出屏图像亮度对比度与入射射线强度的比值。

4. 射线实时成像检测的透照布置

射线实时成像检测中一般都采用放大透照布置。这种透照布置方式有利于细小缺陷的识别，但是，随着放大倍数的增大，几何不清晰度也增大，这将导致影像模糊，不利于缺陷识别，因此，射线实时成像检测技术存在最佳放大倍数。一般，最佳放大倍数为

$$M_{\rm O} = 1 + \left(\frac{U_{\rm S}}{d_{\rm f}}\right)^{\frac{3}{2}} \tag{3-44}$$

式中：$U_{\rm S}$ 为荧光屏固有不清晰度；$d_{\rm f}$ 为焦点尺寸。

由式(3-44)可见，射线实时成像检测技术的最佳放大倍数与成像平面(荧光屏)的固有不清晰度及射线源的尺寸有关。

3.7.4　数字式 X 射线成像检测技术

数字式 X 射线成像技术包括计算机 X 射线照相、线阵列扫描成像、数字平板技术。

1. 计算机射线照相技术(CR)

计算机 X 射线照相是将 X 射线透过工件后的信息记录在成像板上，经扫描装置读取，再由计算机生成数字化图像的技术。计算机 X 射线照相系统由成像板、激光扫描仪、读出器、数字图像处理和储存系统组成。

(1)计算机 X 射线照相的工作原理

用普通 X 射线机对装在暗盒中的成像板曝光，由于成像板上的荧光发射物质具有保留潜在图像信息的能力，所以，当射线穿过工件到达成像板，在成像板上形成潜影。成像板上的潜影是由荧光物质在高能带俘获的电子形成激光发射荧光中心构成的，在激光照射下，激光发射荧光中心的电子将返回它们的初始能级，并以发射可见光的形式输出能量，所发射的可见光的能量与原来接收的射线剂量成比例。因此，用激光扫描仪扫描，将存储在成像板上的潜影转换为可见光信息，用具有光电倍增管和模数转换功能的读出器将可见光信息转换成数字信号存入计算机。数字信号经计算机图像重建，形成可视影像在显示器上显示。还可以根据需要对图像进行处理。成像板上的潜影可以进行消影处理，成像板可以反复使用，其寿命可达数千次。

(2)计算机 X 射线照相技术的优点与局限性

计算机 X 射线照相技术可以直接使用普通的 X 射线设备，不需要更换或改造；对曝光不足或过度的情况可以通过影像处理进行补救，因此宽容度大，曝光条件容易选择；可对成像板获取的信息进行放大，从而可以减少 X 射线照相曝光量；产生的数字图像存储、传输、提取、观察方便；成像板与胶片一样有不同的规格，能够分割和弯曲，成像板可重复使用几千次，其寿命取决于机械磨损程度。成像的空间分辨率可到达 5 Lp/mm(即 100 μm)，稍低于胶片。

计算机 X 射线照相技术不能直接获得图像，必须将成像板放入读数器中才能得到图像；成像板与胶片一样对使用条件有一定的要求，不能在潮湿的环境中和极端的温度条件下使用。

2. 线阵列扫描成像技术(LDA)

线阵列扫描数字成像系统的工作过程：由 X 射线机发射出经准直为扇形的一束 X 射线穿过被检工件，被线扫描成像器(LDA 探测器)接收，成像器把 X 射线直接转换成数字信号，然后输送到图像采集控制器和计算机中。每次扫描 LDA 探测器所生成的图像是很窄的一条线，因此，为了获得完整图像，被检工件需作匀速运动，同时需进行反复扫描，计算机把多次扫描获得的图像进行组合，最后在显示屏上显示完整的图像。

LDA探测器主要由闪烁体、光电二极管阵列、探测器前端和数据采集系统、控制单元、辅助设备、软件等组成。

3. 数字平板直接成像技术(DR)

数字平板直接成像技术是近几年发展起来的数字化成像技术。数字平板直接成像技术与胶片或计算机X射线照相技术不同，在两次照射期间不用更换胶片或存储荧光板，仅仅需要几秒钟的数据采集就可以观察到图像。检测速度和效率高于胶片或计算机X射线照相技术，不能进行分割与弯曲，适应性与应用范围与胶片或计算机X射线照相技术相同。数字平板可做成大面积平板，使一次曝光形成图像，不需要移动工件经过多次扫描。

数字平板有非晶硅数字平板、非晶硒数字平板、CMOS数字平板。

第4章　渗透检测技术

4.1　渗透检测的特点

渗透检测(Penetrate Testing, PT)技术是最早使用的无损检测方法之一，在工业生产中占据着十分重要的地位。除了表面多孔性材料外，这种方法能够对几乎任何产品及材料进行表面检测，其特点是原理简单，设备简单，方法灵活，显示缺陷直观，适应性强，且不受工件几何形状、尺寸大小的影响，一次检测就可探查任何方向的缺陷，因此应用十分广泛。但是渗透检测对埋藏于表层以下的缺陷是无能为力的，它只能检测开口暴露于表面的缺陷，另外还有操作工序繁杂等缺点。

液体渗透检测利用毛细现象将液体渗入狭窄的缺陷部分，再将渗入的液体吸回表面，采用简单的原理进行检测。渗透检测剂使用渗透液(P)、显像剂(D)、除去清洗液(R)三种药剂组合使用。通常按照前期处理→渗透→除去→显像→观察→后期处理的顺序进行。

在工业无损检测中应用的液体渗透检测分为两大类:荧光渗透检测和着色渗透检测。随着化学工业的发展，这两种渗透检测技术已日臻完善，基本上具有同等的检测效果，被广泛地应用于机械、航空、宇航、造船、仪表、压力容器和化工工业的各个领域。表4-1列出了着色以及荧光渗透检测剂应用的范围及用途。

4.2　液体渗透检测中的物理基础

渗透检测的工作原理:零件表面被施涂含有荧光染料或着色染料的渗透液后，在毛细作用下，经过一定时间的渗透，渗透液可以渗进表面开口缺陷中;经去除零件表面多余的渗透液和干燥后，再在零件表面施涂吸附介质——显像剂;同样，在毛细作用下，显像剂将吸附缺陷中的渗透液，使渗透液回渗到显像剂中，并且在覆盖膜中扩大;在一定的光源下(黑光和白光)，缺陷处的渗透液痕迹被显示，从而探测出缺陷的形貌及分布状态。

表 4-1 着色以及荧光渗透检测剂的应用范围及用途

方法	应用范围	主要用途
着色渗透检测法	钢铁金属	设备保全、钢铁、SUS的板坯检测；管道、铸钢品、铝的表面检测；钛、失蜡铸造品的表面检测
	运输机械	汽车引擎的检测；曲柄、凸轮轴、连杆轴承重要零部件的检测；船舶发动机、飞机用喷气式发动机、机体的检测及保养；车厢、轨道的保养
	电力、石油、化学成套设备	核能、火力、水力发电机的锅炉、涡轮机、配管类的检测；石油化学设备的压力容器、热交换器、配管类的检测
	机械部件	轴承、阀门、联轴器的检测；建设机械、农用机械、产业用引擎、油压机器的检测
	电气电子	重型电机器、焊接部的检测；基板、陶瓷封装、陶瓷传感器等的检测
	运输	铁路、地铁、公共汽车的车轮、轨道、平板推车的保养
	土木建筑	建筑物的焊接部、配管的检测；混凝土的检测
荧光渗透检测法	钢铁金属	压延卷材检测、锆合金管的检测；铝、钛管道、铸造品的检测；失蜡铸造品的检测
	运输机械	汽车引擎的泄漏检查、汽车铝部件的检测；汽车车体的漏水检查；飞机用、铝、钛部件的检测、涡轮叶片的检测；铁道车辆、轨道的维护
	电力、石油、化学成套设备	发电机涡轮叶片的检测；冷凝器的泄漏检查；泵、管道、联轴器类的检测
	机械部件	轴承、泵、管道、联轴器类的检测；油压机械的检测
	电气电子	基板、陶瓷封装、陶瓷传感器等的检测；绝缘体帽的检测

渗透作用的深度和速度与渗透液的表面张力、粘附力、内聚力、渗透时间、材料的表面状况、缺陷的大小及类型等因素有关。

4.2.1 液体的表面张力

在液体表面上存在这样一种力，它使液体表面收缩并趋于最小表面积，我们把这个力称为液体的表面张力。如碗中装满水时，当水面高于碗边时，水并不溢出，放在水里的毛笔毛是蓬松的，但毛笔一出水面笔毛就很自然地聚拢在一起。这些现象都是表面张力作用的结果。

表面张力产生的原因是液体分子之间客观存在着强烈的吸引力，由于这个力的作用，液体分子才进行结合，成为液态整体。液体的表面张力是两个共存相之间出现的一种界面现象，是液体表面层收缩趋势的表现。

在液体内部的每一个分子所受的力是平衡的，即合力为零；而处于表面层上的分子，上部受气体分子的吸引，下部受液体分子的吸引，由于气体分子的浓度远小于液体分子的浓度，因此表面层上的分子所受下边液体的引力大于上边气体的引力，合力不为零，方向指向液体内部。这个合力，就是所说的表面张力。它总是力图使液体表面积收缩到可能达到的最小程度，因而液体表面层中的分子有被拉进液体内部的趋势。表面张力的大小可表示为

$$F = \sigma l \tag{4-1}$$

式中：σ 为表面张力系数，为液体边界线单位长度的表面张力，N/m；l 为液面的长度；F 为表面张力。

表面张力系数 σ，是由液体的种类决定的。它的大小与温度有关，对于同种液体来讲，温度升高，σ 下降。表 4-2 列出了渗透检测中常用的液体的 σ 值。

表 4-2　表面张力系数 σ

物质名称	$\sigma/10^{-3}\text{N}\cdot\text{m}^{-1}$	物质名称	$\sigma/10^{-3}\text{N}\cdot\text{m}^{-1}$	物质名称	$\sigma/10^{-3}\text{N}\cdot\text{m}^{-1}$
水	72.3	乙醇	22.0	硝基苯	43.9
苯	28.9	油酸	32.5	乙酸乙酯	27.9
甲苯	28.4	乙醚	17.0	水杨酸甲酯	48.0
煤油	23.0	松节油	28.8	苯甲酸甲酯	41.5
丙酮	23.7	四氟乙烯	35.6	—	—

注：20℃条件下。

一般来说，容易挥发的液体（如丙酮、酒精）的表面张力系数比不易挥发的液体（如水银）的表面张力系数小；同一种液体，在高温时比在低温时的表面张力系数小；含有杂质的液体比纯净的液体的表面张力系数小。

4.2.2　液体的润湿作用

润湿是固体表面上的气体被液体取代的过程。渗透液润湿金属表面或其他固体材料表面的能力，是判定其是否具有高的渗透能力的一个最重要的性能。液体

对固体的润湿程度,可以用它们的接触角的大小来表示。把两种互不相溶的物质间的交界面称为界面,则接触角 θ 就是指液固界面与液气界面处液体表面的切线所夹的角度,如图 4-1 所示。图中 A 点处于液-固-气三相的交界处,有三种界面张力作用于该点:固体与气体之间的力 F_S,气体与液体之间的力 F_L,以及固体与液体之间的力 F_{SL}。

当液滴处于平衡时,则

$$F_S = F_{SL} + F_L\cos\theta \quad (4-2)$$

从上式可知:

①当 $F_S - F_{SL} = F_L$ 时,则 $\cos\theta = 1$,$\theta = 0°$,此时液体在固体界面上完全润湿;

②当 $F_S - F_{SL} < F_L$ 时,则 $0 < \cos\theta < 1$,此时 $0° < \theta < 90°$,液体对固体的润湿程度随 θ 的增大而减小;

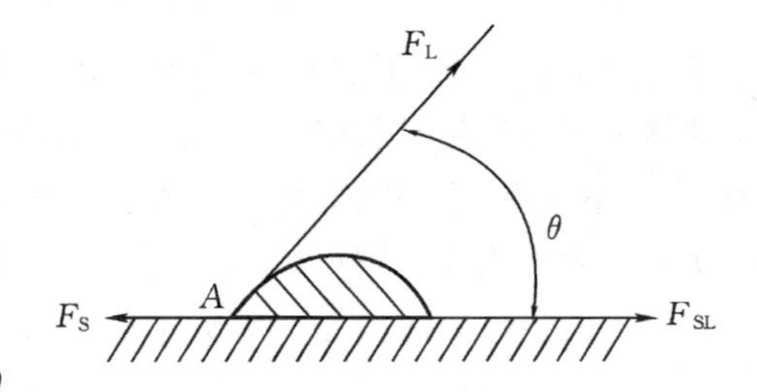

图 4-1 液体对固体的润湿角示意图

③当 $\theta \geqslant 90°$时,液体在固体表面润湿不良。

式中 F_L 是液体的表面张力,因此润湿作用与液体的表面张力密切相关,表面张力越小则 $\cos\theta$ 越大,润湿角 θ 减小,而液体对固体的润湿程度增加。因此,可以采用在液体中加入表面活性剂来降低表面张力,以达到提高润湿能力的效果。当然液体在固体表面的润湿程度不仅与液体本身有关,还与被润湿的固体表面性质有关。

4.2.3 液体的毛细现象

把一根内径很细的玻璃管插入液体内,根据液体对管子的润湿能力的不同,管内的液面高度就会发生不同的变化。如果液体能够润湿管子,则液面在管内上升,且形成凹形,如图 4-2 (a)所示;如果液体对管子没有润湿能力,那么管内的液面下降,且成为凸形弯曲,如图 4-2(b)所示。这种弯曲的液面,称为弯月面。液体的润湿能力越强,管内液面上升越高。以上这种细管内液面高度的变化现象,称为液体的毛细现象。毛细现象的动力为:固体管壁分子吸引液体分子,引起液体密度增加,产生侧向斥压强推动附面层上升,形成弯月面,由弯月面表面张力收缩提拉液柱上升。平衡时,管壁侧向斥压力通过表面张力传递,与液柱重力平衡。

毛细现象使液体在管内上升或下降的高度可用下式计算

$$h = \frac{2\sigma\cos\theta}{r\rho g} \quad (4-3)$$

式中:σ 为液体表面张力系数;θ 为液体润湿角;r 为毛细管内半径;h 为液体在毛

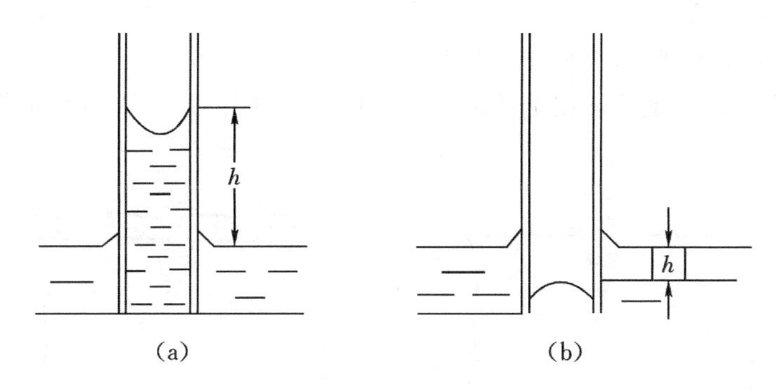

图 4-2　毛细现象示意图

细管中上升或下降的高度；ρ 为液体密度；g 为重力加速度。

由式(4-3)可知，液体在毛细管中上升的高度与表面张力系数和接触角余弦的乘积成正比，与毛细管的内径、液体的密度和重力加速度成反比。

如果毛细管是封闭的，有润湿力的液体在管内仍然是会上升的。但是由于被压缩在封闭端的气体和蒸汽会产生附加压力，所以液面的上升高度相对较低。

润湿液体在间隔距离很小的两块平行板之间也会产生毛细现象，此时，液体表面的上升高度可由下式计算

$$h = \frac{2\sigma\cos\theta}{d\rho g} \tag{4-4}$$

式中：d 为两块平行板之间的距离。由此可见，在间距为 d 的平行板之间，其润湿液体的上升高度恰为半径为 r 的细管内同样液体上升高度的 $\frac{1}{2}$。

实际检测中，渗透液对材料或工件表面的渗透作用本质上就是液体的毛细作用。对开口于表面的点状缺陷的渗透就相当于渗透液在细管内的毛细作用；对于表面条状缺陷的渗透就相当于渗透液在间距很小的两块平行板之间的毛细作用。

4.2.4　液体渗透检测基本原理

液体渗透检测法的基本原理是依据物理学中液体对固体的润湿能力和毛细现象为基础的(包括渗透和上升现象)，如图 4-3 所示。将零件表面的开口缺陷看作是毛细管或毛细缝隙，首先将被检工件浸涂具有高度渗透能力的渗透液，由于液体的润湿作用和毛细现象，渗透液便渗入工件表面缺陷中。此时在不进行显像的情况下可直接观察，如果使用显像剂进行显像，灵敏度会大大提高。

显像过程也是利用渗透的作用原理，显像剂是一种细微粉末，显像剂微粉之间可形成很多半径很小的毛细管，这些粉末又能够被渗透液所润湿，所以当把工件缺

陷以外的多余渗透液清洗干净，给工件表面再涂一层吸附力很强的白色显像剂，根据上述的毛细现象，渗入裂缝中的渗透液就很容易被吸出来，形成一个放大的缺陷显示，在白色涂层上便显示出缺陷的形状和位置的鲜明图案，从而达到了无损检测的目的。

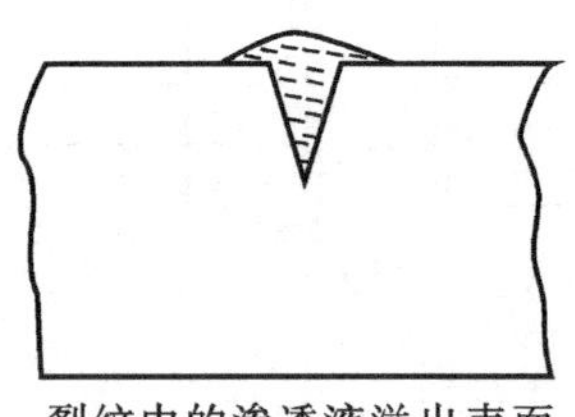

裂纹中的渗透液溢出表面　　粉末显像剂的作用原理

图 4-3　液体渗透检测基本原理

渗透剂是渗透检测中最关键的材料，直接影响检测的精度。渗透剂应具有以下性能：

①渗透性能好；

②易清洗；

③对荧光渗透剂，荧光灰度要高；对着色渗透剂，色彩要鲜艳；

④酸碱度要呈中性，对被检部件无腐蚀，毒性小，对人体无害，对环境污染小；

⑤闪点高，不易着火；

⑥制造原料来源方便，价格低。

渗透剂按显像方式可分为荧光渗透剂和着色渗透剂两种。按清洗方法可分为水洗型渗透剂、后乳化型渗透剂和溶剂去除型渗透剂三种。

水洗型是在渗透剂中加入了乳化剂，可直接用水清洗。乳化剂含量高时，渗透剂容易清洗（在清洗时容易将宽而浅的缺陷中的渗透剂清洗出来，造成漏检），但检测灵敏度低。乳化剂含量低时，难以清洗，但检测灵敏度高。

后乳化型渗透剂中不含乳化剂，在渗透完成后，给零件表面的渗透剂加乳化剂。所以使用后乳化型渗透剂进行着色检测时，渗透液保留在缺陷中而不被清洗出来的能力强。

溶剂去除型渗透剂中不用乳化剂，而是利用有机溶剂（如汽油、酒精、丙酮）来清洗零件表面多余的渗透剂，达到清洗的目的。

4.3　液体渗透检测方法

4.3.1　液体渗透检测方法分类

液体渗透检测方法很多,可按不同的标准对其进行分类。按缺陷的显示方法不同,可分为着色法和荧光法,这两种方法中,按渗透液的清洗方法不同,可分为自乳化型、后乳化型和溶剂清洗型;按缺陷的性质不同,可分为检查表面缺陷的表面检测法和检查穿透型缺陷的检漏法;按施加检测剂的方式不同,可分为浸涂法、刷涂法、喷涂法、流涂法和静电喷涂法等;根据渗透检测灵敏度级别分为很低级(1/2级)、低级(1 级)、中级(2 级)、高级(3 级)、超高级(4 级)。表 4-3 列出了常用的几种渗透检测方法的适用范围以及灵敏度。

表 4-3　常用的几种渗透检测方法的适用范围以及灵敏度

检测方法	适用范围	灵敏度
水洗型着色渗透检测(VA)	表面粗糙零件及不能接触油类的特殊零件	很低、低、中
水洗型荧光渗透检测(FA)	表面较粗糙,带有螺纹、键槽的零件及大批量小零件	低、中、高
后乳化型着色渗透检测(VB)	范围较广,适宜较精密零件	很低、低、中
后乳化型荧光渗透检测(FB)	不适用带有螺纹、键槽、盲孔的零件和表面粗糙的零件的检查	中、高、超高
溶剂去除型着色渗透检测(VC)	大型零件的局部检查,不适用大批量零件的检查	很低、低、中
溶剂去除型荧光渗透检测(FC)	适用局部检查,重复检查效果好,不适用表面粗糙的零件	低、中、高、超高

4.3.2　着色检测法

着色检测法因其渗透液为着色渗透液而得名,着色渗透液的主要成分是红色染料、溶剂和渗透剂。此外还有降低液体表面张力以增加润湿作用的活性剂、减少液体挥发的抑制剂、便于水洗的乳化剂以及助溶剂和增光剂等。这种方法要求渗透液具有较强的渗透力,渗透速度快、色深而醒目、洗涤性好、化学稳定性好、对受检材料无腐蚀性、无毒或低毒等特性。

水洗型着色渗透液分水基型和自乳化型两种。水基型用水做溶剂,自乳化型在油液中加入了乳化剂,两者均能直接用水清洗。后乳化型着色液,必须在施加乳化剂进行乳化处理后才能用水清洗。溶剂清洗型着色液,则必须用特定的溶剂进行清洗。后乳化型着色液检测灵敏度高,但增加了乳化处理工序。对乳化剂的要求是渗透液形成的乳化液容易被水清洗,对受检材料无腐蚀性,颜色应与渗透液明显不同,且化学稳定性好,对人体无毒或低毒。常用的乳化剂主要有三乙醇胺油酸皂、基酚醚、肪醇醚等有机试剂。

对显像剂的要求是悬浮力好,与渗透液有明显的衬度对比,显示缺陷的图像清晰、易于辨认,对受检材料无腐蚀性等。其主要成分是吸附剂,常用氧化锌、氧化镁、二氧化钛等白色粉末和一些有机溶剂等组成。为了限制显像的扩大作用,常加入火棉胶、醋酸纤维素等做限制剂。如果加入塑料树脂做限制剂,还可制成复印法显像剂,它所形成的显像膜层可以剥落下来以供分析和留存。

在实际着色检测操作中,施加着色液、乳化剂和显像剂的方法主要有浸液法、刷涂法和喷涂法,其中喷涂法应用最为广泛。因为喷涂法使用的内压式喷罐,罐内装有着色液(乳化剂、显像剂)和雾化剂(丁烷、氟利昂),装入时雾化剂成液态,常温下汽化而形成很高压力,打开容器阀门,液体便成雾状喷出,携带方便、操作简单。

着色检测时,渗透液的渗透时间对检测灵敏度影响很大,时间不足时小缺陷难以发现,大缺陷可能显示不全,若时间太长则难以清洗,也影响检验效率。一般来说,在16～32℃的常温下,检测铝、镁合金铸件中的缺陷,渗透时间在15 min左右,检测钢铸件和铝、镁合金锻件中的缺陷,渗透时间应不小于30 min,对钢锻件和焊缝中缺陷的检测,渗透时间还要增加,有的可到60 min。塑料、玻璃和陶瓷等非金属材料,其渗透时间可在5～30 min之间。

当使用后乳化型着色渗透液时,渗透时间可以缩短,在常温下通常对金属材料只需10 min左右,对非金属材料只需5 min左右。但乳化时间必须严格控制。乳化不足会使工件表面上多余的渗透液冲洗不净,乳化时间过长,会把缺陷中的部分渗透液乳化,即发生"过洗"现象。一般乳化时间为2～5 min。

施加显像剂后,较大的缺陷在溶剂刚一挥发呈白色时,红色的缺陷图像就出现了。微小的缺陷可能需10 min以上才能显像。使用热风干燥可加速图像的显现。检验人员根据红色图像来确定缺陷的位置、性质、方向和大小。在判别缺陷图像时,应注意识别伪图像。一般缺陷图像颜色较深、鲜艳、边缘不十分清晰。裂纹、分层和未焊透图像呈线状,气孔图像呈点状,疏松图像呈分散的红点,密集气孔的红点杂乱无章，也可能连成一片。

着色渗透检测法使用方便，适用范围广，尤其适用于远离电源与水源的场合。着色渗透检测法的缺点是检测灵敏度低于荧光渗透检测法。常用于奥氏体不锈钢焊缝（对接焊缝和表面堆焊层）的表面质量检验。

4.3.3　荧光渗透检测方法

荧光渗透检测法是将含有荧光物质的渗透液涂敷在被检测件表面，通过毛细作用渗入表面缺陷中，然后清洗表面的渗透液，将缺陷中的渗透液保留下来，进行显像。典型的显像方法是将均匀的白色粉末撒在被检工件表面，将渗透液从缺陷处吸出并扩展到表面。这时，在暗处用紫外线灯照射表面，缺陷处发出明亮的荧光。

荧光检测法所用渗透液主要由荧光物质、溶剂和渗透剂组成，还含有适量的表面活性剂、助溶剂、增光剂和乳化剂等。增光剂起到中和荧光物质或“串激”作用，因此对荧光渗透液的要求是荧光亮度高、渗透性好、检测灵敏度高、易于清洗、无毒无味、不腐蚀材料、挥发性低、化学稳定性好。荧光物质在紫外线光源照射下能够通过分子能级跃迁而产生荧光的物质。产生荧光的过程必须满足以下两个条件：一是该物质的分子必须具有与照射光线相同的频率；其二是吸收了与其自身特征频率相同能量的分子，必须具有高的荧光效率。荧光效率表示所产生荧光的量子数与吸收入射光量子数的比值。不同的荧光物质产生的荧光波长不一定相同，因此颜色也会有所差异。通常采用紫外线波长为 365 nm，黄绿色荧光波长为 550 nm，这种颜色在暗处衬度高，人眼感觉最敏锐。

荧光显像剂分为干粉显像剂和湿粉显像剂。一般用干粉显像法，干粉显像有利于获得最高灵敏度和显示亮度。常用的白色粉末是经过干燥处理的氧化镁粉。施加干粉可用埋入法、喷粉枪或压缩空气喷粉柜等。荧光湿粉显像剂与着色显像剂基本相同。

在荧光检测实际操作中，渗透方法主要是浸液法和喷涂法，渗透时间通常为 15～20 min，后乳化型渗透液的乳化时间为 1～5 min。显像时间通常为渗透时间的一半。观察在暗室或暗棚中进行。在紫外线灯照射下，裂纹图像两头尖细，中间较粗，有的带分枝呈羽毛状轮廓，折叠呈细长线条。疏松为密集的大小亮点，铸造针孔为分散的细小亮点，渣孔则为不规则的较大亮点。采用高强度紫外线光源可以提高检测灵敏度。通常使用的紫外线灯的辐照度不低于 1000 $\mu W/cm^2$。

有些高辉度的荧光渗透检测方法在工件经渗透和清洗后，不施加显像剂，而是直接观察缺陷痕迹，这种检测方法也称为无显像处理渗透检测法。这是因为即使没有显像膜做背衬，已渗入缺陷中的荧光液在暗室中用紫外线照射后也会有清晰的荧光显示。这种无显像处理的荧光渗透检测方法主要适用于两种情况:一种是用于某些自乳化荧光渗透检测,特别是当该类渗透液中混入水后,不用显像处理可以避免已渗入缺陷中的荧光渗透液流失;另一种是用于所谓闪烁法荧光渗透检测,这种闪烁法荧光渗透检测主要适用于某些工件的疲劳裂纹和热疲劳裂纹。由于这些裂纹往往结合紧密或缝隙中充填有氧化物、腐蚀物或两者兼而有之,使荧光渗透液难以渗入。而当对被检工件施加载荷(弯曲或扭转)时,可使缺陷的缝隙增大,有利于渗透液的渗入,然后去除载荷进行清洗。由于载荷的应力作用,在紫外线照射下进行观察时,荧光痕迹将有一种特有的“闪烁”感,这将有利于检测工作者在观察时发现缺陷。

荧光渗透检测法的检测灵敏度高,缺陷容易分辨,常用于重要工业部门的零件表面质量检测。它的缺点是在观察时要求工作场所光线暗淡;在紫外线照射下观察,检测人员的眼睛容易疲劳;紫外线对人体皮肤长期照射有一定的危害;其适应性不如着色渗透检测法。

4.3.4 其他的渗透检测方法

渗透检测方法除了常用的荧光法和着色法外,还有闭路检测法、静电喷涂法、冷光法、真空渗透法和超声振荡法等。这些方法基本原理相同,而又各具特点。

闭路检测法是在使用乳化剂之前先用清水冲洗,再用较稀的亲水乳化液乳化,把没有经过乳化的渗透液先洗,这一步流出的水用重力法分离回收,并把其他污水经过氯化亚铁净化处理后排放,构成闭路系统,使环境污染得以减少。

静电喷涂法主要是借助高压电场的作用,使喷枪中喷出的渗透液雾珠雾化很细,并使之带电,通过静电引力而使渗透液沉积在带相反电荷的受检工件表面。这种方法能够节省渗透液,并使喷涂质量稳定可靠,易于实现自动化操作。

冷光法也叫化学发光法。这种方法选用冷光材料作为渗透液,而显像剂则选用相应的激发材料,当二者互相接触后可产生持续几小时的荧光。这种方法可用于缺乏电源和不能使用电源的地方,例如飞机内部或燃油箱附近等。

真空渗透法则是对受检工件施加渗透液后,立即放到真空箱中抽成真空,使缺陷中气体的反压强大于渗透液的附加压强,气体便会冒泡排出。从而增大渗透深度,待一定时间后取出并清除多余渗透液,涂敷显像,使检测灵敏度得到提高。如果普通操作能发现宽 10 μm 的裂纹的渗透液,采用真空法可发现宽 5 μm 的裂纹。如果要求灵敏度不高可在普通光线下检验;要求高灵敏度时可在紫外线灯下检验,例如检验高温镍基合金等。

4.3.5　液体渗透检测方法的步骤

渗透检测的基本操作由表面准备和预清理、渗透处理、清洗处理(或是去除处理)、干燥处理、显像处理、检验处理和后清洗七部分构成。

(1)表面准备和预清理

对于任何渗透检测来说,将渗透液渗透到被检工件表面开口缺陷中的处理都是最重要的操作。但是,尽管缺陷表面有开口,由于缺陷中垃圾、油脂类塞在里面,渗透液就不可能充分渗透到缺陷中去,因此,必须事先除去缺陷内部或表面的妨碍渗透液渗透的物质,也防止油污污染渗透液,同时还可防止渗透液存留在这些污物上产生虚假显示。

在将洗涤剂喷上去之后,要用抹布将含有油脂的溶剂擦干净,使表面干燥。一般渗透检测工艺方法标准规定:渗透检测准备工作范围应从检测部位四周向外扩展 25 mm。

由于被检工件的材质、表面状态以及污染物的种类不同,去除方法各不相同。清除污物的方法如下。

①机械方法,包括吹沙、抛光、钢刷和超声波清洗等。

②化学方法,包括酸洗和碱洗。

③溶剂去除方法,利用三氯乙烯等化学溶剂来进行蒸汽去油或利用酒精、丙酮等进行液体清洗。但预清洗后的工件必须进行充分的干燥。

(2)渗透

渗透是将渗透液覆盖被检工件的表面,渗透液施加方法包括喷涂、刷涂、浇涂、静电喷涂或浸涂等。实际工作中,应根据工件的数量、大小、形状及渗透液的种类来选择具体的覆盖方法。

渗透时间是指施加渗透液到开始乳化处理或清洗处理之间的时间,包括排液所需的时间。渗透时间根据材质、温度、渗透液的特点及作为检测对象的缺陷的种类而不同。一般渗透检测工艺方法标准规定:在 15～50℃的温度条件下,施加渗透液的渗透时间一般不少于 10 分钟,温度越低,放置时间就越长。应力腐蚀裂纹特别细微,渗透时间需更长,甚至长达 4 小时。

①渗透温度一般控制在 15～50℃范围内,温度太高,渗透液容易干在零件上,影响渗透,并给清洗带来困难;温度太低,渗透液变稠,渗透速度受影响。

②温度低于 15℃条件下渗透检测方法的鉴定,应用铝合金淬火试块做对比试验,对操作方法进行修正。

③温度高于 50℃条件下渗透检测方法的鉴定,应用铝合金淬火试块做对比试

验，对操作方法进行修正。

(3)清洗多余的渗透剂

在涂敷渗透剂并经适当时间保持之后，则应从工件表面去除多余的渗透液，但又不能将已渗入缺陷中的渗透剂清洗出来，以保证取得最高的检验灵敏度。

不同类型的渗透液去除的方法不尽相同。

①水洗型。水洗型渗透液可直接用水去除，水洗的方法有搅拌水浸洗、喷枪水冲洗和多喷头集中喷洗几种，应注意控制水洗的温度、时间和水洗的压力大小。一般渗透检测工艺方法标准规定：水喷法的水压不得大于 0.35 MPa，水温不超过 40℃。水洗型荧光液用水喷法清洗时，应由下而上进行，以避免留下一层难以去除的荧光薄膜。水洗型渗透液中含有乳化剂，所以水洗时间长，水洗压力高，水洗温度高，都有可能把缺陷中的渗透液清洗掉，产生过清洗。喷洗时，应使用粗水柱，喷头距离零件 300 mm 左右。

②后乳化型。后乳化型渗透液的去除方法因乳化剂不同而不同。施加亲水型乳化剂的操作方法是先用水预清洗，然后乳化，最后再用水冲洗。施加乳化剂时，只能用浸涂、浇涂或喷涂，不能用刷涂(因为刷涂不均匀)，而且不能在零件上搅动。施加亲油型乳化剂的操作方法是直接乳化剂乳化，然后用水冲洗。

一般渗透检测工艺方法标准规定：油基乳化剂的乳化时间在 2 分钟之内，水基乳化剂的乳化时间在 5 分钟之内。

③溶剂去除型。溶剂去除型渗透液的去除方法是先用干布擦，然后再用沾有有机溶剂的布擦。不允许用有机溶剂冲洗，因为流动的有机溶剂会冲掉缺陷中的渗透液，布和毛巾也不允许沾过多的溶剂。

注意 去除或擦除渗透液时，要防止过清洗或过乳化。同时，为取得较高灵敏度，应使荧光背景或着色底色保持在一定的水准上。但也应防止欠洗，防止荧光背景过浓或着色底色过浓。出现欠洗时，应采取适当措施，增加清洗去除，使荧光背景或着色背景降低到允许水准上。出现过乳化过清洗时必须进行重复处理。

(4)干燥

干燥的目的是去除工件表面的水分。溶剂型渗透剂的去除不必进行专门的干燥处理，应自然干燥，不得加热干燥。用水清洗的零件，采用干粉显像或非水基湿式显像时，零件在显像前必须进行干燥处理，如采用水基湿式显像，水洗后直接显像，然后进行干燥处理。

干燥方法：干净布擦干、压缩空气吹干、热风吹干、热空气循环烘干。

干燥温度不能太高，干燥时间不能太长，以防止将缺陷中渗透液也同时烘干，致使在显像时渗透剂不能被吸附到工件表面上来，不能形成缺陷显示，过度干燥还会造成渗透液中染料变质。一般规定:金属零件干燥温度不宜超过 80℃,塑料零件通常用 40℃以下的温风吹干。干燥时间越短越好,一般规定不宜超过 10 分钟。一般渗透检测工艺方法标准规定:干燥时被检面的温度不得大于 50℃;干燥时间 5～10 分钟。

在干燥过程中,如果操作者手上有油污,或零件筐和吊具上有残存的渗透剂等,会对工件表面造成污染,而产生虚假的缺陷显示。这些在实际操作过程中应予避免。

(5)显像

显像的过程是用显像剂将工件表面缺陷处的渗透液吸附至零件表面,产生清晰可见的缺陷图像。

显像时间不能太长,显像剂不能太厚,否则缺陷显示会变模糊。一般渗透检测工艺方法标准规定:显像时间应一般不少于 7 分钟,显像剂厚度为 0.05～0.07 mm。

根据显像剂的不同,显像方式可分为干式显像和湿式显像,湿式显像又可分为非水基湿式显像和水基湿式显像。

干式显像主要用于荧光渗透检测法。

非水基湿式显像主要采用压力喷罐喷涂。喷涂前应摇动喷罐中的弹子,使显像剂重新悬浮且固体粉末重新呈细微颗粒均匀分散状。喷涂时要预先调节好,调节到边喷边形成显像剂薄膜的程度。非水基湿式显像有时也采用刷涂或浸涂,浸涂要迅速,刷涂要干净,一个部位不允许往复刷涂几次。

水基湿式显像可采用喷涂、浸涂或浇涂,多数采用浸涂。涂覆后进行滴落,然后再在热空气循环烘干装置中烘干。干燥过程就是显像过程,为防止显像粉末的沉淀,显像时,要不定时地进行搅拌。零件在滴落和干燥期间,零件位置放置应合适,以确保显像剂不在某些部位形成过厚的显像剂层,并因此可能掩盖缺陷显示。

显像剂包括干粉显像剂、水悬浮湿式显像剂、水溶性湿式显像剂、溶剂悬浮湿式显像剂。溶剂悬浮显像剂中含有常温下易挥发的有机溶剂,有机溶剂在显像表面迅速挥发,能大量吸热,使吸附作用加强,显像灵敏度得到提高。所以,就着色渗透检测而言,优先选用溶剂悬浮湿式显像剂,然后是水悬浮湿式显像剂,最后考虑干粉显像剂。

用喷涂法施加显像剂时,喷涂装置应与被检表面保持一定的距离(约 200～300mm),使显像剂在到达零件表面时,几乎是干的。避免过近而造成流淌或局部显像剂覆盖层过厚。

(6)检验

着色检验时,显像后的工件可在自然光或白光下观察,不需要特别的观察装置。

荧光检验时，则应将显像后的工件放在暗室里，在紫外线的照射下进行观察。

一般渗透检测工艺标准规定：观测显示痕迹应在显像剂施加后 7～30 分钟内进行，如果显示痕迹的大小不发生变化，也可超过上述时间。

辨别真假缺陷：用干净的布或棉球蘸一点酒精，擦拭显示部位，如果被擦去的是真实缺陷显示，擦试后喷一点显像剂后能再现；如果不重现，一般是虚假显示。

当出现下列情况之一时，需进行复验：

①检查结束时，用对比试块验证渗透检测剂已经失效；

②发现检测过程中操作方法有误；

③供需双方有争议或认为有其他需要时；

④经返修后的部位。

需要重复检测时，必须进行后清洗，以去掉缺陷内残余渗透检测液，可用蒸汽除油或将零件加热到 150℃左右。不允许用着色渗透检测法进行重复检查，着色渗透检测法检查后的零件不允许重复检查，因为着色渗透检测液很难从缺陷里面去除干净，它们会干在缺陷内，阻碍渗透液的再次渗入。

(7)后清洗

所谓后清洗，就是检验结束之后，为了防止腐蚀被检工件表面而进行的除去显像剂与残留的渗透液的处理。

后清洗的目的是为保证渗透检测后，不发生对被检工件的损害或危害，并且去除任何影响后续处理的残余物。例如显像剂层会吸收或容纳促进腐蚀的潮气，可能造成腐蚀，并且影响例如阳极化处理等后续处理。后清洗操作如下。

①干式显像剂可粘在湿渗透液或其他液体物质的地方，或滞留在缝隙中，可用普通自来水冲洗，也可用压缩空气等方法去除。

②水基湿式显像剂的去除比较困难。因为该类显像剂经过 80℃左右干燥后粘附在受检件表面，故去除的最好方法是用加有洗涤剂的热水喷洗，有一定压力喷洗效果更好，然后用手工擦洗或用水漂洗。

③水溶性显像剂用普通自来水冲洗即可去除，因为该类显像剂可溶于水中。

④溶剂悬浮显像剂的去除，可先用湿毛巾擦，然后用干布擦，也可直接用清洁干布或硬毛刷擦。对于螺纹、裂缝或表面凹陷，可用加有洗涤剂的热水喷洗，超声清洗效果更好。

⑤后乳化渗透检测法时，如果零件数量很少，则运用乳化剂乳化，而后用水冲洗的方法去除显像剂涂层及滞留的渗透液残留物。

⑥碳钢渗透检测后清洗时，水中应添加硝酸钠或铬酸钠化合物等防锈剂，清洗后还应用防锈油防锈。

⑦镁合金材料也很容易腐蚀，渗透检测后清洗时，常需要铬酸钠溶液处理。

4.4　渗透检测法的质量控制和管理

4.4.1　渗透检测的工艺设备、仪器、试块

根据被检工件的尺寸、规格、数量、形状，购买和制作各种类型的工艺设备。如荧光检测用的渗透剂槽、乳化剂槽、清洗槽、恒温热风循环烘箱或干燥设备、显像剂槽或喷粉柜等。厂房内应设置抽排风装置、压缩空气管路、污水处理设备。荧光检测用黑光灯、黑光辐射计、荧光亮度计、照度计、压力表和温度计等均应定期检验。

每天工作前应使用标准试块对渗透检测工艺系统性能进行校验。只有获得相应灵敏度的缺陷显示，方可进行工件的检验。

4.4.2　渗透剂的校验

渗透液需复验腐蚀性、荧光亮度、可去除性、闪点、粘度、含水量以及灵敏度等。显像剂需复验如干粉显像剂荧光性，非水湿显像剂和水悬浮性显像剂的再悬浮、沉淀性。只有符合要求才可用于检验。当检验镍基合金、钛合金、奥氏体不锈钢等材料的工件时，必须控制渗透剂中硫、氟、氯的含量。

使用过程中的渗透剂等材料按周期进行校验，渗透剂校验亮度、含水量、去除性、灵敏度。乳化剂校验去除性、含水量和浓度。干显像剂检查干燥和荧光污染程度。水溶和水悬浮显像剂检查润湿性和荧光，只有符合要求，才能继续使用。

4.4.3　检验方法和渗透剂灵敏度等级的选择

渗透检测方法主要根据被检工件的大小、形状、表面粗糙度、数量、验收标准、要求灵敏度以及现场的水、电、气等条件来选择检测方法。当确定某一种渗透方法后，所使用的渗透剂、乳化剂和显像剂等材料应是同一个厂家生产的，否则会影响检验效果。

渗透剂有四个灵敏度等级：1级(低灵敏度)，2级(中灵敏度)，3级(高灵敏度)，4级(超高灵敏度)。根据被检工件的结构、受力和使用情况、验收标准要求等因素综合考虑，选择适当灵敏度等级的渗透剂。

4.4.4　渗透检验工艺规程

检验的全过程均应按相应的渗透检验工艺规程，规范安全的工作。渗透检验工艺规程分为检验规程和工艺卡两种。检验规程是根据委托书的要求编写的，一般为原则性条款，检验对象可以是某一工件或某类工件，以文字说明为主。工艺卡是根据

检验规程和有关标准针对某一工件编写的，一般是图表形式，它指导检验人员进行工作，要求内容具体，各种工艺参数均列入图表内。

检验规程应包括如下内容。

①总则。适用范围、所用标准的名称代号和对检验人员的要求。

②被检工件。名称、材料、形状、尺寸、表面粗糙度、热处理状态、工序号、检验部位和比例。

③渗透检测类型、方法和灵敏度等级。

④渗透检验用设备、仪器及材料。如渗透剂、乳化剂、去除剂及显像剂种类、级别、型号等。

⑤渗透检验方法及工艺参数。预洗方法和要求；渗透检验材料施加方法和时间；去除剂浓度、施加方法和时间；水温、水压；干燥方法、温度及时间；显像时间及检验时间；后处理方法等。

⑥工件的质量验收标准，灵敏度控制。

⑦标记部位及方法。

⑧记录内容。

4.4.5 其他

①检测程序。检测一般分为 7 个基本程序，详细内容见上一节的介绍。

②人员。从事渗透检测人员应经过培训，并取得相应技术资格等级证书。

③检验工序的安排。渗透检验工序安排在能够显示表面缺陷或产生表面缺陷的所有加工完成之后再进行。

第5章　涡流检测技术

5.1　概述

涡流检测(Eddy Current Testing，ET)是建立在电磁感应原理基础之上的一种无损检测方法。它适用于导电材料。当导体置于变化的磁场中或相对于磁场运动时,在导体中就有感应电流存在,即产生涡流。由于导体自身各种因素(如电导率、磁导率、形状、尺寸和缺陷等)的变化,会导致感应电流的变化,利用这种现象而判知导体性质及状态的检测方法叫做涡流检测方法,主要应用于金属材料和少数非金属材料(如石墨、碳纤维复合材料等)的无损检测。

5.1.1　涡流检测的主要特点

涡流检测与射线、超声、磁粉、渗透一起构成无损检测的五种常用方法,与其他无损检测方法相比,涡流检测有以下特点。

①特别适用于薄、细导电材料。而对粗厚材料只适用于表面和近表面的检测。

②不需要耦合剂,可以非接触进行检测。不过随着探头到试件表面距离的增大,涡流检测灵敏度会降低。

③检测速度快,易于实现自动化。涡流检测时不要求探头与工件接触,所以为实现高速自动化检测提供了条件。

④可用于高温检测。由于高温下的导电试件仍有导电的性质,尤其重要的是加热到居里点温度以上的钢材,检测时不再受磁导率的影响,可以像非磁性金属那样用涡流法进行探伤、材质检验以及棒材直径、管材壁厚、板材厚度等测量。

⑤可用于异形材料和小零件的检测。涡流检测线圈可绕制成各种形状,因而可对截面形状为三角形、椭圆形等的异形材料进行检测。对于小零件的检测,如小轴、螺母等工件检验,涡流法也有其独到之处。

⑥不仅适用于导电材料的缺陷检测,而且对导电材料的其他特性提供检测的可能性。只要试件的其他各种因素对涡流有影响,就可能应用涡流检测来检测试件的各种性能,这是它的优点。但反过来,又由于它受各种其他因素的影响,要从涡流的变化中单独得到某个因素的变化,就比较困难。

另外，涡流无损检测技术具有设备简单、操作方便、速度快、成本低、易于实现自动化，以及能在装配状态下对机械装置进行检测等优点，因此在许多工业部门中得到了广泛的应用。特别是在有色金属工程，比如铝管、铜管、锆管的自动化生产线上，可以直接用该技术在线检测控制产品质量。

涡流检测也存在一定的局限性，主要有以下几个方面。

①涡流检测的对象必须是导电材料，且只适用于检测金属表面缺陷，不适用于检测金属材料深层的内部缺陷。

②金属表面感应的涡流渗透深度随频率而异。激励频率高时金属表面涡流密度大，随着激励频率的降低，涡流渗透深度增加，但表面涡流密度下降。所以探伤深度与表面伤检测灵敏度相互矛盾。

③采用穿过式线圈进行涡流检测时，线圈获得的信息是管、棒或线材一段长度的圆周上影响因素的累积结果，对缺陷所处圆周上的具体位置无法判定。

④旋转探头式涡流检测方法可准确探出缺陷位置，灵敏度和分辨率也很高，但检测区域狭小，全面扫描检验速度较慢。

⑤涡流检测至今处于当量比较检测阶段，对缺陷作出准确的定性定量判断尚待开发。

尽管涡流检测存在一些不足之处，但其独特之处是其他无损检测方法所无法取代的。因此，涡流检测在无损检测技术领域中具有重要的地位。

5.1.2 涡流检测的应用范围

根据检测因素的不同，涡流无损检测技术可检测的项目分为探伤、材质试验和尺寸检查三大类。主要应用有以下几个方面。

①能测量材料的电导率、磁导率、检测晶粒度、热处理状况、材料的硬度和尺寸等。

②检测材料和构件中的缺陷，例如裂纹、折叠、气孔和夹杂等。

③金属材料或零件的混料分选，通过检查其成分、组织和物理性能的差异而达到分选的目的。

④测量金属材料上的非金属涂层、铁磁性材料的非铁磁性材料涂层和镀层的厚度等。

⑤在无法进行直接测量的情况下，可用来测量金属铂、板材和管材的厚度，测量管材和棒材的直径等。

5.2　涡流检测原理

5.2.1　基本原理

涡流检测是涡流效应的一项重要应用。在涡流检测中，如图 5 - 1 所示，试样总是放在线圈中或者接近线圈。当载有交变电流的检测线圈靠近导电试件时，由于线圈中存在一个交变磁场 H_a，由磁感应定律可知，试件内会感生出涡状流动的电流，即所谓涡流，涡流产生一个次级磁场 H_s，它与磁场 H_a 相互作用，导致原磁场发生变化，使线圈内的磁通改变，从而使线圈的阻抗发生变化。工件内部的所有变化(如尺寸、电导率、磁导率、组织结构等)都会改变涡流的密度和分布，从而改变线圈的阻抗。

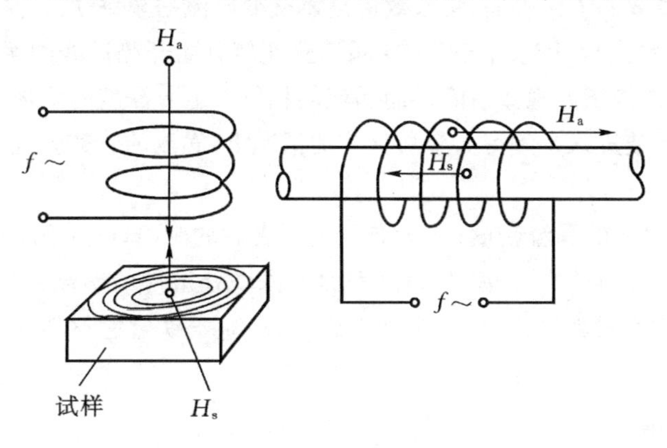

图 5 - 1　涡流检测基本原理示意图

由于线圈交变电流(又称一次电流)激励的磁场是交变的，因此涡流也是交变的。同样，这个交变的涡流会在周围空间形成交变磁场并在线圈中感应电动势。这样，线圈中的磁场就是一次电流和涡流共同感应的合成磁场。假定一次电流的振幅不变，线圈和金属工件之间的距离也保持不变，那么涡流和涡流磁场的强度和分布就由金属工件的材质所决定。也就是说，合成磁场中包含了金属件的电导率、磁导率、裂纹缺陷等信息。因此，可以通过检测线圈中涡流磁场的变化信息来获取被测工件的性能和缺陷信息。

5.2.2 涡流的集肤效应和渗透深度

(1) 集肤效应

集肤效应又称趋肤效应,当交变电流通过导体时,电流将集中在导体表面流过,这种现象叫集肤效应。电流或电压以较高的频率在导体中传导时,电子会聚集于导体表层,而非平均分布于整个导体的截面中,频率越高,集肤效应越显著。分布在导体横截面上的电流密度也是不均匀的,即表层电流密度最大,越靠近截面的中心电流密度则越小。这一现象即为交变电流分布的集肤效应。

(2) 涡流的计算

当线圈中通以交变电流时,在试样中感应的涡流存在着集肤效应,它使得涡流集中到最靠近线圈的工作表面,集肤效应随着交变电流的频率 f、工件的电导率 δ、磁导率 μ 增长而增加,也就是说试样中的涡流密度随着离开测试线圈距离的增加而减少,这种减少通常按指数规律下降。而涡流的相位差随着深度的增加成比率地增加。

在平面电磁波进入半无穷大金属导体的情况下,涡流的衰减公式

$$J_h = J_0 e^{-h\sqrt{\pi f \mu \sigma}} \tag{5-1}$$

式中:J_0 为工件表面的涡流密度; h 为离开金属表面的距离,m; f 为测试线圈中的电流频率,Hz; σ 为材料的电导率; J_h 为离表面 h 深度处工件的涡流密度; μ 为磁导率,H/m。对于非磁性材料,$\mu=\mu_0$,μ_0 为真空磁导率;对于铁磁性材料,$\mu=\mu_0\mu_r$,μ_r 称为相对磁导率。

(3)渗透深度

集肤效应的存在使交变电流激励磁场的强度以及感生涡流的密度从被检材料或工件的表面到其内部按指数分布规律递减。在涡流检测中,通常将涡流密度衰减为其表面密度的$\frac{1}{e}$(36.8%)时对应的深度定义为标准渗透深度,用 δ 表示,其数学表达为

$$\delta = \frac{1}{\sqrt{\pi f \mu_r \sigma}} \tag{5-2}$$

式中:δ 为渗透深度,m; f 为电流频率,Hz; μ_r 为相对磁导率; σ 为电导率,s/m。

涡流渗透深度是一个重要的参量,它是反应涡流密度分布与被检材料的电导率、磁导率以及激励频率之间基本关系的特征值。由式(5-2)可见,f、μ_r、σ 愈大,则 δ 愈小。因此,对于给定的被检材料,应根据检测深度的要求合理选择涡流检测频率。

由于被检工件表面以下 3δ 处的涡流密度仅约为其表面密度的 5%,因此通常将

3δ 作为实际涡流检测能够达到的极限深度。

在涡流检测时，渗透深度太小，只能检测浅表面缺陷；在涡流测厚时，渗透深度太小，只能测量很薄试样的厚度。

平面电磁波产生的涡流相位角 θ，随着在工件内的深度的增加按下式变化。

$$\theta = \frac{y}{\delta} \tag{5-3}$$

式中：δ 为标准渗透深度，m；y 为工件的深度值，m。

上式说明相位角随着深度的增加成正比增加。当深度为一个标准渗透深度时，涡流相位滞后 1 rad。

5.2.3　检测线圈的阻抗和阻抗归一化

在涡流检测过程中，检测线圈与被检对象之间的电磁联系可以用两个线圈的耦合(被检对象相当于次极线圈)来类比。为了了解涡流检测中被检对象的某些性质与检测线圈(相当于初级线圈)电参数之间的关系，就需要对检测线圈进行阻抗分析。

阻抗分析法是以分析涡流效应引起线圈阻抗的变化及其相位变化之间的密切关系为基础，从而鉴别各影响因素效应的一种分析方法。从电磁波传播的角度来看，这种方法实质上是根据信号有不同相位延迟的原理来区分工件中的不连续性。因为在电磁波的传播过程中，相位延迟是与电磁信号进入导体中的不同深度和折返来回所需的时间联系在一起的。

(1)检测线圈的阻抗

涡流检测中，要用许多阻抗平面图来描述缺陷、电导率、磁导率和尺寸变化与线圈阻抗的关系。因此首先需要了解两个线圈相距很近而又有互感的情况，如图 5－2 所示。

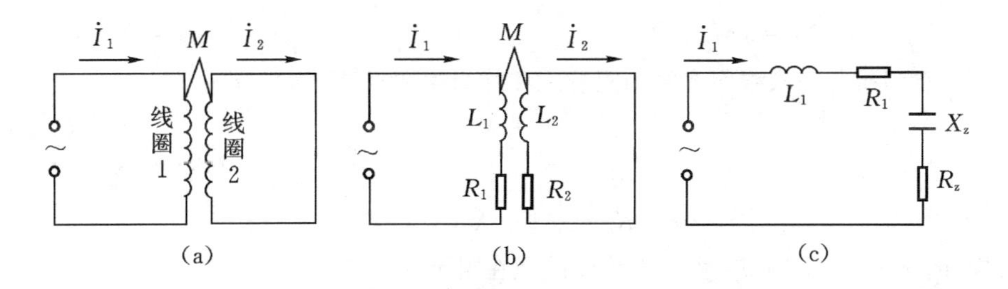

图 5－2　耦合线圈的互感电路

(a)耦合线圈电路；(b)互感作用电路；(c)耦合线圈等效电路

金属导线绕成的线圈，除了具有电感外，导线还有电阻，各匝线圈之间还会有电容。因此，一个线圈不会是一个纯电感，而是用电阻、电感和电容组合成的等效电路表示。一般，当忽略线圈匝间分布的电容时，线圈自身的复阻抗可表示为

$$Z = R + j\omega L \tag{5-4}$$

(2)视在阻抗和归一化阻抗

当两个线圈耦合时，如果给一次线圈通以交变电流 I_1，由于互感的作用，会在闭合的二次线圈中产生感应电流。同时，这个感应电流又通过互感的作用影响一次线圈中电流与电压的关系，这种影响可以用二次线圈中的阻抗通过互感折合到一次线圈电路的折合阻抗来体现。

图 5-3 为交流电路中电压和阻抗平面图。

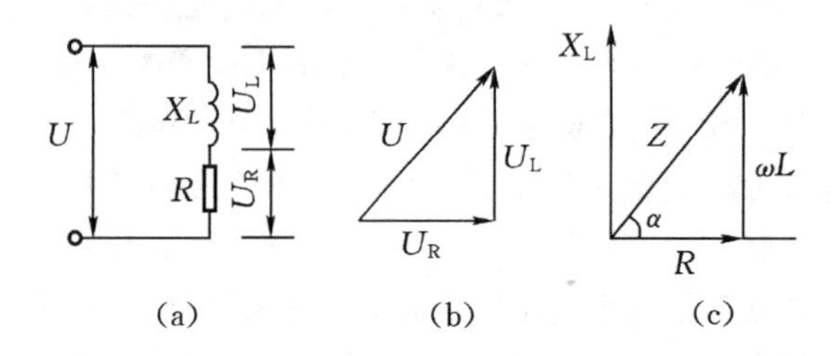

图 5-3 交流电路中电压和阻抗平面图
(a)线圈等效电路；(b)电压向量图；(c)阻抗向量图

此时线圈 1 的阻抗发生变化，其变化量用折合阻抗 Z_z 来表示，且有

$$Z_z = R_z + X_z$$

$$R_z = \frac{X_M^2}{R_2^2 + X_2^2}R_2, X_z = -\frac{X_M^2}{R_2^2 + X_2^2}X_2 \tag{5-5}$$

式中：$X_2 = \omega L_2$，$X_M = \omega M$。

折合阻抗与一次线圈本身的阻抗之和称为视在阻抗 Z_s，且有

$$Z_s = R_s + X_s \tag{5-6}$$

$$\left.\begin{aligned} R_s &= R_z + R_1 \\ X_s &= X_z + X_1 \end{aligned}\right. \tag{5-7}$$

式中：$R_1 + X_1 = R_1 + j\omega L_1$ 为一次线圈的视在阻抗。

应用视在阻抗的概念，就可以认为一次线圈电路中电流和电压的变化，是由于电路中视在阻抗的变化所引起的。这样一来，只要根据一次线圈电路中这种阻抗的变化就可以知道二次线圈对一次线圈的效应，从而推出二次线圈中阻抗的变化。

当线圈 2 不计负载时，即 $I_2 = 0$，相当于探测线圈未放置于金属工件上。线圈 1

的等效阻抗为线圈 1 原有的阻抗 Z_1（$Z_1=R_1$ 十 $j\omega L_1$）。而当线圈 2 负载短路时，即 $R_2=0$，线圈 1 的等效阻抗为 $R_1+j\omega L_1(1-k^2)$，即比线圈 1 的原有阻抗减少了 $j\omega L_1k^2$（其中 k 为涡流耦合系数）。

如将线圈 1 的阻抗做一复数阻抗平面，即以电阻 R 为横坐标，以感抗 X 为纵坐标并以负载 R_r 为参变数作出的曲线，如图 5-4 所示。它是一个近似半圆（在右边），这个半圆的直径为 ωL_1k^2。线圈 1 的感抗减少到 $(1-k^2)\omega L_1$ 时，电阻 R 由 R_1 增加到$(R_1+\omega L_1k^2/2)$最大值之后再减小回到 R_1。

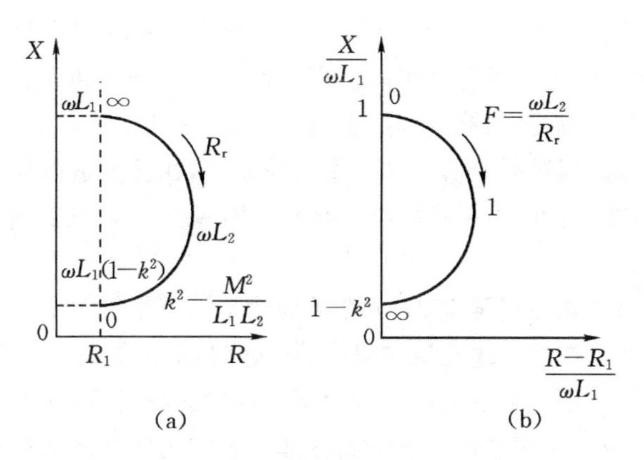

图 5-4　阻抗平面图
(a)线圈阻抗平面；(b)归一化阻抗曲线

用阻抗平面来了解线圈阻抗变化要比公式直观得多，容易理解。但是由于不同的线圈阻抗和不同的电流频率有不同的半圆直径和位置，而且有时线圈阻抗的轨迹曲线不是半圆，因此要进行相互比较有困难。为了解决这个问题，通常是采用阻抗归一化处理的方法，如图 5-4(b)所示，归一化阻抗图是以$(R-R_1)/\ \omega L_1$为横坐标、以$X/\ \omega L_1$为纵坐标得到的，其中 R_0 为线圈空载时的电阻，L_0 为空载时的电感。

这样半圆上端坐标为(0,1)，下端坐标为(0,−1)，其直径为 K^2。于是这个半圆的存在取决于耦合系数 K，曲线上点的位置依然取决于参变量 R_r。设归一化的频率 $F=\ \omega L_2/R_r$，则半圆上端 F 等于 0，中间 F 等于 1，下端 F 为无穷大。

归一化阻抗图消除了一次线圈电阻和电感的影响，具有通用性；归一化阻抗图的曲线簇以一系列影响阻抗的因素（如电导率、磁导率等）作参量；归一化阻抗图形象、定量地表示出各影响阻抗因素的效应大小和方向，为涡流检测时选择检验的方法和条件，减小各种效应的干扰提供了参考依据；对于各种类型的工件检测线圈，有各自对应的阻抗图。

在涡流检测时，若通交变电流的线圈中没有试样，则可以得到空载的阻抗 $Z_0 = R_0 + j\omega L_0$；若在线圈中放入试样，则线圈的阻抗将变为 $Z_1 = R_1 + j\omega L_1$。随着工件材料性质的不同，对检测线圈的影响也不一样，因而工件性质的变化可以用检测线圈阻抗特性的变化来描述。

5.2.4 有效磁导率和特征频率

(1)有效磁导率(μ_{eff})

引起检测线圈阻抗发生变化的直接原因是线圈中磁场的变化，所以，进行涡流检测时，在对检测线圈阻抗进行分析的过程中首先需要分析和计算工件被放入检测线圈后磁场的变化，然后得出检测线圈阻抗的变化(或线圈上感应电压的变化)，才能对工件的各种影响因素进行分析。这样做比较复杂，在长期进行涡流检测理论的研究和实验分析中，福斯持(Forster)提出了有效磁导率的概念，使涡流检测中的阻抗分析问题大大简化。

由于导电圆柱体内磁场强度 H_0分布的规律是沿着半径向中心作逐渐减弱的变化分布，据此，福斯特在分析线圈视在阻抗的变化时，提出了一个假想的模型：圆柱体的整个截面上有一个恒定不变的磁场强度等于 H_0 的磁场，而磁导率却在截面上作沿径向的变化，它所产生的磁通量等于圆柱体内真实的物理场所产生的磁通量。这样，就可以将事实上变化着的磁场强度和恒定不变的磁导率由一个虚构的恒定的磁场强度和变化着的磁导率所取代，如图 5-5 所示。这个变化着的磁导率便称为有效磁导率 μ_{eff}，μ_{eff}是复数，对于非铁磁性材料，其模小于 1。

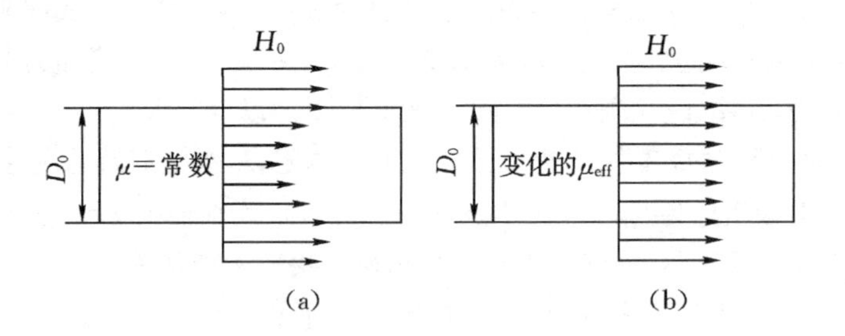

图 5-5 福斯特的假想物理模型
(a)导电圆柱体内磁场强度的真实分布；(b)假想的物理模型

按照这个假想的物理模型，可以写出下面的关系

$$\Phi = BA = \mu_0 \mu_r H_0 \pi d^2 / 4 \tag{5-8}$$

式中：d 为圆柱体直径，m；u_r 为相对磁导率；H_0为圆柱体表面磁场强度，即线圈空载

磁场强度，A/m。

有效磁导率是一个含有实部和虚部的复数。在分析检测线圈的阻抗时，常以 f/f_g 作参数，因为有效磁导率 μ_{eff} 可用频率比 f/f_g 作为变量。f 为涡流检测的激励频率，也称之为工作频率，f_g 为特征频率。f/f_g 为频率比，它是涡流检测中的一个重要参数。图 5-6 表示有效磁导率 μ_{eff} 与频率比 f/f_g 各点的关系曲线，曲线上各点不同的数值表示不同频率比的大小，由图可看出，随着 f/f_g 的增加（即参数 f、μ、σ 和其中任何一个或几个增加），有效磁导率 μ_{eff} 将减小。

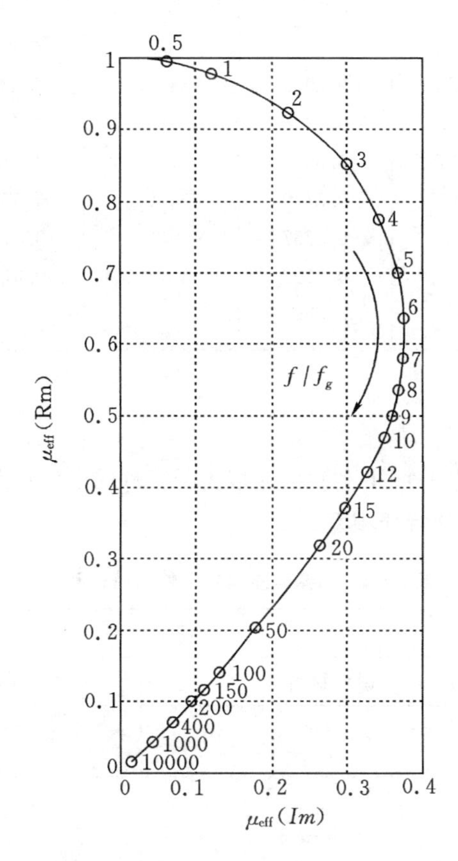

图 5-6　有效磁导率（μ_{eff}）与频率比（f/f_g）关系曲线

表 5-1 列出了不同的频率比 f/f_g 时的有效磁导率 μ_{eff} 的实部和虚部。

表 5-1 不同频率 f/f_g 的有效磁导率 μ_{eff} 的值

f/f_g	μ_{eff}		f/f_g	μ_{eff}	
	实数部分	虚数部分		实数部分	虚数部分
0.00	1.0000	0.0000	10	0.4678	0.3494
0.25	0.9989	0.0311	12	0.4202	0.3284
0.50	0.9948	0.06202	15	0.3701	0.3004
1	0.9798	0.1216	20	0.3180	0.2657
2	0.9264	0.2234	50	0.2007	0.1795
3	0.8525	0.2983	100	0.1416	0.1313
4	0.7738	0.3449	150	0.1156	0.1087
5	0.6992	0.3689	200	0.1001	0.09497
6	0.6360	0.3770	400	0.07073	0.06822
7	0.5807	0.3757	1000	0.04472	0.04372
8	0.5361	0.3692	10000	0.01414	0.01404
9	0.4990	0.3599			

(2)特征频率

特征频率是工件的一个固有特性,它取决于工件的电磁特性和几何尺寸。表 5-2 列出了圆棒与薄壁管的特征频率。

表 5-2 圆棒和薄壁管工件的特征频率

工件名称	线圈通过方式	特征频率	
		磁性材料	非铁磁性材料
圆棒	—	$f_g=\dfrac{5066}{(\mu_r\sigma d^2)}$	$f_g=\dfrac{5066}{\sigma d^2}$
薄壁管	外通式线圈	$f_g=\dfrac{5066}{(\mu_r\sigma d_1\delta)}$	$f_g=\dfrac{5066}{(\sigma d_1\delta)}$
	内通式线圈	$f_g=\dfrac{5066}{(\mu_r\sigma d_1^2)}$	$f_g=\dfrac{5066}{(\sigma d_1^2)}$

注:式中,d 为圆棒直径,m;σ 为磁导率,H/m; μ_r 为相对磁导率;d_1 为管体的内径; δ 为管体的壁厚

5.2.5 涡流检测相似定律

涡流检测中要选择的重要参数为 f/f_g,$f/f_g=2\pi f\mu_r\sigma d^2=\omega^2\mu_r\sigma d^2$,即频率比

与试件电导率、磁导率、圆棒直径和试验频率 f 成正比。导体内部涡流分布、磁场分布是随 f/f_g 而变化的。但在一定频率比 f/f_g 时，被检验的圆柱体试件不论直径多大，其涡流密度和场强的几何分布均相似，也就是说两个大小不同的被检物体，如果频率比相同，则有效磁导率及圆柱体内的涡流场强和涡流密度的几何分布也相同，这就是涡流检测的相似定律。显而易见，当

$$f_1\mu_{r1}\sigma_1 d_1^2 = f_2\mu_{r2}\sigma_2 d_2^2 \tag{5-9}$$

成立时，这个相似条件就能得到满足。式中 f_1、f_2 为对试件 1 和试件 2 进行检测时所用的试验频率。

相似定律为进行模拟试验的合理性提供了理论依据。对于在涡流检测中那些不能用数学计算提供理论分析结果，也不能精确地直接用实物加以实测的问题，可以根据涡流检测相似定律通过模型试验来推断检测结果。

根据相似定律，只要频率比相同，几何相似的不连续性缺陷将引起相同的涡流效应和相同的有效磁导率变化。可以通过带有人工缺陷的模拟试验测量出有效磁导率的变化值与缺陷深度、宽度以及位置的依从关系，再利用带有人工缺陷的模型试验来获得裂纹引起线圈参数变化的试验数据，作为实际进行涡流检测时评定缺陷影响的参考依据。

5.2.6　导电圆柱体穿过线圈的阻抗分析

在涡流检测中，工件待测性能的信息是通过检测线圈的阻抗变化和电压效应来提供的。根据法拉第电磁感应定律，通过数学运算，可以推导出二次线圈的感应电压。在实际进行涡流检测时，直径为 d 的圆柱体工件不可能完全充满直径为 D_0 的二次线圈。这是因为线圈和工件之间应留有空隙，以保证工件的快速通过。因此，计算时，二次线圈的电压应考虑由两部分组成，一部分是环形空间中磁场感应的电压；另一部分是工件中磁场感应的电压。其充填系数 u 为

$$u = (d/D_0)^2 \tag{5-10}$$

通过计算可知，当工件没有充满线圈时，二次线圈的感应电压为

$$E = E_0(1-\eta+u\mu_{\text{eff}}) \tag{5-11}$$

因此归一化电压为

$$E/E_0 = 1-\eta+u\mu_{\text{eff}} \tag{5-12}$$

由于有效磁导率是复数，得到的感应电压也有虚部和实部两个分量。因此，归一化电压也有虚实两部分之分，它们分别由实部有效磁导率数和虚部有效磁导率数所决定，即

$$E_{\text{虚}}/E_0 = \omega L/(\omega L_0) = 1-\eta-u\mu_{\text{eff实}} \tag{5-13}$$

$$E_{\text{实}}/E_0 = (R-R_0)/\omega L_0 = \eta\mu_{\text{eff虚}} \tag{5-14}$$

由于有效磁导率是频率比的函数，因此只要充填系数和频率比确定，根据上式就可以求出归一化复数电压〔或复数阻抗〕的虚部和实部。

注意：

①以上的讨论都局限于非磁性导电圆柱体工件，如果工件是磁性材料，其频率可应用相对磁导率进行修正。当检测线圈接近铁磁性材料时，线圈阻抗的感抗部分将大大增加，而在非铁磁性材料中线圈阻抗的感抗部分将减少。

②由于涡流是由一个可变的磁场感应出来的，所以被检材料的磁导率将强烈地影响着涡流的响应。因此，用涡流法检测磁性材料工件时，应与检测非磁性材料工件有所不同。特别是某些因素(例如成分、硬度、剩余应力和缺陷等)既会影响电导率，又会影响磁导率，情况就会变得比较复杂。在低频情况下，问题更加突出，这是因为低频时，磁导率的改变对涡流响应的影响通常要比电导率变化的影响大得多。

③为了消除铁磁性材料磁导率对涡流检测的影响，可以对工件被检测部位施加强磁化场，使材料被磁化到饱和区，此时的相对磁导率约等于1。一般可采用直流磁化场，但所需直流电源的成本比较高，为了降低配套设备的制造费用，只要将材料磁化到使其增益磁导率处于常数的区间，此时铁磁性材料检查区磁导率的变化实际上已不再产生影响，可当作非磁性材料进行检测。

④由于不同材料的电导率对线圈阻抗会产生影响，使阻抗值在频率比曲线上的位置发生变化。因此，当其他条件不变时，可以利用涡流检测中不同导电材料间电导率的差异所引起的检测线圈阻抗发生的变化，对材料进行分选。同时，材料的某些特性(特别是温度、成分、热处理及所得的纤维组织、晶粒大小、硬度、强度和残余应力等)也与电导率有着对应关系，也可以通过测定工件电导率的变化来推断材料的某些工艺性能以及监控各种冶金成分。例如由于硬度对电导率有显著的影

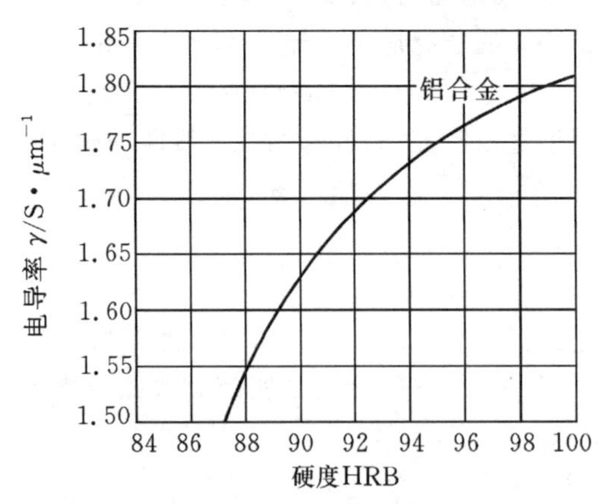

图5-7　硬化铝合金的硬度、电导率之间的关系

响,可利用电导率的测量来监控时效硬化铝合金的处理情况,如图 5－7 所示。

上述四个因素都可通过涡流检测原理来进行解释,它们的影响程度也能计算出来。

5.3　涡流检测方法

在涡流检测中,检测线圈的合理选择、频率的正确选择、获取的复杂信号的分析处理以及对比试样的制作都直接关系到检测方法的效能。下面对这四个方面加以介绍。

5.3.1　检测线圈的分类与使用方法

在金属材料的涡流检测中,为了满足不同工件形状和大小的检测要求,设计了许多种形式的检测探头或涡流传感器,即检测线圈。一般来说,涡流传感器具有以下基本结构和功能。

涡流传感器根据其用途和检测对象的不同,其外观和内部结构各不相同,类型繁多。但不管什么类型的传感器其结构总是由激励绕组、检测绕组及其支架和外壳组成,有些还有磁芯、磁饱和器等。

涡流线圈的功能:①激励形成涡流的功能,即能在被检工件中建立一个交变电磁场,使工件产生涡流的功能;②检测所需信号的功能,即检测获取工件质量情况的信号并把信号送给仪器分析评价;③抗干扰功能,即要求涡流传感器具有抑制各种不需要信号的能力,如探伤时要抑制直径、壁厚变化引起的信号,而测量壁厚时,要抑制伤痕引起的信号等。

1. 检测线圈的分类

(1)按检测时线圈和试样的相互位置关系分类

①外穿过式线圈。这种线圈是将工件插入并通过线圈内部进行检测(见图 5－8(a)),可用于检测管材、棒材、线材等可以从线圈内部通过的导电试件。穿过式线圈,易于实现涡流检测的批量、高速、自动检测。因此,它广泛地应用于管材、棒材、线材试件的表面质量检测。

②内通过式线圈。这种线圈是将线圈本身插入工件内部进行检测,称为内通过式线圈(见图 5－8(b)),也可叫做内壁穿过式线圈。它适用于冷凝器管道(如钛管、铜管等)的在役检测。

③放置式线圈。又称点式线圈或探头,如图 5－8(c)所示。在探伤时,把线圈放置于被检查工件表面进行检验。由于线圈体积小,线圈内部一般带有磁性,因而

具有磁场聚焦的性质，灵敏度高。它适用于各种板材、带材和大直径的管材、棒材的表面检测，还能对形状复杂的工件的某一区域进行局部检测。

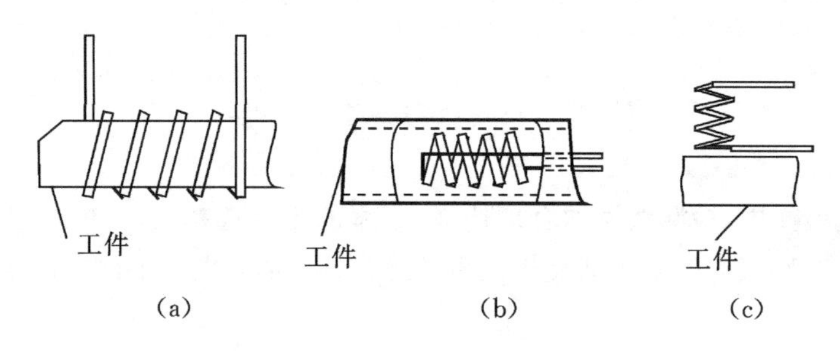

图 5-8 检测时线圈试样的相互位置关系
(a)穿过式线圈；(b)内通过式线圈；(c)放置式线圈

(2)按线圈的绕制方式分类

进行涡流无损检测时，必须在被检测工件上及其周围建立一个交变磁场，因此需要有一个激励线圈。同时，为了测量检测中对工件性能影响的涡流磁场，还要有一个测量线圈。它们可以是两个线圈，也可以用一个线圈同时承担激励和检测两项任务。一般在不需要区分线圈功能的时候，可把激励线圈和测量线圈统称为检测线圈。

只有一个测量线圈的工作方式称为绝对式。使用两个线圈进行反接的方式称为差动式。差动式按工件的位置放置形式不同又可分为标准比较式和自比较式两种。

①绝对式。如图 5-9(a)所示，直接测量线圈阻抗的变化，在检测时可以先把标准试件放入线圈，调整仪器，使信号输出为零，再将被测工件放入线圈，这时，若无输出，表示试件和标准试件间的有关参数相同；若有输出，则依据检测目的不同，分别判断引起线圈阻抗变化的原因是裂纹还是其他因素。这种工作方式可以用于材质的分析和测厚，还可以进行探伤，是许多涡流仪广泛采用的一种工作方式。

②标准比较式。如图 5-9(b)所示，是典型的差动式涡流检测，采用两个检测线圈反向连接成为差动形式。一个线圈中放置与被测试件具有相同材质、形状、尺寸且质量完好的标准试件，而另一个线圈中放置被检测试件。由于这两个线圈接成差动形式，当被检测工件质量不同于标准试件时，检测线圈就有信号输出，因而实现对试件的检测目的。

③自比较式。它是标准比较式的特例，采用同一检测试件的不同部分作为比较标准，故称为自比较式。如图 5-9(c)所示，两个相邻安置的线圈，同时对同一试样的相邻部位进行检测时，该检测部位的物理性能及几何参数变化通常是比较

小的，对线圈阻抗影响也就比较微弱。如果将两线圈差动连接，这种微小变化的影响便几乎被抵消掉，如果试件存在缺陷，当线圈经过缺陷时将输出相应急剧变化的信号，且第一个线圈或第二个线圈分别经过同一缺陷时所形成的涡流信号方向相反。

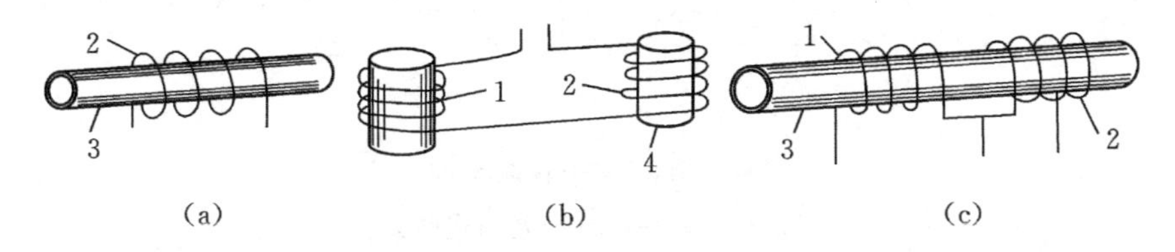

图5-9　检测线圈的连接方式

(a)绝对式；(b)标准比较式；(c)自比较式

1—参考线圈；2—检测线圈；3—管材；4—棒材

2. 检测线圈的使用方式

涡流检测线圈也可以接成各种电桥形式。通用的涡流检测仪使用频率可变的激励电源和一交流电源相连，测量因缺陷产生的微小阻抗变化电桥式仪器一般采用带有两个线圈的探头。两个线圈设置在电桥相邻桥臂上，如图5-10所示。

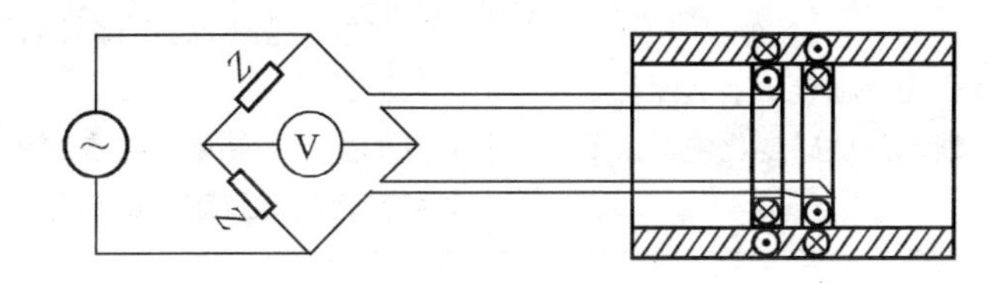

图5-10　用探头检测管子时线圈在交流电桥中的位置

绝对式探头仅有一个检测线圈和一个参考线圈，如图5-11(a)所示。差动式探头的两个线圈同时对所要探伤的材料进行检测，如图5-11(b)所示。

绝对式探头对影响涡流检侧的各种变化(如电阻率、磁导率以及被检测材料的几何形状和缺陷等)均能作出反映，而差动式探头给出的是材料相邻部分的比较信号。当相邻线圈下面的涡流发生变化时，差动式探头仅能产生一个不平衡的缺陷信号。因此，表面检测一般都采用绝对式探头，而对管材和棒材的检测，绝对式探头和差动式探头都可采用。表5-3概述了绝对式探头和差动式探头的优缺点。

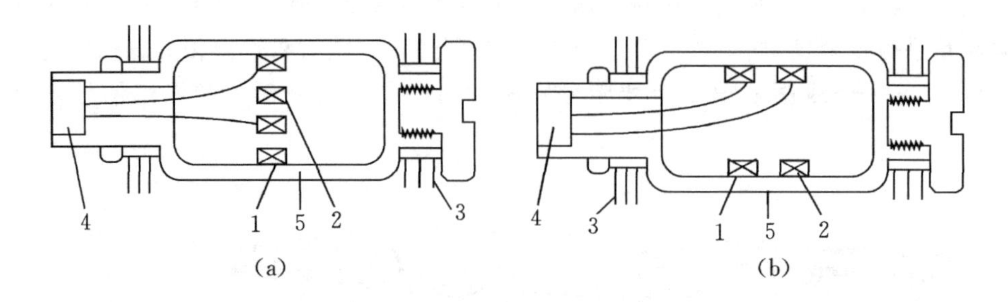

图 5-11 涡流检测探头
(a)绝对式探头;(b)差动式探头
1—线圈 1;2—线圈 2;3—软定心导板;4—接插件;5—外壳

表 5-3 绝对式探头和差动式探头的比较

	优点	缺点
绝对式	①对材料性能或形状的突变或缓变均能作出反应 ②混合信号轻易区分出来 ③显示缺陷的整个长度	①温度不稳定时易发生漂移 ②对探头的颤动比差动式敏感
差动式	①不会因温度不稳定而引起漂移 ②对探头颤动的敏感度比绝对式低	①对平缓变化不敏感,即长而平缓的缺陷可能漏检 ②只能探出长缺陷的终点和始点 ③可能产生难以解释的信号

5.3.2 涡流检测的频率选择

涡流检测所用的频率范围从 200 Hz 到 6 MHz 或更大。大多数非磁性材料的检查采用的频率是数千赫兹,检测磁性材料则采用较低频率。在任何具体的涡流检测中,实际所用的频率由被检工件的厚度、所希望的透入深度、要求达到的灵敏度或分辨率以及不同的检测目的等所决定。

对透入深度,频率愈低透入深度愈大。但是降低频率的同时检测灵敏度也随之下降,检测速度也可能降低。因此,在正常情况下,检测频率要选择尽可能地高,只要在此频率下仍能保证有必需的透入深度即可。若只是需要检测工件表面裂纹,则可采用高到几兆赫兹的频率。若需检测相当深度处的缺陷,则必须牺牲灵敏度,采用非常低的频率,这时候它不可能检测出细小的缺陷。

对非铁磁性圆棒的检测，工作频率的选择可采用图表法估算，如图 5-12 所示。图上三个主要变量为电导率、工件直径和工作频率，第四个变量即在此单一阻抗曲线上的工作点。对于圆柱形棒料，所要求的工作点对应于 $K_r = r\sqrt{\omega u\sigma}$ 一个值，这个值近似为 4，但可在 2～7 范围内变动。

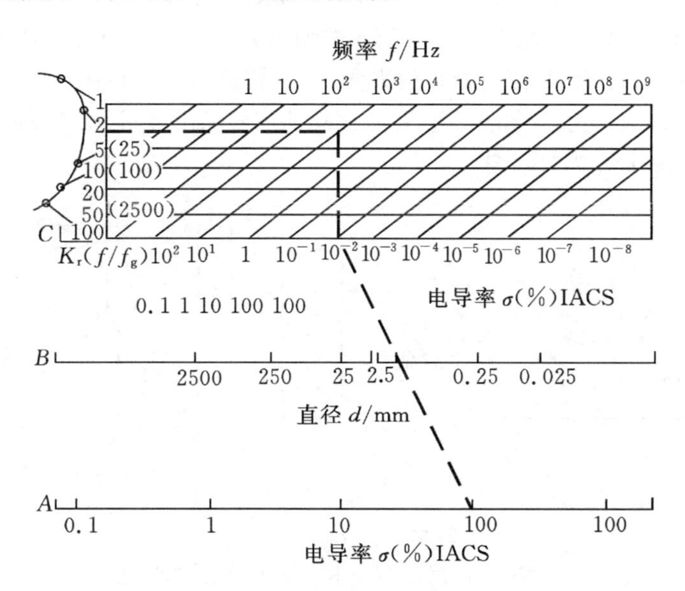

图 5-12　用于非铁磁性圆柱形棒料的检测频率选择图表

图 5-12 的使用方法：①在 A 线上取棒料电导率 σ（IACS 为国际退火铜标准）；②在 B 线上取棒料直径 d；③将这两点间的连线延长使之与 C 线相交；④C 线上的交点垂直向上画直线，与所需的 K_r 值所对应的水平线相交得到一点；⑤根据交点在频率图（斜线）中的位置，即可读出所需的工作频率。

由于当检测速度高时，缺陷通过检测线圈的时间较短，缺陷信号的波数相应减少，当信号波数在几个以下时，检出的几率就要降低，因此，当检测速度在每秒几米以上时，必须考虑速度对检测频率的影响，必须提高检测频率，以免漏检。

5.3.3　涡流检测信号分析

通常采用的信号处理方法有相位分析法、频率分析法和振幅分析法等，其中相位分析法用得最广泛，而频率分析法和振幅分析法主要是用于各种自动探伤设备。下面对相位分析法加以说明。

由检测线圈复阻抗平面图可以知道，裂纹效应的方向和其他因素效应的方向是不同的（即相位不同），利用这种相位上的差异，采用选择相位来抑制干扰因素影响的方法称为相位分析法。常用的有同步检波法和不平衡电桥法两种。

(1) 同步检波法

如图 5-13(a)所示,以 OA 表示待检测的缺陷信号,OB 表示干扰信号,如果不对干扰加以抑制,那么输出的将是两个信号叠加的结果。若加进一个控制信号,让它们一同输入到同步检波器中,使信号的输出分别是 $OA\cos\theta_1$ 和 $OB\cos\theta_2$(θ_1和θ_2分别是信号 OA、OB 与信号 OT 的夹角)。只要适当调节控制信号 OT 的相位,使 $\theta_2=90°$,那么,干扰信号的输出为零,而总的信号输出($OC=OA\cos\theta_1$)仅与缺陷信号有关,消除了干扰的影响。

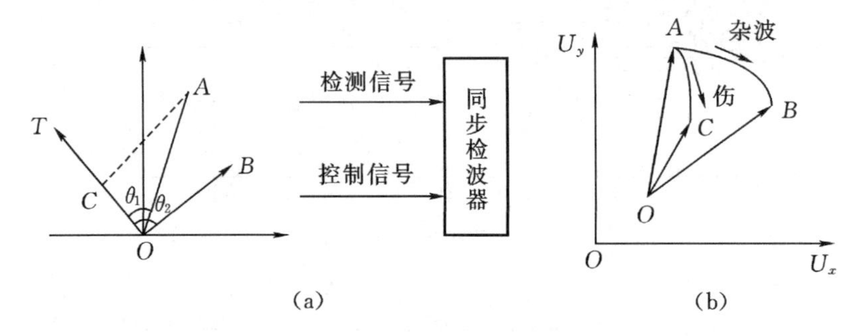

图 5-13 相位分析法

(a)同步检波原理;(b)不平衡电桥法工作原理

(2)不平衡电桥法

如果探伤仪采用的是电桥电路,也可以利用电场的不平衡状态来抑制干扰,这种方法叫不平衡电桥法。同步检波法适用于抑制直线状干扰电压的杂波(如棒材直径变化的干扰),而不平衡电桥法适用于抑制呈圆弧状电压轨迹变化的杂波(如提离效应干扰),如图 5-13(b)所示,以圆弧 AB 代表干扰杂波的轨迹,AC 表示缺陷信号变化的轨迹,若取杂波圆弧 AB 的中心 O 点作电桥的不平衡偏移点,那么以它们的电压差为输出信号时,很显然,输出信号只随缺陷的轨迹 AC 发生变化,从而抑制了干扰杂波 AB 的影响。

5.3.4 涡流检测的对比试样

涡流检测与其他无损检测方法一样,对被检测对象质量的评价和检测都是通过已知样品质与量的比较而得出的。如果脱离了这类起参考作用的样品,很多无损检测方法将无从实施,这类参考物质在无损检测中通常被称作标准试样或对比试样。

(1)对比试样的作用

对比试样是针对被检测对象和检测要求，按照相关标准规定的技术条件加工制作，并经相关部门确认的用于被检对象质量符合性评价的试样。对比试样是建立评价被检产品质量符合性的依据，主要用于检测和鉴定涡流检测仪的性能，例如灵敏度、分辨率、端部不可检测长度等。利用对比试样选择检测条件、调整检测仪器以及在检测中利用对比试样定期检查仪器的工作正常与否，还可以利用对比试样的人工缺陷作为调整仪器的标准当量，以此来判断被检工件是否合格。

(2)使用对比试样的注意事项

验收标准伤只是作为一个调控仪器的标准当量，而不是一个实用的缺陷尺寸的度量标准。而且对比试块上的人工缺陷的大小并不表示探伤仪可能检出的最小缺陷，探伤仪器检测到的最小缺陷的能力取决于它的综合灵敏度。

采用对比试样调整仪器时，首先将探头放在对比试样的无缺陷处，用补偿和调零旋钮调好仪器零点，然后将探头放在不同深度的人工缺陷处调节灵敏度旋钮。例如槽深 2 mm 时指示为 2±0.2 格。在试样上调节结束后，将探头移至工件并调好零点，则可开始测量。涡流检测时，材质会影响零点飘移，所以应经常修正零位。

涡流检测用的对比试样，一般都采用与被检工件同样牌号和状态的材料，用同样的加工方法制作，在用于检测的试样上还加工有一定规格的人工缺陷，也可以直接从工件中选取具有典型缺陷的工件作对比试样。由于对比试样随着检测目的及被检工件的材质、形状、大小等有所不同，因此，种类繁多。涡流检测线圈的选择与人工缺陷形状也有一定关系。检测线圈的结构应选得使试件中产生的涡流垂直于人工缺陷，其中人工缺陷的种类和形状如图 5-14 所示，具体尺寸按各种标准中的规定。

(3)人工缺陷选择的原则

人工缺陷必须符合技术要求，应可以复制，能按精确标度的尺寸制造。工件在涡流检测仪上产生的信号和自然缺陷产生的信号应十分相似。

人工缺陷的加工方法有很多种，常用的有机械加工、腐蚀加工和电火花加工等。机械加工应由精密机床加工，制作比较方便，但它对微小的缺陷难以保证精度，成品率低。化学腐蚀是利用腐蚀时间的长短来控制缺陷深浅的，但较低的粗糙度却难以达到。电火花加工能适用于各种形状缺陷，也不受材料限制。具体的加工方法可以根据实际条件和检测要求的高低决定。加工人工缺陷时，不允许试件产生变形、材质变化，留有残余应力，也不允许加热、研磨。缺陷加工完毕之后，不允许有金属粉末等杂物嵌入缺陷内，且要防止末端效应的干扰。

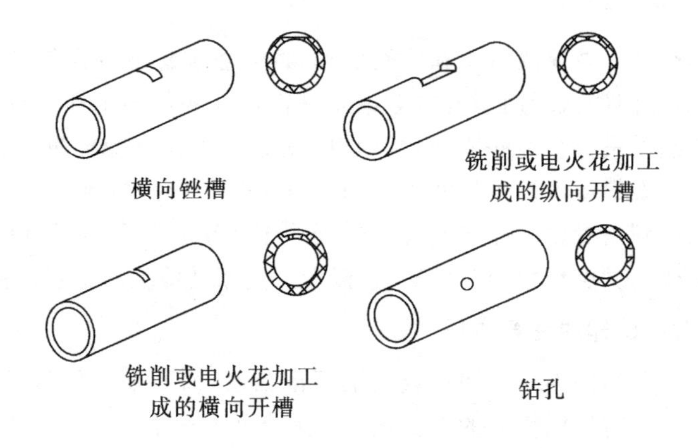

图5-14 在涡流检测中用作参考标准的人工缺陷的种类和形状

5.4 涡流检测仪器

5.4.1 涡流检测仪的组成

不同的涡流检测仪是根据不同的检测目的和应用对象,应用不同的方法抑制干扰因素,拾取有用信息的电子仪器。根据用途的不同、检测线圈的不同以及提取影响检测线圈阻抗的各种因素的方法不同等,研制出了各种不同类型的涡流检测仪器,但工作原理和基本结构是相同的。涡流检测仪的基本原理是:信号发生器产生交变电流供给检测线圈,线圈产生交变磁场并在工件中感生涡流,涡流受到工件性能的影响并反过来使线圈阻抗发生变化,然后通过信号检出电路检出线圈阻抗的变化,检测过程包括产生激励、信号拾取、信号放大、信号处理、消除干扰和显示检测结果等。大多数涡流检测系统必须具有如下功能。

(1)涡流检测系统必须具有的功能

涡流检测系统首先要激励检测线圈,同时用被检工件来调制检测线圈的输出信号,而且要在放大以前对检测线圈的信号进行处理。然后将信号放大,对信号作检波和解调以及分析等。还应具备信号的显示和记录功能。

(2) 涡流检测系统的组成

涡流检测仪一般由振荡器、探头(检测线圈及其装配件)、信号输出电路、放大器、处理器、显示器、记录仪和电源等几部分组成,其原理方框图如图5-15所示。

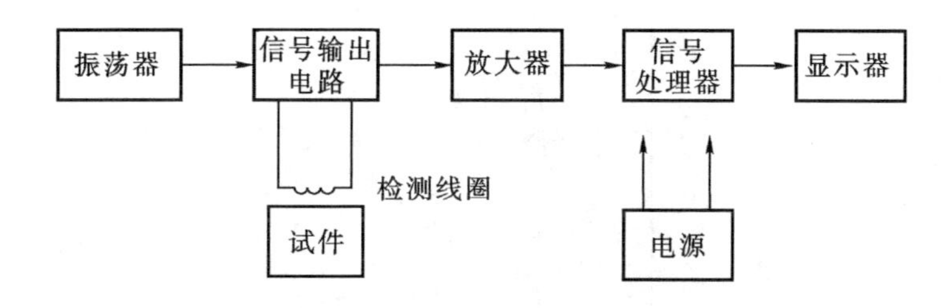

图5-15　涡流检测仪器框图

振荡器的作用是给电桥电路提供电源，当作为电桥桥臂的检测线圈移动到有缺陷的部位时，电桥输出信号，信号经放大后输入检波器进行相位分析，再经滤波和幅度分析后，送到显示和记录装置。

根据振荡器的输出频率可分为高频与低频。高频振荡频率为2～6 MHz，适合于检测表面裂纹；低频振荡频率为50～100 Hz，穿透深度较大，适合于检测表面下缺陷和多层结构中第二层材质中的缺陷。

5.4.2　涡流检测仪的显示装置

涡流信号显示装置主要有电流表、示波管和计算机的CRT三类。

①电流表显示。多用于便携式小型涡流检测仪中。当缺陷出现、电桥失去平衡时，电流表指针偏转。电表读数与缺陷大小和缺陷深度有关。对于表面缺陷，电表读数与缺陷的大小呈线性关系。例如裂纹测深时可从电表直接读出裂纹深度，涂层厚度测量时可从电表直接读出厚度，电导率检测时可直接读出电导率，等等。随着电子技术的发展，目前已有用数码显示代替电表显示，这样可避免人为误差。

②示波管显示。多用于较大的涡流检测仪器中。它可以把探头检测到的阻抗在阻抗平面上的二维分量以图形显示出来。检测线圈的阻抗特性如图5-16所示，当线圈远离工件时，空载阻抗Z_0在阻抗平面上对应于P_0点，阻抗角为α_0；当线圈靠近工件检测时，由于受工件和涡流的影响，线圈阻抗变为Z_1，在阻抗平面上对应于P_1点，阻抗角为α_1。随着工件缺陷以及探头距离缺陷位置的不同，P_1点会在阻抗平面上以一定轨迹变动。

涡流检测时，由于集肤效应的存在，使得表层下不同深度和缺陷对探头阻抗的影响不同，表层下大缺陷引起的信号幅值有可能与小缺陷引起的信号幅值相同，因此不能根据信号幅值确定缺陷的深度，但示波管显示可解决这一问题。实验表明，涡流检测时，表面下的涡流滞后于表面涡流一定的相位角，在无限厚的材料内，滞后的相位角与缺陷深度有线性关系，因而利用相位分析即可判断出缺陷的深度。

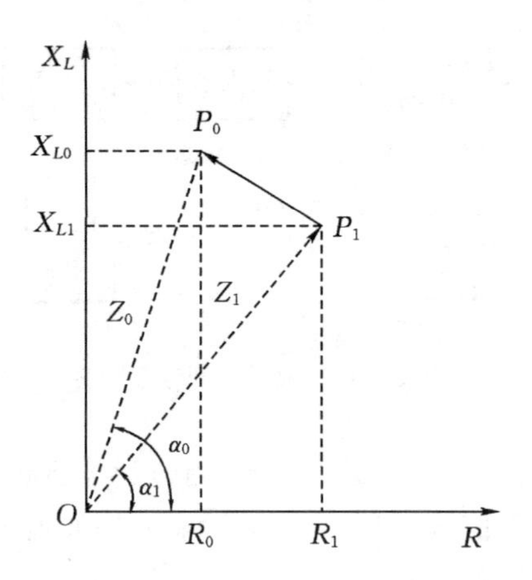

图 5－16　检测线圈的阻抗特性

实际检测时情况复杂得多，可用试样确定相位与缺陷深度的关系。图 5－17 是用表面探头检测厚铝板缺陷时，相位角与缺陷深度的依赖关系。图 5－17 中阻抗曲线与水平线的夹角 θ 为滞后相位角。

图 5－17 可以看出。裂纹 1 的扩展深度大于表层下洞穴 3，但裂纹 1 的相位角却小于洞穴 3 的相位角。

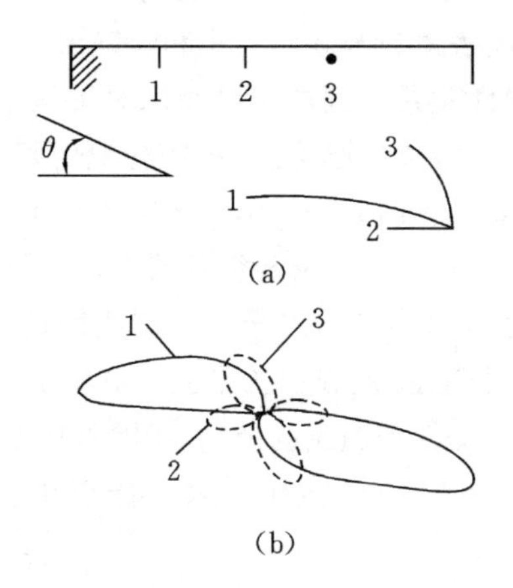

图 5－17　表面探头以 50 kHz 的频率检测厚铝板缺陷

(a)绝对式探头检测阻抗图；(b)差动式探头检测阻抗图

③计算机数据处理可将从几个通道来的数据直接进入在线实时处理，并将结果在 CRT 上进行实时显示，如图 5－18 所示。

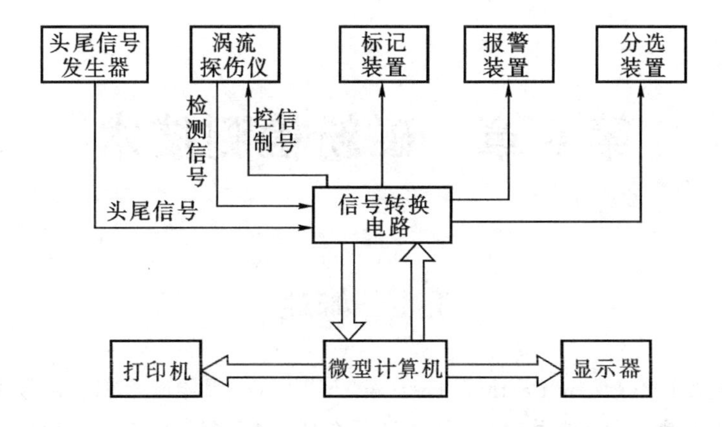

图 5 - 18　涡流管(棒)材探伤的数据处理系统

第6章　磁粉检测技术

6.1　概述

磁粉检测(Magnetic Particle Testing, MT)是利用导磁金属在磁场中(或将其通以电流以产生磁场)被磁化，并通过显示介质来检测缺陷特性。因此，磁粉检测法只适用于检测铁磁性材料及其合金，如铁、钴、镍和它们的合金等。磁粉检测可以发现铁磁性材料表面和近表面的各种缺陷，如发纹、裂纹、气孔、夹杂、折叠等。

磁粉检测的基本原理是：当材料或工件被磁化后，若材料表面或近表面存在缺陷，会在缺陷处形成一漏磁场，如图6－1所示。该漏磁场将吸引、聚集检测过程中施加的磁粉，而形成缺陷显示。由于集肤效应，磁粉检测深度只有1～2 mm，直流磁化时为3～4 mm。

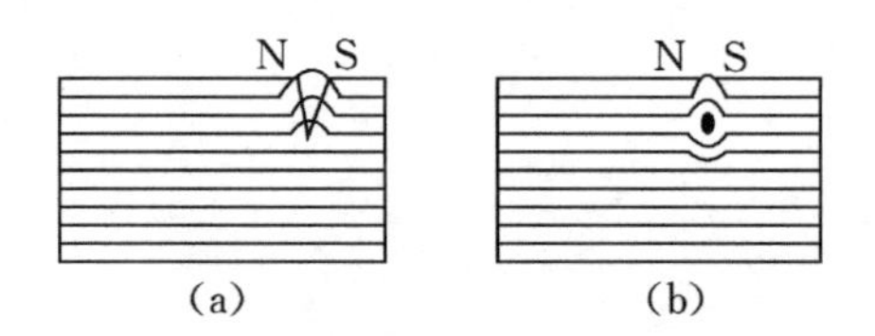

图6－1　缺陷漏磁场的产生

(a)表面缺陷；(b)近表面缺陷

磁粉检测由于操作简便、直观、结果可靠、速度快、价格低廉等优点，广泛应用于航空、航天、机械、冶金、石油等行业，是保证产品质量必不可少的无损检测手段之一。表6－1列出了磁粉检测的应用范围。

表6－1　磁粉检测的应用范围

应用范围	检测对象	可发现缺陷
成品检测	精加工后任何形状和尺寸的工件经热处理和吹砂后，不再进行机加工的工件装备组合件的局部检测	淬裂、磨裂、锻裂、发纹、非金属夹杂物和白点

续表 6-1

应用范围	检 测 对 象	可发现缺陷
半成品检测	吹砂后的锻钢件、铸钢件、棒材和管材	表面或近表面的裂纹、压折叠与锻折叠、冷隔、疏松和非金属夹杂物
工序间检测	半成品在每道机加工和热处理工序后的检测	淬裂、磨裂、折叠和非金属夹杂物
焊接件检测	焊接组合件、型材焊缝、压力容器等大型结构件焊缝	焊缝及热影响区裂纹
维修检测	使用过的零部件	疲劳裂纹及其他材料缺陷

6.2　磁粉检测基础知识

6.2.1　磁现象与磁场

磁铁具有吸引铁屑等磁性物体的性质叫磁性。凡能够吸引其他铁磁性材料的物体叫磁体，它是能够建立或有能力建立外加磁场的物体，有永磁体、电磁体、超导磁体，等等。

磁铁各部分的磁性强弱不同，两端强中间弱，特别强的部位称磁极，一个磁铁可分北极(N)、南极(S)，磁极间相互排斥及相互吸引的力叫磁力。磁体附近存在着磁场，凡是磁力可以到达的空间称磁场。磁场是物质的一种形式，磁场内分布着能量。磁场存在于被磁化物体或通电导体内部和周围空间，有大小与方向。

为了形象地表示磁场的强弱、方向与分布情况，可以在磁场内画出若干假想的连续曲线，即磁力线。磁力线具有方向性。在磁场中磁力线的每一点只能有一个确定的方向；磁力线贯穿整个磁场，互不相交；异性磁极的磁力线容易沿着磁阻最小的路径通过，其密度随着距两极距离的增大而减小；同性磁极的磁力线有相互向侧面排挤的倾向。

6.2.2　磁场中的几个物理量

(1)磁感应强度 B

磁场在某一点磁感应强度的大小，等于放在该点与磁场方向垂直的通电导线

所受的磁场力 F,与该导线中的电流强度 I 和导线长度 L 的乘积成正比

$$B = \frac{F}{IL} \tag{6-1}$$

(2)磁通量 Φ

通过磁场中某一曲面的磁力线数叫做通过此曲面的磁通量。通过磁场中某一微小面积的磁通量,等于该处磁感应强度 B 在垂直于曲面方向的法向分量与曲面面积 ΔS 的乘积。

$$\Phi = B\cos\alpha \cdot \Delta S \tag{6-2}$$

式中:α 为磁感应强度方向与曲面法向之间的夹角。

非均匀磁场中任意曲面 S 的磁通量 $\Phi = \int_S B\mathrm{d}S$。

均匀磁场中,当磁感应强度方向垂直于截面 S 时,该截面上的磁通量可以简单地表示成 $\Phi = B \cdot S$。

(3)磁场强度 H

磁场里任意一点放一个单位磁极,作用于该单位磁极的磁力大小叫该点的磁场大小,磁力的方向叫该点的磁场方向。磁场大小和方向的总称叫磁场强度,所以磁力等于磁极乘磁场强度,或者说单位正磁极所受的力叫磁场强度。

磁场强度与磁感应强度的区别:磁场强度不考虑磁场中物质对磁场的影响,与磁化物质的特性无关。

一根载有直流电 I 的无限长直导线,在离导线轴线为 r 处所产生的磁场强度为

$$H = \frac{I}{2\pi r} \tag{6-3}$$

磁场强度、磁通量、磁感应强度的计量单位见表 6-2。

表 6-2 磁场强度、磁通量、磁感应强度的计量单位

物理量		法定计量单位制			
		国际单位制		高斯单位制	
名称	符号	名称	符号	名称	符号
磁场强度	H	安[培]每米	A/m	奥斯特	Oe
磁通(量)	Φ	韦[伯]	Wb	麦克斯韦	Mx
磁感应强度	B	特[拉斯]	T	高斯	Gs

注:1Oe=$(10^3/4\pi)$A/m=79.577A/m≈80A/m,1Wb=10^8Mx

1特斯拉(T)=1牛顿/安培米(N/Am)=1韦伯/平方米(Wb/m^2),1T=10^4Gs

(4)磁导率 μ

磁感应强度 B 与磁场强度 H 的比值称为磁导率。物质的磁导率 μ 与真空磁导率 μ_0 的比较的值为相对磁导率 μ_r。由于空气中的 μ 值接近于 μ_0，在磁粉检测中，通常将空气中的磁场值看成真空中的磁场值，即 $\mu_r=1$。在磁粉检测中，经常用到的磁导率如下。

材料磁导率：磁路完全处于材料内部情况下所测得的 B/H 值，常用于周向磁化。

最大磁导率：由于铁磁材料的磁导率是随外加磁场变化的量，从变化曲线中获得的最大值叫做最大磁导率，用 μ_m 表示。

有效磁导率：磁化时，零件上的磁感应强度与外加磁化磁场强度的比值。它不仅与材料性质有关，而且与零件的形状有关。对零件在线圈中纵向磁化非常重要。

6.2.3　电流的磁场

(1) 圆柱导体磁场

当电流通过直长圆柱导体时，产生的磁场是以导体中心为圆心的同心圆，如图 6-2 所示，在半径相等的同心圆上磁场强度相等，方向与电流方向有关，称为电流磁效应，一般用右手定则表示。近似计算公式见表 6-3。导体内外磁场强度分布如图 6-3 所示。

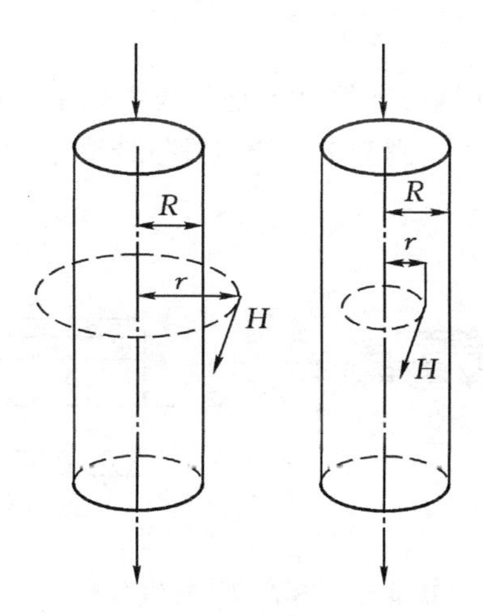

图 6-2　通电圆柱导体的磁场图

表 6-3 电流的磁场强度公式

电流通过导体形状	公式
通电圆柱形导体表面	$H= I/(2\pi R)$
通电圆柱形导体内部	$H= I/(2\pi r^2)$
通电螺管线圈中心	$H= NI\cos\alpha/L$
通电螺管环	$H= NI/(2\pi R)$

注:式中,H 为磁场强度;N 为线圈匝数;L 为螺管线圈的长度。

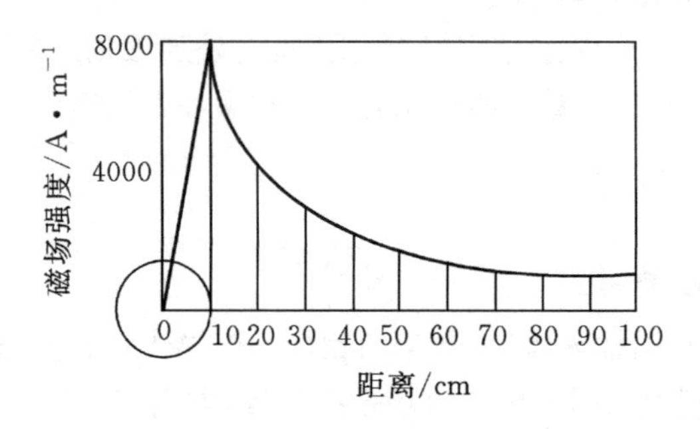

图 6-3 磁场强度分布

(2)通电螺线管磁场

在螺管线圈中通电流时,产生的磁场是与线圈轴平行的纵向磁场,如图 6-4 所示。其方向用螺线管右手定则判定。通电螺管线圈中心的磁场强度计算公式见表 6-3。

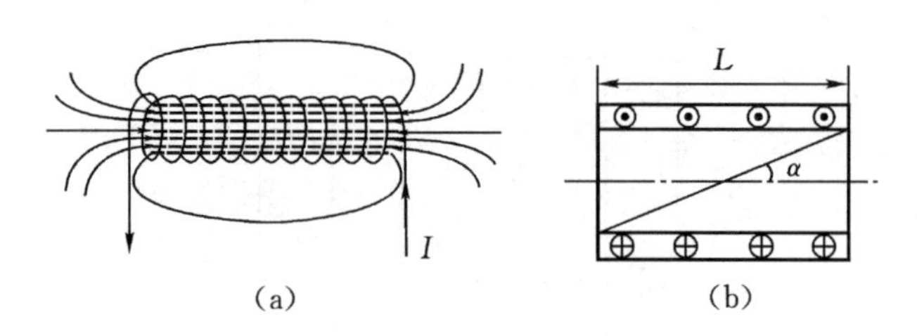

图 6-4 螺管线圈的磁场图

(a)通电螺管线线圈的磁场;(b)螺管线圈

在有限长螺管线圈的横截面上,靠近线圈内壁处的磁场较中心强,而在轴线上中心最强,两端较弱,约为中心处的 50%~60%。

(3)螺线环磁场

在环状试样上,缠绕通电电缆,称作螺线环。所产生的磁场沿环的圆周方向,见图 6-5 所示。其大小近似公式见表 6-3。

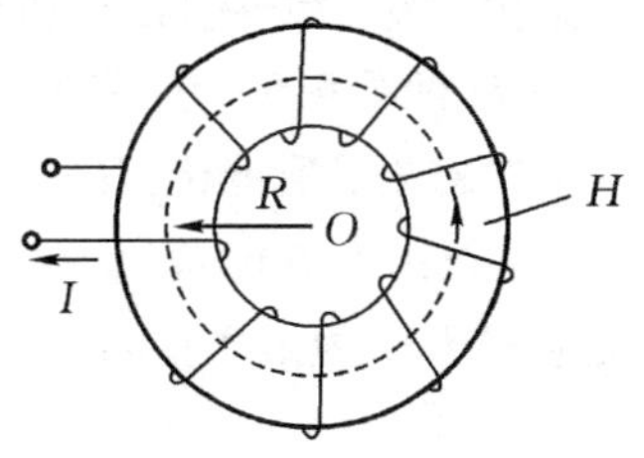

图 6-5　螺线环磁场

6.2.4　磁场中的物质

(1)磁介质

凡是能影响磁场的物质叫磁介质。磁介质放入磁场中要产生附加磁场,使原来的磁场发生变化,这种现象叫磁介质的磁化。

设:原来的磁场强度为 H_0,磁感应强度为 B_0,磁介质磁化后得到的附加磁场为 B',则总磁场的磁感应强度为 $B=B_0+B'$。磁介质产生的附加磁场的方向与原磁场的方向相同或相反。

磁介质产生的附加磁场的方向与原磁场的方向相同的物质叫顺磁物质,如铝、钨、钠、氯化铜等。磁介质产生的附加磁场的方向与原磁场的方向相反的物质叫抗磁物质(逆磁物质),如汞、金、铋、氯化钠等。顺磁物质和抗磁物质在外磁场中所引起的附加磁场都很小,接近于原磁场,对外基本上不显磁性,因此,把它们统称为非磁质。

(2)铁磁质

引起的附加磁场比原磁场大得多的物质称为磁性物质,简称铁磁质。如铁、钴、镍及大多数合金。

6.2.5　钢铁材料的磁化

(1) 钢铁材料的磁化特性曲线

磁粉检测的主要对象是钢铁。当把没有磁性的铁磁材料及制品直接通电或置于外加磁场 H 中时,其磁感应强度 B 将明显地增大,产生比原磁化场大得多的磁场,对外显示磁性。

铁磁材料被磁化后再去除外加磁场时,材料内部的磁畴不会恢复到未被磁化的状态,即铁磁质仍保留一定的磁性(剩磁)。要去除剩磁,必须外加反向磁场,当反向外磁场 $H=H_c$时,$B=0$,H_c 称为矫顽力。磁感应强度的变化总是滞后于磁场强度的变化的现象称为磁滞现象。

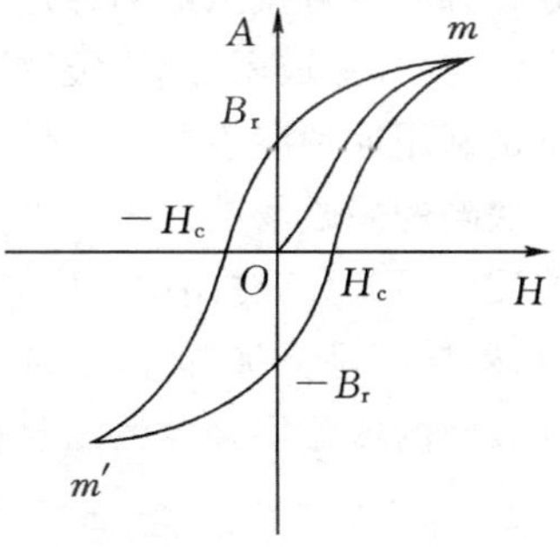

图 6-6　磁滞回线

铁磁质在交变磁场内反复磁化的过程中,其磁化曲线是一条具有方向性的闭合曲线,称为磁滞回线,如图 6-6 所示。

(2)退磁曲线和磁能积

最大磁滞回线在第二象限中的部分称为退磁曲线。退磁曲线上任意点所对应的 B 与 H 的乘积称为磁能积,标志磁性材料在该点上单位体积内所具有的能量。它表示工件磁化后所能保留磁能量的大小,如图 6-7 所示。乘积 BH 的量纲为磁能密度。BH 正比于图 6-7(a)中对应的画斜线部分的矩形的面积。图 6-7(b)中 P 点所对应的 BH 为最大值,P 点为最大磁能积点,其值$(BH)_m$ 叫做最大磁能积。

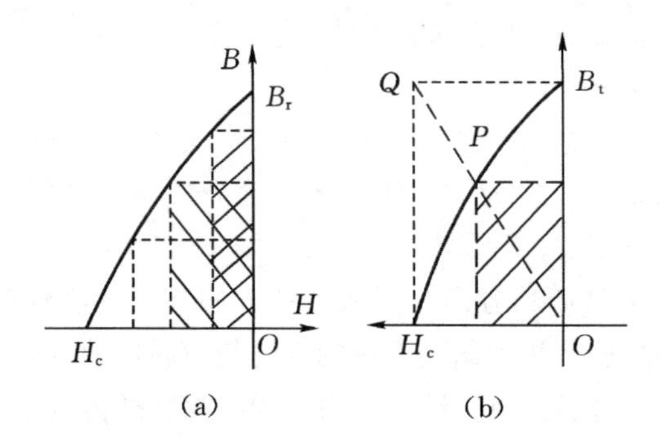

图 6-7 退磁曲线和最大磁能积点的确定
(a)退磁曲线;(b)最大磁能积点的确定

6.2.6 漏磁场

漏磁场就是指在磁铁材料不连续或磁路的截面变化处形成磁极,磁感应线溢出工件表面所形成的磁场。

以有裂纹的钢材为例,裂纹处的物质是空气,与钢材的磁导率差异大,磁感应线因磁阻增加而产生折射。部分磁感应线从缺陷下通过,形成被“压缩”的形象;一部分磁感应线直接从缺陷通过;另一部分折射后从上方的空气中逸出,通过空气再进入钢材中,形成漏磁场,裂纹两端磁感应线进出的地方形成缺陷的磁极。磁粉检测正是利用这种漏磁场对工件进行检测的。

缺陷的漏磁场的大小与工件材料的磁化程度有关,在材料未达到饱和前,漏磁场的反应不充分,磁路中的磁导率较大,磁感应线多数向下部材料中压缩;接近饱和时,磁导率呈下降趋势,漏磁场迅速增加。一般,易磁化的材料容易产生漏磁场。工件表面的覆盖层会导致漏磁场减小。

6.3　磁粉检测方法

6.3.1　磁化方法

当缺陷方向与磁力线方向垂直时，缺陷显示最清晰。其夹角小于45°时，灵敏度明显降低。方向平行时缺陷有可能不显示。因此要尽可能选择有利于发现缺陷的方向磁化。对于形状复杂的工件，往往需要综合采用各种磁化方法。现将各种磁化方法介绍如下。

①通电法。将工件夹在探伤机夹头之间，电流从工件上通过，形成周向磁场可发现与电流方向平行的缺陷。适合检测中小工件，如图6-8(a)、(b)所示。

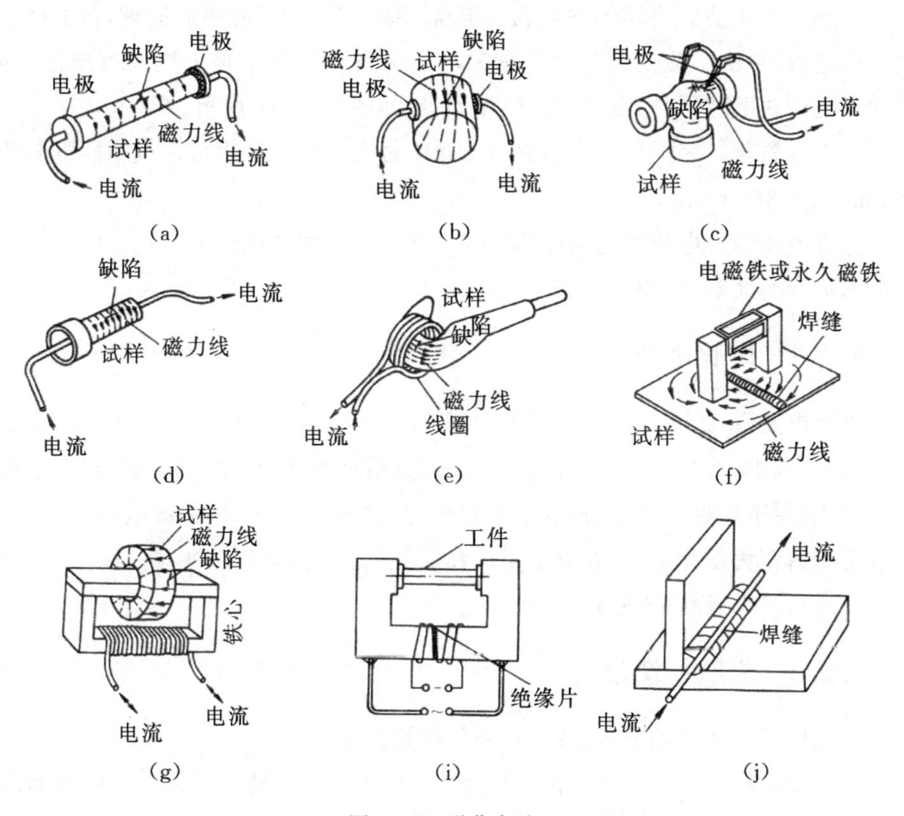

图6-8　磁化方法

(a)轴向通电法；(b)横向通电法；(c)支杆触头法；(d)中心导体法；(e)线圈法；(f)极间法；(g)感应电流法；(i)直流磁轭与通交流电复合磁化；(j)电缆平行磁化

②支杆法。用支杆触头或夹钳接触工件表面，通电磁化。适用于焊缝或大型部件的局部检测，如图 6-8(c)所示。

③穿棒法(芯棒法或中心导体法)。将导体穿入空心工件，电流从导体上流过形成周向磁场，可发现与电流方向平行的缺陷，如图 6-8(d)所示。适合检测管材、壳体、螺帽等空心工件的内、外表面。工件的孔不直时，可用软电缆代替棒状导体。工件较大时，可用偏置穿棒法。

④线圈法。工件放于通电线圈内，或用通电软电缆绕在工件上形成纵向磁场，有利于发现与线圈轴垂直的缺陷，如图 6-8(e)所示。

⑤磁轭法(极间法)。将工件夹在电磁铁的两极之间磁化，或用永久磁铁对工件局部磁化。适合大型工件的局部检测，或不可拆卸的工件检测，如图 6-8(f)所示。

⑥感应电流法。将环形件当成变压器次级线圈，利用磁感应原理，在工件上产生感应电流，再由感应电流产生环形磁场。可发现环形工件上圆周方向的缺陷。适用于检测薄壁环形件、盘件、轴承、座圈等，如图 6-8(g)所示。

⑦复合磁化。将周向磁化和纵向磁化组合在一起。一次可发现不同方向的缺陷，如图 6-8(i)所示。

⑧直电缆法。电流通过与受检工件表面平行放置的电缆来磁化工件。可发现与电缆平行的缺陷，如图 6-8(j)所示。

6.3.2 磁化电流

磁化电流有：①直流电或经全波整流的脉冲直流电，可以达到较大的检测深度，但退磁困难；②交流电，发现表面缺陷的灵敏度高，电源易得，退磁容易，但检测深度较浅，用于剩磁法时，需控制断电相位，以防漏检；③半波整流电，将交流电经半波整流后作为磁化电源，综合了直流和交流的优点，避免了各自的缺点，但对磁化设备要求较高，设备价格较贵。

6.3.3 磁粉检测设备

磁粉检测设备有固定式、移动式和便携式。

固定式磁粉探伤机磁化电流一般为 1000～9000 A，最高为 20000 A；移动式磁粉探伤机磁化电流一般为 500～7000 A；便携式磁粉探伤机磁化电流一般为 500～2000 A。

为保证磁粉检测工作顺利进行，应备有特斯拉计(也称高斯计)、袖珍型磁强计、照度计、紫外线强度计、磁场指示器、磁场粒度测定管、磁悬液浓度测定管、2～10 倍放大镜等设备。

6.3.4　磁粉及磁悬液

在磁粉检测时施加的磁性介质视其状态分为干粉法和湿粉法。

1)磁粉　有荧光磁粉和非荧光磁粉。荧光磁粉在紫外线辐射下能发出黄绿色荧光，适用于背景深暗的工件，并较其他磁粉有更高的灵敏度。非荧光磁粉有黑磁粉、红磁粉等。黑磁粉成分为 Fe_3O_4，适用于背景为浅色或光亮工件。红色磁粉成分为 Fe_2O_3，适用于背景较暗的工件。由于磁粉质量关系到检测效果，所以磁粉的磁性、形状、尺寸、密度等均需符合有关规定。

2)磁悬液　磁粉可用油或水作分散介质，按一定比例配制成磁悬液，用于湿法检测。

6.3.5　试块及试片

磁粉检测利用试块和试片检查探伤设备、磁粉、磁悬液的综合使用性能，操作方法是否恰当以及灵敏度是否满足要求。试片还可用于考察被检工件表面各处的磁场分布规律，并可用于大致确定理想的磁化电流值。常用的有标准环形试块(也称 Betz 环)、A 型试块、磁场指示器等，如图 6－9 所示。

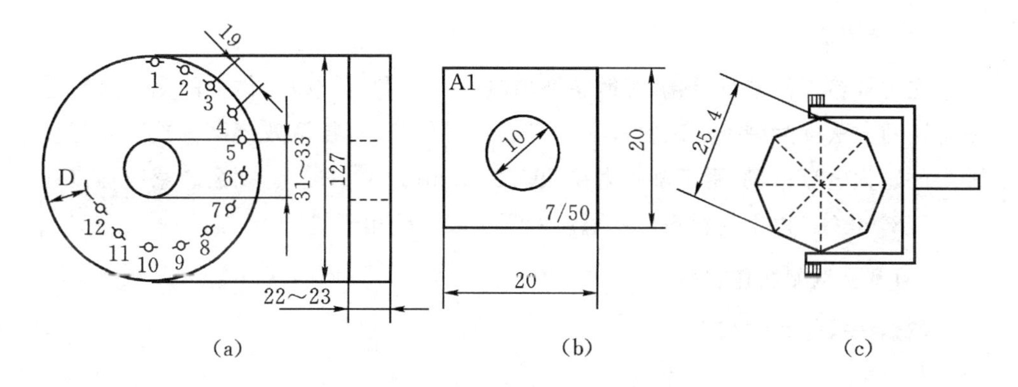

图 6－9　试块和磁场指示器

(a) Betz 环试块；(b) A 型试块；(c) 磁场指示器

6.3.6 退磁

磁性材料被磁化后，即使除去外加磁场后，某些磁畴仍会保持新的取向而回不到原来的随机取向，于是就保留了剩磁。一般应在磁粉检测后进行退磁，否则将会影响工件的使用。可以利用固定交流线圈退磁，使工件缓慢地通过并离开退磁线圈 1～1.5 m 后切断电源。退磁时应将工件长轴与线圈轴一致，短工件可彼此衔接起来退磁。

对于直流磁化工件可采用直流换向且均匀减少电流强度至零来达到退磁目的。大型工件可使用移动式电磁铁或扁平线圈分区退磁。在所有情况下，退磁时要使用不低于磁化时所使用的磁场强度。工件退磁后，应进行剩磁测定，其值一般不应大于 238.73 A/m(3 Oe)。

6.3.7 磁粉检测方法

(1)连续法

在对工件用外加磁场进行磁化的同时，向工件表面施加磁粉或磁悬液进行磁粉检测的方法称为连续法磁粉检测。连续法适用于所有的铁磁性材料的磁粉检测，对于形状复杂以及表面覆盖层较厚的工件也可以应用连续法进行磁粉检测。这种方法的优点是能以较低的磁化电流达到较高的灵敏度，特别适用于矫顽力低，剩磁小的材料(如低碳钢)。缺点是操作不便，检测效率低。

(2)剩磁法

先对被检工件进行磁化，等撤除外加磁场后再利用被检工件上的剩磁进行磁粉检测的方法称为剩磁法磁粉检测。优点是操作简单，检测效率高。缺点是需要较大的磁化电流，只适用于矫顽力在 795.8 A/m(10 Oe)以上，剩余磁感应强度在 0.8 T(8000 Gs)以上的材料。剩磁法检测一般不使用干粉。

(3)磁粉检测操作程序

剩磁法操作程序如下：

预处理 ——→ 磁化 —→ 施加磁悬液—→ 检查 ——→ 退磁及后处理

连续法操作程序如下：

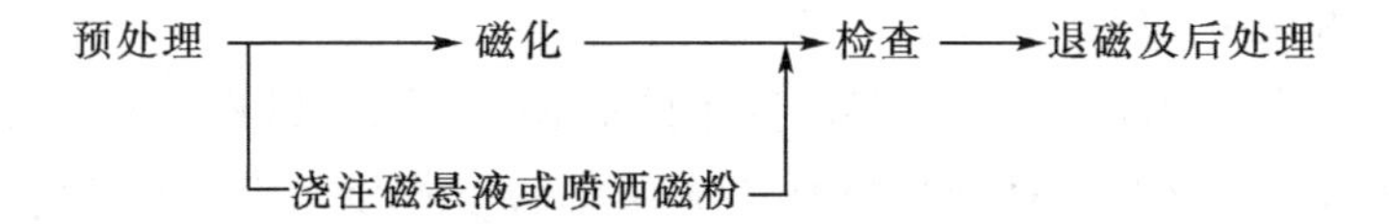

6.4　磁痕分析与评定

6.4.1　磁痕分析与评定的意义

通常把磁粉检测时磁粉聚集形成的图像称为磁痕，磁痕的宽度一般为不连续性(缺陷)宽度的数倍，说明磁痕对缺陷的宽度具有放大作用。

能够形成磁痕显示的原因有很多，主要分为三类：磁粉检测时由于缺陷产生的漏磁场吸附磁粉形成的磁痕显示称为相关显示，又叫缺陷显示；由于磁路截面突变以及材料磁导率差异等原因产生的漏磁场吸附磁粉形成的磁痕显示称为非相关显示；不是由漏磁场吸附磁粉形成的磁痕显示称为伪显示。这三种磁痕显示的区别是：相关显示与非相关显示是由漏磁场吸附磁粉形成的，而伪显示不是由漏磁场吸附磁粉形成的；而且只有相关显示影响工件的使用性能，而非相关显示和伪显示都不影响工件的使用性能。磁痕分析的意义主要有以下几方面。

①正确的磁痕分析可以避免误判。如果把相关显示误判为非相关显示或伪显示，则会产生漏检，造成重大的质量隐患；相反，如果把非相关显示和伪显示误判为相关显示，则会把合格的设备和工件拒收或报废，造成不必要的经济损失。

②由于磁痕显示能反映出不连续性和缺陷的位置、大小、形状和严重程度，并可大致确定缺陷的性质，所以磁痕分析可为产品设计和工艺改进提供较可靠的信息。

③对在用设备进行磁粉检测，特别是用于发现疲劳裂纹和应力腐蚀裂纹，可以做到及早预防，避免设备和人身事故的发生。

6.4.2　相关显示

相关显示是由缺陷产生的漏磁场吸附磁粉形成的磁痕显示。按缺陷的形成时期，分为原材料缺陷，热加工、冷加工和使用后产生的缺陷以及电镀产生的缺陷。

1. 缺陷的磁痕特征

原材料缺陷指钢材在铸锭结晶时产生的缩管、气孔、金属和非金属夹杂物及钢锭上的裂纹等。在热加工处理和冷加工处理时，以及在使用后，这些原材料缺陷有可能被扩展或成为疲劳源，并产生新的缺陷，如夹杂物被轧制拉长成为发纹，在钢板中被轧制成为分层等。这些缺陷存在于工件内部，在机械加工后暴露在工件的表面和近表面时，才能被磁粉检测发现。

表 6-4 列出了典型缺陷的磁痕特征，图 6-10～6-15 为几种典型的磁痕。

表 6-4　典型缺陷的磁痕特征

缺陷名称		缺陷磁痕特征
锻钢件	裂纹	锻造裂纹一般都比较严重，具有尖锐的根部或边缘。磁痕浓密清晰，呈直线或弯曲线状
	折叠	可发生在工件表面的任何部位，并与工件表面呈一定的角度。磁痕特征多与表面成一定角度的线状、沟状、鱼鳞片状。常出现于尺寸突变转接处、易过热部位或者在材料拔长过程中
	白点	隐藏于钢材内部的开裂型缺陷，多分布于钢材近中心处，在纵断面上呈椭圆形的银白色斑点。磁痕沿轴向分布，呈弯曲状或分叉，磁痕浓密清晰。在横断面上为短小断续的辐射状或不规则分布的小裂纹，磁痕呈锯齿状或短的曲线状，中部粗，两头尖，呈辐射状分布
轧制件	发纹	发纹分布在工件截面的不同深度处，呈连续或断续的直线。磁痕清晰而不浓密，两头是圆角，擦掉磁粉，目视发纹不可见
	分层和夹层	钢锭中的气泡和大块夹杂物，经轧制成板材或带材时，被压扁而又不能焊合，前者形成分层，后者形成夹层。磁粉沉积浓密，呈直线状，磁痕边缘轮廓清晰。擦去磁粉后，磁痕处有肉眼可见的条状纹痕。分层的特点是与轧制面平行，磁痕清晰，呈连续或断续的线状
	拉痕	拉痕在棒材上成连续或断续直线，管材上表现为略带螺旋的线。磁粉聚集较浓，清晰可见。鉴别时应转动工件观察磁痕，若沟底明亮不吸附磁粉，即为划痕

续表 6-4

缺陷名称		缺陷磁痕特征
铸钢件	裂纹	有热撕裂(龟裂)和冷裂纹。热撕裂呈很浅的网状裂纹,其磁痕细密清晰;冷裂纹一般为断续或连续的线条,两端有尖角,磁痕浓密清晰
	疏松	极细微的、不规则的分散或密集的孔穴。呈各种形状的短线条或点状,散乱分布。磁粉聚集分散,显示方向随磁化方向的改变而变化。磁痕一般涉及范围较大,呈点状或线状分布,两端不出现尖角,有一定深度,磁粉堆集比裂纹稀疏
	冷隔	对接或搭接面上带圆角的缝隙。该缝隙呈圆角或凹陷状,与裂纹完全不同。磁粉呈长条状,两端圆秃,磁粉聚集较少,浅淡而较松软,磁痕显示稀淡而不清晰
	夹杂	夹杂在铸件上的位置不定,易出现在浇注位置上方。磁痕呈分散的点状或弯曲的短线状
	气孔	磁痕呈圆形或椭圆形,宽而模糊,显示不太清晰,其浓密程度与气孔的深度有关
焊接件	裂纹	热裂纹浅而细小,磁痕清晰而不浓密。冷裂纹深而粗大,磁痕浓密清晰
	未焊透	在焊接过程中,母材金属未熔化,焊缝金属没有进入接头根部的现象。磁粉检测只能发现埋藏浅的未焊透,磁痕松散、较宽
	气孔	多呈圆形或椭圆形。磁痕与铸钢件的气孔相同
	夹渣	多呈点状(椭圆形)或粗短的条状,磁痕宽而不浓密
淬火裂纹		裂纹呈线状、树枝状或网状,起始部位较宽,随延伸方向逐渐变细,显示强烈,磁粉聚集浓密,轮廓清晰,形态刚健有力,重现性好。抹去磁粉后一般肉眼可见
渗碳裂纹		结构钢工件渗碳后冷却过快,在热应力和组织应力的作用下形成渗碳裂纹,其深度不超过渗碳层。磁痕呈线状、弧形或龟裂状,严重时造成块状剥落

续表 6-4

缺陷名称	缺陷磁痕特征
表面淬火裂纹	在表面淬火过程中，由于加热冷却不均匀而产生喷水应力裂纹，磁痕呈网状或平行分布，面积一般较大，也有单个分布的。感应加热还容易在工件的油孔、键槽、凸轮桃尖等部位产生热应力裂纹，裂纹多呈辐射状或弧形，磁痕浓密清晰
磨削裂纹	磨削不当产生的磨削裂纹方向一般与磨削方向垂直，磁痕呈网状、鱼鳞状、辐射状或平行线状分布。热处理不当产生的磨削裂纹有的与磨削方向平行，磁痕轮廓较清晰，均匀而不密
矫正裂纹	应力集中处产生与受力方向垂直的矫正裂纹。两端尖细，中间粗大，呈直线状或微弯曲，不分支、不开叉，一般单个出现。磁痕浓密清晰
疲劳裂纹	工件使用过程中的疲劳裂纹一般都出现在应力集中部位，其方向与受力方向垂直、中间粗、两头尖。磁痕浓密清晰
应力腐蚀裂纹	应力腐蚀裂纹与应力方向垂直，磁痕显示浓密清晰
脆性裂纹	电镀时由于氢脆产生的裂纹称为脆性裂纹。脆性裂纹的磁痕特征是：一般不单个出现，都是大面积出现，呈曲折线状，纵横交错，磁痕浓密清晰

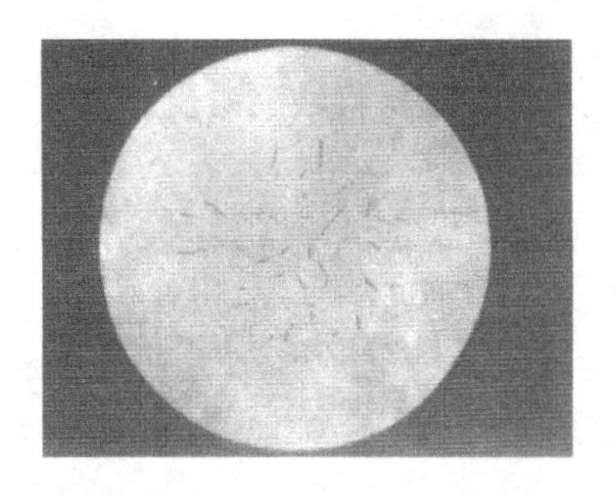

图 6-10　白点(横断面)

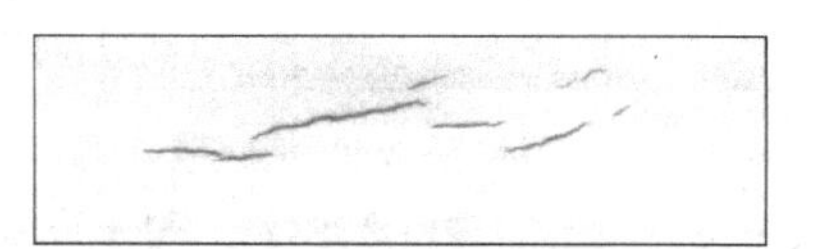

图 6-11　白点(纵向剖面)

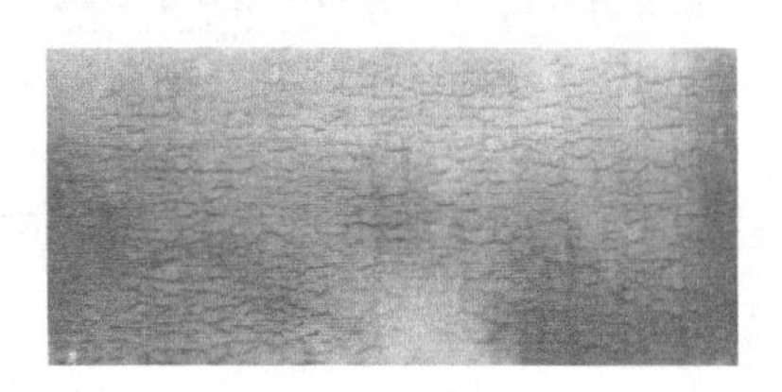

图 6-12　镀铬裂纹

图 6-13　冷隔磁痕

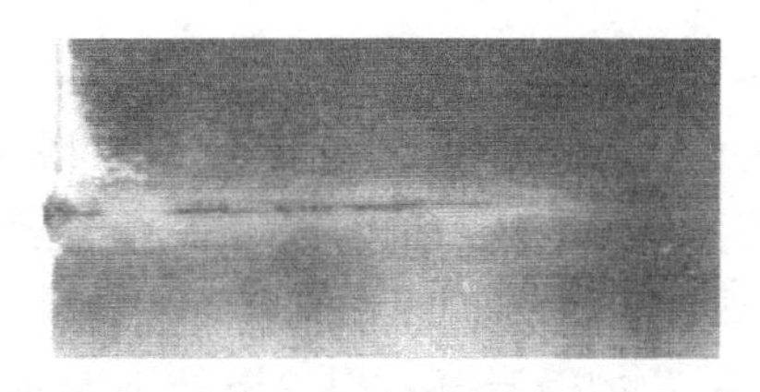

图 6-14　未焊透

图 6-15　矫正裂纹(荧光磁粉)

2. 常见缺陷磁痕显示比较

(1)发纹和裂纹缺陷磁痕显示比较

发纹和裂纹缺陷虽然都是磁粉检测中最常见的线性缺陷,但对工件使用性能的影响却完全不同。发纹缺陷对工件使用性能影响较小,而裂纹的危害极大,一般都不允许存在。发纹和裂纹缺陷的对比分析见表 6-5。

表 6-5　发纹和裂纹缺陷的对比分析

	发纹缺陷	裂纹缺陷
产生原因	发纹是由于钢锭中的非金属夹杂物和气孔在轧制拉长时,随着金属变形伸长而形成的类似头发丝的细小缺陷	裂纹是由于工件淬火、锻造或焊接等原因,在工件表面产生的窄而深的 V 字形破裂或撕裂的缺陷
形状、大小和分布	发纹缺陷都是沿着金属纤维方向,分布在工件纵向截面的不同深度处,呈连续或断续的细直线,很浅,长短不一,长者可达到数十毫米	裂纹缺陷一般都产生在工件的耳、孔边缘和截面突变等应力集中部位的工件表面上,呈窄而深的 V 字形破裂,长短不一,边缘参差不齐,弯弯曲曲或有分岔
磁痕特征	均匀清晰而不浓密,直线形,两头呈圆角	浓密清晰,弯弯曲曲或有分岔,两头呈尖角
鉴别方法	①擦掉磁粉,发纹缺陷目视不可见; ②在 2～10 倍放大镜下观察,目视仍不可见; ③用刀刃在工件表面沿垂直磁痕方向来回刮,发纹缺陷不阻挡刀刃	①擦掉磁粉,裂纹缺陷目视可见,或不太清晰; ②在 2～10 倍放大镜下观察,裂纹缺陷呈 V 字形开口,清晰可见; ③用刀刃在工件表面沿垂直磁痕方向来回刮,裂纹缺陷阻断刀刃

(2)表面缺陷和近表面缺陷磁痕显示比较

表面缺陷是指由热加工、冷加工和工件使用后产生的表面缺陷或经过机械加工才暴露在工件表面的缺陷,如裂纹等。表面缺陷有一定的深宽比,磁痕显示浓密清晰、瘦直、轮廓清晰,呈直线状、弯曲线状或网状,磁痕显示重复性好。

近表面缺陷是指工件表面下(如气孔、夹杂物等)缺陷,因缺陷处于工件近表面,未露出表面,所以磁痕显示宽而模糊,轮廓不清晰。磁痕显示与缺陷性质和埋藏深度有关。

6.4.3 伪显示

伪显示不是由漏磁场吸附磁粉形成的磁痕显示,也叫假显示。其产生原因、磁痕特征和鉴别方法如下。

①工件表面粗糙(例如焊缝两侧的凹陷,粗糙的工件表面)使磁粉滞留形成磁痕显示,磁粉堆集松散,磁痕轮廓不清晰,在载液中漂洗磁痕可去掉,如图 6-16 所示。

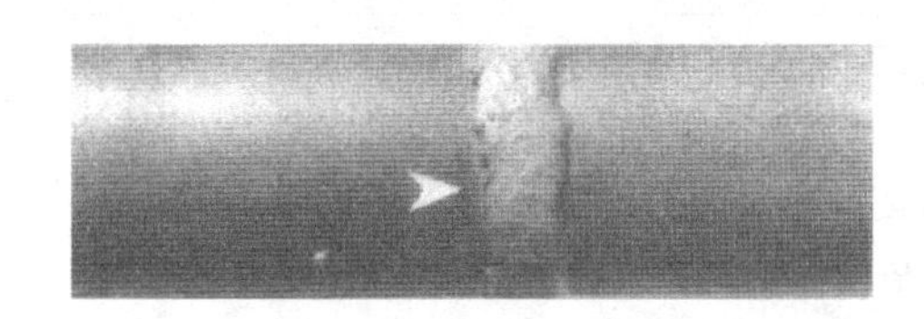

图 6-16 伪显示(凹陷处磁粉沉寂引起)

②工件表面有油污或不清洁,粘附磁粉形成的磁痕显示,尤其在干法中最常见,磁粉堆集松散,当清洗并干燥工件后重新检测时,该显示不再出现。

③湿法检测中,磁悬液中的纤维物线头粘附磁粉滞留在工件表面,容易误认为磁痕显示,仔细观察即可辨认。

④工件表面的氧化皮、油漆斑点的边缘上滞留磁粉形成的磁痕显示,通过仔细观察或漂洗工件即可鉴别。

⑤工件上形成的排液沟外形滞留磁粉形成的磁痕显示,尤其是沟槽底部的磁痕显示,有的类似缺陷显示,但漂洗后磁痕不再出现。

⑥磁悬液浓度过大,或施加不当会形成过度背景。磁粉松散,磁痕轮廓不清晰,漂洗后磁痕不再出现。

所谓过度背景,是指妨碍磁痕分析和评定的磁痕背景。过度背景的产生有很多原因,例如:工件表面太粗糙、工件表面被污染、磁场强度过大或磁悬液浓度过大等。磁粉堆集多而松散,容易掩盖相关显示。

6.4.4　非相关显示

非相关显示不是来源于缺陷，是由漏磁场吸附磁粉产生的。其形成原因很复杂，一般与工件本身的材料、工件的外形结构、采用的磁化规范和工件的制造工艺等因素有关。有非相关显示的工件，其强度和使用性能并不受影响，对工件不构成危害，但是它与相关显示容易混淆，也不像伪显示那样容易识别。

表 6-6 为非相关显示的产生原因、磁痕特征和鉴别方法。图 6-17、6-18 为几个典型的非相关显示的磁痕。

表 6-6　非相关显示的产生原因、磁痕特征和鉴别方法

非相关显示	产生原因	磁痕特征	鉴别方法
磁极和电极附近	采用电磁轭检测时，磁极与工件接触处磁感应线离开工件表面和进入工件表面都产生漏磁场，而且磁极附近磁通密度大；同样采用触头法检测时，由于电极附近电流密度大，产生的磁通密度也大，所以在磁极和电极附近的工件表面上会产生一些磁痕显示	磁极和电极附近的磁痕多而松散，与缺陷产生的相关显示磁痕特征不同，但在该处容易形成过度背景，掩盖相关显示	退磁后改变磁极和电极的位置，重新进行检测，该处磁痕显示重复出现者可能是相关显示，不再出现者为非相关显示
工件截面突变	工件内键槽等部位的截面缩小，在这一部分金属截面内所能容纳的磁感应线有限，由于磁饱和，迫使一部分磁感应线离开和进入工件表面，形成漏磁场，吸附磁粉，形成非相关显示	磁痕松散，有一定的宽度	这类磁痕显示是有规律地出现在同类工件的同一部位。根据工件的几何形状，容易找到磁痕显示形成的原因
磁写	当两个已磁化的工件互相接触或用一钢块在一个已磁化的工件上划过时，在接触部位便会产生磁性变化，产生的磁痕显示称为磁写	磁痕松散，线条不清晰，像乱画的样子	退磁后，重新进行磁化和检测，如果磁痕显示不重复出现，则原显示为磁写磁痕显示。严重者在进行多方向退磁后，磁痕才不再出现

续表 6-6

非相关显示	产生原因	磁痕特征	鉴别方法
两种材料交界处	在焊接过程中，将两种磁导率不同的材料焊接在一起，或者母材与焊条的磁导率相差很大，在焊缝与母材交界处就会产生磁痕显示	磁痕有的松散，有的浓密清晰，类似裂纹磁痕显示，在整条焊缝都出现同样的磁痕显示	结合焊接工艺、母材与焊条材料进行分析
局部冷作硬化	工件的冷加工硬化(如局部锤击和矫正等)，会使工件局部硬化，导致磁导率变化，形成漏磁场。如弯曲再拉直的一根铁钉，其弯曲处金属变硬，磁导率发生变化，在原弯曲处就会产生漏磁场，吸附磁粉，形成非相关显示	磁痕显示宽而松散，呈带状	①根据磁痕特征分析；②将该工件退火消除应力后重新进行磁粉检测，这种磁痕显示不再出现
金相组织不均匀	由于金相组织不均匀而使工件内部的磁导率存在差异，形成磁痕显示	磁痕松散，沿工件棱角处分布，或沿金属流线分布，形成过度背景	退磁后，用合适规范磁化，磁痕不再出现

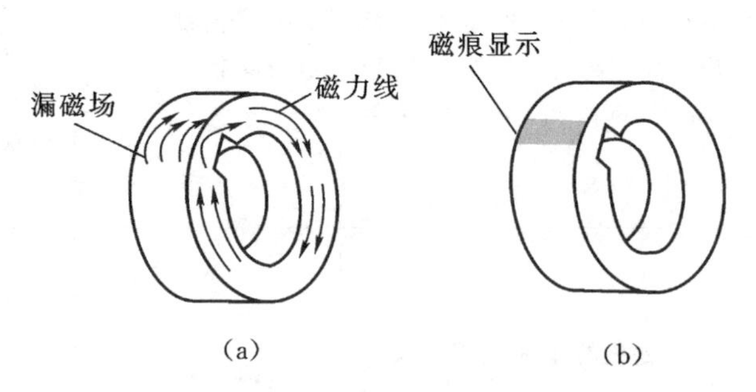

图 6-17 工件截面突变处磁痕显示

(a)键槽处产生的漏磁场；(b) 键槽处磁痕显示

图 6-18　磁写磁痕显示

6.4.5　磁粉检测质量分级

这里根据 JB/T 4730.4—2005 标准简单介绍磁粉检测质量分级。

(1)磁痕分类

长度与宽度之比大于 3 的磁痕，按条状磁痕处理；长度与宽度之比不大于 3 的磁痕，按圆形磁痕处理；长度小于 0.5 mm 的磁痕不计。两条或两条以上缺陷磁痕在同一直线上且间距不大于 2 mm 时，按一条磁痕处理，其长度为两条磁痕之和加间距。缺陷磁痕长轴方向与工件(轴类或管类)轴线或母线的夹角大于或等于 30°时，按横向缺陷处理，其他按纵向缺陷处理。

(2)磁粉检测质量分级

磁粉检测质量分为 4 级，其中 I 为最高级，IV 为最低级。

①不允许存在的缺陷。不允许存在任何裂纹和白点。紧固件和轴类零件不允许存在任何横向缺陷。

②焊接接头的磁粉检测质量分级。焊接接头的磁粉检测质量分级见表 6-7。

表 6-7　焊接接头的磁粉检测质量分级

等级	线性缺陷磁痕	圆形缺陷磁痕(评定框尺寸为 35 mm×100 mm)
Ⅰ	不允许	$d \leqslant 1.5$，且在评定框内不大于 1 个
Ⅱ	不允许	$d \leqslant 3.0$，且在评定框内不大于 2 个
Ⅲ	$l \leqslant 3.0$	$d \leqslant 4.5$，且在评定框内不大于 4 个
Ⅳ	大于Ⅲ级	

注：l 表示线性缺陷磁痕长度，mm；d 表示圆形缺陷磁痕长径，mm。

③受压加工部件和材料磁粉检测质量分级。受压加工部件和材料磁粉检测质量分级见表 6-8。

表 6-8 受压加工部件和材料磁粉检测质量分级

等级	线性缺陷磁痕	圆形缺陷磁痕(评定框尺寸为 2500 mm^2,其中一条矩形边长最大为 150 mm)
Ⅰ	不允许	$d \leqslant 2.0$,且在评定框内不大于 1 个
Ⅱ	$l \leqslant 4.0$	$d \leqslant 4.0$,且在评定框内不大于 2 个
Ⅲ	$l \leqslant 5.0$	$d \leqslant 6.0$,且在评定框内不大于 4 个
Ⅳ	大于Ⅲ级	

注:l 表示线性缺陷磁痕长度,mm;d 表示圆形缺陷磁痕长径,mm

④综合评级。在圆形缺陷评定区内同时存在多种缺陷时,应进行综合评级。对各类缺陷分别评定级别,取质量级别最低的级别作为综合评级的级别;当各类缺陷的级别相同时,则降低一级作为综合评级的级别。

第 7 章　声发射检测技术

7.1　概述

声发射(Acoustic Emission, AE)检测是一种评价材料或构件损伤的动态无损检测技术。前几章介绍的常规无损检测方法只能检测、显示静态的宏观缺陷，这种静态检测评定方法更多的是评价产品制造工艺和质量控制的水平，而对于产品的安全性和可靠性往往没有多少直接关系。与之相比，声发射检测具有：检测的信号来自被测对象本身，可以对被测对象实现动态、实时检测等特点。

声发射检测技术是通过对声发射信号的测量、处理、分析来评价材料或构件内部缺陷的发生、发展规律，评定声发射源的特性，确定声发射源的位置。声发射检测原理如图 7-1 所示。

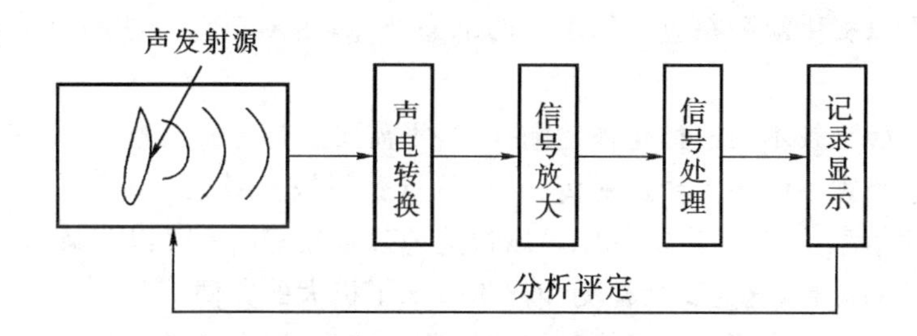

图 7-1　声发射检测原理框图

7.1.1　声发射

声发射是指固体的微观结构不均匀或内部缺陷导致局部应力集中，在外力的作用下，促使塑性变形加大或发生裂纹产生与扩展所释放弹性波(应变能)的现象。

声发射是一种常见的物理现象，声发射现象在自然界中普遍存在，大多数材料变形或断裂时都有声发射现象产生。例如，弯曲树枝，树枝便会发啪啪声，弯曲锡片，也可以听到劈啪声，这些都是常见的声发射现象。有些材料变形，虽然我们听不到声音，但也是存在声发射现象的。

声发射的频率范围很宽,从次声、可听声到超声。声发射的幅度差异也很大,从几微伏到几百伏。

在工程实践中,声发射的来源非常丰富。传统意义上的声发射源是指裂纹扩展等与材料变形和断裂机制有关的源。近几年来,把燃烧、摩擦、液体泄漏等与材料变形和断裂机制无直接关系的弹性波源也归入声发射源范畴,称作二次声发射源。变压器通电时发出的嗡嗡声、金属材料在外载荷作用下发生的滑移变形、压力管道的泄漏等都是工程实践中常见的声发射源,声发射源的形成几乎不受材料种类和结构的限制。除极少数材料外,金属和非金属材料在一定条件下都很容易产生声发射,这为声发射技术的应用提供了广阔的空间。

7.1.2 声发射检测技术的优点与局限性

声发射检测同其他无损检测技术的根本区别是检测动态缺陷,即它检测的信息是缺陷本身发出的信息,无需用外部输入信号对缺陷进行扫描。因此,声发射检测具有以下优点与局限性。

(1)声发射检测的优点

声发射检测技术是一种动态无损检测技术,因此,声发射检测具有实时、在线的特性。作为一种动态检测方法,可检测对结构安全更为有害的活动性缺陷。声发射检测可以提供缺陷在应力作用下的动态信息,更易于评价缺陷对结构的实际有害程度。

声发射检测技术是一种整体检测技术,不需要进行全面扫查,只要在构件上通过一定阵列布置足够多的声发射传感器,就可获得被检对象中声源在检测过程中的一切活动信息,通过一次加载就可以快速地确定缺陷的有无以及缺陷的性质,并可确定声源的位置,这为实际检测和评价带来了极大的方便。

声发射检测技术可以获得构件缺陷性质与应力、温度、时间等变量之间相互影响的信息,可以进行在线监控和缺陷预报。由于对被检件的接近要求不高,因而适于在其他方法难以或不能接近的环境下进行检测,如高低温、核辐射、易燃、易爆及有毒等特殊环境。由于对检测对象的几何形状不太敏感,因而适于检测其他方法受到限制的形状复杂的构件。

(2)声发射检测技术的局限性

声发射检测一般要求结构必须承载;检测灵敏度与材料密切相关;在测量时会受到不明电噪声和机械噪声的干扰;对缺陷的定性定量分析,还需要与其他无损检测方法结合。声发射检测结果的解释需要丰富的现场检测经验。

7.1.3　声发射检测技术的应用范围

声发射技术作为一种无损检测技术，已被广泛应用于工程领域。

①材料试验。材料性能测试、断裂试验、疲劳试验、腐蚀评估和摩擦测试，铁磁材料的声发射测试等。

②石油化工工业。常用于压力贮罐底部、各种阀门、埋地管道的泄漏检测，各种压力容器、压力管道和海洋石油平台的检测和结构完整性评价等。

③航天和航空工业。航空器壳体和主要构件的检测和完整性评价，航空器的时效试验、疲劳试验检测和运行过程中的在线连续评估等。

④交通运输业。例如铁路材料和裂纹探测，桥梁和隧道的结构完整性检测，卡车和火车滚动轴承和滑动轴承的状态评估和故障识别，变速箱齿轮故障识别等。

⑤机械加工领域。通过声发射信号研究挤裂切削和断续切削形成的机理，识别积屑瘤的存在与否，监测砂轮的钝化和修整，监测刀具磨损和破坏，利用声发射信号在高精密加工中实行对刀等。

⑥其他。变压器局部放电检测，硬盘的干扰检测，旋转机械的碰磨检测等。

7.2　声发射的产生与传播

7.2.1　声发射的产生

声发射的产生是材料中局部区域快速卸载应变能得到释放的结果，快速卸载的速率决定声发射信号的频率范围，卸载速率越快，信号中就包含越高的频率分量。因此，声发射的产生需要具备两个条件：①材料或构件要受到外界载荷的作用；②材料内部的缺陷要发生变化。

研究表明材料内部的许多变化，如塑性变形、裂纹的形成与扩展直至断裂、马氏体相变、磁性效应、摩擦、磨损、泄漏等都可以产生声发射现象，如图7-2所示。

(1)塑性变形

物体受载产生变形时，总应变能由两部分构成。

①弹性变形能。物体所产生的变形在卸载后恢复。

②塑性变形能。$E_p=E_i+E$，其中E_i为位错运动和其他缺陷的塑性变形而储存在材料内部的内能，E为释放的声能，占E_p的绝大部分，是由位错引起的。

滑移变形是金属塑性变形的一个基本机构，滑移的过程是位错运动。当位错以足够高的速度运动时，位错周围存在的局部应力场就成为产生声发射的条件。

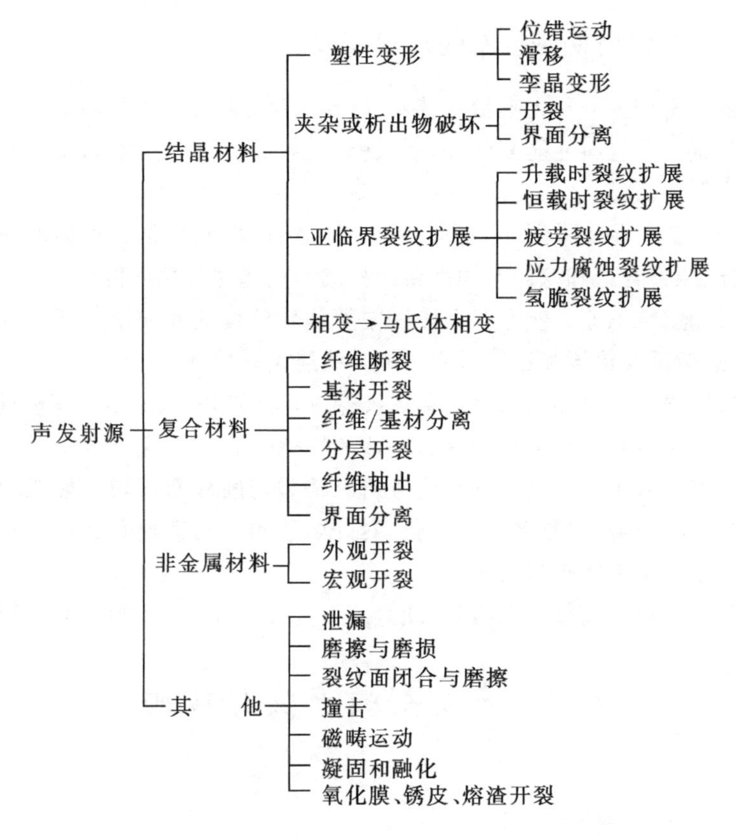

图 7-2　声发射源

图 7-3 是一块包含一个刃型位错的晶体，由图 7-3 可以看到：位错使周围的原子排列发生畸变，在外切应力的作用下，刃型位错沿滑移面运动。

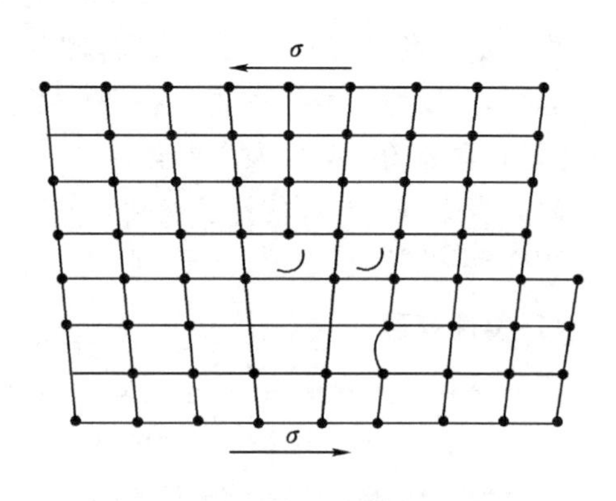

图 7-3　刃型位错的结构示意图

单个位错的声发射由于能量很小难以测出，Garpenter 等人认为：声发射率与晶体内可动位错的密度变化有关，他们得到的声发射计数与可动位错的密度的关系为

$$\frac{\mathrm{d}N}{\mathrm{d}t} = 10^{-4}\frac{\mathrm{d}A_{\mathrm{m}}}{\mathrm{d}t} \qquad (7-1)$$

式中：$\frac{\mathrm{d}N}{\mathrm{d}t}$为单位时间的声发射计数，即声发射计数率；$A_{\mathrm{m}}$ 为可动位错的密度。

(2)裂纹的形成和扩展

裂纹的形成和扩展是一种主要的声发射源,它与材料的塑性变形有关。一旦裂纹形成,材料局部应力集中得到卸载而产生声发射。

材料的断裂过程可以分为裂纹形成、裂纹扩展、最终断裂三个阶段。在微观裂纹扩成宏观裂纹之前,需要经过裂纹的慢扩展阶段,裂纹扩展所需的能量比裂纹形成所需的能量约大 100～1000 倍。裂纹扩展是间断进行的,大多数金属都具有一定的塑性,裂纹向前扩展一步,将积蓄的能量释放出来,裂纹尖端区域卸载。这样,裂纹扩展产生的声发射很可能比裂纹形成的声发射大的多。当裂纹扩展到接近临界裂纹长度时,就开始失稳扩展,快速断裂。这时产生的声发射强度更大。

(3)疲劳断裂

疲劳断裂包括裂纹扩展到断裂一个较长的过程,在这个过程中声发射累积总计数与断裂长度通常有对应关系。其声发射总计数变化率$\frac{\mathrm{d}N}{\mathrm{d}t}$与裂纹扩展速度$\frac{\mathrm{d}a}{\mathrm{d}t}$之间的关系

$$\lg\frac{\mathrm{d}N}{\mathrm{d}t}=A+B\lg\frac{\mathrm{d}a}{\mathrm{d}t}\qquad A,B\text{ 为常数}\tag{7-2}$$

实际中可用声发射总计数率的变化来推算裂纹扩展的速度。

7.2.2　影响材料声发射特性的因素

不同材料的声发射特性有很大差异,即使同一种材料,影响声发射特性的因素也很复杂,既有内部因素又有外部因素。外部因素包括:试件的形状、温度、变形速度、加载史、加载方式等。内部因素有:试件内部的晶体结构、均匀性、热处理引起的结构变化等。表 7-1 列出了影响材料声发射强度的因素。

表 7-1　影响声发射强度的因素

条件	产生高幅强度信号的因素	产生低幅强度信号的因素
材料特性 (内部因素)	高强度材料 各向异性材料 不均匀材料 粗晶粒 马氏体相变 铸造结构 辐射过的材料	低强度材料 各向同性材料 均匀材料 细晶粒 扩散型相变 锻造结构 未辐射过的材料

续表 7-1

条件	产生高幅强度信号的因素	产生低幅强度信号的因素
试验条件 (外部因素)	高应变速率 厚断面 低温	低应变速率 薄断面 高温
变形和断裂方式 (内外因素综合作用)	孪生变形 解理型断裂 有缺陷材料 裂纹扩展 复合材料的纤维断裂	非孪生变形 剪切型断裂 无缺陷材料 塑性变形 复合材料的树脂断裂

7.2.3　凯赛尔效应与费利西蒂效应

(1)凯赛尔效应

因为金属材料的塑性变形不可逆,所以声发射也不可逆。当试件第一次受力卸载时,再次以同样的方式加载,在达到以前受力的最大载荷前不出现声发射,这种现象称凯塞尔效应(或不可逆效应)。不可逆效应可用于:试验检测到的声发射信号的真实性,排除外界干扰;推断材料受过的最大应力。

(2)费利西蒂效应

费利西蒂(Felicity)效应:材料重复加载时,载荷达到原先所加最大载荷之前发生的明显声发射现象。费利西蒂效应也可以认为是反凯赛尔效应。

费利西蒂比:重复加载时声发射起始载荷(P_{AE})与原先所加最大载荷(P_{max})之比(P_{AE}/P_{max})。

对于纤维增强复合材料的声发射,费利西蒂比是一个重要的技术参数。对纤维增强复合材料第二次施加应力时,应力在材料内部可能会重新分布,致使某些部位出现新的变形或裂纹扩展,声发射现象将会提前出现。因此,费利西蒂效应是凯塞尔效应的补充,而费利西蒂比是凯塞尔效应失效程度的度量。

费利西蒂比较好地反映了材料中原先所受损伤或结构缺陷的严重程度。一般情况下,费利西蒂比越小,表示材料中原先所受损伤或结构缺陷越严重。

7.2.4　声发射的传播

声发射源处的声发射波形,一般为宽频带尖脉冲,包含着丰富的波源信息。但是，传感器所测到的信号波形，由于传播介质的传播特性、传感器的频响特性等因素的影响而变得非常复杂，与原波形有很大的不同，很多信号参数发生较大变化。因此波的传播特性是声发射信号检测中检测条件设置、数据分析必须考虑的问题。

(1)声发射波的模式

声发射在固体介质中传播时，固体介质内部不但产生体积变形，而且产生剪切变形，激发纵波和横波，当传播到不同介质之间的界面时还会产生反射与折射，从而产生波型转换，同时出现纵波与横波，还可能出现表面波，在厚度接近波长的薄板中还会产生板波。有关声波的波型、声波传播时的相关定律参见第 2 章。

若半无限大固体中的某一点产生声发射，当到达表面某一点时，纵波、横波、表面波先后相继到达，互相干涉呈现复杂的模式，如图 7-4 所示。

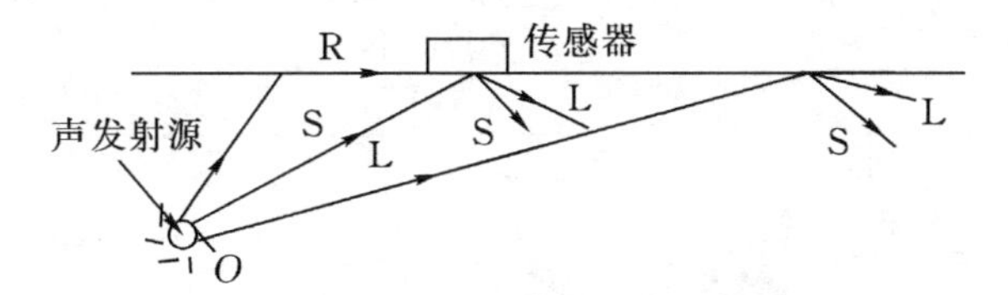

图 7-4　半无限大物体内声发射波的传播与模式转换

L—纵波；S—横波；R—表面波

(2)循轨波

在实际应用中，经常遇到的是声发射波在厚钢板中的传播，如图 7-5 所示，声发射波传播过程中在两个界面产生多次反射，每次反射都要发生波型转换，这种方式传播的波称为循轨波，循轨波的传播速度接近横波。

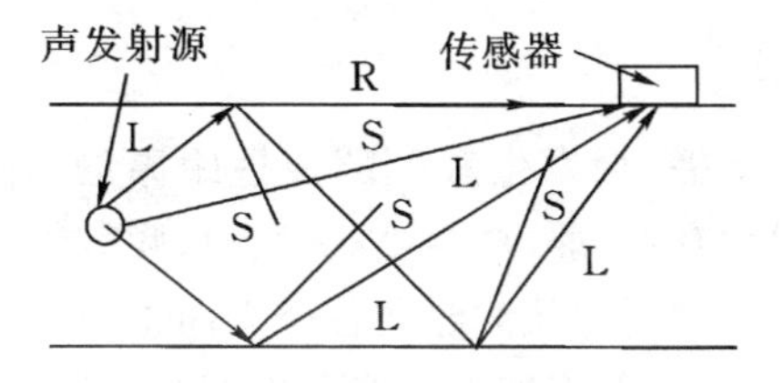

图 7-5　循轨波传播示意图

L—纵波；S—横波；R—表面波

循轨波传播中，频率不同的波因传播速度不同而引起频散现象。因此，声发射波经界面反射、折射和模式转换后，所形成的波各自以不同的波速、不同的波型、不同的时间到达传感器，从而，声发射源所产生的尖脉冲波到达传感器时，会出现声发射波形分离现象。图 7-6 为某次钢板断铅实验中,与模拟声发射源不同距离的两个传感器所接收到的声发射信号波形,其中图 7-6(a)为距离声发射源较近的传感器所接收到的信号波形,图 7-6(b)是距离波源较远的传感器接收到的信号波形。很明显,图 7-6(a)中只有一个尖脉冲,而图 7-6(b)中有两个尖脉冲。

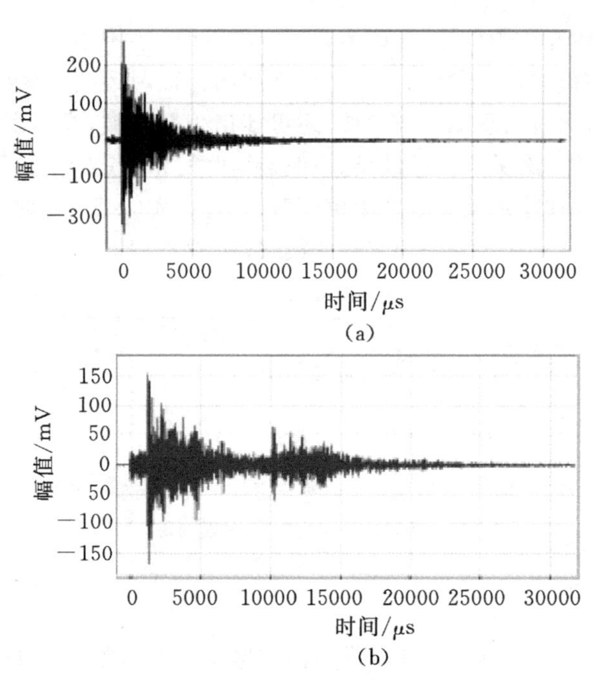

图 7-6 声发射波形的分离与持续时间

(a)近距离传感器接收的信号;(b)远距离传感器接收的信号

(3)声发射波的衰减

声发射波在介质中传播,会发生幅度随传播距离的增加而下降的衰减现象。声发射波衰减的主要因素有:扩散、材料吸收、散射、频散等。

1)扩散衰减 由于声发射波从波源向各个方向扩散,从而随传播距离的增加,波阵面的面积逐渐扩大,使单位面积上的能量逐渐减少,造成波的幅度下降。扩展衰减与传播介质的性能无关,主要取决于介质的几何形状。

2)材料吸收衰减 声发射波在介质中传播时,由于质点间的内摩擦等因素,部分波的机械能转换成热能等其他能量,波的能量损失,幅度下降。

3)散射衰减 声发射波传播中,如果遇到不均匀的阻挡界面,将会发生不规则反射,使波在传播方向上的能量减少。粗晶、夹杂、气孔等都会引起散射现象。

4)频散 有时,声发射波中不同频率成分的波会以不同的速度传播,引起波形分离或扩展，也会使波的幅度下降。

在实际结构中，声发射波的衰减机制十分复杂，无法在理论上对其进行计算。声发射波的衰减特性一般通过实验来测得，在试件表面上与传感器不同的间距处，利用断铅模拟声发射源，可以测得幅度-距离或者衰减幅度-距离曲线。但是其衰减特性也很不稳定。

7.3　声发射检测系统

7.3.1　概述

声发射检测过程就是用灵敏的声发射传感器来接收声发射信号并采用一定的信号分析方法进行处理。声发射检测分析原理如图7-7所示。

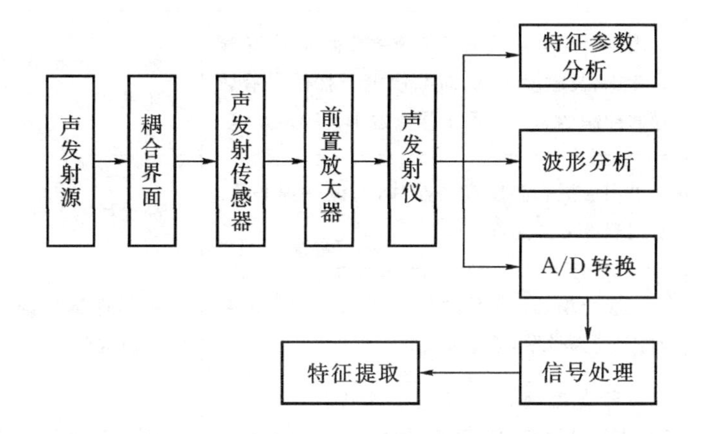

图7-7　声发射检测分析原理简图

通过对检测到的声发射信号的特征参数和波形的分析和研究，判断材料或结构内部缺陷的状况，了解机器运行状态，对缺陷发展情况作出判断和预测。

声发射检测系统由探头与声发射仪两部分构成。一个完整的声发射检测系统，必须满足：① 能够适应机械部件在运行过程中的实时监测，并能长时间进行现场实验；②具有消除外来噪声功能；③具有很高的可靠性和广泛的适应能力；④能够快速响应，且具有报警功能；⑤具有快速、大容量数据存储系统。

7.3.2　声发射传感器

声发射传感器有压电型、电容型、光学型，最常用的是压电型传感器，压电型传感器分为:谐振式、宽带式、高温式,等等。表7-2列出了声发射传感器的主要类型及适用范围。

表7-2 声发射传感器的类型、特点及适用范围

类 型	特 点	适用范围
单端谐振传感器	谐振频率多位于50～300 kHz,典型应用为150 kHz,主要取决于晶片的厚度。响应频带宽,波形畸变大,灵敏度高,操作简便,价格便宜。适用于大量常规检测	大多数材料研究和构件的无损检测。
宽频带传感器	响应频率约为100～1000 kHz,取决于晶片的尺寸和结构设计。灵敏度低于谐振传感器,幅频特性不很理想,操作简便。适用于多数宽带检测	频谱分析、波形分析等信号类型或噪声的鉴别
差动传感器	由两个压电晶片的正负极差接而成,与单端式相比,灵敏度较低,对共模电干扰信号有较好的抑制能力。适用于强电磁干扰噪声环境	强电磁干扰下,替代单端式传感器
高温传感器	采用居里点温度高的晶片,如铌酸锂晶片。使用温度可高达540℃	高温环境下检测
微型传感器	一般为单端谐振传感器,因受体积尺寸的影响,响应频带窄,波形畸变大	小制件试样的试验研究或无损检测
电容传感器	一种直流偏置的静电位移传感器,直到30 MHz时频率响应平坦,物理意义明确,适用于表面法向位移的定量测量,操作不方便,灵敏度较低,约为0.01×10^{-10} m,适于特殊应用	源波形定量分析或传感器绝对灵敏度校准
锥型传感器	100～1500 kHz内频率响应平坦,灵敏度高于宽带传感器。采用微型晶片和大背衬结构,尺寸大,操作不便。适用于位移测量类检测	源波形分析、频谱分析。也作为传感器校准的二级标准
光学传感器	属于激光干涉计量的一种应用,直到30 MHz时频率响应平坦,具有非接触、点测量等特点。操作不方便,灵敏度较低,适于特殊应用	仅用于实验室定量分析

1)单端谐振式传感器 高灵敏度的谐振式传感器是声发射检测中使用最广泛的传感器,单端谐振式传感器结构简单,频响特性为窄频带,谐振频率取决于晶片的厚度。如图7-8所示,压电元件的负电极面用导电胶粘贴在底座上,另一面焊一根很细的引出线与高频插座的芯线连接,外壳接地。

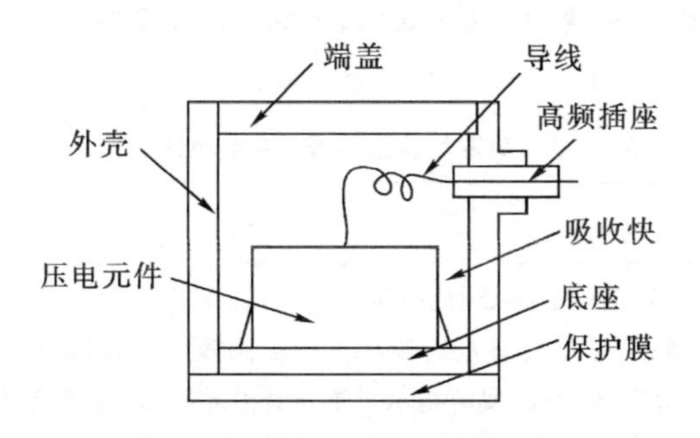

图7-8 单端谐振式传感器

2)差动传感器 差动传感器由两只正负极差接的压电元件组成,输出相应的差动信号,输出的信号因差接而叠加。与单端谐振式的区别在于晶片的构造形式,如图7-9所示。由于差动传感器结构对称,信号的正负以及输出也对称,因此抗共模干扰能力强,适合于在噪声来源复杂的场合使用。差动传感器要求两只压电元件的性能(尤其是谐振频率、机电耦合系数)一致,同时与差动前置放大器相配合使用。

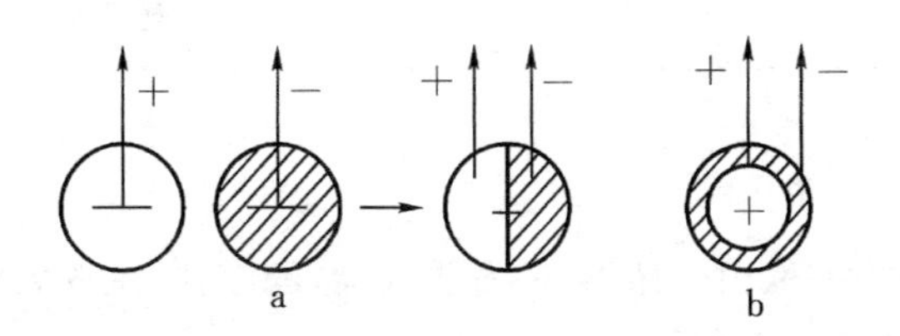

图7-9 差动传感器的晶体结构示意图

3)高温传感器 高温传感器要求传感器材料的居里温度远高于使用温度,解决耐高温的途径有:采用居里点温度高的晶片,同时采用隔热陶瓷膜片使传感器不直接接触高温试件表面;当工作温度超过300℃时,用波导管将声发射信号引到普通声发射传感器上。

4)宽频带传感器 传感器的幅频特性与压电元件的厚度及结构有关,因此,宽频带传感器可由多个不同厚度的压电元件组成,也可采用凹球形或楔形压电元件来达到目的。

7.3.3 声发射检测仪

(1)声发射检测仪器的类型

常用的声发射检测系统包括单(双)通道型、多通道型和工业专用型。其特点和适用范围如表7-3所示。

表7-3 声发射仪的类型、特点和适用范围

类型	特点	适用范围
单(双)通道系统	单通道只有一个信号通道,功能单一,适于粗略检测;双通道具有线定位功能。多用模拟电路,处理速度快,实时指示。测量计数或能量类简单参数,具有幅度及其分布等多参数测量分析功能。小型、机动、廉价	实验室简单实验;现场构件的局部检测;管道、焊缝等缺陷的一维缺陷检测
多通道系统	有二维源定位功能;有多参数分析、多种信号鉴别、实时或事后分析功能;计算机进行数据采集、分析、定位计算、存储和显示。适于综合精确分析	适宜于金属材料检测;实验室和现场的开发和应用;大型构件的结构完整性评价
工业专用系统	多为小型,功能单一;多为模拟电路,适于现场实时指示或报警;价格为工业应用的重要因素	刀具破损、泄漏、旋转机械异常监视、固体推进剂药条燃速测量等

(2)单通道声发射仪

单通道声发射仪一般由传感器、前置放大器、滤波器、主放大器、数据分析与显示等单元组成,如图7-10所示。

(3)多通道声发射仪

早期的多通道声发射仪是在单通道声发射仪的基础上,加上时差计算单元,测出声发射信号到达各通道传感器的时差,然后输入计算机进行处理,具有较强的信号鉴别与数据处理能力。随着计算机技术的发展,声发射仪在数字化程度、实时性、通用性、精确性等方面都有很大的进展。

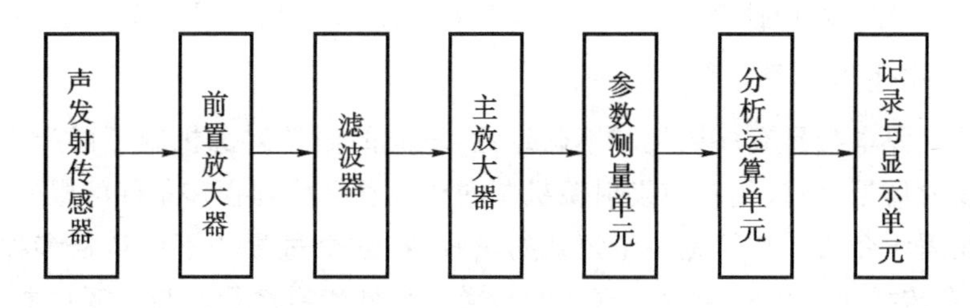

图7-10　单通道声发射仪框图

7.4　声发射信号分析

7.4.1　声发射信号的类型及特征

从时域形态上来看,可以将声发射信号分为两种基本类型:突发型和连续型。突发型信号指在时域上可分离的波形,而连续型信号在时域上是不可分离的,如图7-11所示。实际上,所有声发射过程均为突发过程,只不过声发射的产生频度不同而已。声发射频度低时信号显示为突发型,当声发射频度达到时域上不可分离的程度时,声发射信号就以连续型信号显示出来,如泄漏信号、燃烧信号等。在实际检测中,也会出现混合型声发射信号。

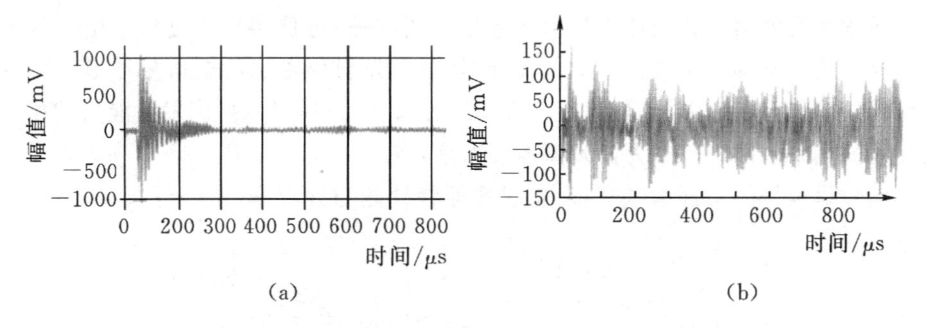

图7-11　声发射信号的类型
(a)突发型;(b)连续型

一般来说,声发射信号具有如下特征。

(1)瞬态性

声发射信号在监测过程中具有随机性,只有当能量积累到一定的程度,才会出现一个瞬态释放的过程,然后迅速衰减。这个过程类似于一个瞬态的冲击信号,由于能量释放的瞬态性，而使声发射信号具有时变性，声发射信号属于非平稳随机信号。

(2)多态性

声发射源本身具有多样性和不确定性，不同的声发射源机制可以产生完全不同的声发射信号，而人们对声发射源机制的认识总是受到很多条件的限制。此外，机械波在固体介质中传播是一个复杂的过程，在这个过程中不但包括多种模式的波，而且在传播过程中还会发生模式的转换。另外传播途径又与声源位置、被检对象性质(材质、形状和几何尺寸)、声耦合特征以及接收传感器位置等诸多因素有关，因此，实际的声发射信号具有多态性。

此外，声发射波的频率范围比较宽，包括次声频、可听声和超声频等各个频段，从几赫兹到几兆赫兹。其幅值变化也很大，声发射传感器的输出从几微伏到几百V。不过，大多数声发射信号还是比较微弱的。

早期的声发射通用检测系统，以突发型信号的检测为主，连续型信号的检测需要借助一些专用检测仪器。现在的通用检测系统，已经可以同时采集两种类型的信号。对于不同类型的声发射信号，其信号处理方法也不同。

7.4.2 声发射信号的特征参数

固体介质中传播的声发射信号包含了声发射源的特征信息，要从这些信号中获取反映材料特性或缺陷发展状态的信息，就要在固体表面检测声发射信号并予以处理。

尽管声发射信号在固体中传播会产生畸变，在通过仪器检测过程中由于传感器与仪器的频响特性又进行了加权处理，使得声发射仪输出的电信号波形与声发射源处的信号有很大差异，但是用声发射特征参数，还是可以把声发射能量的相对变化表征出来。图 7-12 为突发型声发射信号特征参数示意图。

声发射信号的特征参数有：声发射的振铃计数与计数率、事件计数与计数率、

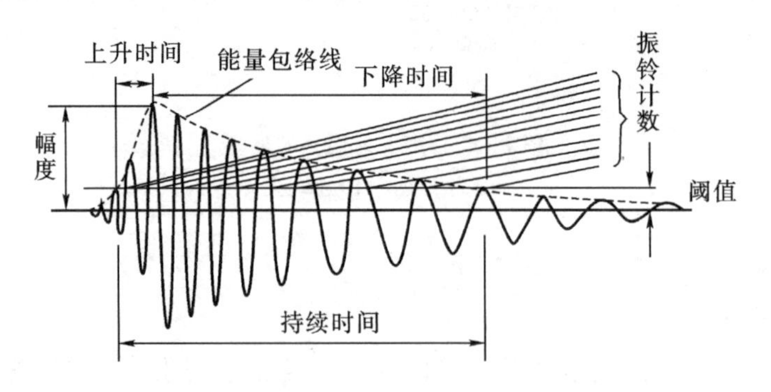

图 7-12 突发型声发射信号特征参数示意图

幅度及其分布、能量、有效值、波形的上升下降与持续时间、到达的时间差等。

(1)波击(Hit)和波击计数

波击是指某一通道检测到的瞬态声发射信号,由通过阈值的包络线所形成的信号就是一个波击。波击计数是系统对波击的累计计数,可分为总计数和计数率。总计数是从开始到某一特定时间内的累计个数,反映声发射获得的总量;计数率是指单位时间内的累计个数,反映声发射源产生声发射的频度,用于评价声发射源的活动性。图 7-12 所示的声发射信号中,包络线从超过阈值开始,到信号幅值下降到阈值以下结束,这中间是一个波击。

(2)事件(Events)与事件计数

事件是一种声源现象,从声发射源产生的瞬态应力波向四周传播,这种声发射波会被一个或多个传感器以波击的形式检测到。一个事件就是从一种声源现象中收到的波击信号。对检测系统而言,一个声发射事件是指一个或几个波击所鉴别出来的一次材料局部变化。声发射事件计数是检测系统对鉴别出来的声发射事件的累计结果,也分为总计数和计数率。事件总计数是指事件计数的累加之和,而单位时间的事件计数称为事件计数率。声发射事件计数可以反映声发射事件的总量和频度,主要用于声发射源活动性的评价。

(3)振铃(Count)和振铃计数

振铃计数是最通用的声发射评估计数。当一个声发射信号撞击传感器时,它使传感器产生振荡,所形成的超过阈值的电信号的每一次振荡均记为一个振铃。振铃计数就是超过阈值信号的振荡次数,分为总计数和计数率,具体计数方式如图 7-12 所示。振铃计数适宜于表征突发和连续声发射两类信号,可以粗略反映声发射的强度和频度,因而广泛用于声发射源活动性评价。但振铃计数受信号采集阈值影响比较大,同样的信号在阈值不同时振铃计数会不同,若提高阈值,振铃计数会减少,相反降低阈值会使振铃计数增加。

单位时间的振铃计数称为声发射率,一个事件的振铃计数称为事件振铃数,一个声发射事件可近似地用指数衰减的余弦波来表示,如图 7-13 所示。一个声发射衰减波形

$$V = V_{\mathrm{p}}\mathrm{e}^{-\beta t}\cos\omega t \tag{7-3}$$

式中:V 为瞬时电压;V_{p} 为峰值电压;β 为衰减系数;t 为时间; ω 为角频率。

设阈值电压为 V_{t},则

$$V_{\mathrm{t}} = V_{\mathrm{p}}\mathrm{e}^{-\beta n\frac{1}{f_0}}\cos(2\pi f_0 n\frac{1}{f_0}) = V_{\mathrm{p}}\mathrm{e}^{-\beta n\frac{1}{f_0}} \tag{7-4}$$

一个事件的振铃计数为

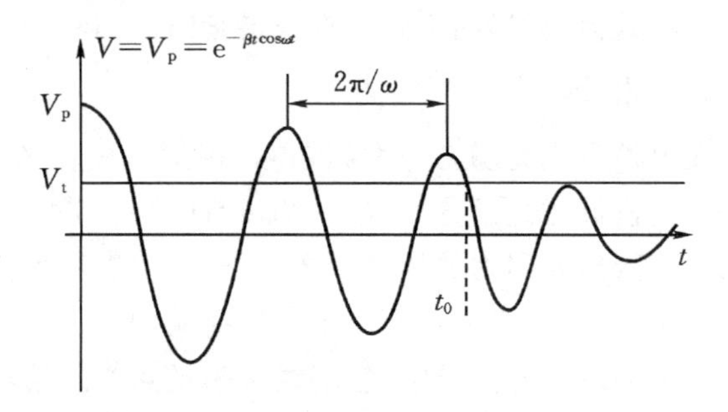

图 7-13 一个声发射衰减波形

$$n=\frac{f_0}{\beta}\ln\frac{V_p}{V_t} \tag{7-5}$$

如果在单位时间内有 m 个事件，则声发射率为

$$\frac{dN}{dt}=\sum_{i=1}^{m}n_i \tag{7-6}$$

式中：n_i 为第 i 个事件的振铃计数。

对于突发型声发射，声发射能量越大，峰值 V_p 也越大，声发射率$\frac{dN}{dt}$也随之增加，所以可以由$\frac{dN}{dt}$表示声发射能量的大小；对连续型声发射，$\frac{dN}{dt}$表示发生声发射次数的频度。

(4)幅度及其分布

①幅度(Amplitude)是指声发射信号波形的最大振幅值，常用 dB 表示，它是声发射信号的重要参数，与声发射信号的大小有直接关系，不受阈值的影响，直接决定信号的可测性，常用于声源类型鉴别、强度及衰减的测量。幅度的计算

$$dB_{AE}=20\lg\frac{V_{max}}{V_{ref}} \tag{7-7}$$

式中：dB_{AE}为用 dB 表示的幅度；V_{max}为传感器输出端的声发射信号的峰值电压(μV)；V_{ref}为参考电压，其值为 1 μV。

②幅度分布。图 7-14 表示声发射仪主放大器输出振幅的分布。如果主放大器的输出信号 V 为

$$V=GV_pe^{-\beta t}\cos(2\pi f_0t) \tag{7-8}$$

式中：G 为放大器增益；V_p 为传感器输出的峰值电压；β 为衰减系数。

设声发射仪主放大器的饱和输出电压为 V_s，将其分为 R 个振幅等级，得基准电压为 $V_0=\frac{V_s}{R}$。

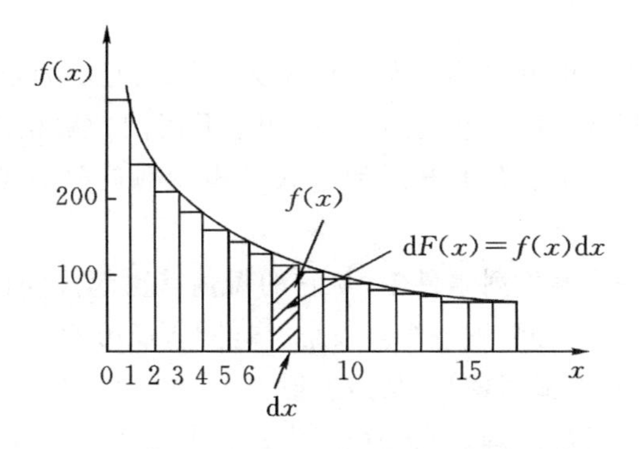

图 7-14 声发射幅度分布

令 $x=GV_p/V_0$，x 为振幅比，则振幅比在 $x \sim x+\mathrm{d}x$ 间的事件数为：

$$\mathrm{d}F(x) = f(x)\mathrm{d}x \tag{7-9}$$

式中：$f(x)$为峰值分布的谱函数。

幅度分布分析以振幅作为测量参数并进行统计分析，可以从能量的角度观察材料的声发射特性变化，可以明显地将塑性变形对应的连续型声发射与裂纹开裂所对应的突发型声发射区别开来。

(5)能量分析

能量分析反映了声发射源以弹性波形式释放的能量相对大小。它是对放大器输出信号的电压进行的。瞬态信号的能量定义为

$$E = \frac{1}{R}\int_0^\infty V^2(t)\mathrm{d}t \tag{7-10}$$

式中：R 为测量电路的输入电阻；$V(t)$为瞬态信号的电压。

若用离散信号的方法，瞬态信号的能量取

$$E = \frac{\Delta t}{R}\sum_{i=1}^{m} V_i^2 \tag{7-11}$$

式中：Δt 为采样间隔；V_i 为第 i 点的电压；m 为采样点数。

(6)有效值电压

有效值电压是表征声发射信号的主要参数之一，直接与声发射能量有关。有效值电压多用于连续型声发射信号，例如泄漏检测。

若 $N(V_p)$是以峰值电压为变量的幅度分布谱函数，则有效值电压为

$$V_{\mathrm{rms}} = \left[\frac{\int_0^\infty V_p^2 N(V_p)\mathrm{d}V_p}{\int_0^\infty N(V_p)\mathrm{d}V_p}\right]^{\frac{1}{2}} \tag{7-12}$$

(7)波形的时间参数

1)上升时间 上升时间是指声发射振荡从首次超过阈值电压开始直至振荡幅度达到最大时所经过的时间,突发型声发射的上升时间一般比周围环境的工业干扰的上升时间短得多,可根据上升时间把缺陷声发射信号与工业干扰信号区分开来。

2)持续时间 一个声发射事件中,从它的振荡首次超过阈值电压到再降落到低于阈值电压所经过的时间,即一个声发射“事件”所经历的时间。

3)下降时间(也称衰减时间) 从声发射振荡的最大振幅开始直至它下降到低于阈值电压为止所经过的时间。它表征了声发射本身及在材料中传播的衰减特性之总和。

(8)到达时差 Δt

在多通道列阵之中,以第一个接收到声发射信号的探头为参考,其他探头与第一个探头接收同一个声发射源的信号所存在的时间差称为到达时差 Δt,即各个探头所接收到信号的首次超过阈值电压的时间差。

7.4.3 声发射检测中的参数设置

在声发射检测过程中还需要设置几个重要的检测参数,包括:检测阈值、信号峰值鉴别时间(PDT)、波击鉴别时间(HDT)和波击闭锁时间(HLT),如图 7-15 所示。

检测阈值,多用 dB 来表示,只有超过阈值的信号才能被系统检测到。阈值的设定对系统灵敏度的影响很大。检测阈值越低,系统检测到的信息量越多,但同时越易受噪声的干扰。检测阈值越高,系统检测到的信息量越少,可以排除噪声干扰,但也可能丢失很多幅度较低的信号。声发射检测仪器所记录的信号到达传感器时间是信号第一次超过阈值的时间。

峰值鉴别时间,是为正确确定声发射波击信号的上升时间而设置的新最大峰值等待时间间隔。如果在峰值鉴别时间内没有更大的峰值出现,则把原来的峰值作为整个波击信号的峰值。如将其选的过短,会把高速、低幅的前沿波作为主波处理,太长又会影响新的最大峰值的更替。

波击鉴别时间,是为正确确定声发射波击信号终点而设置的信号等待时间间隔。如果在波击鉴别时间内,没有新的信号越过阈值,则确定波击结束。如将其选的过短,会把一个波击分成几个波击来处理,而如选的过长,系统又会把几个波击当做一个波击。

波击闭锁时间,是指在波击信号中为避免反射波或延迟波的测量而设置的信号测量电路关闭时间间隔。波击闭锁时间电路在波击鉴别时间完毕后起动，在设定时间内系统不被信号触发。它不能设置太长，否则会把真正的信号漏掉。

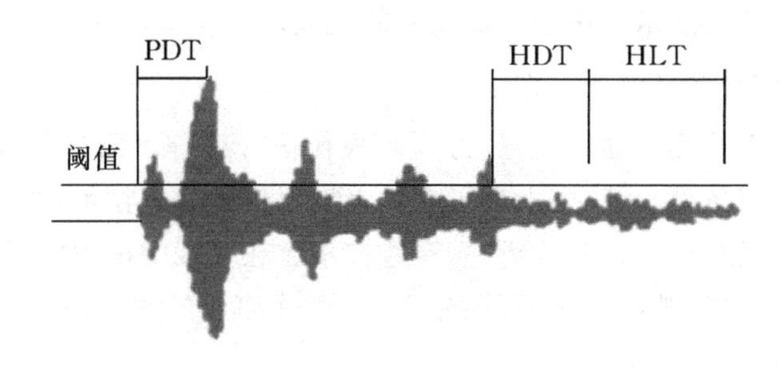

图 7－15　PDT、HDT、HLT 的示意图

7.4.4　声发射信号的常用分析方法

声发射检测和分析的目的是获得有关声发射源的信息，进而获取与材料或结构损伤相关的信息，包括损伤位置、损伤程度和剩余寿命等。声发射信号的分析方法可分为两大类：一类是以多个简化的波形特征参数来表示声发射信号的特征，然后对这些声发射波形的特征参数进行分析和处理；第二类为记录声发射信号的波形，对波形进行分析处理。由于波形包含着丰富的声发射源的信息，所以对波形进行分析能提取较多的声发射源的特征。

(1)参数分析法

声发射信号特征参数分析方法是分析声发射信号最普遍也是最悠久的方法，该方法通过特征提取电路提取声发射信号特征参数，将特征参数对应声发射源的某种特征，进而解释声发射源的特性。由于受到计算机发展水平的限制，早期的声发射仪器只能得到计数、能量或者幅度等很少的参数，进行简单的参数分析。随着计算机技术的发展，参数分析逐渐发展为声发射信号的参数历经图分析法、参数分布分析法、参数关联分析法等多参数分析方法。

(2)波形分析方法

波形分析是指通过分析声发射信号的时域波形或频谱特征来获取信息的一种信号处理方法。理论上讲，波形分析应当能给出任何所需的信息，因而波形也是表达声发射源特征的最精确的方法，并可获得信号的定量信息。随着软、硬件技术的发展，人们开始研制全波形声发射检测仪器，并利用现代信号处理手段进行分析与处理。同时，在理论方面，1991 年美国学者 Gorman 发表了板波声发射论文，板波声发射后来又被称为模态声发射，模态声发射的提出为波形分析奠定了理论基础。

声发射波形分析能有效地识别声源类型、声源位置，但是由于声发射信号本身的频率很高，使得采样数据大，增加了数据处理和分析难度，与参数分析相比波形分析更依赖于计算机技术和信号分析技术的发展。

(3)声发射信号的其他处理方法

全波形声发射检测仪器的出现，为利用现代信号处理手段进行声发射波形的分析与处理提供了条件。于是，出现了多种声发射信号分析技术，主要包括经典谱和现代谱分析、小波分析、相关分析等，有些技术已在实践中得到应用。同时，随着信号处理技术的发展，神经网络、盲源分离、分形等信号处理方法也在声发射信号的处理中得到应用。

7.4.5 噪声的排除方法

声发射检测需要从噪声干扰中鉴别出缺陷的声发射信号，并由特征参数表示，再由声发射源定位确定其位置，并根据特征参数的大小及声发射源位置，判断缺陷的危险性。

(1)噪声的类型及来源

声发射检测中，声发射信号中包含的噪声主要有机械噪声与电磁噪声。常见的机械噪声有：①摩擦噪声，如加载装置在加载过程中由于机械的相对滑动引起的噪声、裂纹的闭合与摩擦；②撞击噪声；③流体噪声，如高速流动、泄漏等。

(2)排除噪声干扰的基本方法

表 7-4 列出了排除噪声干扰的基本方法。

表 7-4 排除噪声干扰的基本方法

鉴别方法	主要特点	处理方法
幅度鉴别	可排除低电平的内部噪声和外部干扰	硬件
频率鉴别	可排除频带外的内部噪声和外部干扰	硬件
前沿鉴别	可排除较缓慢变化的外部干扰	硬件+软件
空间鉴别	可排除检测区域以外的外部干扰	硬件+软件
统计鉴别	可排除随机分布的外部干扰	软件为主

1)幅度鉴别 在声发射仪的主放大器的输出端，设置适当的阈值电平(也称门槛电平)，剔除低于阈值电平的仪器内部噪音干扰及周围环境的外界干扰。

2)频率鉴别　任何一种构件或设备都是由某种材料构成的,通过具体材料缺陷的声发射信号的频谱分析,确定这种材料谱线最丰富的频段,然后设置声发射检测系统的频响范围与之相对应,就可实现频率鉴别,排除频带外的干扰。声发射检测系统的频率鉴别是由传感器的谐振特性与仪器中的带通滤波器共同完成的。

3)前沿鉴别　在外界环境干扰噪声中,有些干扰信号的前沿上升时间慢。检测区域外较远的声发射源的信号经介质中的传播,前沿变缓,所以如果确定检测区域,也就确定了有用声发射信号的前沿上升时间 ΔT_0。若某一信号的前沿上升时间为 ΔT,则:当 $\Delta T \leqslant \Delta T_0$时,检测通道开通,信号被接收;当 $\Delta T > \Delta T_0$时,检测通道关闭,信号被排除。

4)空间鉴别　空间鉴别分主副鉴别与符合鉴别。

①主副鉴别。将主探头 M_j($j=1,2,\cdots,n$)置于鉴别区域内。副探头 S_i($i=1,2,\cdots,m$)置于鉴别区域外,如图 7-16 所示。当副探头 S_i 先接到信号时,把主探头 M_j 的通道关闭,排除区域外的干扰。当主探头 M_j 先接到信号时,把检测通道开通。

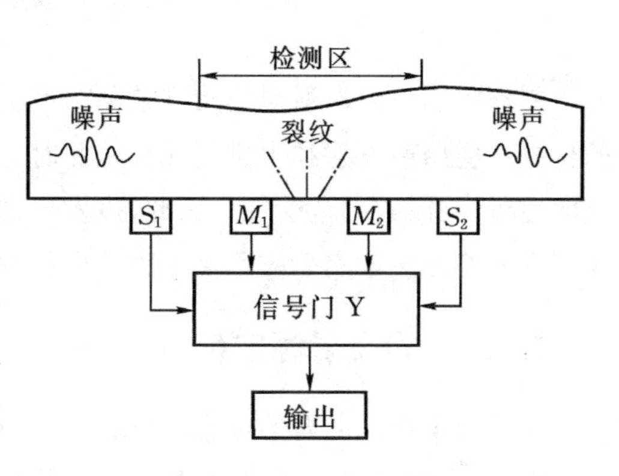

图 7-16　主副鉴别原理

②符合鉴别。这种方法所检测的区间为两探头的中间区域,如图 7-17 所示。适用于焊缝检测。

设声发射源到两个探头的时间分别为 t_1、t_2,确定符合时间为 Δt_0,则:$|t_1-t_2|$

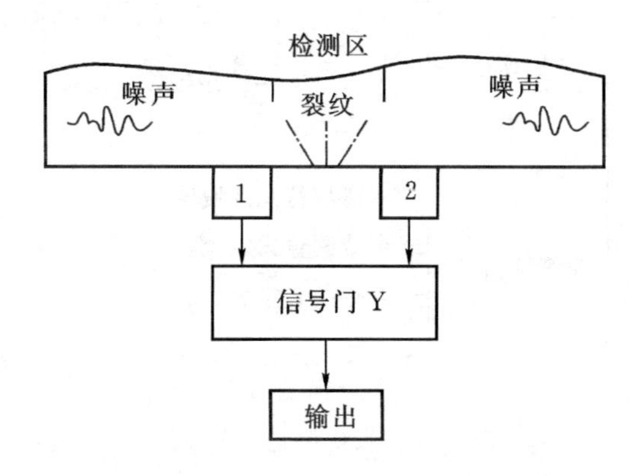

图 7-17　符合鉴别原理

$\leqslant \Delta t_0$，检测通道开通；$|t_1 - t_2| > \Delta t_0$，检测通道关闭。

时间、空间鉴别都是按一定的逻辑关系在干扰噪声中鉴别声发射信号，因此，统称为逻辑鉴别。

5)统计鉴别 对由4个探头组成的声发射源定位阵列，根据阵列的最大时差定出4个探头接收到的全部时差组合，并标出各种时差组合可能确定的位置，采用软件进行统计处理，因为缺陷位置固定不变，噪声干扰是随机的，所以作大量统计处理可以鉴别缺陷位置。

7.5 声发射源的定位方法

要评定作为声发射源的构件缺陷的严重性，除了要知道源的性质，还要知道源的位置。应用声发射技术进行无损检测时，其目的就是找出声发射源的位置，了解它的性质，判断它的危险性。因此，声发射源定位是声发射检测的重要内容，是提高声发射检测技术实际应用水平的一个关键。

7.5.1 声发射源定位方法分类

为了确定声发射源的位置，可以将几个声发射传感器按一定的几何关系放置在固定点上，组成传感器阵列，然后通过分析检测过程中各个传感器检测到的声发射信号来确定或计算声发射源的位置。定位所用的声发射检测仪器必须是多通道的。声发射源定位的主要类型如图7-18所示。

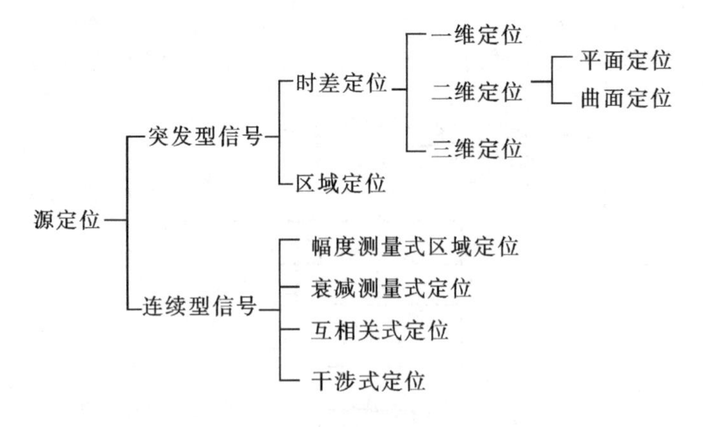

图7-18 声发射源定位方法分类

7.5.2　时差定位法

时差定位法根据同一声发射源所发出的声发射信号到达不同传感器的时间差异以及传感器布置的空间位置，通过它们的几何关系列出方程并求解，可得到声发射源的精确位置。可以同时布置多个传感器阵列，保证至少一个阵列可以接收到声发射信号。时差定位法假定材料声传播各向同性，声速为常数。

1. 一维线定位法

一维线定位就是在一维空间确定声发射源的位置，也称为直线定位。一维线定位至少采用两个传感器和单时差，是最简单的定位方式。

取两个探头连线的中点为坐标原点，取从 1 到 2 为正方向，如图 7-19 所示。声发射源的位置坐标可由下式确定

$$x = \text{sign}(\Delta t)\frac{\Delta t}{2}C \tag{7-13}$$

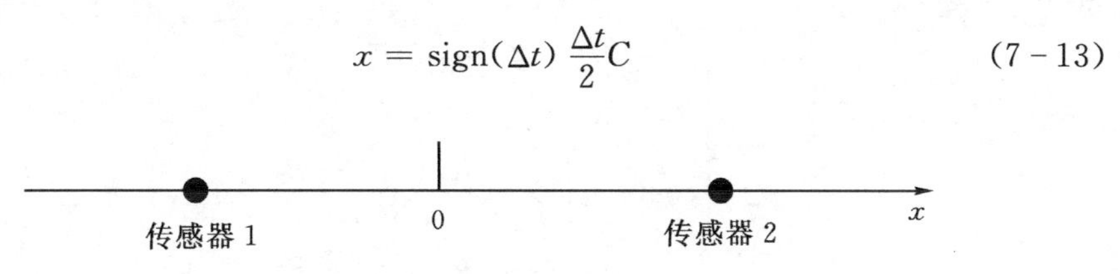

图 7-19　一维线定位示意图

式中：Δt 为到达两探头的时差（取绝对值）；C 为声速（循规波的声速）。

$\text{sign}(\Delta t) = 1$，信号先到探头 2；

$\text{sign}(\Delta t) = -1$，信号先到探头 1。

为了保证线定位的准确性，波速是关键因素。它与声发射波的模式、激励方式、材料、被检物体表面形状甚至天气情况都有关，因此要计算波速是非常困难的，最好的方法就是提前通过实验测定波速。一维线定位可用于焊缝缺陷的定位，输送管道缺陷的定位。

一维线定位法传感器布置的一般形式如图 7-20 所示。设声发射信号从声发射源 Q 到达传感器 S_1、S_2 的时差为 Δt，声速为 C，则

$$|Q_{S_1} - Q_{S_2}| = C\Delta t \tag{7-14}$$

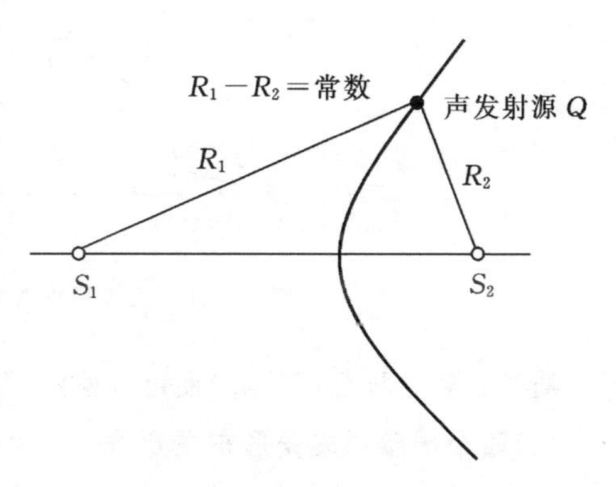

图 7-20　一维线定位的一般形式

离两个传感器距离差相等的轨迹为一条双曲线(如图 7-20 所示),声发射源位于双曲线上的某一点。这种线定位仅提供波源的双曲线坐标。

2. 二维平面定位法

二维定位至少需要三个传感器和两组时差,但为了得到单一解,一般需要四个传感器、三组时差。传感器阵列可以任意选择,但为了运算简便,常采用简单阵列形式,如三角形、正方形等。

(1)三个传感器定位法

由三个传感器构成的三角形阵列定位原理见图 7-21。S_1、S_2、S_3 为所布置的传感器,可获得的数据为声发射信号到达次序和到达时间 t_1、t_2、t_3。假设声发射传播速度为 C,声发射源距 S_1 最远,l 为角度参考线。根据其中的几何关系,可以得到以下方程式

$$\begin{cases} R_1 - R_2 = (t_1 - t_2)C \\ R_1 - R_3 = (t_1 - t_3)C \\ \cos(\theta - \theta_1) = \dfrac{R_1^2 + L_1^2 - R_2^2}{2R_1L_1} \\ \cos(\theta_2 - \theta) = \dfrac{R_1^2 + L_2^2 - R_3^2}{2R_1L_2} \end{cases} \tag{7-15}$$

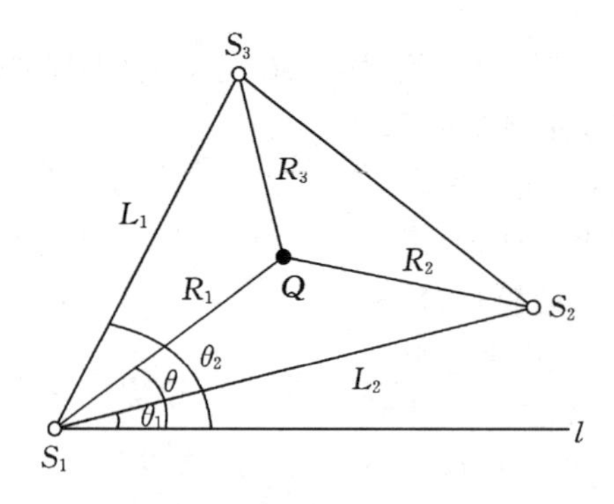

图 7-21 三传感器的声发射源平面定位

通过求解方程组(7-15)便可以确定声发射源的位置。

(2)四个传感器成菱形布置定位

如图 7-22 所示,S_1、S_2、S_3、S_4 四个传感器成菱形布置,构成平面直角坐标系。其实,这是两组线定位传感器的结合。S_1 和 S_3 组成一组传感器,设声发射源发出的信号到达传感器的时差为 Δt_x,可确定双曲线 1。S_2 和 S_4 组成另外一组传感器,设信号到达的时差为 Δt_y,得到双曲线 2。声发射源 Q 与传感器 S_1 和 S_2,S_3

和 S_4 的距离差分别为 ΔL_x 和 ΔL_y，波速为 C，两组传感器间距分别为 a 和 b。声发射源坐标为(x,y)。可得到以下方程式

$$\begin{cases}\Delta L_x = \Delta t_x C \\ \Delta L_y = \Delta t_y C \\ QS_1 - QS_3 = \sqrt{\left(x+\dfrac{a}{2}\right)^2 + y^2} - \sqrt{\left(x-\dfrac{a}{2}\right)^2 + y^2} = \Delta L_x \\ QS_2 - QS_4 = \sqrt{\left(x+\dfrac{b}{2}\right)^2 + y^2} - \sqrt{\left(x-\dfrac{b}{2}\right)^2 + y^2} = \Delta L_y \end{cases} \tag{7-16}$$

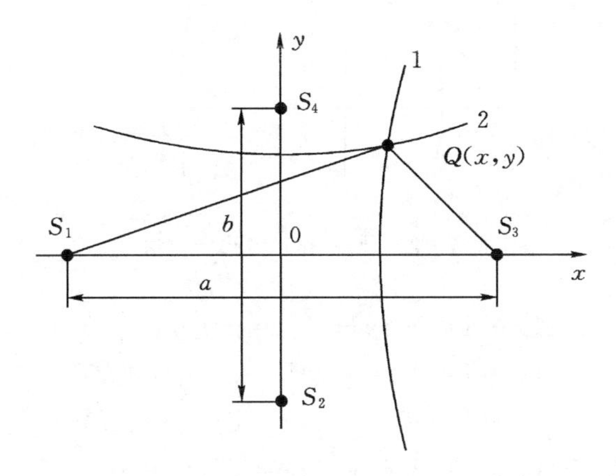

图 7-22　四传感器菱形布置平面定位

方程组(7-16)中的后两式就是双曲线1和2的方程式，声发射源位于它们的交点上，结合声发射信号到达各传感器的先后次序，解以上方程组便可确定出唯一的声发射源所在位置。信号接收次序 $S_1 \rightarrow S_3$ 时，x 取负值，反之，x 取正值。y 轴上 $S_2 \rightarrow S_4$ 时，y 取负值，反之，y 取正值。

(3)归一化正方阵定位

归一化正方阵定位是一种将声源位置坐标按传感器位置坐标归一化的定位方法，如图7-23所示。将四个传感器分别置于直角坐标系中的位置(1,1)，(−1,1)，(−1,−1)，(−1,1)。声源 $Q(x,y)$的声波到达传感器1的传播时间 t_1，而传播到传感器2、3、4相对于传感器1的时差为 Δt_2、Δt_3、Δt_4，那么 $Q(x,y)$应该位于分别以传感器1、2、3、4的位置为圆心，以 Ct_1、$C(t_1+\Delta t_2)$、$C(t_1+\Delta t_3)$、$C(t_1+\Delta t_4)$为半径的四个圆的交点上。四个圆只有一个交点，所以方程组只能有唯一解。

源位置应满足下述方程组

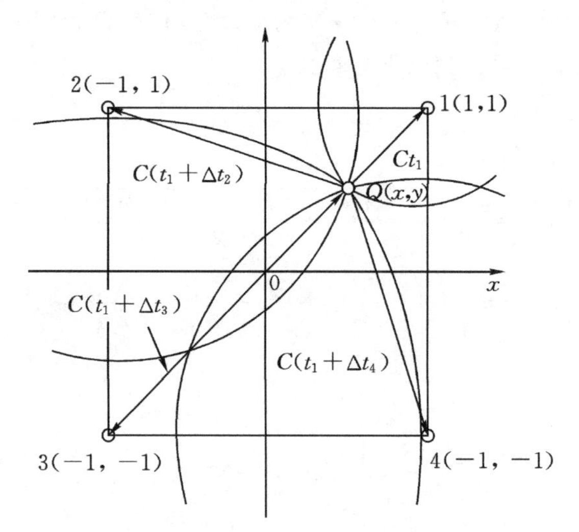

图 7-23 归一化正方形定位法

$$\begin{cases}(x-1)^2+(y-1)^2=C^2t_1^2\\(x+1)^2+(y-1)^2=C^2(t_1+\Delta t_2)^2\\(x+1)^2+(y+1)^2=C^2(t_1+\Delta t_3)^2\\(x-1)^2+(y+1)^2=C^2(t_1+\Delta t_4)^2\end{cases}\tag{7-17}$$

解上述方程组可得

$$\begin{cases}x=\dfrac{C^2\Delta t_2[\Delta t_3(\Delta t_3-\Delta t_2)-\Delta t_4(\Delta t_4-\Delta t_2)]}{4(\Delta t_4-\Delta t_3+\Delta t_2)}\\[2ex]y=\dfrac{C^2\Delta t_4[\Delta t_3(\Delta t_3-\Delta t_4)-\Delta t_2(\Delta t_2-\Delta t_4)]}{4(\Delta t_4-\Delta t_3+\Delta t_2)}\end{cases}$$

(4)平面正三角形定位法

把四个探头分别置于正三角形的三个顶点 $S_1(-1,-B)$、$S_2(1,-B)$、$S_3(0,A)$及内心 $S_0(0,0)$，且以内心为直角坐标系原点，如图 7-24 所示。$Q(x,y)$为声发射源，到 $S_0(0,0)$的距离为 r，则 $Q(x,y)$点到 S_1、S_2、S_3 的距离与 r 的差分别为

$$\delta_1=QS_1-QS_0=C\Delta t_{10}$$

$$\delta_2=QS_2-QS_0=C\Delta t_{20}$$

$$\delta_3=QS_3-QS_0=C\Delta t_{30}$$

式中：Δt_{10}、Δt_{20}、Δt_{30}分别为信号到达 S_1、S_2、S_3 相对于 S_0的时差；C 为循轨波的视在声速

则声发射源 $Q(x,y)$为四个圆的交点，方程为

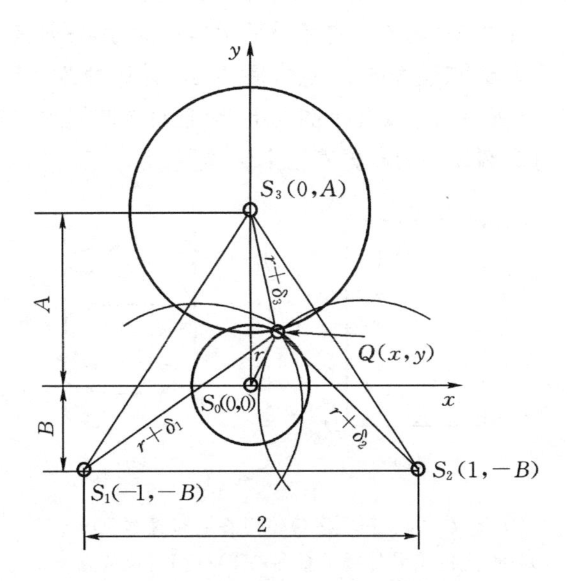

图7-24　平面正三角形定位法

$$\begin{cases}x^2+y^2=r^2=C^2t_0^2\\(x+1)^2+(y+B)^2=C^2(t_0+\Delta t_{10})^2\\(x-1)^2+(y+B)^2=C^2(t_0+\Delta t_{20})^2\\x^2+(y-A)^2=C^2(t_0+\Delta t_{30})^2\end{cases}\tag{7-18}$$

令$(A+B)^2=2^2-1$，解方程组得

$$\begin{cases}x=\dfrac{\dfrac{4}{C^2}(\Delta t_{10}-\Delta t_{20})+\Delta t_{10}^2(\Delta t_{30}+2\Delta t_{20})-\Delta t_{20}^2(\Delta t_{30}+2\Delta t_{10})+\Delta t_{30}^2(\Delta t_{20}-\Delta t_{10})}{\dfrac{4}{C^2}(\Delta t_{10}+\Delta t_{20}+\Delta t_{30})}\\y=\dfrac{\dfrac{1.3333}{C^2}(\Delta t_{10}+\Delta t_{20}-2\Delta t_{30})+\Delta t_{30}(\Delta t_{10}^2+\Delta t_{20}^2-\Delta t_{30}\Delta t_{20}-\Delta t_{30}\Delta t_{10})}{\dfrac{2.3094}{C^2}(\Delta t_{10}+\Delta t_{20}+\Delta t_{30})}\end{cases}$$

3. 曲面定位

(1)柱面定位

柱面定位是一种常见的定位方式，许多压力容器都是圆柱体，柱面定位实际上是平面定位的一种特例。

将一个圆柱面沿任意一条母线剖开就是一个矩形，声发射信号在柱面上的传播与平面上的传播是相似的，只不过需要考虑的是柱面剖开所得矩形的两边是相连接的，图中柱形剖面的 AB 与 CD 实际上是相连接的，声发射信号从 O 点到达 S_1 点后不是反射，而是从 S_1 点继续向 S_2 点传播，因此，计算时必须考虑到这一点。

一般将传感器布置在两个或几个圆周上，而且每个圆周均匀布置几个传感器，如图 7-25 所示，每个圆周均匀布置着三个传感器。

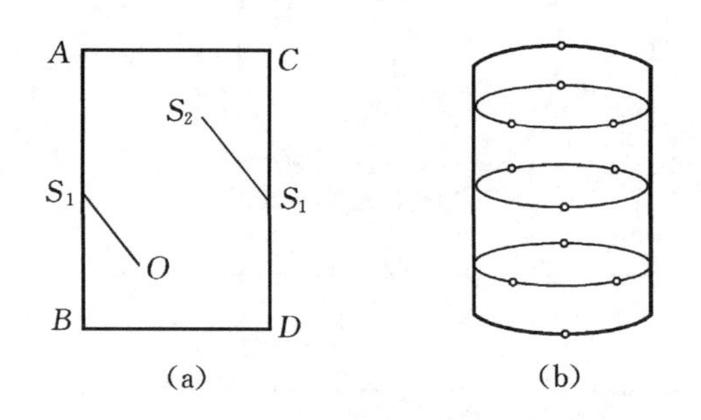

图 7-25 柱面定位位传感器布置示意图

(a)柱面定位信号传播示意图；(b)柱面定位传感器布置

(2)球面定位

球面定位也是一种常见的定位方式。利用声发射技术可以对球形容器进行声发射检测并对声发射源进行定位，传感器一般沿着几条纬线均分布置，如图 7-26 所示。由于其结构特点，声发射源的球面定位的计算比较复杂。

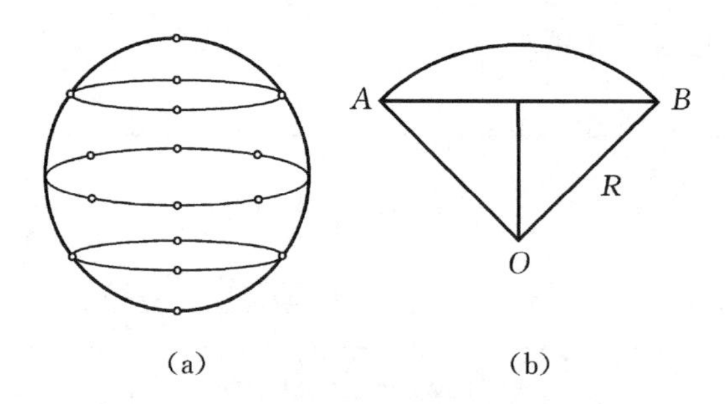

图 7-26 球面定位传感器布置示意图

(a)球面定位传感器布置；(b)球面弧长示意图

设球形容器的球心为 O，球半径为 R，容器表面上取任意两点 A、B，A、B 位置用球面坐标分别表示为 $A(\alpha_1,\beta_1)$、$B(\alpha_2,\beta_2)$，其中 α 为 0°到 360°，β 为 0°到 180°，那么球面上 AB 两点之间的最短距离(通过球心的 AB 弧长)为

$$AB^2 = R^2(\sin\alpha_1\sin\beta_1 - \sin\alpha_2\sin\beta_2)^2 + R^2(\cos\alpha_1\sin\beta_1 - \cos\alpha_2\sin\beta_2)^2 + R^2(\cos\beta_1 - \cos\beta_2)^2 \tag{7-19}$$

A、B 两点对应的弧长为

$$AB = R(\pi - 2\arccos\frac{AB}{2R}) \tag{7-20}$$

由此可得

$$AB = R\arccos[\sin\beta_1\sin\beta_2\cos(\alpha_1 - \alpha_2) + \cos\beta_1\cos\beta_2] \tag{7-21}$$

假设一个声发射源 P 在球面上的一个三角形 ABC 内部，A、B、C 三点布置着三个传感器。P 到达 A 点和 B 点的时间差为 Δt_1，到达 A 点和 C 点的时间差为 Δt_2，声发射波在球面上的传播速度为 C，P 与 A 点的距离为 L，则声发射源 P 的位置由下述方程确定

$$\begin{cases} PA = L \\ PB = L + C\Delta t_1 \\ PC = L + C\Delta t_2 \end{cases} \tag{7-22}$$

将式(7-21)代入式(7-22)可得

$$\begin{cases} \sin\beta\sin\beta_1\cos(\alpha - \alpha_1) + \cos\beta\cos\beta_1 - \cos\dfrac{L}{R} = 0 \\ \sin\beta\sin\beta_2\cos(\alpha - \alpha_2) + \cos\beta\cos\beta_2 - \cos\dfrac{L + \Delta t_1 C}{R} = 0 \\ \sin\beta\sin\beta_3\cos(\alpha - \alpha_3) + \cos\beta\cos\beta_3 - \cos\dfrac{L + \Delta t_2 C}{R} = 0 \end{cases} \tag{7-23}$$

式(7-23)中的方程为三元非线性方程的超越方程组，用解析法很难求解，要确定声发射源的位置，可以选择合适的数值解法。非线方程组的数值解法很多，牛顿迭代法有较快的收敛速度和比较好的稳定性。对式(7-23)采用牛顿迭代法求解，它的导数矩阵为：

$$\begin{bmatrix} -\sin\beta\sin\beta_1\sin(\alpha - \alpha_1) & \cos\beta\sin\beta_1\cos(\alpha - \alpha_1) - \sin\beta\cos\beta_1 & \dfrac{1}{R}\sin\dfrac{L}{R} \\ -\sin\beta\sin\beta_2\sin(\alpha - \alpha_2) & \cos\beta\sin\beta_2\cos(\alpha - \alpha_2) - \sin\beta\cos\beta_2 & \dfrac{1}{R}\sin\dfrac{L + \Delta t_1 C}{R} \\ -\sin\beta\sin\beta_3\sin(\alpha - \alpha_3) & \cos\beta\sin\beta_3\cos(\alpha - \alpha_3) - \sin\beta\cos\beta_3 & \dfrac{1}{R}\sin\dfrac{L + \Delta t_2 C}{R} \end{bmatrix} \tag{7-24}$$

在三角形 ABC 内选定声发射源位置初始值，选用合适的步长，代入上面的迭代方程经过一定次数的迭代便可确定出声发射源的位置。在球形容器表面均匀布

置传感器,通过以上算法,就可找到球面上不同位置的声发射源。

4. 区域定位

区域定位法不是通过求解方程组来确定声发射源的坐标,而是根据接收到声发射源信号的传感器个数和相对时差次序来判断声发射源所在的小区域。区域定位允许比时差定位更大的传感器间距,但最大间距也不能超出传感器可以检测到的有效范围,保证至少有一个传感器可以接收到信号,这需要根据声发射波在材料中的衰减特性确定。区域定位不需要知道声发射信号在材料中的传播速度。

区域定位过程中,不需要记录和计算时差,但需要记录每个声发射信号到达每个传感器的顺序。如图 7-27 所示,当仅考虑首次到达撞击信号时,可提供波源所在的主区域,而该区域以首次接收传感器与临近传感器之间的中间点连线为界。当考虑第二次或第三次到达撞击信号时,可进一步确定主区域中的第二或第三分区。这样便可逐次精确地判断声发射源的位置。

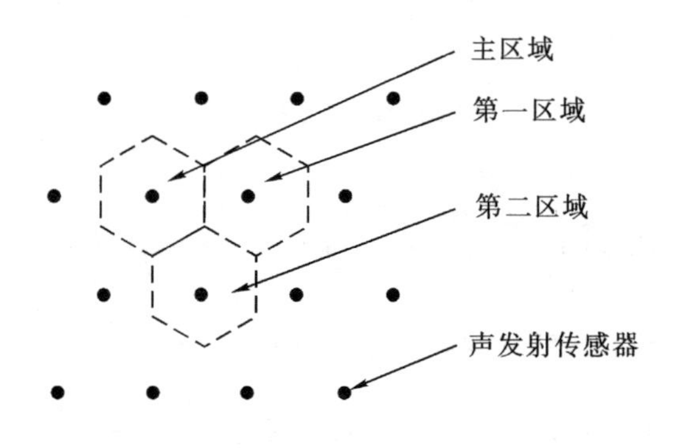

图 7-27 区域定位示意图

区域定位处理速度快、简便、不易误定位,但是定位精度比较低,可以应用于时差定位不方便或者对定位精度要求不高的场合。

7.5.3 连续型声发射源的互相关定位法

前面讨论的声发射源定位方法,检测仪器都可以直接测得信号到达各个传感器的精确时间,从而算出定位时差。但是,对于连续型声发射源,检测仪器无法测定同一段声发射波到达不同传感器的时间差,无法直接利用时差定位法。必须寻求新的定位方法,下面将介绍连续型声发射源的互相关定位法。

任意一个波 $x(t)$和另一个延迟时间为 τ 的波 $y(t+\tau)$之间的互相关函数

$$R_{xy}(\tau) = \frac{1}{T}\int_0^T x(t)y(t+\tau)\mathrm{d}t \tag{7-25}$$

从式(7-25)可知,如果 τ 是变化的,则互相关函数是 τ 的函数。由于积分是在有限时间内进行的,所以 $R_{xy}(\tau)$ 肯定会存在一个最大峰值。由互相关函数性质知道,如果 $\tau=\tau'$ 时,$R_{xy}(\tau)$ 取得最大值,那么 $y(t)$ 相对于 $x(t)$ 的延迟时间就是 τ'。利用互相关函数的这一特点,就可以测定一个随机信号的传播速度。

在实际检测中,信号都是由一定数量的离散采样数据构成的,$x(t)$、$y(t)$ 成为 $x(n)$、$y(n)$。假设 $x(n)$、$y(n)$ 是由 N 个离散数据点构成的,n 从 0 到 N,$n>N$ 时,函数值为零。则信号 $x(n)$ 与延迟时间为 m 的 $y(n+m)$ 的互相关函数为

$$R_{xy}(m)=\frac{1}{N}\sum_{0}^{N-1}x(n)y(n+m) \tag{7-26}$$

式中:N 为信号的采样点个数。

如果 $m=m_{max}$ 时,相关函数 $R_{xy}(m)$ 取最大值,那么 m_{max} 就是信号 $x(n)$ 与 $y(n)$ 之间的延迟采样时间间隔数。采样频率 f 已知,由式(7-27)可以得到两个信号的延迟时间 Δt。m 的变化范围是 $-N\sim N$。

$$\Delta t=\frac{m_{max}}{f} \tag{7-27}$$

7.6　压力容器缺陷有害度评价与分类

7.6.1　压力容器缺陷有害度分类

目前,压力容器缺陷有害度可以按升压过程发射频度、声发射源活动性和强度或保压期间的声发射特性分类。

(1)按升压过程发射频度分类

升压过程发射频度是声发射检测对缺陷有害度评价中最早的方法,它只考虑升压过程声发射信号出现的频度,而不注意声发射信号的强度。按这种分类方法将缺陷的有害度分为三级。

①A 级。严重声发射信号——升压过程中频繁出现的声发射信号源。对于这种缺陷,应该采用其他无损检测方法复验。

②B 级。重要声发射信号——升压过程中发生频度较低的声发射信号源。对于这种缺陷,应作详细记录和报告,以便再次检测时参考。

③C 级。无关紧要的声发射信号——偶尔出现的声发射信号源,对于这种缺陷,不必作进一步评价。

(2)按声发射活动性和强度分类

美国 ASEM 标准 1976 年在频度分类的基础上提出了按声发射源活动性和强

度评价缺陷危险性的方法。

声发射活动性是指声发射事件计数或振铃计数随压力变化的频度，如图7－28所示，可分为：危险活动性缺陷、活动性缺陷、稳定性缺陷。

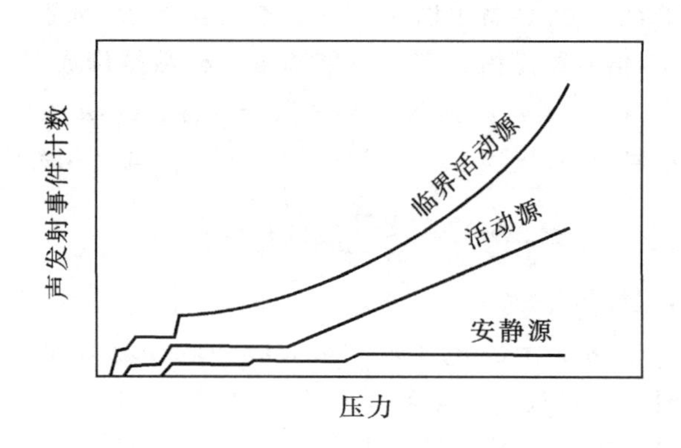

图7－28 缺陷活动性图解

声发射强度是以声发射事件（或每个事件的能量）的平均幅度（或反映幅度的其他参数）来作为声发射强度的量度。图7－29就是表示强度的一个实例。压力在 P_0 以下，声源不活跃；压力在 $P_0 \sim P_1$ 间，声源是低强度的；压力在 $P_1 \sim P_2$ 间，声源是高强度的；压力在 $P_2 \sim P_3$ 间，声源属于危险强度。

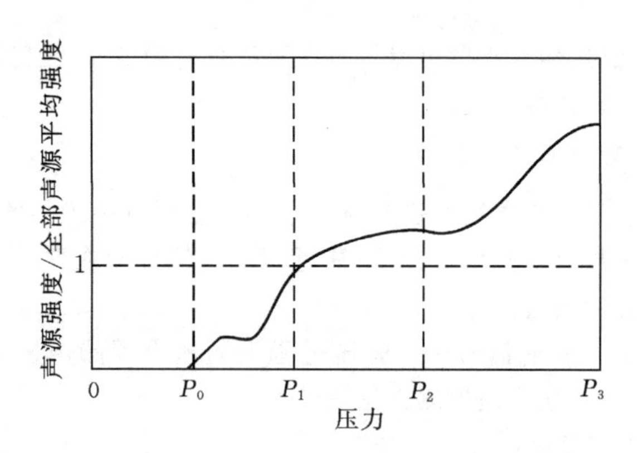

图7－29 声源强度表示方法

(3)按保压期间的声发射特性分类

对于某些材料的压力容器，在升压过程中其声发射特性变化不明显时，则可按在某一压力下保压期间的声发射特性来评价该压力容器的完整性。其原理是以保压时的声发射持续特性为主要依据，结合升压的声发射特征，将容器分为四类，如图 7-30(a)所示。

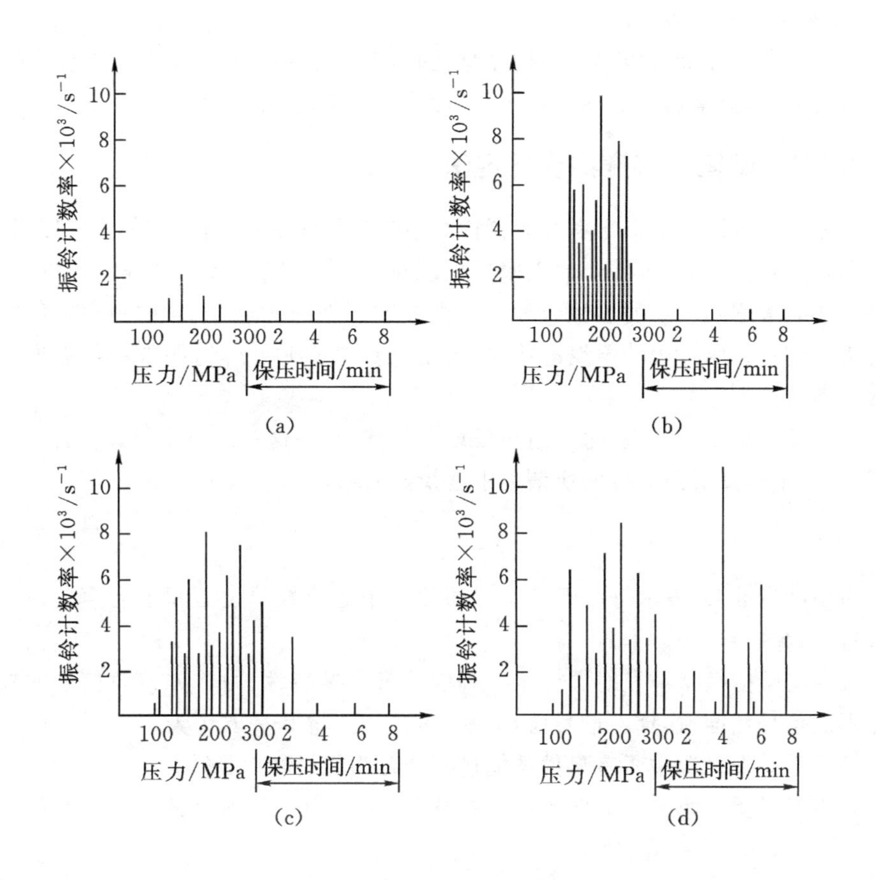

图 7-30　球形容器保压过程中声发射特性

(a)一类型容器；(b)二类容器；(c)三类容器；(d)四类容器

第一类　升压过程中没有或只有少量随压力升高而分散出现的低幅度声发射信号，在保压时没有声发射。通过容器爆破表明，此类特性的声发射源是稳定的，容器属于完整的。

第二类　升压至低、中压力时有较强的声发射，而保压时没有声发射。这种类型声发射源也比较稳定，实验表明，属于较完整的容器。

第三类　不论升压时声发射的强烈程度如何，在保压初期声发射快速收敛，这种类型的声发射源不够稳定，应视保压时声发射收敛速度的快慢来决定对容器的取舍、报废或缩短使用期限。

第四类 无论在升压过程中声发射的强烈程度如何，在保压时声发射收敛缓慢或持续出现或越来越强烈，这类容器具有很不稳定的缺陷，爆破压力低于设计压力，属于很不完整的容器。

用这一方法评价压力容器结构完整性时，确定保压时的压力是非常重要的，保压的压力大小，应根据容器的使用压力、检验压力和设计压力综合考虑。

7.6.2 缺陷有害度综合评定法

上述评价方法是靠操作者在容器检测当中分析评定的，有一定的主观因素，不够精确，也不便于实时报警。为克服这些缺点，提出了缺陷有害度综合评价方法，这种方法既考虑到声发射事件数和每个声发射事件的能量，也考虑到声发射源位置的集中度和升压过程的声发射特性，可由计算机实时处理这四方面的数据并发出报警信号。

在声发射源定位中，若每一组声发射事件数为 n_i，这一组声发射源位置的分散半径为 r_i，则声发射源定位的所谓集中度指数 C_i 为

$$C_i = \frac{n_i}{\pi {r_i}^2} \tag{7-28}$$

集中度指数 C_i 表示每一组声发射源靠近中心位置单位面积上的声发射事件数，单位为脉冲数/平方米。

根据实验前模拟声发射源标定得到的信号衰减特性，由首先接收信号的探头所测得的信号幅度，换算出信号源的最大幅度 V_0，将其平方作为声发射事件的能量。把一组声发射源中所有事件的能量总和称为能量释放指数。

若声发射源中第 j 个事件释放的能量为 $E_{0j}=(V_{0j})^2$，则能量释放指数为

$$E_i = \sum_{j=1}^{ni} E_{0j} \tag{7-29}$$

根据集中度指数 C_i 和能量释放指数 E_i，按图 7-31 所示方法将声发射源的不稳定行为的强度分为四级。“等级”线的位置取决于容器材料的声发射特性和所受的压力。

再根据容器水压试验时所得到的声发射参数随压力变化的图形，把缺陷的不稳定性分成四种“类型”，如图 7-31 所示。它也是每一组声发射源能量释放的综合结果。将缺陷在加压过程中产生的声发射特征分为安全、较安全、不安全和特别不安全四类，分别以Ⅰ、Ⅱ、Ⅲ、Ⅳ表示，如表 7-5 所示。

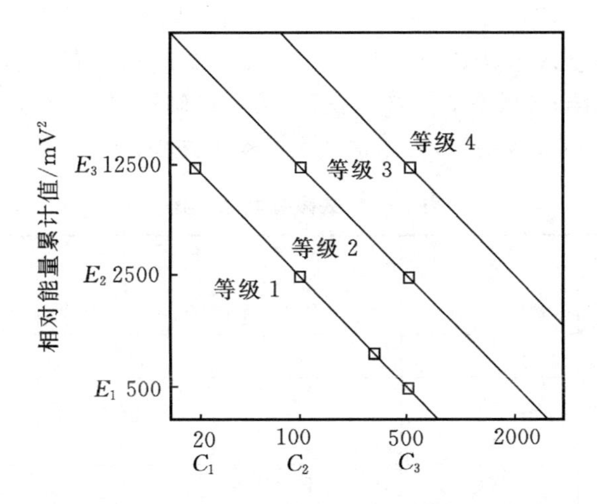

图 7－31　缺陷不稳定行为强度等级的确定方法

表 7－5　声发射类型说明图

释放能量图谱	累积分布曲线	特性	类型
		偶尔产生	Ⅰ
		集中在低压	Ⅱ
		集中在中压	
		在高压下增大	Ⅲ
		整改试验期间频繁发生	Ⅳ

最后根据已定出的声发射强度“等级”和缺陷“类型”，按表 7-6 的排列方法评定缺陷的有害度(分为 A、B、C、D 四级)。A 级需特别注意，最有害的缺陷；B 级需注意，较有害的缺陷；C 级不需要注意，基本无害的缺陷；D 级不需要注意，无害的缺陷。其中，A 级和 B 级缺陷，需用常规无损检测方法验证。

表 7-6 缺陷有害度分类

缺陷类型 \ 强度等级	1	2	3	4
Ⅰ	D	D	C	B
Ⅱ	D	C	C	B
Ⅲ	D	C	B	A
Ⅳ	C	B	A	A

由于声发射数据是由计算机实时处理的，故可根据缺陷有害度的顺序自动发出报警。

7.7 声发射检测技术的应用

7.7.1 丙烷球罐声发射检测

某石化公司液化气车间的 4 台 200 m^3 丙烷球罐(投用时间为 12 年)定期全面检验。球罐基本参数列于表 7-7。对球罐进行超声检测时发现大量内表面裂纹，裂纹打磨消除后进行了整体热处理。

表 7-7 球罐基本参数

设计压力	1.74 MPa	操作压力	0.8 ～1 MPa
设计温度	－19～50℃	操作温度	－19～50℃
规格	Φ7100×26 mm	介质	丙烷
设计材质	16MnR	使用材质	SPV36

超声波检测过程中，4 台丙烷球罐共计发现 24 处缺陷，其中 9 处为超标缺陷，加之 4 台球罐处理裂纹的过程中留下大量凹坑，打磨深度超过 7 mm 部位均补焊并经射线与磁粉检测合格。但是否能安全运行，都需经声发射检测并安全评定后

方可下结论。因为按《在用压力容器检验规程》的相关条款，这4台200 m^3丙烷球罐都不得继续投用，除非修理后并经安全评定合格才能继续使用。基于此目的，采用以声发射检测为主的评定方法来确定这4台球罐经修复后还可以继续使用的可能。表7-8列出了球罐水压实验的基本参数

表7-8　球罐水压实验的基本参数

<table>
<tr><td rowspan="2">测试条件</td><td>环境温度</td><td>试压介质</td><td>介质温度</td><td>最高工作压力</td><td>试验压力</td><td>水压试验未发现异常</td></tr>
<tr><td>30℃</td><td>水</td><td>25℃</td><td>1.74 MPa</td><td>2.175 MPa</td><td>合格</td></tr>
<tr><td rowspan="2">测试仪器</td><td colspan="2">仪器型号</td><td colspan="2">通道</td><td colspan="2">检测频率</td></tr>
<tr><td colspan="2">SPARTAN AT 32</td><td colspan="2">16</td><td colspan="2">100～300 kHz</td></tr>
<tr><td>定位方式</td><td colspan="6">三角形定位</td></tr>
<tr><td>特征参数</td><td colspan="6">声发射信号的振幅</td></tr>
</table>

在球罐水压试验过程中同时进行声发射整体监测，水压试验的加载程序如图7-32所示。1#球罐压力从1.5 MPa开始进行数据采集、2#球罐压力从0.5 MPa开始进行数据采集、3#球罐压力从1.0 MPa开始进行数据采集、4#球罐压力从1.0 MPa开始进行数据采集，共进行两个加压循环。4台丙烷球罐的声发射检测记录见表7-9。

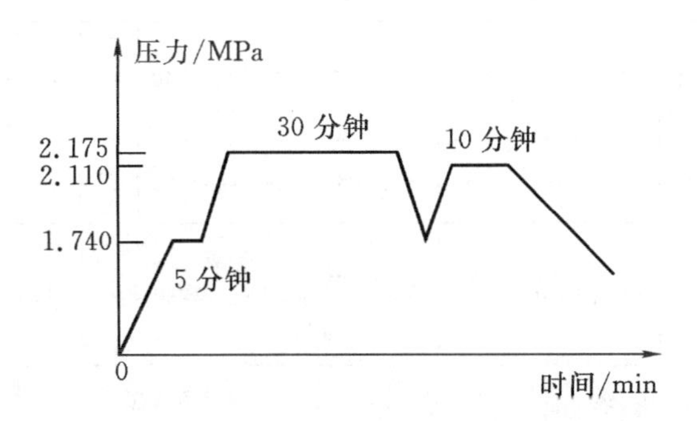

图7-32　水压试验加载过程示意图

4台200 m^3丙烷球罐在两次加压循环过程中均出现较多声发射信号，经定位分析并根据源的活度等级划分方法，认为：在升压和保压过程中，1#球罐出现了3个声发射源，2#球罐出现了7个声发射源，3#球罐出现了2个声发射源，4#球罐声出现了4个声发射源，这些声发射源的活度等级都划分为弱活性中强度声发

射源，综合等级划分为C级。4台球罐不需要进行常规无损检测方法复验，可在不超过评定计算压力1.74 MPa下继续使用。

表7-9　4台200 m³丙烷球罐声发射检测记录

<table>
<tr><td colspan="2">仪器型号</td><td colspan="2">SPARTAN AT32</td><td colspan="4">耦合剂</td><td colspan="2">真空脂</td><td colspan="2">探头型号</td><td colspan="4">R15</td></tr>
<tr><td colspan="2">检测频率</td><td colspan="2">100～300 kHz</td><td colspan="4">固定方式</td><td colspan="2">磁夹具</td><td colspan="2">检测日期</td><td colspan="4">2002.8.3</td></tr>
<tr><td rowspan="7">1＃球罐</td><td rowspan="3">探头灵敏度标定</td><td>模拟源</td><td colspan="4">HB Φ0.5 mm铅芯折断</td><td colspan="4">探头平均灵敏度83 dB</td><td colspan="2">最大
87 dB</td><td colspan="2">最小
80 dB</td></tr>
<tr><td>探头编号</td><td>1</td><td>2</td><td>3</td><td>4</td><td>5</td><td>6</td><td>7</td><td>8</td><td>9</td><td>10</td><td>11</td><td>12</td></tr>
<tr><td>灵敏度 dB</td><td>84</td><td>82</td><td>80</td><td>87</td><td>80</td><td>81</td><td>81</td><td>83</td><td>82</td><td>84</td><td>83</td><td>84</td></tr>
<tr><td>背景噪声</td><td><30 dB</td><td colspan="2">门槛电平</td><td>40 dB</td><td>增益</td><td>20 dB</td><td>模拟源</td><td colspan="5">HBΦ0.5 mm铅芯折断</td></tr>
<tr><td rowspan="3">信号衰减记录</td><td colspan="2">最大探头间距</td><td colspan="3">4300 mm</td><td colspan="4">衰减测量探头号</td><td colspan="4">4</td></tr>
<tr><td colspan="2">模拟源距离/m</td><td>0.1</td><td colspan="2">0.5</td><td colspan="2">1.0</td><td colspan="2">1.5</td><td colspan="2">2.0</td><td colspan="2">4.3</td></tr>
<tr><td colspan="2">信号幅度/dB</td><td>88</td><td colspan="2">83</td><td colspan="2">78</td><td colspan="2">74</td><td colspan="2">71</td><td colspan="2">51</td></tr>
<tr><td rowspan="7">2＃球罐</td><td rowspan="3">探头灵敏度标定</td><td>模拟源</td><td colspan="5">HBΦ0.5 mm铅芯折断</td><td colspan="5">探头平均灵敏度83 dB</td><td colspan="2">最大
87 dB</td><td colspan="2">最小
80 dB</td></tr>
<tr><td>探头编号</td><td>1</td><td>2</td><td>3</td><td>4</td><td>7</td><td>8</td><td>9</td><td>10</td><td>11</td><td>12</td><td>13</td><td>14</td><td>15</td><td>16</td></tr>
<tr><td>灵敏度 dB</td><td>83</td><td>84</td><td>81</td><td>88</td><td>81</td><td>84</td><td>83</td><td>84</td><td>82</td><td>84</td><td>86</td><td>85</td><td>82</td><td>84</td></tr>
<tr><td>背景噪声</td><td><30 dB</td><td colspan="3">门槛电平</td><td>40 dB</td><td>增益</td><td>20 dB</td><td colspan="3">模拟源</td><td colspan="5">HB Φ0.5 mm铅芯折断</td></tr>
<tr><td rowspan="3">信号衰减记录</td><td colspan="2">最大探头间距</td><td colspan="4">3750 mm</td><td colspan="4">衰减测量探头号</td><td colspan="4">4</td></tr>
<tr><td colspan="2">模拟源距离/m</td><td colspan="2">0.1</td><td colspan="2">0.5</td><td colspan="2">1.0</td><td colspan="2">1.5</td><td colspan="2">2.0</td><td colspan="2">4.0</td></tr>
<tr><td colspan="2">信号幅度/dB</td><td colspan="2">88</td><td colspan="2">83</td><td colspan="2">78</td><td colspan="2">74</td><td colspan="2">71</td><td colspan="2">55</td></tr>
</table>

续表 7-9

仪器型号	SPARTAN AT32	耦合剂	真空脂	探头型号	R15
检测频率	100～300 kHz	固定方式	磁夹具	检测日期	2002.8.3

罐号	项目															
3#球罐	探头灵敏度标定	模拟源	HBΦ0.5 mm 铅芯折断				探头平均灵敏度 83 dB				最大 87 dB		最小 80 dB			
		探头编号	1	2	3	4	5	6	7	8	9	10	11	12		
		灵敏度 dB	84	82	81	87	80	82	81	82	83	84	83	84		
	背景噪声	<30 dB	门槛电平	40 dB	增益	20 dB	模拟源	HBΦ0.5 mm 铅芯折断								
	信号衰减记录	最大探头间距	4300 mm		衰减测量探头号		4									
		模拟源距离/m	0.1	0.5	1.0	1.5	2.0	4.3								
		信号幅度/dB	88	83	78	74	71	51								
4#球罐	探头灵敏度标定	模拟源	HBΦ0.5 mm 铅芯折断				探头平均灵敏度 83 dB				最大 87 dB		最小 80 dB			
		探头编号	1	2	3	4	5	6	7	8	9	10	11	12	13	14
		灵敏度 dB	85	84	82	88	84	82	82	85	82	84	83	85	85	86
	背景噪声	<30 dB	门槛电平	40 dB	增益	20 dB	模拟源	HBΦ0.5 mm 铅芯折断								
	信号衰减记录	最大探头间距	3750 mm		衰减测量探头号		4									
		模拟源距离/m	0.1	0.5	1.0	1.5	2.0	4.0								
		信号幅度/dB	88	83	78	74	71	55								

探头布置：1、3 共 12 个探头（中间层 10 个，上下各 1 个），2、4 共 14 个探头（中间层 12 个，上下各 1 个）排列成三角网络形式进行整体监测

7.7.2 复合材料拉伸过程中的声发射检测

通过分析材料破坏过程中的声发射信号来判断材料中缺陷的类型和位置，是检测材料缺陷的新技术。近几年，声发射检测技术在材料的研究中的应用得到了越来越多的重视。

1. 实验条件

1)试件 本实验所用试件为16MnR/0Cr18Ni9Ti复合材料所制，由16 mm厚的16MnR钢板与4 mm厚的0Cr18Ni9Ti钢板复合而成，试件的形状及尺寸如图7-33所示，属于层叠型复合材料。它是利用炸药爆炸释放的能量，使两种金属高速碰撞，在界面达到冶金结合的一种复合材料。16MnR和0Cr18Ni9Ti分别称作基层和复层。16MnR是压力容器常用钢材，一般用以满足复合钢板对强度、刚度和韧性等力学性能的要求，复层0Cr18Ni9Ti属不锈钢，一般用以满足复合钢板对耐蚀性、耐氧化的要求。因此16MnR/0Cr18Ni9Ti复合材料同时具备了不锈钢及基层16MnR钢的优点，既降低了成本，又能满足实际需求，被广泛应用于食品、化工、医药、原子能工业，制造各种耐酸容器、管道、换热器和耐酸设备等。

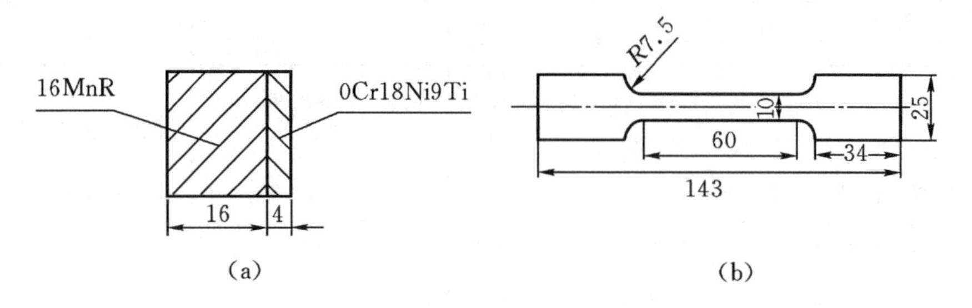

图7-33 16MnR/0Cr18Ni9Ti复合材料试件形状及尺寸(单位mm)
(a)截面示意图；(b)试件形状

2)实验仪器及设备 加载设备为美国INSTRON公司生产的INSTRON-1195型万能材料试验机，测试仪器为美国PAC公司生产的PCI-2型数字化声发射监测系统。实验过程及测点布置如图7-34所示。

3)加载方式 采用位移控制加载，试验机的加载速率为2 mm/min，匀速单向拉伸。

4)声发射检测仪器参数设置 实验中设置的参数如表7-10所示。表中参数大都根据常用值设定，阈值需根据现场情况经试验设定，一般以能排除现场噪声为准。

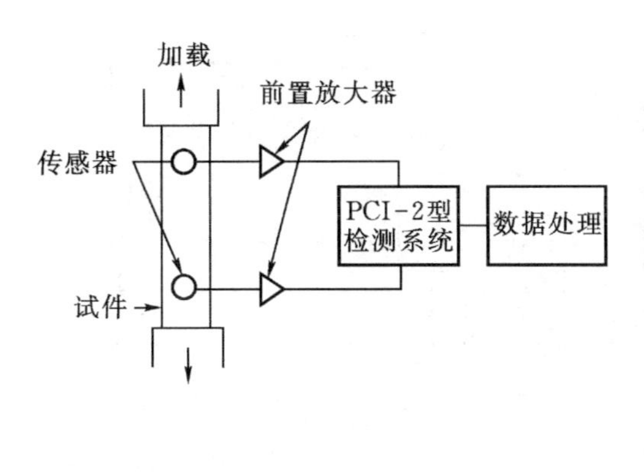

(a)

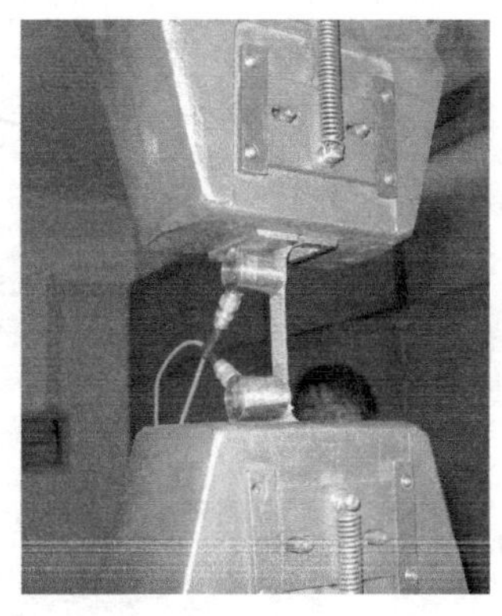

(b)

图 7-34　实验过程示意图及测点布置

(a)实验过程示意图；(b)测点布置

表 7-10　声发射仪器参数设置

参数类别	设置值	参数类别	设置值
通道	选择 1、2 通道	峰值定义时间 PDT	200 μs
阈值	45 dB	撞击定义时间 HDT	800 μs
前置放大器增益	40 dB	撞击闭锁时间 HLT	1000 μs
采样率	1 MB	波形采集	打开
预触发时间	256 μs	传感器	R15 型
采样长度(一个波击内)	1 k	采集参数	时间、幅值、能量、持续时间等

2. 试验结果及分析

(1)材料拉伸声发射信号的参数分析

图 7-35 为 16MnR/0Cr18Ni9Ti 复合材料拉伸时位移与载荷之间的拉伸曲线。可以看出，应力整体变化平稳，材料没有明显的屈服阶段，韧性较好，不易判别材料损伤破坏的不同阶段及各个阶段的危险性。

由于复合材料结构不均匀，组成相对复杂，并且在遭受损伤时，多种损伤断裂源叠加在一起同时作用，加上声发射波的传播比较复杂，接收的声发射信号畸变严重，所以不能用单个 AE 参量跟踪、识别受载材料的形变断裂过程，需要对多个声发射参数综合分析。拉伸过程中的声发射信号以突发型为主，伴随少量连续型

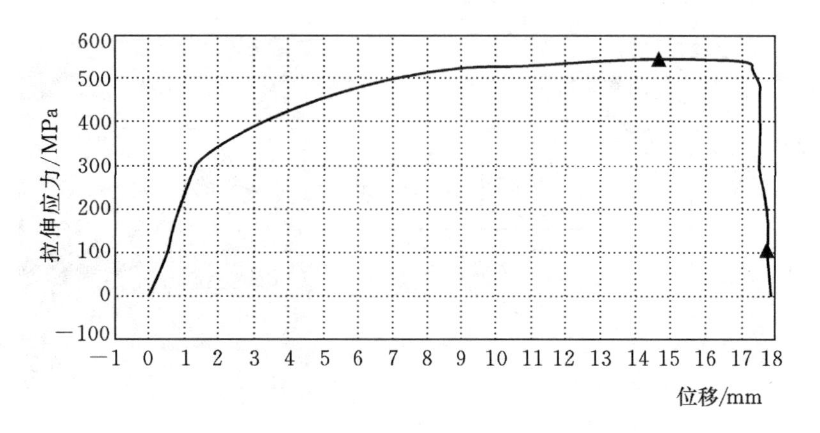

图 7-35 试件拉伸载荷-位移关系曲线

信号。

由于声发射信号的突发性特点，对声发射信号统计时采用阶段统计法，以 3 秒为一个统计单元。图 7-36、7-37 分别是试件拉伸时声发射信号(2 通道)的累计能量、振铃累计数随时间的变化曲线。由图可以看出，两者随时间的变化趋势基本一致。可以将试件拉伸时的声发射过程大致分为三个阶段：初始阶段、中间阶段和断裂阶段。

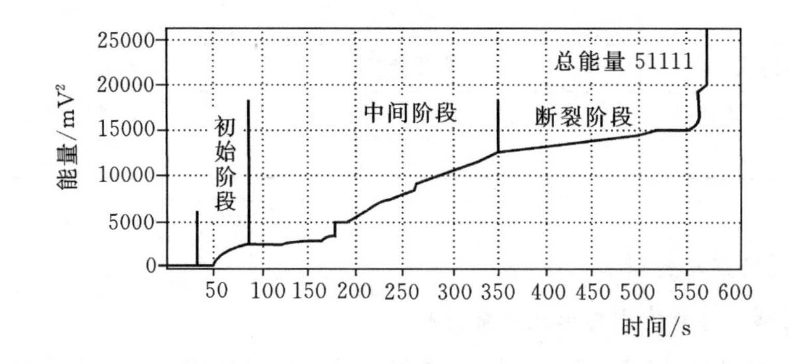

图 7-36 试件拉伸声发射累计能量-时间曲线

①初始阶段。包括从拉伸开始的 35 秒到 80 秒之间的拉伸过程，约占试件总拉伸时间的 8%。从图 7-35 可知，此阶段拉伸位移从 0 到约 1.5 mm 处，拉伸应力为 0 至 300 MPa 左右，这个阶段应力值增长很快，达到最大应力(544 MPa)的 55%。由图 7-36 可知，试件即将断裂时的能量累计大约为 20000(不含断裂能

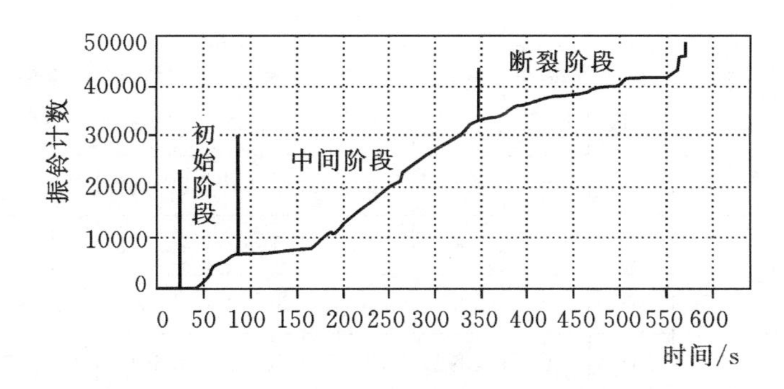

图7-37　声发射信号振铃累计数-时间关系曲线

量)，而本阶段的能量累计值大约为2400，所占总能量比例比较小，大约为$\frac{1}{10}$。

②中间阶段。该阶段从声发射监测时间的80秒到350秒左右，约占总拉伸时间的50%。从图7-35可知，拉伸位移从1.5 mm到约10.5 mm，拉伸应力从300 MPa到接近最大载荷544 MPa，与初始阶段相比，中间阶段应力增长较为缓慢。由图7-36可以看出，这个阶段的所有声发射信号的能量累计约为10000，占断裂前声发射总能量的50%，由此可知，这期间材料内部因受拉伸所引起的声发射活动比较强烈。

③断裂阶段。这个阶段从声发射监测的350秒到试件的最后断裂。从图7-35可看出，虽然该阶段的拉伸位移从10.5 mm增长到17.9 mm，但是其最大拉伸应力几乎没有增长，并且在试件即将断裂时迅速减小。

由图7-36可知，断裂前该阶段声发射能量累计为8000左右，而且约50%的能量集中在断裂前几秒时间内，其余拉伸时间里能量增长则比较缓慢。此外，在材料断裂时产生了一个能量超过30000的极高强度声发射信号。开始时，这个阶段的能量累计越来越缓慢，直到试件快要断裂时，能量才又迅速增加。这是因为，当复合板的层间开裂和分离发生以后，材料拉伸的弹性阻力减小，故声发射活动比较弱，继续拉伸试件，细小裂纹开始扩展，引起应力集中，积累大量能量，当材料临近断裂时，较大的宏观裂纹开始出现并扩展，能量以弹性波的形式释放出来，材料的声发射活动又强烈起来。

各阶段的声发射特征参数如表7-11所示，从中可以看出中间阶段计数、能量、持续时间、幅度等参数的最大值比初始阶段增大了许多。断裂阶段声发射特征参数最大值又有所增加，表明材料的破坏更加严重。

表 7-11 拉伸各阶段声发射信号特征参数统计

特征参数	最小值			最大值			平均值		
	初始阶段	中间阶段	断裂阶段	初始阶段	中间阶段	断裂阶段	初始阶段	中间阶段	断裂阶段
上升时间/μs	0	0	0	841	879	6584	36.562	19.79	23.395
振铃计数	1	1	1	348	133	1982	16.575	14.95	14.408
能量/mV^2	0	0	0	182	1205	30671	6.123	5.56	36.048
持续时间/μs	0	0	0	4892	13326	64538	385.19	360.57	358.65
幅度/ dB	45	45	45	79	89	98	51.554	51.58	51.495

由以上分析可知，声发射技术可以很好地监测试件的拉伸破坏过程。16MnR/0Cr18Ni9Ti 复合材料试件拉伸过程中应力和声发射活动强度与应变的关系趋势如图 7-38 所示，试件断裂前有两个声发射高峰，第一个主要由材料内部的微观变化引起，以位错运动为主，声发射强度比较弱；第二个主要由宏观破坏引起，

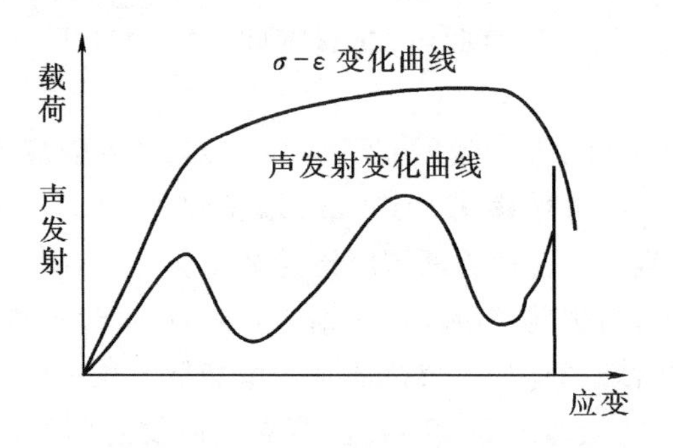

图 7-38 拉伸过程的声发射活动

包括层间开裂等，声发射强度比较大。两个高峰期前都有一个声发射活动比较弱的势能积累阶段。第二个声发射活动高峰过后，材料进入危险阶段，虽然整体声发射信号较弱，但是在临近断裂时会因为较大裂纹的出现而产生少数高强度信号。

(2)材料拉伸声发射信号的频谱分析

利用声发射参数的统计特征便于分析整个拉伸过程，但是由于参数的复杂多变性，很难确定统一的标准，使得它们在区分不同的信号方面并不是很理想。下面给出各个拉伸阶段声发射信号的幅值谱图和功率谱图，如图 7-39、7-40、7-41

所示。

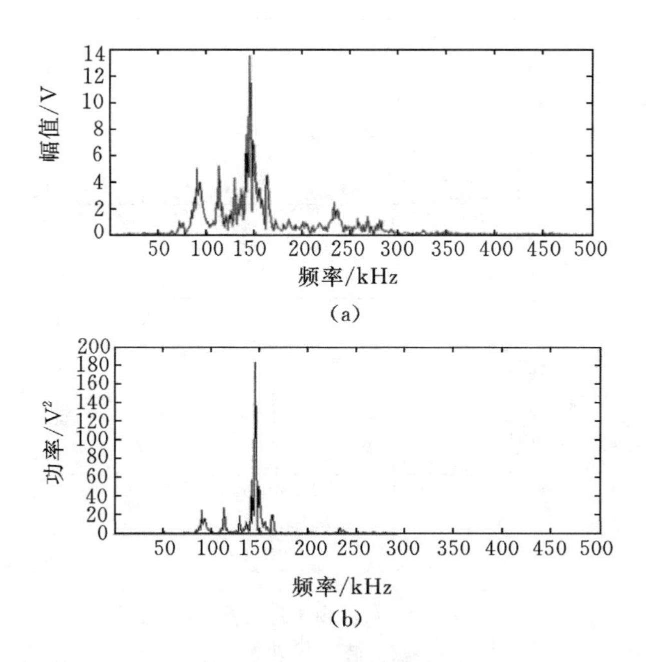

图7-39 初始阶段声发射信号波形分析图

(a)幅值谱；(b)功率谱

由图7-39(a)可以看出，信号在145 kHz处有一个明显的峰值，此外，在90 kHz和110 kHz还各有一个次峰，但是峰值相对主峰都很小。由图7-39(b)可以看出，信号能量主要集中在80 kHz到170 kHz之间，这个频段的能量占信号总能量的81.04%。

图7-40(a)可以看出中间阶段声发射信号的频率成分比初始阶段变得复杂了，频率向高频扩展，主峰位于260 kHz处，在160 kHz处有一个比较大的次峰，其他次峰都较小。由图7-40(b)可以看出，信号的能量在90 kHz到170 kHz和255 kHz到270 kHz两个频段上比较大，其中，前一个频段能量占信号总能量的52.63%，后一个频段能量占17.14%。虽然主峰所在高频段比较窄，但是也占有不小的能量。

由图7-41(a)可以看出最后阶段声发射信号的频率主要集中在低频段，并且频率成分也比前两个阶段的信号复杂许多，主峰在30 kHz处，此外，在35 kHz、55 kHz、90 kHz和105 kHz各有一个幅值比较大的次峰。图7-41(b)信号的功率谱图，清晰表明信号的能量集中在10 kHz与170 kHz这个频段上，该频段能量达到信号总能量的93.48%。它的频谱特征可以作为试件断裂的前兆。

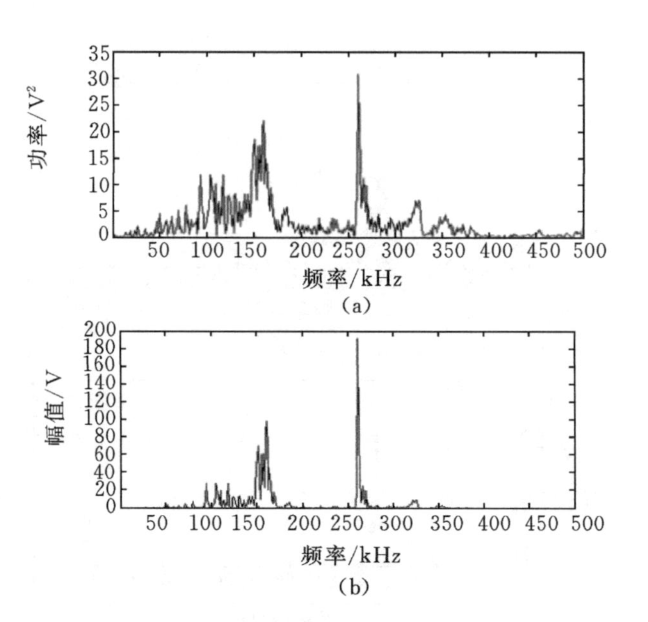

图 7-40　中间阶段声发射信号波形分析图
(a)幅值谱；(b)功率谱分

表 7-12 是以上分析结果的对比。从中可以看出不同拉伸阶段声发射信号的不同频率特征。

表 7-12　不同拉伸阶段声发射信号的频率特征

信号发生阶段	主要频段/kHz	主要频段能量比例	主峰频率/kHz
初始阶段	80～170	81.04%	150
中间阶段	80～170 255～270	52.63% 17.14%	260
断裂阶段	10～170	93.48%	30

以上分析表明，试件拉伸过程中不同阶段的声发射信号具有不同的频谱特征，可以据此对试件不同拉伸阶段的声发射信号作进一步的分析，分析不同的损伤模式。拉伸过程中声发射信号的频率不断变化，先向高频扩展再向低频扩展，变化明显。需要说明的是，以上各个阶段信号的频率特征是每个阶段主要声发射信号的特征，由于材料内部声发射源的复杂性，要尽可能根据连续的几组信号来判断材料

的损伤破坏情况，以提高分析的准确性。

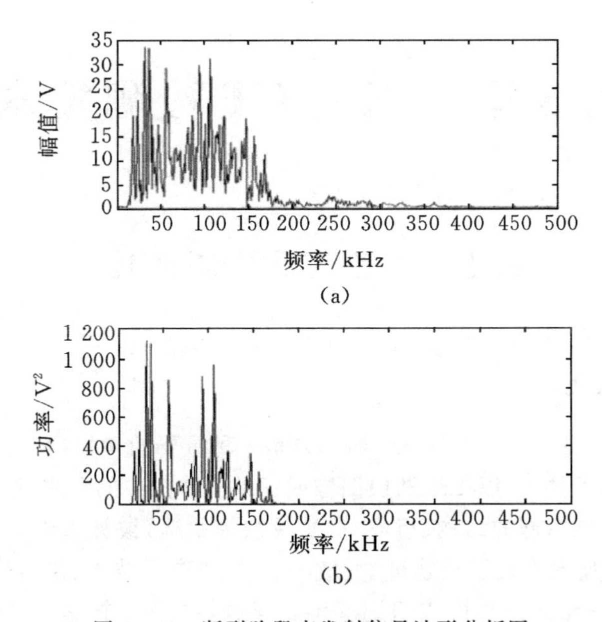

(a)

(b)

图7-41　断裂阶段声发射信号波形分析图

(a)幅值谱；(b)功率谱

第 8 章　工业 CT 检测技术

8.1　工业 CT 检测概述

8.1.1　概述

工业 CT(Computerized Tomography)是一种重要的无损检测技术，它能在对检测物体无损伤条件下，以二维断层图像或三维立体图像的形式，清晰、准确、直观地展示被检测物体内部的结构、组成、材质及缺损状况，被誉为当今最佳无损检测技术。工业 CT 技术涉及了核物理学、微电子学、光电子技术、仪器仪表、精密机械与控制、计算机图像处理与模式识别等多学科领域，是一个技术密集型的高科技产品。

CT 技术是基于射线与物质的相互作用原理，通过投影重建方法获取被检测物体的数字图像，全面解决了传统 X 射线照相装置影像重叠，密度分辨率低等缺点。CT 技术最引人瞩目的应用是在医学临床诊断领域，这种 CT 被称为医用 CT (MCT)，CT 技术已发展到第五代超高速动态三维 CT 。

工业 CT 广泛应用于汽车、材料、航天、航空、军工、国防等产业领域，为航天、运载火箭、飞船、航空发动机、大型武器、地质结构的检测和分析以及机械产品质量的检测提供了新的手段。本章将介绍工业 CT 检测技术的发展、原理和应用。

8.1.2　CT 技术的发展

上世纪初奥地利数学家 J. Randon 的研究工作为 CT 成像技术建立了数学理论基础，但直到上世纪 70 年代随着计算机技术的发展，CT 技术才取得突破，并首先应用于医学诊断。

1967 年英国科学家 Godfrey Hounsfield 发明了 CT 设备的基本组成部分：重建数学、计算技术、X 射线探测器。1972 年他研制出了世界上第一台 CT 系统，获得了人体清晰的断层图像，并开始用于医疗诊断。

20 世纪 70 年代末，CT 检测技术开始应用于工业领域。美国航天实验室为了解决火箭贮氢柜在重复使用过程中可能出现裂纹的问题，制造了两台工业 CT

(ICT)机,并用于贮氢柜的检测,成为工业 CT 早期在工程领域应用的成功例子。经过 30 余年的发展,工业 CT 研究已成为无损检测的一个专门的分支,并已在航空、航天、军事工业、核能、石油、电子、机械、地质、考古等领域广泛应用。

我国从 20 世纪 90 年代初期开始引进和研究工业 CT 技术。目前我国已研制出了 420 keV X 射线机工业 CT、2～9 MeV 系列高能工业 CT 系统,并已用于工业产品检验。

8.1.3　工业 CT 技术的主要特点

工业 CT 能精密、准确地再现物体内部的三维立体结构,能定量地提供物体内部的物理、力学特性,如缺陷的位置及尺寸、密度的变化及水平 ,异型结构的形状及精确尺寸,物体内部的杂质及分布等信息,主要用于工业产品的无损检测和探伤。工业 CT 的功能和特性在很多方面优于 X 射线、超声、涡流等无损检测方法,它的主要特点有:

①工业 CT 给出试件的断层扫描图像,从图像上可以直观地看到检测目标细节的空间位置、形状、大小,目标不受周围细节特征的遮挡,图像容易识别和理解;

②工业 CT 具有突出的密度分辨能力,高质量的 CT 图像可达 0.1%甚至更小,比常规射线照相技术高一个数量级;

③工业 CT 采用高性能探测器,动态范围可达 1 万以上,胶片照相动态范围一般为 200～1000,图像增强器的动态范围一般可达 500～2000;

④工业 CT 图像是数字化的结果,从中可直接给出像素值、尺寸甚至密度等物理信息,数字化的图像便于存储、传输、分析和处理。

8.1.4　工业 CT 与医用 CT 的比较

1. CT 的主要技术指标

医用 CT 的主要技术指标是获取断层图像时间;工业 CT 的主要技术指标是扫描时间、空间分辨率和密度分辨率。

目前医用 CT 采用 20 世纪 80 年代中期出现的第五代扫描方式,仅需 50～100 ms 即可获取一幅断层图像,可用于心脏等运动器官的扫描。工业 CT 虽然也把扫描时间看作重要的技术指标之一,然而更注重提高空间分辨率或密度分辨率,以达到各种工业应用所需满足的要求。目前工业 CT 主要采用第二、三代扫描方式。

2. CT 的分类

医学 CT 分为 X 射线透射 CT(即普通 CT)、发射 CT(ECT)及核磁共振

(NMR)CT 三大类。

工业无损检测领域,除 X 射线外,还采用 γ 射线、中子射线等。采用 X 射线管的 XCT 应用所占比重最大。工业应用中 X 射线的能量范围、射线管等也不同,对于大型工件有时还必须采用直线加速器产生高能 X 射线。

3. CT 结构

医用 CT 都是保持病人静止,因而都有相当庞大的装有复杂机电设备的运动部件。工业 CT 都是射线源及探测器系统保持静止或作少量移动,被测工件作必要的扫描运动。

8.1.5 CT 设备的扫描方式

CT 技术发展中,图像重建所需要的数据扫描方式经历了五个阶段,即五代 CT 扫描方式。第一代 CT 扫描方式,采用 X 射线束单探测器,系统相对于被检物作平行步进式移动扫描以获得 N 个投影值,被检物则按 M 个分度作旋转运动,见图 8-1。这种扫描方式被检物仅需转动 180°即可。第一代 CT 扫描方式结构简单、成本低、图像清晰,但检测效率低,在工业 CT 中已很少采用;第二代 CT 扫描方式在 1 个扇形角度内安放几个探测器。一次平移时间内,几个探测器同时记录

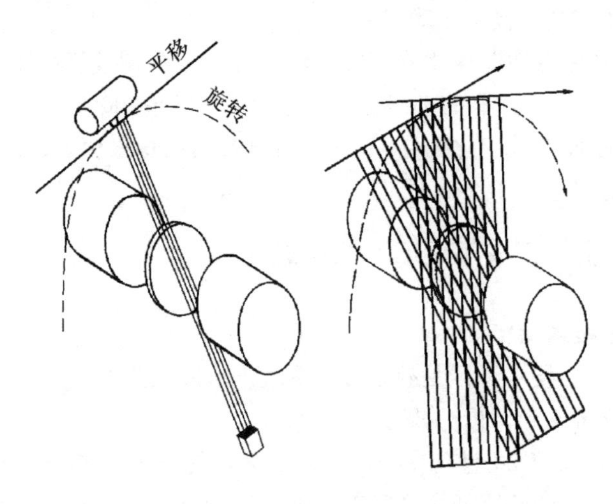

图 8-1 第一代 CT 扫描方式

许多平行射束。同时机架平移以后旋转与扇形顶角一样大的角度,如图 8-2 所示。第三代 CT 扫描方式取消了平移运动,而由大扇角、宽扇束、全包容被检断面的扫描替代,如图 8-3 所示。因此,第三代 CT 扫描运动单一、易于控制、效率高,理论上被检物只需旋转一周即可检测一个断面,是目前应用最广泛的扫描方式。

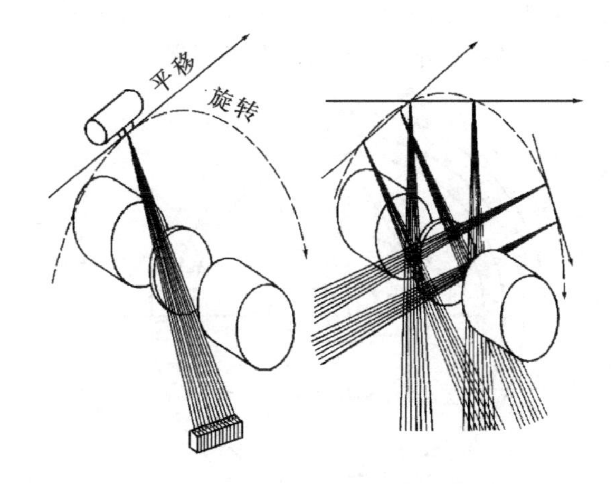

图 8-2　第二代 CT 扫描方式

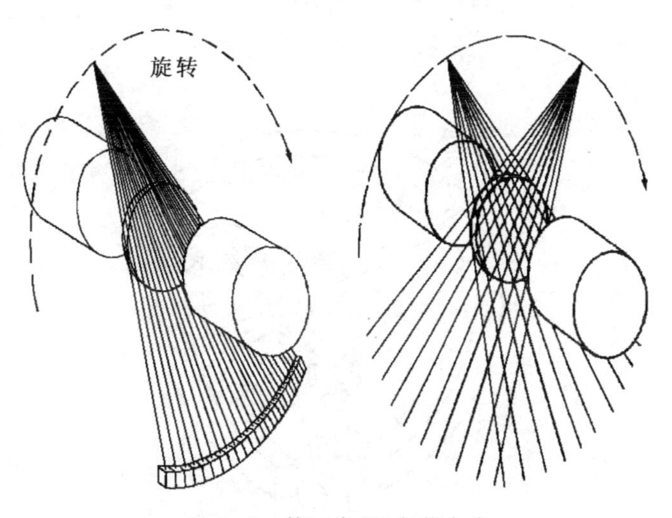

图 8-3　第三代 CT 扫描方式

第四代 CT 扫描方式也是一种大扇角、全包容、只有旋转运动的扫描方式，其探测器形成一个环形阵列，仅由辐射源转动实现扫描，如图 8-4 所示。其特点是扫描速度快、成本高，目前仅在医用 CT 上使用。第五代 CT 扫描方式是一种多源多探测器的扫描，射线源与探测器按 120°分布，工件与源相对探测器间不转动，仅有管子沿轴向的快速分层运动。图 8-5 是一种钢管生产在线检测与控制壁厚的 CT 系统；工业 CT 机中用得最普遍的是第三代与第二代扫描方式，其中尤以第二代扫描方式用得最多，这是因为它运动单一、易于控制，适合于被检物回转直径不太大的中小型产品的检测，且具有成本低、检测效率高等优点。

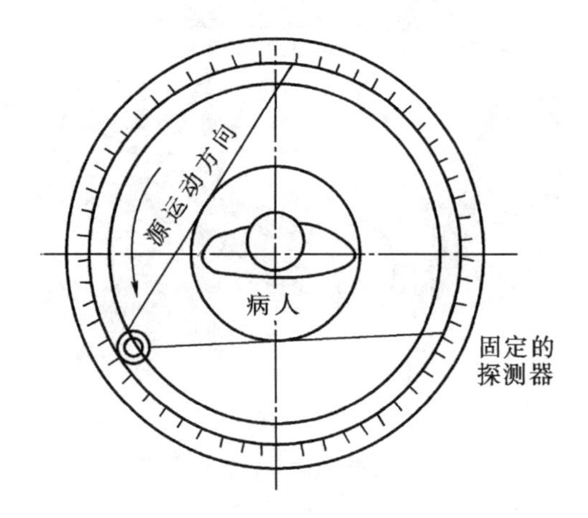

图 8-4　第四代 CT 扫描方式

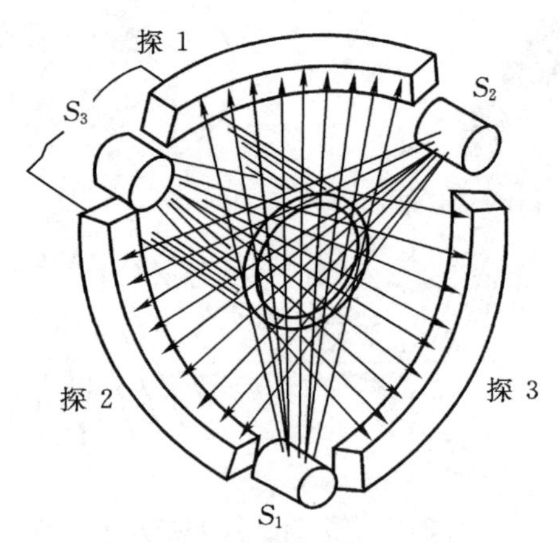

图 8-5　第五代 CT 扫描方式

8.2　工业 CT 检测技术的基本原理

8.2.1　工业 CT 的原理

计算机层析成像技术使用不同的能量波作为辐射源，其工作原理也有所不同。在工业无损检测中广泛应用的是透射层析成像技术（ICT），使用的辐射源多为低能 X 射线、高能 X 射线或^{192}Ir、^{137}Cs 和^{60}Co 等 γ 射线。以 X 射线和 γ 射线作为辐射源的工业 CT，其工作原理仍是射线检测原理。

计算机层析成像的关键是影像重建。影像重建的基本输入是在 180°范围内所有的平行射束集合，获得这些基本输入的简单基本的办法是按照第一代方式进行扫描。扫描时当一束 X 射线射入某种物质，将发生光电效应、康普顿效应、电子对生成，使入射射线的强度随入射长度的增加而减弱，并服从指数衰减规律。

设扫描欲得到一幅 $M\times N$ 个像素的图像，必须有 $M\times N$ 个独立的方程式才有可能解出衰减系数矩阵内每一点的值。对于被检物的断层，实际上是一个有一定厚度（层厚）的薄片。射线透射时把该薄片认为是由 $M\times N$ 个体素组成的物体，每一体素对应着一个衰减系数值。工业 CT 机通过扫描探测可得到 $M\times N$ 个射线计数和 I 值，再经过计算机按照一定的图像重建算法，可重建出具有 $M\times N$ 个值的二维灰度图像。

8.2.2　影像重建方法

影像重建是根据从有限方向上对各个剖面进行衰减测量得到的衰减值来产生一幅 X 射线衰减值二维分布影像的数学处理过程。影像重建有很多种算法，总体上可归结为 3 种基本类型。

1. 代数重建方法

这是一种迭代型方法，每次迭代都将近似重建的影像的投影同实际测得的剖面进行比较，将差值再反向投影到影像上，得到一幅新的近似影像。对所有投影方向都进行上述计算，一次迭代完成。当迭代进行一定次数后，认为结果已足够精确，重建过程便告结束，如图 8-6 所示。这种方法计算精确、耗时很长，必须等到全部测量数据求出后才能开始迭代运算，因此，在现代 CT 机中已很少采用。

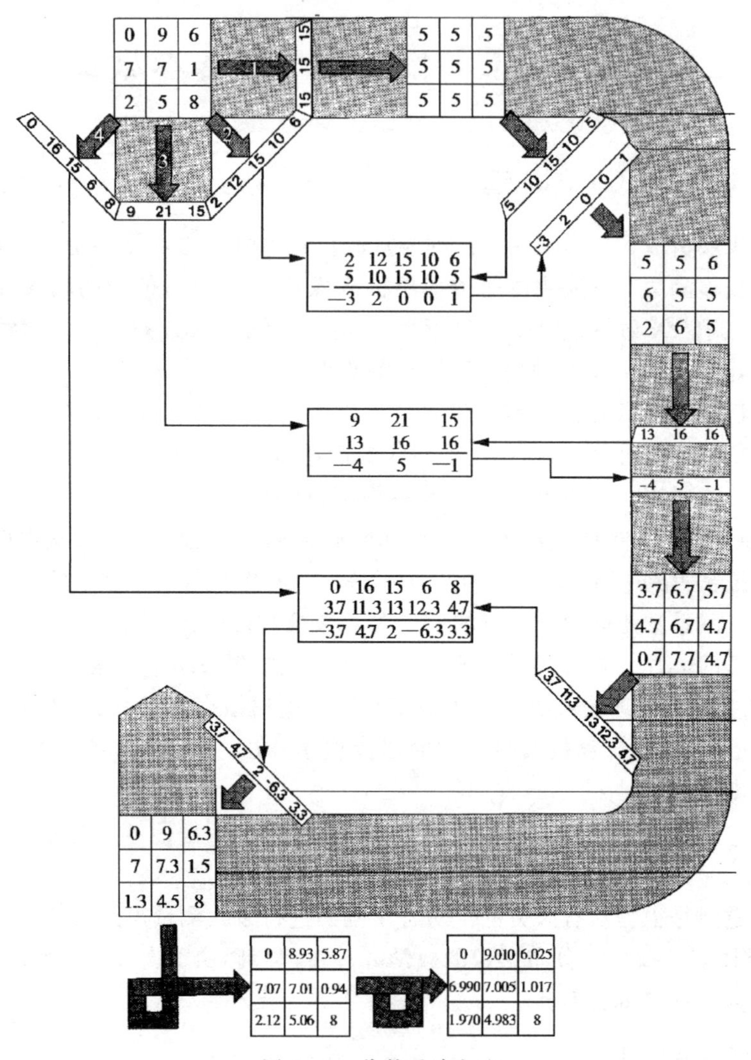

图 8-6 代数重建方法

2. 反投影方法

反投影是一种应用投影几何原理进行影像重建的方法(图 8-7(a))。设在 XY 平面上有一个断层 T,从甲、乙、丙 3 个方向进行 X 射线投影,可得到 3 个不同方向的投影像。用胶片记录这 3 个投影,然后取断层 T,用光线从记录胶片的背面作反投影,则在 XY 面上将出现 3 条阴影。这 3 条阴影交叉处就是原先断层内 A 的影像。如果投影方向不断增加,则 XY 面上 A 处的阴影浓度加深,近似于原来的图形 A,四周伴有逐渐变淡的云晕状阴影(图 8-7(b))。

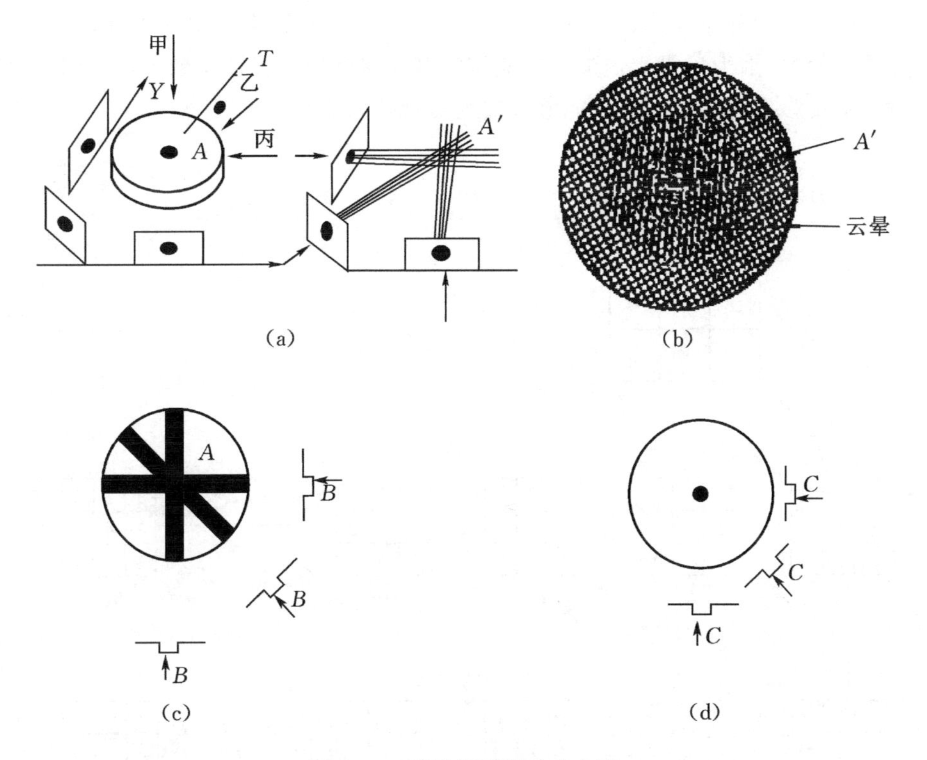

(a)　(b)　(c)　(d)

图8-7　反投影影像重建方法

3. 卷积-反投影法

反投影重建影像方法的关键在于如何消除四周云晕状阴影。图8-7(c)中，A作为原物体，B为记录投影密度曲线。如果不直接将曲线B进行反投影，而是按一定比例在曲线B的突出左右两侧各加上一些负值，对曲线先进行校正，则得到图8-7(d)所示的曲线C。用曲线C进行反投影迭加的结果是一个边缘清晰的像。将投影记录曲线从B到C的变换，就是卷积加权的数学处理过程，也称滤波过程。卷积-反投影过程如图8-8所示。设一个断层由9个像素组成，中间像素密度值为1，其余各像素密度值均为0。从A、B、C、D四个方向分别记录断层的密度分布，得到a、b、c、d四条投影曲线。如果直接用上述四条投影曲线作反向投影，即$\boldsymbol{A}'$、$\boldsymbol{B}'$、$\boldsymbol{C}'$、$\boldsymbol{D}'$这四个投影矩阵分别迭加，得到矩阵$\boldsymbol{M}'$，其中央密度是4，四周围有8个1，这8个1就是云晕状阴影。

若在反投影之前，将得到的四条投影曲线的左右各乘以负1/3的比例值，然后再进行反投影，即得到$\boldsymbol{A}''$、$\boldsymbol{B}''$、$\boldsymbol{C}''$、$\boldsymbol{D}''$四条反投影矩阵分布图。这四个反投影迭加的结果，中心像素密度值是4，四周8个像素值是0，矩阵$\boldsymbol{M}''$如实地反映了原来断层的密度分布规律。矩阵中心的像素密度值 4 和原来断层的密度值 1 可以认为是等价的，因为反投影迭加后还应该将其结果除以反投影次数。这个结果说明，卷积-反投影重建影像的方法能够如实地再现原来影像。

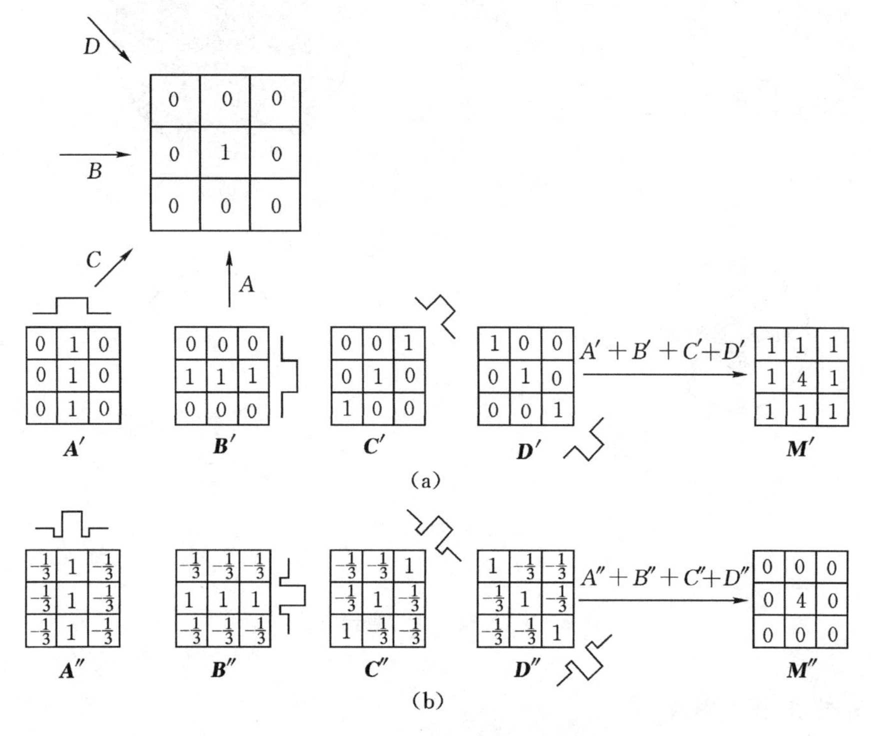

图 8-8 卷积-反射投影原理图

(a)反投影；(b)卷积反投影

因此，卷积反投影法先对采样函数值进行修正，然后利用反投影法重建影像。第三代 CT 扇形扫描方式均采用此方法，该方法的计算可在扫描系统作机械运动时进行，扫描完成后再作短暂处理就可以建立影像。如何确定校正函数是唯一存在的问题，也是目前各国厂商彼此间相互保密、竞相角逐的关键所在。

8.3 工业 CT 的图像质量

工业 CT 扫描和重建给出的是与试件几何结构、材料组分及密度特性相对应的直观断层图像，容易为人们接受和理解。但是，工业 CT 成像要经过大量的数学运算及复杂的技术过程，而且，最终的图像还受设备、工艺等多方面因素影响。为得到高质量的 CT 扫描图像，并进行正确分析和表征，需要对工业 CT 图像知识有全面了解。本节介绍工业 CT 图像的一般特点；描述图像质量的三个主要性能指标：空间分辨率、密度分辨率及伪像，并分析影响这些性能指标的因素。

8.3.1　工业 CT 图像的一般特点

1. 像素及其影响因素

图像上每一点称为像素，工业 CT 图像是经过一定的算法计算出的二维数值阵列（例如 256×256、512×512 或 1024×1024 等）。其扫描时有一定厚度的切片，扇形射线束与这一厚度的试件材料发生作用，最终图像上每一个像素实际上对应了试件中一个小体元，因此，有时将像素称为体素。像素的数值(CT 值)与小体元内材料衰减系数的平均值成比例。影响像素的因素如下。

(1)衰减系数

由于衰减系数与材料的物理密度成近似比例关系，也与材料的组分特性及射线能量有关，所以习惯上将由衰减系数表征的像素值说成密度值，将灰度反差表征的分辨率说成密度分辨率。

在医用 CT 中，通常将空气的 CT 值设定为－1000，水为 0，衰减系数为水的 2 倍的材料的 CT 值定为＋1000。工业 CT 中通常将空气的 CT 值定为 0，对于其他材料没有标准的 CT 值规定。

(2)噪声干扰

影响工业 CT 像素值的另外一个因素是扫描和重建过程中引入的噪声干扰，即使是完全均匀的材料，在 CT 图像上也不可能得到一致的像素值。

2. 像素平均值 μ_0 和标准偏差值

从工业 CT 图像上可以得到设定范围内像素的最大值、最小值、平均值和标准偏差值。若设定范围内包含 m 个像素，每个像素的值为 $\mu_i(i=1,2,3,\cdots,m)$，则像素平均值 μ_0 和标准偏差值，由下式决定

$$\mu_0=\frac{1}{m}\sum_{i=1}^{m}\mu_i,\qquad \sigma=\left[\frac{\sum\limits_{i=1}^{m}(\mu_i-\mu_0)^2}{m-1}\right]^{\frac{1}{2}} \tag{8-1}$$

标准偏差值是像素值相对平均值的变化范围量度，它代表了噪声大小。σ/μ_0 代表了一定区域范围的信噪比。

3. 工业 CT 图像的动态范围

工业 CT 图像的动态范围可达 10^6 以上，而实时成像的动态范围为 500～

2000,胶片照相的动态范围为200～1000。工业CT成像比实时成像和胶片照相具有更大的透照宽容度及密度分辨率,极限情况下工业CT的密度分辨率可达0.02%。

4. 窗宽/窗位调整

CT图像显示一般都有窗宽/窗位调整功能。窗宽决定了图像灰度的显示范围,窗位决定了此范围一半的位置所对应的灰度值。通过窗宽/窗位的调整有助于观察不同灰度层次细微特征。有时也采用伪彩色功能。将一定范围的灰度值定为一种颜色,在特定场合利于改善显示效果。

5. 缺陷检测灵敏度

一个缺陷能否被检测到,取决于其是否引起了所在图像位置像素值的变化,缺陷在像素对应的物体体元内所占的比例越大最后在图像上引起的反差也越大。当缺陷所占比例很小,以致引起的反差在噪声之内时,此缺陷就难以检出。像素尺寸的大小是CT尺寸测量的最小量度。它与物体尺寸及重建矩阵大小有关,例如直径为100 mm的物体,重建矩阵为1024×1024,则像素尺寸约为0.1 mm。

8.3.2 工业CT图像质量性能指标及影响因素

1. 对比度分辨率

当细节与背景之间具有低对比度时,将一定大小的细节从背景中鉴别出来的能力,称为对比度分辨率。

该指标具体是指通过扫描水模的低密度部分,然后重建影像,在一定的对比度差异条件下,能看到的最小直径圆的大小。一般水模低密度部分有3个区域,每一个区域表示一定的对比度差异,而且包含有不同直径的柱体。其直径分别是15 mm、12 mm、9 mm、6 mm、3 mm。图8-9表示水模低对比度部分的横截面。

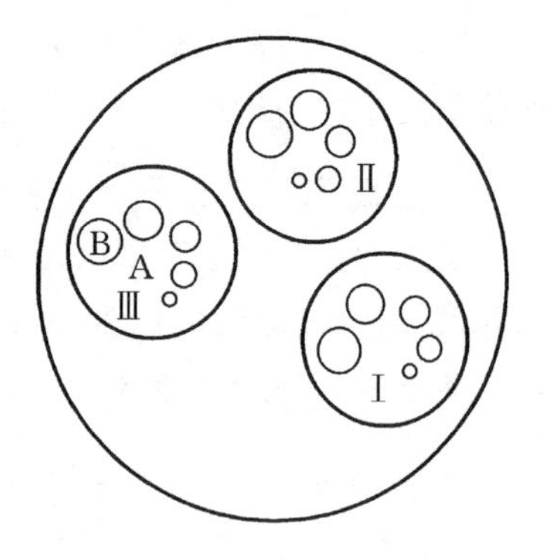

图8-9 低对比度分辨率测试模

图中3个部分分别标为Ⅰ、Ⅱ、Ⅲ区域,各区内对比度差异分别为1.5%、0.8%、0.6%。实际测试时,需测量每个区内的对比度差异。首先测量每个区内中心点处的H(亨氏单位)值为A,再测量区内最大的圆柱截面中心的H值为B,则该区域对比度差异为$|A-B|\times0.1\times1\%$。

2. 空间分辨率

指在高对比度条件下(对比度差异大于10%)鉴别出细微差别的能力。一般地说,空间分辨率由X射线束的几何尺寸所决定。空间分辨率可通过选择不同的滤波函数而改变,但提高影像的空间分辨率有一定的极限,比之普通X射线胶片只受胶片粒度大小一个限制参数来说,工业CT图像质量受到探测器大小、采样间隔以及有时还受到X射线管焦点大小等限制。这就意味着CT机在高对比度条件下使用时,它的空间分辨率不会超过通常的X射线照相术。但是,通过增加探测器的数目和减小采样间隔,是能够达到较高的空间分辨率的。空间分辨率的表示方法,在机器的技术指标中大都以线对数/厘米来表示,也有用线对数/毫米表示的。这两种表示方法本质上是相同的。

线对数/厘米是指在1 cm长度范围内的线对数;线对数是指等距离放置密度差异较大的物质薄片,片厚与间隔相等,每1片与1个间隔组成1个线对,每1片的厚度(mm)=10/(2×线对数)(mm)。

评估空间分辨率是通过扫描水模的高对比度部分来实现的,如图8-10所示。图中“○”为高对比度圆孔(也有的为方孔),图中标注的尺寸是指孔的直径,这是以毫米的形式表示空间分辨率。如果扫描后重建影像,能清晰地分辨出0.50那一排孔,就说成空间分辨率为0.50 mm,对应的线对数为10线对/厘米。

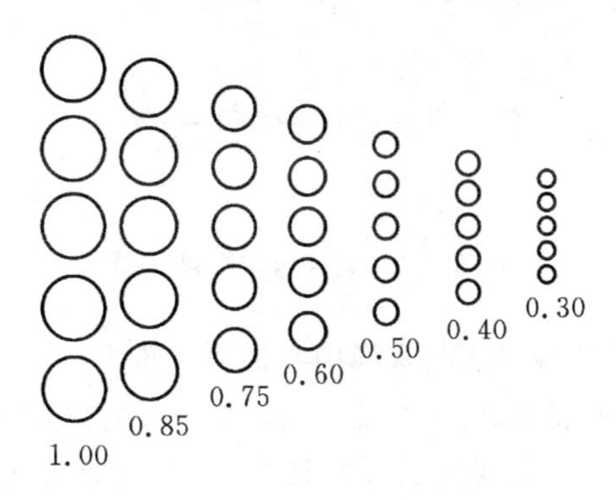

图8-10 空间分辨率检测模型

3. 密度分辨率

密度分辨率表征工业CT图像再现材料密度变化的能力,影响物体对比度的因素是材料的组分特性、密度及射线能量。在试件材料确定的情况下,用不同的射线能量扫描,完全可能得出不同的对比度结果。在低能量(低于MeV)下,射线和材料的相互作用主要是光电效应,材料的组分特性对衰减起主要作用;在高能量下，康普顿散射占主导地位，材料的密度与衰减系数成近似比例关系，对于均匀的材料，密度与线衰减系数直接成比例。

工业 CT 检测时，不仅需要看到单个细节特征，而且要把距离很近的两个细节特征区分开。空间分辨率和密度分辨率是反比关系，即区分小的细节需要大的对比度，区分大的细节特征需要小的对比度。换句话说，空间分辨率高，密度分辨率低；密度分辨率高，空间分辨率低。

4. 切片厚度

切片厚度是指一次扫描中 X 射线穿过被检物的纵向长度，它是由 X 射线准直器开口的宽度所决定的。在影像的任何地方，保持切片厚度不变是十分重要的。切片厚度还受准直器与 X 射线焦点之间的距离和焦点大小的影响。

切片厚度的测量是通过扫描水模两个纵向放置的铝板部分，影像重建后通过测量并计算得到的，其测量原理如图 8-11 所示。

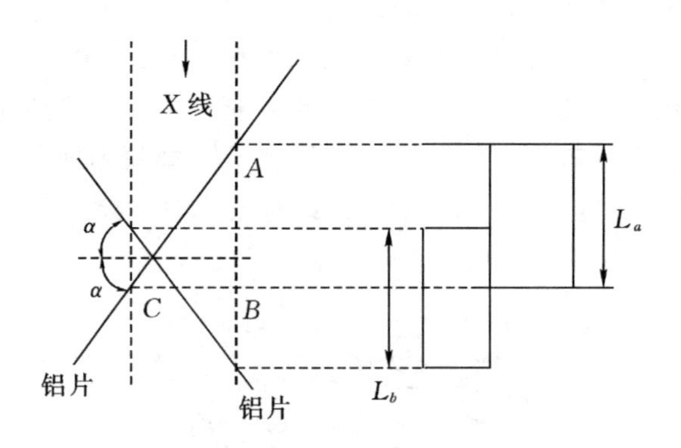

图 8-11 切片厚度测量原理

图 8-11 中，两块铝板平面与水模中心轴线夹角为 $\pm\alpha$。扫描时，X 射线如图中箭头所示，L_a、L_b 是两块铝板对应的影像，L_a 是 a 板的垂直高度，L_b 是 b 板的垂直高度，L_a、L_b 分别可在重建影像上的高密区测量到。在直角三角形 ABC 中，$BC = AB\,\mathrm{ctg}\alpha$，式中 AB 就是 L_a。为了使测量更准确，一般取 L_a、L_b 的测量值平均数，所以切片厚度的计算式应为 $d = BC = \dfrac{L_a + L_b}{2\mathrm{ctg}\alpha}$。

5. 线性

表示 CT 值与线衰减系数之间成正比变化的特性，它表示实测 CT 值与扫描物质实际具有 CT 值之间的差异。

6. 均匀性

同一物质在不同的位置所测得CT值的差异称为均匀性。

7. 伪像

伪像是与物体的物理结构不相符的图像特征，任何成像技术都存在一定程度的伪像，CT技术尤其如此，因为CT系统对微弱的信号变化十分敏感，且图像上每一点都是经过大量运算给出的结果。伪像的存在不仅影响图像的空间分辨率及密度分辨率，也容易引起CT图像的误判。在工业CT检测中，引起伪像的原因大体分为两类，一类与CT技术本身的技术原理有关，如部分体积效应；另一类与CT设备的硬件、软件及扫描工艺技术有关如射束硬化、数据精度不够及扫描工艺不合适等。

1)部分体积效应伪像 当一个体素内包含多种结构特征时，所对应的图像像素值是此体素内各种结构特征线衰减系数的平均值，由于射线按指数规律衰减，当射线束同时穿过衰减系数不同的两种材料时，实际的衰减方程应是每种材料衰减系数指数项的和，而不是衰减系数和的指数项，对像素值进行平均处理的过程会造成投影数据的非线性或不一致，从而引起图像上的条状伪像。减小部分体积效应伪像的办法是尽可能减小切片厚度，并对图像进行光滑滤波处理。另外，试件周围填充液体或衰减系数相近的材料，减小边界对比度也有利于改善这类伪像。

2)射束硬化伪像 对于CT图像重建来说，希望射线能量是单一的。但X射线CT，由于其能量是连续谱，穿透试件后，低能光子比高能光子更易被材料吸收，这样X射线穿过厚截面部位的有效能量要高于薄的截面部位，这种现像称为“射束硬化”。射束硬化会引起测量数据不一致，使圆柱体中心部位呈现较低的衰减系数或CT值。射束硬化现像可以通过预先滤波法、数据软件校正法及双能量法进行校正。

3)采样数据不足引起的伪像 在工业CT扫描过程中，若投影数据的采样间隔过疏，会造成高频成分丢失，引起圆环状伪像，在二代模式下，通过调整平移过程中测量点的线性距离容易校正；在三代模式下，采样间隔实际上由探测器晶体之间的死区间隔决定，改进办法是通过增加旋转次数进行采样插值。除采样间隔外，采集幅数(Views)不足也容易产生辐射状伪像，特别在图像的外边缘更为突出。

4)散射线引起的伪像 散射线引起的信号与一次射线信号相比尽管很弱，但由于工业CT探测器灵敏度很高，也会带来不利的影响。探测器检测到多余的错误信号，其效果相当于降低了试件的衰减系数，引起与射束硬化现像类似的伪像。为了减少散射线，可以采用准直器严格控制射线出束宽度，或利用前后准直器进一步屏蔽散射信号。有时增加物体至探测器的距离也有利于减少散射线，但此时要考虑空间分辨率的因素。

5)其他原因引起的伪像 产生伪像的原因很多,测量过程中的任何误差都可能造成测量数据的不一致,引起伪像,如机械系统精度不够、射线源输出能量不稳定、穿透力不足、探测器通道之间不均匀及数据采集系统电路噪声、扫描工艺不适当等。

8.3.3 影像观察

1. 对比度接受能力

要想看清一幅影像,这幅影像必须是由不同亮度区域组成,影像上2个相邻区域亮度差异必须大到一定程度,否则就无法区别相邻的区域。

对于一个给定的区域,假定观察区域的密度值为 D,则 $D = \lg_{10}(I_{入} / I_{出})$,式中 $I_{入}$ 表示入射光强度,$I_{出}$ 表示射出光强度,D 表示光吸收系数的对数。因为人眼感光是按对数规律变化的,即光线强度变化100倍时,人眼只能反映出2倍的光变化,并且人眼感光能力也有一定的限度,当光线强度变化1500倍时,人眼的反映为3.2倍的变化,在此之后,即使光线亮度再发生更大幅度的变化,人眼也无法识别了。实际上人眼所能看到的最亮的区域密度大约在 $D = 0.1$。

密度的变化低于20%时,人眼是觉察不出来的,所以在控制高压发生器和X射线管电流时 ,也是按照20%～25%的比率改变的,曝光时间亦是按25%的比率改变的。

2. 窗口技术 CT

扫描重建影像的H值覆盖范围是－1000～＋4000,也就是说,一幅影像上的亮度差异是5000个。对于这样大的亮度变化范围,人眼是无法区别的。人的眼睛仅能区分40个灰度差异甚至更低。所以,CT扫描尽管能重建出很好的影像 ,人眼却不能分辨出来,这是一个很大的矛盾。为此,CT技术中引入了一个新概念——窗口技术。

窗口技术就是从5000个CT值中选出其中的一小部分,并用整个灰度级(灰阶)来显示。这其中的一小部分CT值称为窗宽,而中心CT值称为窗位。用窗位决定观察影像的中心,而用窗宽决定观察CT值的范围。窗宽的下限以下部分的影像呈现全黑,窗宽的上限以上部分的影像呈现全白,只有在窗宽选定范围内的CT值用64级灰度等级(灰阶)来显示。有了窗口技术,观察者可以随意调整影像的对比度,使得欲观察的部位影像清晰。

窗口技术包括窗宽和窗位的调整,如图8-12所示。图中曲线 C 所对应的窗口,窗宽是800 H,窗位是0 H。在此条件下,计算机就从影像存储器中调出－400

～＋400 H 值范围内的影像信息显示在荧光屏上，并用 64 级灰阶来显示，这样每一个灰阶能包含 12.5 H。图中曲线 B 对应窗宽为 400 H，每一个灰阶包含 6 H。曲线 A 对应窗宽为 200H，每一个灰阶包含 3H，它们分别对应线衰减系数 μ 值变化 0.3%、0.15% 和 0.08%。由此可见，通过窗口技术，可以把物质衰减系数的微小差异以明显的灰度差别显示在影像上。

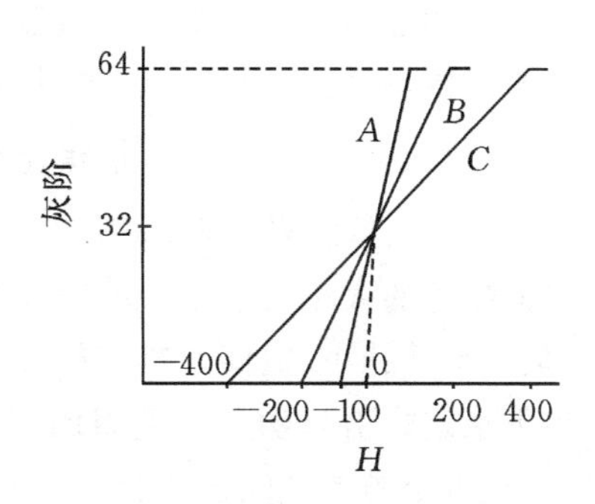

图 8-12　窗宽、窗位示意图

当扫描的物体是由密度差异很大的物质组成时，用单一窗口技术就很难在一幅影像上既能分辨低密度区，又能同时分辨高密度区；既能看清低密度区，又能同时看到高密度区。为此，引入了双窗技术，如图 8-13 所示。

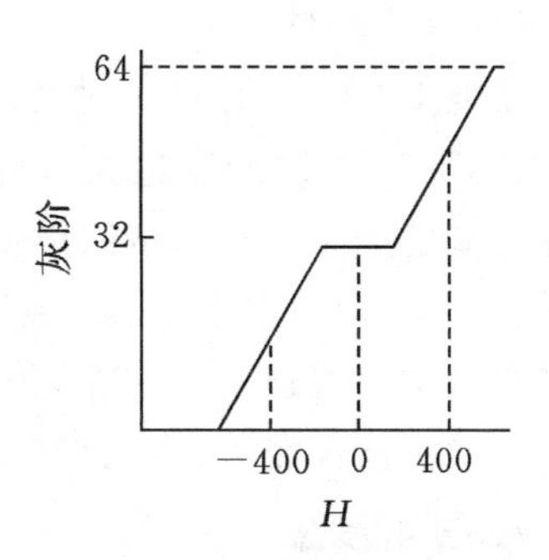

图 8-13　双窗选择示意图

用双窗技术，操作者可以把 64 个灰度等级平分为两个部分：一部分是 0～32 级，另一部分是 33～64 级，其窗位分别是－400 和＋400，它们的窗宽都设定为 400，这样在一幅影像上，既能看清低密度区，又能同时看到高密度区。

8.4　工业 CT 检测系统的结构及配置

工业 CT 系统作为一种先进的无损检测设备，其组成结构复杂，配置方式多种多样，造价在几十万至数百万美元。工业 CT 系统的性能主要由其组成结构及配置水平所决定，随着检测对像和技术要求的不同，系统的结构及配置可能相差很大。

8.4.1　工业 CT 系统总体构成及配置

工业 CT 通常由射线源、机械扫描系统、探测器系统、计算机系统、屏蔽设施等部分组成。

1. 射线源

射线源的主要性能指标包括射线能量、射线强度、输出稳定性等。射线源的能量决定了射线的穿透能力，亦即决定了被检试件的材料及尺寸范围。工业 CT 射线源能量的选择方法与常规射线照相基本一致。射线强度决定了单位时间内采集到的光子数,采集的光子数越多,信噪比越高。

$$信噪比 = N/\sqrt{N} = \sqrt{N} \tag{8-2}$$

式中:N 为采集的光子数;$\sqrt{N}$ 为采集光子数的标准偏差(噪声)。

信噪比的大小影响系统的密度分辨能力。焦点尺寸大小影响检测的空间分辨率,焦点尺寸越小、空间分辨率越高。输出能量的稳定性影响测量数据的一致性,输出不稳定将引起伪像。理想的射线源是在单一能量下发射高强度的射线光子束,并从极小的区域发射,能量大小应保证穿透试件,输出保持稳定。工业 CT 常用的射线源有同位素 γ 射线源、X 射线管和直线加速器三种。

(1) γ 射线源

工业 CT 中常用的 γ 射线源^{60}Co 的能谱为双峰,能量分别为 1.173 MeV 和 1.332 MeV;^{137}Cs 的能谱为单峰,能量为 0.662 MeV。γ 射线源的优点是放射源产生的高能光子具有特定的能量,有利于图像重建;缺点是强度小,采集足够的光子数需要较长的时间,所以 γ 射线工业 CT 扫描时间一般都很长。加大放射源尺寸可以增加射线强度,但会降低空间分辨率。此外,由于 γ 射线的能量是固定的,对于不同的成像需求,不能相应改变有效能量,不利于优选工艺参数。

(2)X 射线源

X 射线管的能量最高可达 450 kV,大致可穿透 100 mm 钢件及 350 mm 铝件。采用微焦点 X 射线管可以获得较高的空间分辨率,但穿透能力受限制。直线加速器的能量范围在 1~25 MeV 之间,可用于高密度材料及大试件的检测,但不能获得与小焦点 X 射线管同样的分辨率。X 射线源的优点是强度高,用于工业 CT 检测可以在短时间内得到高质量的图像;缺点是 X 射线为连续谱,穿过不同厚度的材料时,由于射束硬化可能导致测量数据的不一致,容易引起伪像。因此,X 射线工业 CT 对投影数据的处理要用复杂的算法和校正程序。

(3)射线准直器

射线准直器用来将射线源发出的锥形射束处理成扇形射束,开口高度相当于切片厚度。准直器位于射线源窗口前或被测物体和探测器之间,有时采用前后两个准直器,可进一步屏蔽散射信号,改进接收数据质量。另外一种准直器称为探测器孔径宽度准直器,可减小探测器的有效孔径宽度,提高空间分辨率。

2. 机械扫描系统

机械扫描系统一般根据试件情况及分辨率要求专门设计,对于不同的试件采用的结构可能有所不同,大体上分为卧式、立式两种。卧式的旋转轴平行于水平面，可用于细长零件的检测；立式的旋转轴垂直于水平面，是目前最常用的结构。

机械扫描系统的性能主要有试件的特性（直径、高度、重量范围）、扫描方式、移位特性（移动自由度、方向、范围、速度等）、移动精度和控制方法等。机械扫描系统在工业 CT 的成本中占重要比例，随试件尺寸、重量的增大而显著增加。CT 扫描数据的采集方法发展了五代，工业上常用二代平移加旋转方式（TR）或三代仅旋转方式（RO）。

3. 探测器系统

(1)探测器特性

探测器是工业 CT 的核心部件，其性能对图像质量影响很大，探测器的主要性能包括效率、尺寸、线性度、稳定性、响应时间、动态范围、通道数量、均匀一致性。

1)探测器的效率　是探测器在采集入射射线光子并将其转换成测量信号过程中有效性的量度，它与探测器之间死区间隔、吸收材料（如闪烁体）的种类等因素有关。探测器效率高，有利于缩短扫描时间、提高信噪比。

2)探测器的尺寸　探测器的尺寸包括宽度和高度，宽度是影响空间分辨率的重要因素，宽度越小、空间分辨率越高；高度决定了最大可切片厚度，切片厚度大时。信噪比高，有利于提高密度分辨率，但会降低切片垂直方向上的空间分辨率。

3)线性度和稳定性　线性度是探测器产生的信号在大的射线强度范围内与入射强度成正比的能力，线性度和稳定性直接影响数据精度。

4)响应时间　探测器从接收射线光子到获得稳定的探测信号所需的有效时间，它是影响独立采样的速率及数据质量的关键因素。

5)动态范围　是精确测量射线强度的范围，通常定义为最大输出信号与最小输出信号的比率，动态范围大意味着在试件材料厚度变化很大的情况下仍能保持良好的对比灵敏度。

6)均匀一致性　工业 CT 一般使用数百到上千个探测器，排列成线状，探测器数量越多，每次采样的点数也越多，有利于缩短扫描时间，提高图像分辨率。探测器阵列的均匀一致性表征各个探测器性能一致的能力，它与每个探测器通道的性能有关，也会受探测器之间窜扰、电路噪声等因素影响。所有 CT 重建算法一般都假设探测器各通道之间的性能是一致的，但实际很难做到这一点，为此在扫描重建时还要进行校正。

(2)探测器种类及特点

工业 CT 常用的探测器有三种：闪烁体光电倍增管、闪烁体光电二极管和气体电离探测器。采集信号的方法又分为光子计数和电流积分两类。光子计数适合于射线强度较低的场合，射线强度增加时，光子计数法不能区分射线光子产生的单个脉冲，因此采用电流积分法。闪烁体光电倍增管探测器既可采用光子计数，也可采用电流积分，另外两种探测器由于信号弱只能采用电流积分。

4. 数据采集系统

数据采集系统是探测器和计算机之间的电路接口。探测器输出的电流(电压)信号一般很弱，为此，通过积分放大电路将来自多路的探测信号进行放大，然后通过 A/D 转换送入计算机进行图像重建。主要性能包括低噪声、高稳定性、标定本底偏差和增益变化的能力、线性度、灵敏度、动态范围和转换速率等。这部分电路十分复杂，构成了 CT 电子设备的主体。关键技术之一是 A/D 转换，工业 CT 用 A/D 转换器的转换精度一般为 12～16 bits。

5. 计算机系统

工业 CT 技术的进步与计算机的发展紧密相关。工业 CT 除了对计算机的一般特性有较高要求以外，更突出高速阵列处理机的作用。工业 CT 扫描过程中要进行百万次数据测量，每幅图像包括几百万图像值。在图像重建过程中要进行几十亿次运算操作，如此大的运算量用普通计算机速度很慢，为了迅速重建图像，一般都采用高速阵列处理机。

为了充分利用系统资源，现代工业 CT 系统一般都采用多用户分时处理操作系统(如 Unix)，使扫描、重建、显示、处理等操作相互独立进行。

工业 CT 的应用软件应当具备三个功能：设置和调整 CT 重建参数；控制扫描过程并实现 CT 数据同步采集；完成图像重建。

8.4.2 工业 CT 系统的性能指标

工业 CT 系统的性能指标包括了检测范围、使用的射线源、扫描方式、扫描检测时间、图像重建时间、分辨能力等。

检测范围：主要说明该 ICT 的检测对象。如能透射钢的最大厚度，检测工件的最大回转直径，检测工件的最大高度或长度，检测工件的最大重量等。

使用的射线源：X 射线能量大小、工作电压、工作电流及焦点尺寸；γ 射线的种类、强度半衰期、尺寸等等。

ICT 的扫描方式：具有哪几种扫描方式，有无数字射线检测或实时成像功能等。

分辨能力是关键的性能指标，包括：空间分辨率、密度分辨率。

第9章 红外检测技术

9.1 概述

9.1.1 红外检测技术的发展

红外线最早发现于1800年，而红外线波段范围到20世纪30年代才被确定。17世纪70年代，人类对太阳光有了进一步的认识，知道白光是由七种单色光组成的。1800年英国物理学家F.W.赫胥尔通过实验发现从紫外区到红外区的温度成阶梯型递增，最高温度不在有色光区，而是在可见红光外的不可见区，温度比紫外区高5℃。

1830年，辐射热电偶探测器的研制成功，提高了对红外辐射的观察范围和测量精度，促进了对红外辐射性能的研究，进一步证实了红外辐射的很多性能与可见光一样。1840年，赫胥尔等人根据物体不同温度的分布，制定了温度谱图。19世纪下半叶，物理学家们仍在研究热辐射的规律，最先由基尔霍夫提出"黑体"术语，并在1859年发表了基尔霍夫定律。

红外成为应用技术始于军事。在二次世界大战中出现了军用红外仪，战后以半导体为基础出现了光子型红外探测器，促进了红外探测器的发展。从20世纪50年代起到现在，红外制导、红外前视、红外侦察得到迅猛发展，20世纪60年代红外热像技术开始用于工业领域。

9.1.2 红外测温的特点

红外测温具有：测量仪表不会破坏被测介质的温度场；测温滞后小，适于测量动态过程；测温范围宽；响应速度快，灵敏度高等特点。与接触式测温相比，红外测温的特点和测温要求都有很大的区别，如表9-1所示。

表 9-1 红外测温与接触测温的区别

	红外测温	接触测温
特点	①对被测物体温度场无影响； ②检测物体表面温度； ③反映速度快，可测运动中的物体和瞬态温度； ④测温范围宽； ⑤测温精度高，可分辨 0.01℃或更小； ⑥可对小面积测温，直径可达数微米； ⑦可同时对点、线、面测温； ⑧可测绝对温度，也可测相对温度； ⑨要求精度高时，测温要求严格	①对被测物温度场有影响； ②不适合测瞬态温度； ③不便于测运动中的物体的温度； ④测温范围不够宽； ⑤不便于同时测量多个目标； ⑥要求精度高时，测温要求简单
要求	①需知被测物的发射率； ②被测物的辐射能充分抵达红外探测器； ③尽量消除背景噪声	①测温设备与被测物间良好接触； ②被测物的温度不能有显著变化

9.2 红外基础知识

9.2.1 热辐射与红外辐射

1. 红外线

红外线是光谱中红光光谱之外的具有强烈辐射效应的电磁波，其波长范围为 0.76～1000 μm(可见光的波长范围 0.4～0.76 μm)。红外线按波长的大小可分为：近红外区 0.76～3 μm；中红外区 3～40 μm；远红外区 40～1000 μm。

2. 热辐射

任何物体在绝对温度零度以上都能以电磁波的形式向周围辐射能量。物体放出辐射能的多少与它的温度有一定关系。这种辐射能无需任何媒介物即可在空间传播，因此无需直接接触即可把热能传递给另一物体。热辐射发出的电磁波包括各种波长，其中波长为 0.4～40 μm 的可见光波和红外线的热辐射能够被物体所吸收，于是采用适当的接收探测器(测温元件)便可收集被测对象发出的热辐射能，并将其转换成便于测量和显示的电信号，就可实现非接触测温。热辐射的强度与光谱成分取决于物体的温度。物体的温度不同,辐射的波长组成成分不同,辐射的能量也不同。热辐射中很重要的成分为红外辐射。

一般说的热辐射是系统处于平衡状态时的辐射,对于热辐射的度量要考虑空间、时间、波长、辐射能的发射方向。

3. 红外辐射

红外辐射是一种热辐射,因其处在可见光区的红光波段之外而得名红外辐射或红外线。

当物体温度:$t=300$℃时,热辐射中最强的波长为 5 μm,即红外辐射;当 $t=500$ ℃时会出现红色的辉光;$t=800$℃时辐射有足够的可见光呈赤热状态,但其极大部分辐射仍为红外辐射;$t=1000$℃时,热辐射中最强的波为红外辐射;$t=3000$℃时,接近于白炽灯丝的温度,辐射才能保持足够的可见光。

9.2.2　温度、温度测量与温标

1. 温度

温度是物体分子运动平均动能大小的标志。温度是工业生产中的重要工艺参数,是表征机器运行状态是否正常的一个重要指标,是表示物体冷热程度的物理量,是物体分子运动平均动能大小的标志。

2. 温度测量

温度测量的基本原理——互为热平衡的物体具有相同的温度。温度测量只能借助于某种物质随温度按一定规律变化的物理性质来测量。到目前为止,只能找到基本符合要求的物质及相应的物理性质。例如:液体、气体的体积或压力;热电偶的热电势;金属的电阻;物体的热辐射等。

3. 温标

1)热力学温度　1968 年国际实用温标(IPTS—68(1975))规定以热力学温度作为基本温度。符号:T,单位:开尔文,K(Kelvin 第一个字母)。

2)摄氏温度　符号:t,单位:摄氏度,℃。$t=T-273.15$

摄氏温度起点是 273.15K($t=0$℃);热力学温度起点:0 K($T=0$)。一般,0℃以上用摄氏温度;0℃以下或理论研究中,多采用热力学温度。

3)华氏温度　以其发明者 Gabriel D. Fahrenheir(1681—1736)命名的,单位是℉,其冰点是 32℉,沸点为 212℉。

三种温标之间的关系:

T℉$=1.8t$℃$+32$(t 为摄氏温度数,T 为华氏温度数);

K=5/9(℉+459.6)。(K 为热力学温度数,F°为华氏温度数)

9.2.3 红外基本名词和术语

1. 吸收、反射与透射

与可见光的情况相似，当红外辐射能投射到实际物体表面上时，其总的辐射能将有一部分被反射，另有一部分被吸收，其余部分则透过物体。吸收、反射与透射辐射能之间满足如下关系

$$Q_o = Q_\rho + Q_\alpha + Q_\tau \tag{9-1}$$

或

$$\frac{Q_\rho}{Q_o} + \frac{Q_\alpha}{Q_o} + \frac{Q_\tau}{Q_o} = 1 \tag{9-2}$$

式中：Q_o 为总的辐射能；Q_ρ/Q_o 为反射率，用 ρ 表示；Q_ρ，Q_α，Q_τ 为分别为反射能、吸收能和透射能；Q_ρ/Q_o 为吸收率，用 α 表示；Q_τ/Q_o 为透射率，用 τ 表示。

2. 辐射能量 Q_e

光源辐射出来的光的能量（可见与不可见光）。单位：焦耳。

3. 辐射通量 Φ_e

单位时间内通过某一面积的辐射能量称为通过该面积的辐射通量，单位：瓦。$\Phi_e = \dfrac{dQ_e}{dt}$，即辐射能量随时间的变化率。

4. 辐射强度

辐射强度是单位时间内从单位面积上所发出的包含在单位立体角内的辐射能。单位：$W/(m^2 \cdot sr)$。

5. 黑体、白体、透明体和灰体

根据 ρ、α、τ 各值的相对变化，而有黑体、灰体、白体和透明体等概念。在任何温度下，对于各种波长的电磁波的吸收系数恒等于 1 的一类物体，被称为黑体。严格地说，黑体是指辐射特性不随温度和波长而改变，并与入射辐射的波长、偏振方向、传播方向无关的物体。在同样的温度、同样的表面下，黑体的辐射功率最大。

当 $\rho=1$，而 $\alpha=\tau=0$ 时，说明入射到物体上的辐射能全部被反射，若反射是有规律的，则称此物体为“镜体”；若反射没有规律，则称此物体为“绝对白体”。

当 $\tau=1$ 时，说明入射到物体表面上的辐射能全部被透射出去，具有这种性质的物体被称为“绝对透明体”。

所谓灰体，是指其辐射特性不随波长的变化而变化（但与温度有关）的一类物体。

在自然界中，绝对黑体、灰体、绝对白体或绝对透明体都是不存在的，它们都是

为研究问题的方便而提出的理想物体概念。

6. 辐出度 M 与光谱辐出度 M_λ

又称辐射出射度，它表示从物体单位表面积、在单位时间内，对所有波长的辐射能。单位为瓦特/米^2，符号：W/m^2。

从物体单位表面积、在单位时间内、波长在 $\lambda \sim \lambda + d\lambda$ 波长范围内的辐射能，称为单色辐出度或光谱辐出度 M_λ，单位为瓦特/米^3，符号：W/m^3。

7. 发射率、光谱发射率(或称辐射系数)与定向发射率

相同温度及条件下实际物体与黑体的辐出度之比，称为该物体的发射率，也称为黑度，用符号 ε 表示，即

$$\varepsilon = M/M_b \tag{9-3}$$

实际物体的光谱辐出度 M_λ 与同温度下黑体的光谱辐出度 $M_{b\lambda}$之比称为该物体的光谱发射率(或光谱黑度)，用符号 ε_λ 表示，即

$$\varepsilon_\lambda = M_\lambda/M_{b\lambda} \tag{9-4}$$

实际物体在 θ 方向上的定向辐出度 M_θ 与同温度下黑体在该方向上的定向辐出度 $M_{b\theta}$之比，称为该物体在该方向上的定向发射率，用符号 ε_θ 表示。即

$$\varepsilon_\theta = M_\theta/M_{b\theta} \tag{9-5}$$

8. 选择性辐射体

指发射率随波长而变的辐射体，一般物体均为选择性辐射体。

9. 辐射源

分点源与面源。

点源：尺寸小的辐射源(相对于到探测器的距离而言)，距离大于光源最大尺寸 10 倍时称点源，当观察系统采用光学系统时，探测器表面成像小于探测器，即不能充满光学系统视场的源称点源。

面源：尺寸大的辐射源，探测器表面成像充满光学系统视场的称面源。

9.2.4 红外辐射基本定律

红外辐射定律描述了物体的红外辐射能与其热力学温度(T)、红外线波长(λ)、物体的表面发射率(ε)或吸收率(α)等参量之间的关系，是红外无损检测的理论基础。

1. 基尔霍夫定律

在同样的温度下，各种不同物体对相同波长的单色辐射出射度与单色吸收比之比值都相等，并等于该温度下黑体对同一波长的单色辐射出射度。

该定律表明，善于发射的物体必定善于吸收，善于吸收的物体也必善于发射。物体发射系数与吸收系数的比值与物体的性质无关，所有物体的该比值均是波长和温度的普适函数。但吸收和发射系数随物体的不同而不同。

2. 普朗克定律

普朗克利用光量子理论推导出了黑体辐射公式，即单位面积黑体在半球面方向发射的光谱辐射率为温度和波长的函数。其数学表达式为

$$M(\lambda, T) = C_1\lambda^{-5}\ (e^{C_2/\lambda T} - 1)^{-1}\ \mathrm{W/m^3} \tag{9-6}$$

式中：C_1 为第一辐射常数，$C_1 = 2\pi hc^2 = 3.7418\times10^{-16}\ \mathrm{W\cdot m^2}$；$\lambda$ 为入射波长，μm；C_2为第二辐射常数，$C_2 = ch/k = 1.438786\ \mathrm{cm\cdot K}$；$T$ 为热力学温度，K；h 为普朗克常数，等于 $6.6256\times10^{-34}\ \mathrm{W\cdot s^2}$；$c$ 为光速，等于 $2.9979\times10^8\ \mathrm{m/s}$；$k$ 为玻耳兹曼常数，等于 $1.3805\times10^{-23}\ \mathrm{W\cdot s/K}$。

不同温度下黑体的光谱辐射率随波长的变化情况如图 9-1 所示，由图可知，黑体的光谱辐射特性随波长和温度变化具有以下特点：①温度越高，同一波长下的光谱辐射率越大；②当温度一定时，黑体的光谱辐射率随波长连续变化，并在某一波长处取得最大值；③随着温度的升高，光谱辐射率取得最大的波长 λ_{max} 越来越短，即向短波方向移动。

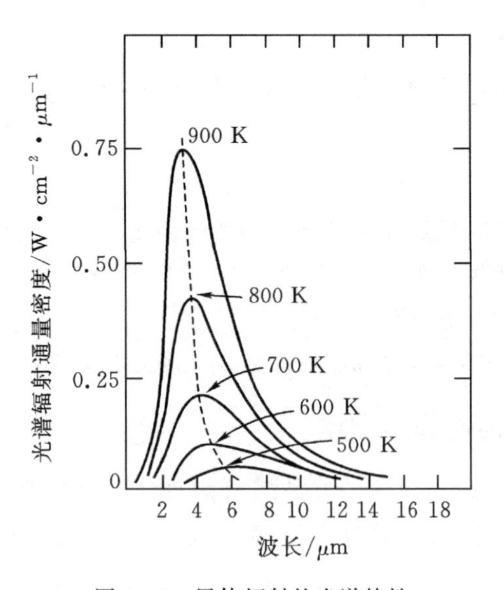

图 9-1 黑体辐射的光谱特性

3. 维恩位移定律

在一定温度下，绝对黑体与辐射本领最大值相对应的波长 λ 和绝对温度 T 的

乘积为一常数，即 $\lambda_{max}T=b$，由此得黑体的峰值辐射波长 λ_{max} 为

$$\lambda_{max}=b/T, b=2.8976\times10^3\ \mu m\cdot K \tag{9-7}$$

式中：T 为黑体温度，K；λ_{max} 为峰值波长，μm 。

据此可以确定任一温度下黑体的光谱辐射率最大的峰值波长。

4. 斯忒藩-波尔兹曼定律（全辐射定律）

斯忒藩-波尔兹曼定律描述了绝对黑体的辐射能沿波长从零到无穷大的总和，即全辐射，公式表示为

$$M(T)=\int_0^\infty M(\lambda,T)\mathrm{d}\lambda=\frac{2\pi^5k^4}{15c^2h^3}T^4=\sigma T^4 \tag{9-8}$$

式中：σ 为斯忒藩-波尔兹曼常数，$\sigma=5.6703\times10^{-12}\ W/cm^2\cdot K^4$。

该定律表明，黑体的辐射率与热力学温度 T 的四次方成正比，故又称为四次方定律。

5. 维恩公式与瑞利-金斯公式

在普朗克公式中，当 λT 的值较小时，即 $e^{C_2/\lambda T}-1\approx e^{C_2/\lambda T}$ 时，可由维恩公式来代替

$$M_b(\lambda,T)=\frac{C_1}{\lambda^5}\frac{1}{e^{C_2/\lambda T}} \tag{9-9}$$

当 λT 较大（$\lambda T\geqslant 72cm\cdot K$）时，普朗克公式可用如下的瑞利-金斯公式代替

$$M_b(\lambda,T)=\frac{C_1T}{C_2\lambda^4} \tag{9-10}$$

9.2.5　红外辐射的传输与衰减

红外辐射也是一种电磁波，与其他波长的电磁波一样，可以在空间和一些介质中传播，但是在传输过程中它还有自己的特点。实验研究表明，当红外辐射在大气中传输时，它的能量由于大气的吸收而衰减。大气对红外辐射的吸收与衰减是有选择性的，即对某种波长的红外辐射几乎全部吸收；相反，对于另外一些波长的红外辐射又几乎一点也不吸收。通过对标准大气中红外辐射的研究发现，能够顺利透过大气的红外辐射主要有三个波段：1～2.5 μm、3～5 μm 和 8～14 μm，一般将这三个波长范围称为大气窗口。但是，即使波长在这三个范围的红外辐射，在大气中传输时还会有一定的能量衰减，衰减的程度与大气中的杂物、水分等有密切关系。

9.2.6　红外成像

红外成像可分为主动式红外成像与被动式红外成像。

1. 被动式红外成像

利用物体自身发射的红外辐射摄取物体的像，称为红外热像，显示热像的仪器为红外热像仪。红外热像系统的探测目标是物体自身发射的热辐射，其流程如图9-2所示。

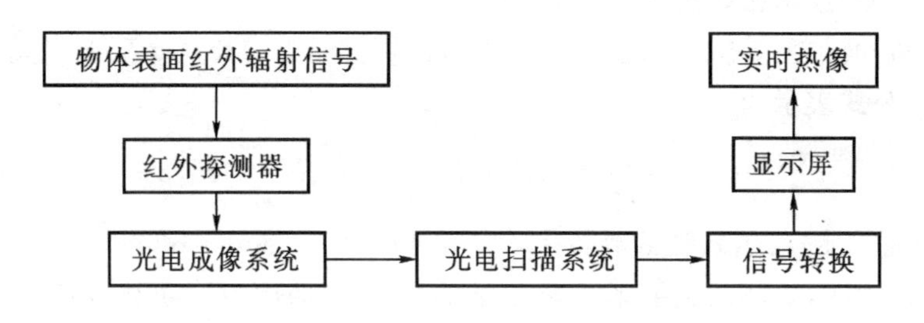

图9-2 被动式红外成像流程图

2. 主动式红外成像

在进行红外检测时对被测目标通过加热注入热量，使被测目标失去热平衡，在它的内部温度尚不均匀，具有导热的过程中即进行红外检测，摄取物体的热像。加热方式有稳态和非稳态两种。根据检测形式可分为单面法(或后向散射式)和双面法(或透射式)，如图9-3所示。

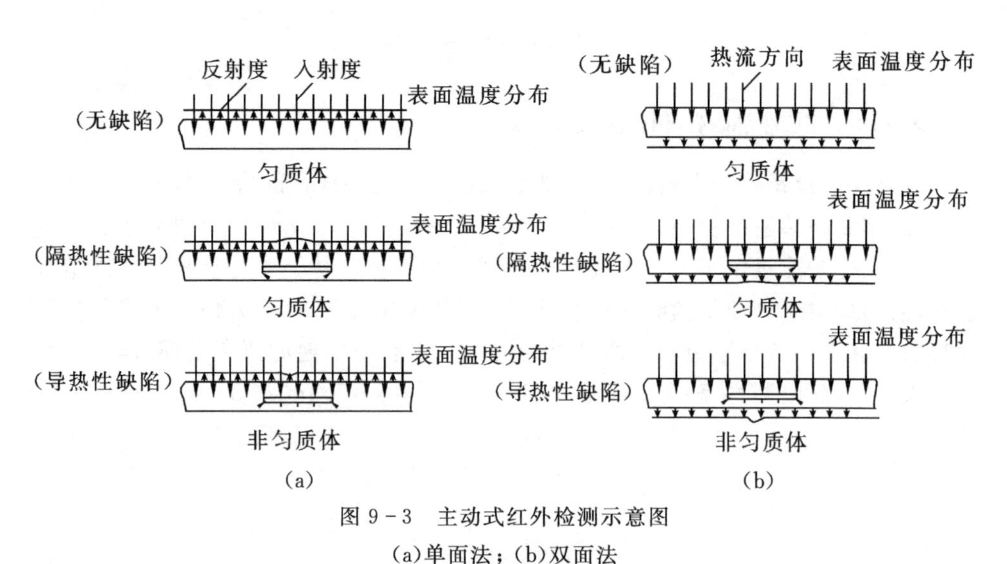

图9-3 主动式红外检测示意图

(a)单面法；(b)双面法

9.2.7　红外探测器

红外探测器是红外测温敏感器件，是把入射的红外辐射能转换成其他能量的转换器。一般可分为热敏型和光电型两大类，如图 9－4 所示。

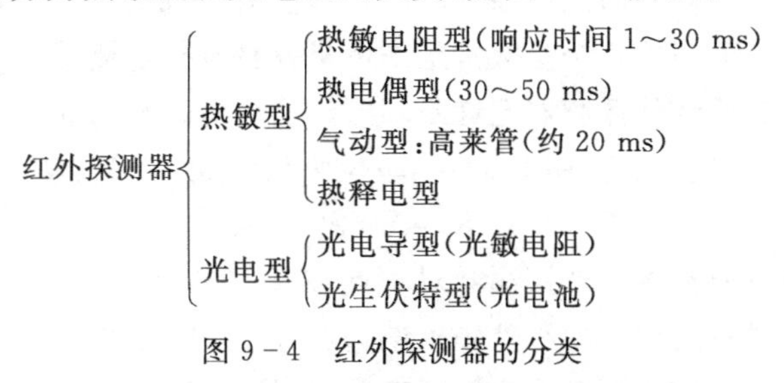

图 9－4　红外探测器的分类

按工作原理主要可分为红外红外探测器、微波红外探测器、被动式红外/微波红外探测器、玻璃破碎红外探测器、振动红外探测器、超声波红外探测器、激光红外探测器、磁控开关红外探测器、开关红外探测器、视频运动检测报警器、声音探测器等许多种类。

若按探测范围的不同又可分为点控红外探测器、线控红外探测器、面控红外探测器和空间防范红外探测器。

1. 热敏探测器

热敏探测器是利用某些物体接受红外辐射后，由于温度变化而引起这些材料物理性能等一些参数变化而制成的器件。响应时间较长(在毫秒级以上)，对入射的各种波长的辐射线基本上有相同的频率响应率。

2. 光电探测器

光电探测器是利用某些物体中的电子吸收红外辐射而改变其运动状态这一原理工作的。响应时间比热敏探测器短，一般为微秒级，最短可达纳秒。常用的光电探测器有光电导型和光生伏特型。

1)光电导型(光敏电阻)　当红外辐射照到半导体光敏电阻上时，其内部电子接受了能量，处于激发状态，形成了自由电子及空穴载流子，使半导体材料的电导率明显增大，这种现象称为光电导效应。光电导探测器是利用光电导效应工作的一种红外探测器。光电导探测器是一种选择性探测器。

2)光生伏特型(光电池)　如果以红外或其他辐射照射某些半导体的 PN 结，则在 PN 结两边的 P 区和 N 区之间会产生一定的电压，该现象称为光生伏特效应，简称光伏效应，其实际是把光能变换成电能的效应。根据光伏效应制成的红外探测器，叫光伏型探测器。光伏型探测器也是有选择性探测器，并具有确定的波长，具有一定的时间常数，但在探测率相同的情况下，光伏型探测器的时间常数可远小于光电导型探测器。

3. 红外探测器的特性参数

不同的红外探测器不但工作原理不同，而且其探测的波长范围、灵敏度和其他主要性能都不同。下面的几个参数常用来衡量各种红外探测器的主要性能。

1)响应率 表示红外探测器把红外辐射转换成电信号的能力。等于输出信号电压与输入红外辐射能之比，用 R 表示，单位为伏每瓦，V/W，即

$$R = U/W \tag{9-11}$$

2)光谱响应 通常将红外探测器对不同波长的响应曲线称为光谱响应曲线。如果红外探测器对不同波长的红外辐射响应率不相等，则称为选择性探测器。选择性探测器的光谱响应曲线有一个峰值响应率(R_m)，它对应的波长称为峰值响应波长(λ_m)，当光谱响应曲线下降到峰值响应率的一半时，所对应的波长，称为截止波长(λ_c)。

3)等效噪声功率 当红外辐射入射到红外探测器上时，它将输出一个信号电压，这个信号电压随着入射的红外辐射变化而变化。此外，红外探测器除了输出信号电压外，还同时输出一个与目标红外辐射无关的干扰信号，这种干扰信号电压的均方根值，称为噪声电压。噪声电压是确定某一探测器最小可探测信号的决定因素。表示这个特性的参数称为等效噪声功率，用符号 NEP 表示，其定义为：产生与探测器噪声输出大小相等的信号所需要的入射红外辐射能量密度，可用下式计算

$$NEP = \frac{\omega A}{U_s/U_n} \tag{9-12}$$

式中：ω 为红外辐射能量密度；A 为红外探测器的有效面积；U_s 为红外探测器的输出信号电压；U_n 为红外探测器的噪声电压。

4)探测率 等于等效噪声功率的倒数，是表示红外探测器灵敏度大小的又一个参数，即

$$D = 1/NEP \tag{9-13}$$

其单位是 1/W 或 1/μW。

由上式可知，探测率越大，其灵敏度就越高。探测率与红外探测器的有效面积(A)和频带宽(Δf)的平方根成反比。

通常采用归一化探测率，以消除面积和带宽的影响，该参数用符号 D^* 表示，即

$$D^* = D\sqrt{A\Delta f} \tag{9-14}$$

5)时间常数 它是表示红外探测器对红外辐射的响应速度的一个参数，其定

义为：当红外探测器加有一理想的矩形脉冲辐射信号时，它输出的信号幅值由零上升至 63％所需要的时间，单位是 ms 或 μs。

红外探测器的时间常数越小，说明它对红外辐射的响应速度越快。

4. 探测器的噪声源

红外探测器的噪声源有以下四个方面：①探测器本身；②放大器及其他电子线路；③周围环境热辐射涨落；④被探测信号本身涨落。

9.3 红外检测仪器

红外检测仪器是进行红外无损检测的主体设备，根据其工作原理和结构的不同，一般将红外检测仪分为红外点温仪、红外热像仪和红外热电视等几大类。其中红外点温仪在某一时刻，只能测取物体表面上某一点（实际是某一区域）的辐射温度（平均温度），而红外热像仪和红外热电视能测取物体表面一定区域内的温度场。

下面对这三种仪器分别进行简要介绍。

9.3.1 红外点温仪

该仪器常用来测量设备、结构、工件等表面的某一局部区域的平均温度。通过特殊的光学系统，可以将目标区域限制在 1 mm^2 以内甚至更小，这种测温仪的响应时间可以做到小于 1 s，其测温范围可达 0～3000℃。

不足之处：①测量精度受多种因素的影响大；②对远距离的小目标测温困难，要实现远距离测温，需使用视场角很小的测温仪，且难以对准目标。

常用的红外点温仪主要有两大类：非致冷型和致冷型，采用致冷型的红外探测器可提高探测灵敏度，能对低温目标进行测量。

9.3.2 红外热像仪

红外热像仪是目前世界上最先进的测温仪器，根据其获取物体表面温度场的方式不同，常分为单元二维扫描、一维线阵扫描、焦平面（*FPA*）以及 *SPRITE* 等。

1. 工作原理和特点

由于红外辐射同样符合几何光学的相关定律，因此可以利用红外探测器探测并接收目标物体的红外辐射，通过光电转换、信号处理等手段，将目标物体的温度分布图像转换成视频图像传输到显示屏等处显示出来，这样我们所观察到的就是物体的一幅热图。目前高速的热像仪可以做到实时显示物体的红外热像。

红外热像仪有：①能显示物体的表面温度场，并以图像的形式显示，非常直观。②分辨率强，现代热像仪可以分辨 0.1℃ 甚至更小的温差。③显示方式灵活多样，温度场的图像可以采用伪色彩显示，也可以通过数字化处理，采用数字显示各点的温度值。④能与计算机进行数据交换，便于存储和处理等优点。

红外热像仪的主要不足之处是，热像仪一般需要采用液氮或热电致冷，以保证探测器在低温下工作。这样使得结构复杂，使用不便。此外，光学机械扫描装置结构复杂，操作维修不方便。热像仪的价格也非常昂贵。

2. 红外成像系统

利用红外探测器、光电成像物镜和光电扫描系统，在不接触的情况下接收物体表面的红外辐射信号，该信号转换为电信号后，经电子系统处理传至显示屏上，得到物体表面热分布相应的“实时热图像”。

1)热成像系统的基本组成 热成像系统是一个利用红外传感器接收被测目标红外线信号，经放大和处理后送返显示器上，形成该目标的温度分布二维可视图像的装置。其基本组成如图 9－5 所示。

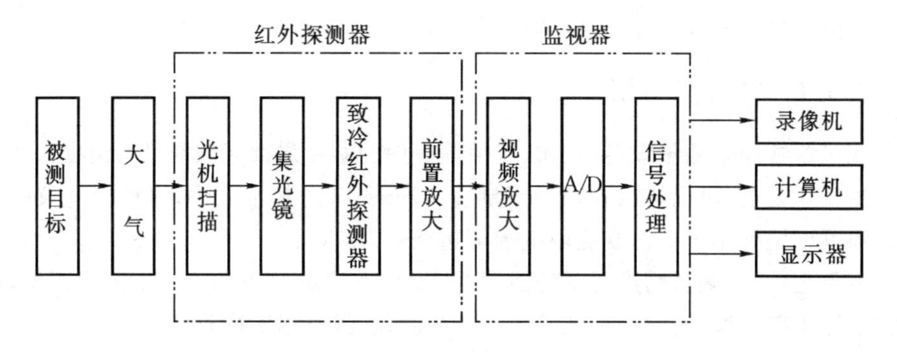

图 9－5 热成像系统的基本组成

其中红外探测器部分(又称扫描仪、红外摄像机)由成像物镜、光机扫描结构、致冷红外探测器、控制电路组成。成像物镜可根据视物大小和像质要求，由不同透镜组成。光机扫描结构由垂直、水平扫描棱镜及同步系统组成。致冷红外探测器用于接收目标的红外信息并能转化为电信号的红外敏感器件。控制电路消除由于制造和环境条件变化产生的非均匀性，使目标能量的动态范围变化能够适应电路处理中的有限动态范围。

2)热成像的特点 红外热成像系统可以给出空间分辨率和温度分辨率都较好的设备温度场二维图形；可自一定距离外提供非接触、非干扰式的测量；可提供快速和实时的测量，从而可进行温度瞬态研究和大范围的快速观察；具有全被动式、全天候的特点。

3)红外成像系统探测波段的选择　由于热成像红外探测器工作时受到大气的阻尼,阻尼源之一是空气中的二氧化碳及水分等对红外辐射的吸收。因此,为使大气的影响减到最小,可根据红外波长与大气传导率的关系选择探测器的波长。可选探测波段为:1 μm 左右的近红外段;2～2.5 μm 段;3.5～4.2 μm 段,短波段,常用此段;8～14 μm 段,长波段,用于低温及远距离探测。

4)红外热像仪测温精度分析　探测器输出视频信号幅度 U_S

$$U_S \propto \frac{\omega\sigma T^5}{\pi}\int_{\lambda_1}^{\lambda_2}\varepsilon(\lambda T)\tau_a(\lambda)R(\lambda)\mathrm{d}\lambda \tag{9-15}$$

式中:λ_1,λ_2 为热像仪工作波长范围;σ 为辐射常数;$\tau_a(\lambda)$为大气透过率;ω 为热像仪瞬时视场角;$\varepsilon(\lambda T)$为被测物光谱辐射率;T 为被测物热力学温度;$R(\lambda)$为热像仪总光谱响应。

由上式可知,测温精度与很多因素有关,主要影响因素有:测试背景状况;辐射率的影响,且辐射率 ε 直接影响测量结果。

影响辐射率的因素如下。

①表面状态。金属及大多数材料都是不透明的,影响辐射率的主要因素有:有色皮或涂层表面,ε 主要取决于表面的涂层;粗糙表面对 ε 影响大,粗糙度增大,ε 增大;表面薄膜、污染层也会影响 ε;表面有氧化膜时,ε 会增大 10 倍以上。

②温度。一般金属的 ε 低,随温度上升而增大;非金属的 ε 高。

③波长。ε 随红外线波长的变化而变化。

④距离对测量温度的影响。测量距离影响视场角的大小,一般测量距离取被测物体的大小满足 5～10 个系统的瞬时视场角的要求。

⑤大气。大气中多种气体对红外辐射的吸收作用;大气中悬浮微粒对辐射的散射作用。

9.3.3　红外热电视

1. 红外热电视的基本结构

红外热电视的基本结构如图 9-6 所示,其工作原理是:被测目标红外辐射经热释电管的透镜聚焦靶面,当靶面受热强度发生变化时,在靶面会产生与被测目标红外辐射能量分布组成的图像相对应的电位起伏信号,与此同时,电子束在扫描电路的控制下对靶面进行行、场扫描,在靶面信号板上产生相应的脉冲电流,该电流经负载形成视频信号输出。

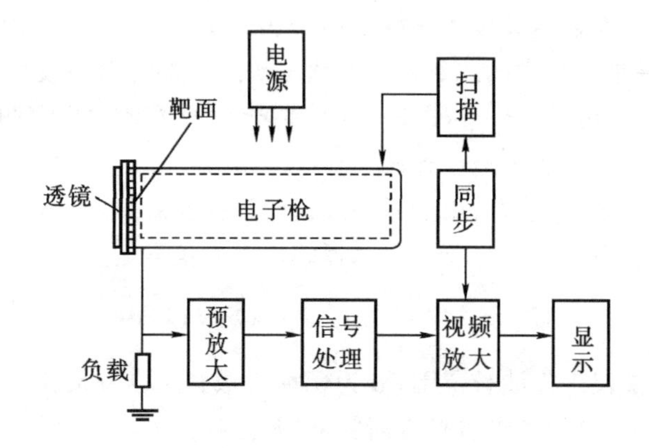

图 9-6 红外热电视的基本结构框图

2. 红外热电视的主要技术性能

红外热电视的主要技术性能包括:测温范围;工作模式;温度分辨率;空间分辨率:任意空间频率下的温度分辨率;目标辐射范围:对不同辐射率被测目标的响应范围;测温准确度:最大误差与仪器的量程之比;红外物镜:镜头的焦距范围;工作波段,一般 3～5 μm 或 8～14 μm;显示方式;最大工作时间。

9.4 红外测温技术的应用

目前,红外无损检测在电力、石油化工、机械、材料、建筑、农业(生物优种、果品质量检测)、医学(口腔疾病、皮肤病、乳腺癌)等领域已获得广泛应用,并显示出越来越强大的生命力。

9.4.1 红外测温技术在铁路交通运输中的应用

利用车辆在运行中发热的轴箱所发射的红外辐射的强弱来早期发现热轴故障,是一种不停车情况下检查轴温的技术。

车辆运行中如果轴温超过正常运行温度,可能会出现燃轴事故,从而导致车辆故障。传统方法是靠列检人员手摸来检测轴温,在冬夏季无法准确判断,容易造成漏检、漏修。

1. 红外轴温检测技术的测量方法

铁路两侧安装红外轴温探测器。由红外探测器接收轴箱的红外辐射,测量系统把红外辐射转换成微弱的电脉冲信号,经电子线路放大,记录显示测量结果。如图 9-7 所示。

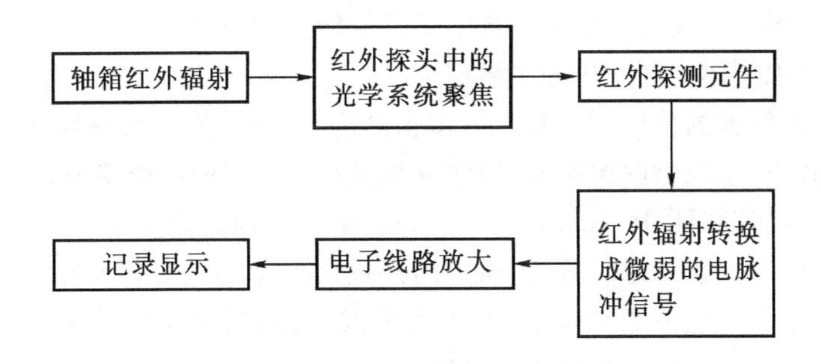

图 9－7　红外轴温监测流程

2. 处理方法

目前的红外轴温探测器采用相对温度测量方法，以环境温度为背景，红外探头输出轴箱温度与环境温度的差值电脉冲信号，这样轴温越高电脉冲信号越大。

9.4.2　红外测温技术在冶金工业中的应用

红外测温技术在冶金工业中的应用有：①内衬缺陷诊断：包括高炉、热风炉、转炉、钢水包、铁水包、回转窑的内衬缺陷；②冷却壁损坏检测；③内衬剩余厚度估算；④高炉炉瘤诊断；⑤工艺参数的控制与检测；⑥热损失的计算等。检测的目的是：指导设备维修；提高设备使用寿命；提高设备利用指数；减少设备单耗；降低散热、节约能耗；调整工艺等。

例如高炉监测，由于高炉的炉温比环境温度高出许多，尽管炉壁有炉灰、铁屑、垫料、冷却壁、碳素填料、碳砖等六层，热像仪还是能准确捕捉到温度异常的信息。如果热像中有过亮的区域，则表明该处材料或炉衬已因变薄而导致温度升高，从而发现故障隐患。

图 9－8 是高炉红外测温系统图，利用红外摄像仪把高炉内的工况拍摄下来，变成黑白视频图像，通过视频电缆传输到高炉控制室的工控机系统。在工控机系

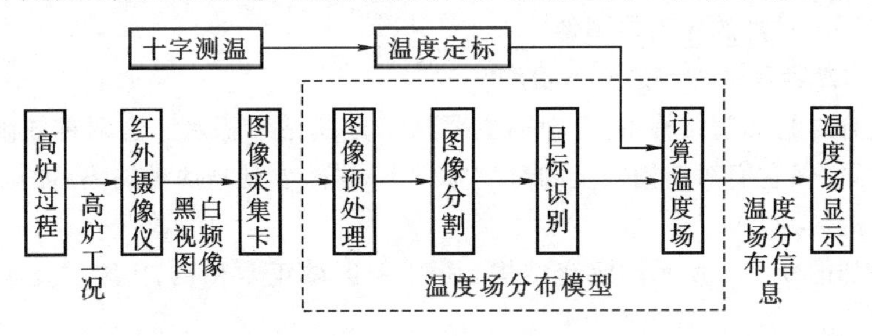

图 9－8　红外测温系统图

统中,图像采集卡完成视频图像到数字图像的转换,获得数字化的高炉工况图像信息,通过图像识别建立温度场分布模型。

高炉红外图像的分析可以分为图像预处理、图像分割和目标识别。图像预处理的主要功能在于滤除图像噪声;图像分割是按照一定的图像特征,如图像的灰度特征、图像的纹理特征、图像的运动特征等将图像分割为若干个有意义的区域,使得同一区域内的像素满足同质性,而不同区域内像素的性质互不相同。图像的分割将原始的图像转化为更抽象、更紧凑的形式,使得更高层的分析和理解成为可能。目标识别是根据识别对象的某些特征,如物理特征、形态特征等,提取图像感兴趣的目标特征。

现场生产的运行情况表明,基于红外图像处理的高炉温度场检测方法能够有效地帮助操作人员掌握高炉炉喉的温度场及煤气分布情况,协助指导高炉的布料控制。

9.4.3 红外测温技术在材料和结构检测中的应用

红外热像检测的基本原理是利用被检物体的不连续性缺陷对热传导性能的影响,进而反映在物体表面温度的差别上,即物体表面的局部区域产生温度梯度,导致物体表面红外辐射能发生差异,检测出这种差异,就可以推断出物体内部是否有缺陷存在。

材料的红外检测需要注意:①大多情况下红外检测仅对近表面缺陷敏感,材料不同,可检测深度不同,如对复合材料仅能检测 2 mm 的缺陷,但对混凝土材料可以检测深达 2 cm;②缺陷本身的热性质要与周围有明显的不同,一般红外检测对空洞、异物、分层、锈蚀及积水敏感;③被检材料表面发射率问题,当被检材料表面发射率小于 0.2 时,检测非常困难。

例 1 铝试件的红外检测

采用红外检测方法对铝试件进行检测,试件尺寸:30×20×2 cm,人工缺陷:背面加工有 6 个直径为 20 mm,不同深度的平底孔,孔底距试件表面依次为 1.1 mm,2.2 mm,3.2 mm,4.1 mm,5.2 mm,6.2 mm。图 9-9 是检测时所形成的对应不同时刻的序列热图像。

例 2 蜂窝复合材料的红外检测

在复合材料蜂窝结构中,存在的主要缺陷是脱粘和积水。这两种缺陷的产生有一定关系,但它们对结构安全的影响方式不一样,发现这两种缺陷后的处理方法也有较大的区别。

考虑如图 9-10 所示的蜂窝结构,其中 A 区域正常粘结,B 区域发生脱粘,C 区域积水。

热流注入设备在实验开始时加热,将热量均匀导入复合材料蜂窝结构。加热

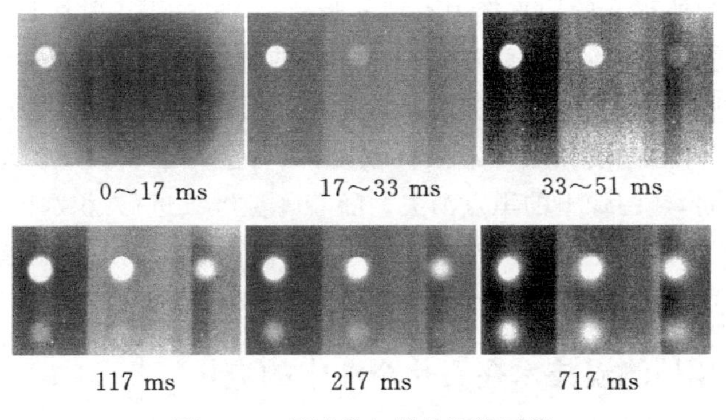

图 9-9　铝试件红外检测热图像

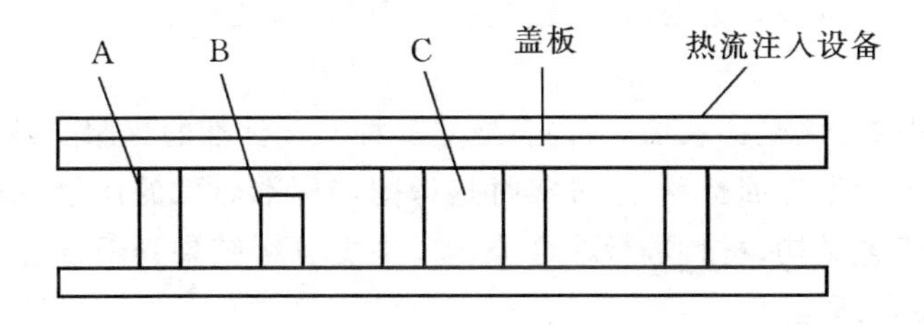

图 9-10　含缺陷蜂窝结构试件

一段时间后，迅速移去，已被加热的试件直接暴露在室温空气中，热流反向扩散。对被测结构而言，整个过程可分为升温和降温阶段。在进行红外检测前，蜂窝结构长期放置于室温环境中，已达到热平衡状态，正常区域和积水、脱粘区域的温度基本一致。在升温阶段，由于其热容与热导率不同，使得在升温结束时温度不一。因此，此时在红外热像仪上所呈现的热图像出现温度分布。在降温阶段，脱粘区的温度首先趋于室温，积水区域保持高温的时间最长。因此，测试分析不同区域的降温过程，就可以识别和区分不同的缺陷类型。

图 9-11 所示为检测过程中获得的不同时间的序列热图像。

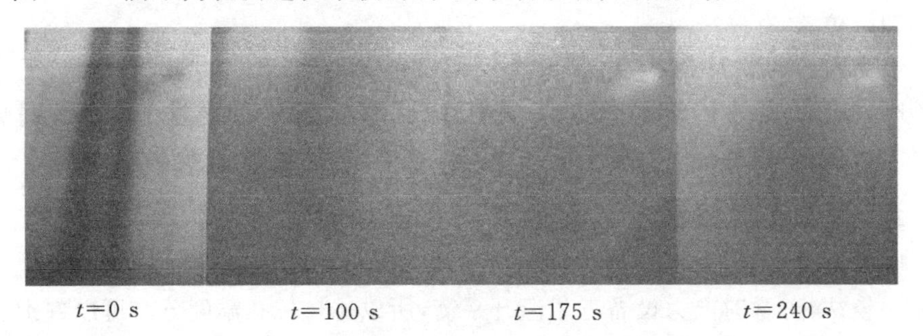

图 9-11　单面法进行内部缺陷红外无损检测热图像

蜂窝结构中所存在的积水作为附加的吸热体，相对于正常区域吸收了部分注入的热量，使得在升温阶段结束时(0s)该区域的温度较低。如以图像灰度等级表示温度高低，则该区域出现相应的黑点。降温过程开始后，主要因为该区域所保有的热量较高，其降温速度相对正常区域较慢，两者温差逐步减小。至 100 s 时，两者温度几乎相同，热图像上的黑点消失。随着降温继续进行，积水区温度反而比正常区域高，出现温差的正负变号现象。至 175 s 时两者出现最大温差，在热图像上形成明亮的白点。继续降温，白点的亮度下降(240 s)。

9.4.4 红外测温技术在石化企业中的应用

对设备检测制订规划，做到有计划定时定点检修，对关键设备设立精密检测点，从热像图中提取各种重要信息，建立设备档案，以便对设备的故障进行准确的判断和预报。

点检所用的方法是比较法。首先，建立各种安全标准的热像图，即建立标准图谱；对运行设备定期巡回检测；通过实时热像图与标准热像的比较，根据图像的差异程度，结合工艺结构、材料进行综合分析。根据分析结果判断设备是否正常，发生故障的性质及部位。

红外检测在化工生产流程中的应用，例如，检测换热器的漏洞和堵塞、油封故障、转化炉炉墙温度等，可以了解保温状况及热损失部位，记录异常部位。

9.4.5 红外测温技术在电力系统中的应用

1. 检测内容

红外测温在电力系统中的应用有：电力设备的计划检测及电力设备的临时检测。

电力设备的计划检测主要检测发电厂、高压超高压变电站、输电线路接头等。其检测内容包括设备温度场的分布及温升，可以通过设备温度的变化判断设备内部的缺陷位置。

电力设备的临时检测常用于关键重大设备的检测。例如：发电机停机后电气实验时，铁芯过热点的检测；发电机碳刷发热，端子箱及密封母线的检测；锅炉外壁、气轮机及管道的隔热材料效能的检测。

2. 判断异常的方法

电力设备的红外检测判断异常的方法有：①模型比较法，实测与标准比较；②三相比较法，正常时电力设备三相温升平衡，所以比较三相温度分布可以判别有无异常；③相邻部位比较；④检测设备整体温度，检查是否有过热点。

3. 测试中的注意事项

在电力设备红外检测中应注意以下问题：①应选择通电电流高负荷的季节，高负荷的时间进行检测。②气候条件：日照会造成误差，所以应在阴天或日落后进行检测；风会冷却发热部位，造成误差；雨、雾能使红外线衰减或散乱、水分还有冷却效果，所以应避开雨雾天气检测。③检测距离：测距太远时，射入图像超过了空间分辨率范围，测出的温度是对物体与空间的平均温度，会产生误差。④发射率：为取得被测对象的真实温度，必须掌握物体的发射率，一般是 0.7～0.9。

红外检测技术已成为电力设备检测、普查，及时发现隐患、及时抢修、杜绝恶性突发性设备事故的一种先进手段。由于电力设备事故大都不是突发的，往往或快或慢有一个变化过程。电气元部件逐渐出现松动、破裂、锈蚀等，造成接触电阻增加，致使电气元部件温度升高，出现热异常现象。采用热像仪直接观察和测量就可发现这些异常现象，掌握潜在故障的位置和严重程度。

目前，热像仪在电力系统中的主要检测目标是发电机组装置、输电线路接头、绝缘部件、变电站设备、变压器绕组及油冷系统、高压线路的保险丝电路、隔离刀开关、断路器、转换开关和终端装置、电路分配调度中心、控制台及照明配电盘等。

图 9－12～9－14 是电力设备的热像检测图。

图 9－12　变压器的红外热像图

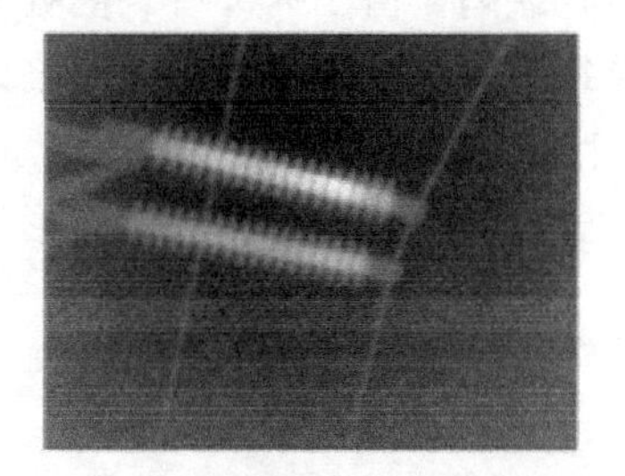

图 9－13　绝缘子串的红外热像图

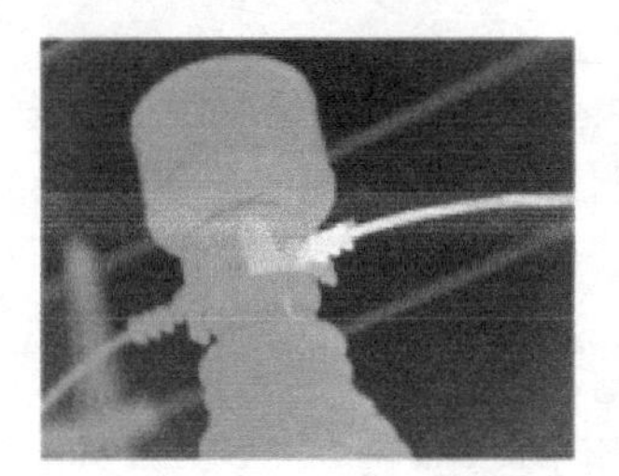

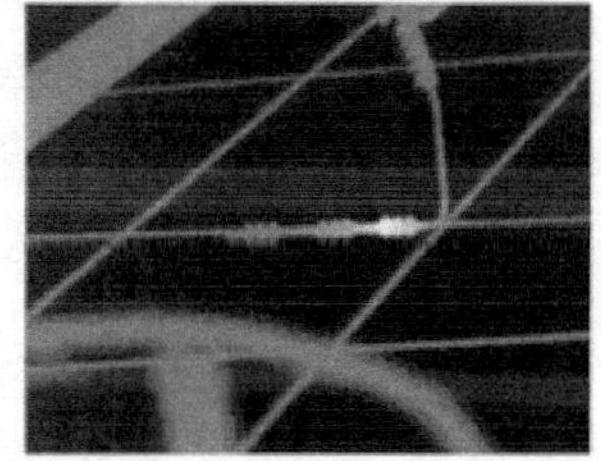

图 19－14　电力电缆和导线的红外热像图

9.4.6 红外测温技术在机械工业中的应用

红外检测技术在机械工业中应用非常广泛，这里仅举几个典型的例子。

1）焊点质量的检测 采用外部热源给焊点加热，利用红外热像仪检测焊点的红外热像图及其变化情况来判断焊点的质量。无缺陷的焊点，其温度分布比较均匀，而有缺陷的焊点则不然，并且移开热源后，其温度分布的变化过程，与无缺陷焊点将产生较大差异。

在焊接过程中，应用红外检测技术的场合比较多，例如，采用红外测温仪在焊接过程中实时检测焊缝或热影像区某点或多点的温度，进行焊接参数的实时修正。在自动焊管生产线上，采用红外线阵 CCD 实时检测焊接区的一维温度分布，通过控制焊接电流的大小，保证获得均匀的焊缝成形。

2）压力容器衬套检验 利用红外成像技术进行压力容器衬里脱落或缺陷检测的方法是：利用红外热像仪，从容器表面温度场数据的传热理论分析和计算机程序的实例计算，推算出容器内衬里层的变化，从而达到对容器内衬里层缺陷的定量诊断。

3）轴承质量检测 被测轴瓦是由两层金属压碾而成，可能存在中间层，或者大的体积状、面状缺陷。由于内部有缺陷处与无缺陷部分传热速度不同，采用对工件反面加热，导致有缺陷处温度低于无缺陷处的表面温度，通过红外摄像可获得缺陷的图像和尺寸。用类似方法也可进行轴承滚子表面裂纹的检测。

另外常见的还有，机床主轴箱热变形检测，磨削温度检测等。

第 10 章　激光全息检测技术

10.1　激光全息检测概述

全息术或称全息照相(Holography)的思想是英国科学家丹尼斯·伽柏(Dennis Gabor)在 1948 年首先提出来的。由于他的发明和对全息技术发展的巨大作用,他于 1971 年被授予诺贝尔物理学奖。激光全息无损检验是全息干涉分析的一种应用,它可以用来监视一个复杂的物体在两个不同时刻里所发生的变形,不管物体表面是光洁或粗糙,都可以观测到光学公差水平几分之一微米以下,由于它是利用全息技术再现原理,因此是无接触地进行三维立体观测。和经典的干涉仪比较起来,全息干涉检测具有加工精度低、装调较为方便的特点。它不仅可以用来测量微小的变形和应变,也可以检测材料的表面缺陷和观测空气动力学现象及冲击波现象。

近几十年来,由于计算机图像处理技术,激光技术,全息无损检测的理论、技术都有了很大的发展,使激光全息检测技术向着三维、高精度和自动化方向发展,并发展出了数字全息干涉检测技术和激光电子散斑干涉检测技术,使其在更广泛的工业领域应用有了长足进展,解决了许多用其他无损检测方法无法解决的问题,成为一种独特的无损检测方法。

激光全息无损检测应用包括航天工程、汽车制造、国防工业和食品安全等众多领域。国内外文献报道有蜂窝夹层结构脱胶缺陷的检测、复合材料层压板分层缺陷的检测、印刷电路板内焊接头的虚焊检测、压力容器焊缝的完整性检测、火箭推进剂药柱中的裂纹和分层、壳体和衬套间的分层缺陷检测、飞机轮胎中的胎面脱粘缺陷检测、反应堆核燃料元件中的分层缺陷检测等。

激光全息检测同其他检测方法相比较,其特点如下:

①由于激光全息检测是一种干涉计量术,其干涉计量精度与激光波长同数量级。因此,极微小(微米数量级)的变形均能被检测出来,而且检测的灵敏度很高。

②由于将激光作为光源,而激光的相干长度很大,因此可以检验大尺寸的产品;只要激光能够充分照射到整个产品表面,都能一次检验完毕。

③激光全息检测对被检对象没有特殊要求,它可以对任何材料和粗糙表面进

行检测。

④可借助干涉条纹的数量和分布来确定缺陷的大小、部位和深度，便于对缺陷进行定量分析。

⑤激光全息检测具有直观感强、非接触检测、检测结果便于保存等特点。

10.2 激光全息检测原理

10.2.1 全息照相的原理

激光全息无损检测是利用激光全息照相来检测物体表面和内部的缺陷。因为物体在外界载荷作用下会产生变形，这种变形与物体是否含有缺陷直接相关。通过外界加载的方法，激发物体表面的变形，再利用激光全息照相法，把物体表面的变形以明暗相间的条纹形式记录下来，通过观察、分析、比较全息图，来判断物体表面或内部是否存在缺陷。

1. 全息照相的原理

图 10-1 是全息照相记录过程的原理图。当激光从激光器发射出来后，经过分光镜被分成两束光。一束由分光镜表面反射，经过反射镜到达扩束镜，将直径为几个毫米的激光扩大照射到整个物体的表面，再由物体表面漫反射到胶片上，这束光称为物体光束；另一束光透过分光镜后，被扩束镜扩大，再经反射镜直接照射到胶片上，这束光称为参考光束。当这两束光波在胶片上叠加后，形成干涉图案，再经胶片显影处理后，干涉图案就以条纹的明暗和间距变化形式被显示出来，正是这些干涉条纹记录了物体光波的振幅和位相信息。

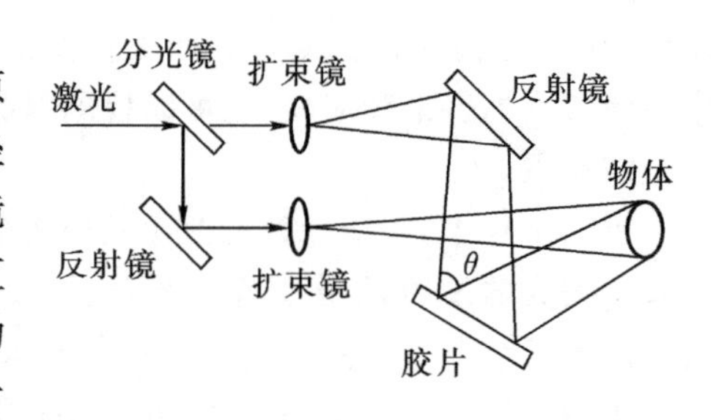

图 10-1 全息照相记录过程原理图

为了理解全息照相的记录过程，下面简要叙述两个平面光波的干涉情形，如图 10-1 所示。其中一列代表物体反射来的光束，另一列代表参考光束，这两束光波的夹角为 θ。当它们在胶片上相遇叠加时，就产生了一组互相平行、明暗间隔的干涉条纹。条纹的明暗取决于两束光波到达该处的位相差。如果位相差为 π 的偶数倍，也就是两束光波到达该处的位相相同时，就产生了亮条纹，这时叫做相长干涉；如果两束光波到达该处的位相差为 π 的奇数倍，即位相相反时，就产生了暗条纹，这时就叫做相消干涉。如果两束光波到达该处的位相既不相同也不相反时，则形成干涉条纹的亮度相应地介于上述两种明暗条纹之间，而条纹的间距，取决于这两束光的夹角 θ。设 d 为相邻两个明条纹（或两个暗条纹）的间距，按布拉格方程式有

$$d = \lambda/2\sin(\theta/2) \tag{10-1}$$

式中：λ 为光波的波长。

上述情况是在两束平面相干波中产生的干涉现象，在实际情况中，物体的表面光波并不是一个简单的球面光波，而是形状复杂的光波，而且参考光波也不一定都是平面光波，所以，它们叠加时，所产生的干涉图案也就非常复杂，但是原理相同。

2. 拍摄全息图需要具备的条件

1）光源　激光全息摄影是一个干涉过程，因而它的光源必须是具有良好的时间相干性和空间相干性的相干辐射源。

在离轴全息图中，对物体的照明光束没有空间相干性的要求，但要求参考光束有良好的空间相干性。空间相干性不好，就会使再现像的分辨率局部或全部降低，严重的会使再现像消失。

时间相干性是以时间度量两个相继波前的相位恒定性。时间相干性通常以长度单位表示，在此长度中两个相继波前彼此能保持恒定的相位关系。如把一个相干光源用于干涉仪的相干测量，当干涉仪的两个臂光程相等时，由它们干涉产生的干涉条纹的调制度定义为

$$M = \frac{I_{max} - I_{min}}{I_{max} + I_{min}} \tag{10-2}$$

式中：I_{max}、I_{min} 分别表示干涉条纹辐照度数值的极大和极小值。

调制度越大，在底片（全息干板）上曝光形成的光栅衍射效率越高。如果全息图上的干涉条纹衍射效率高，全息再现像的亮度及分辨率就高。改变一个臂的长度直到干涉现象消失为止，此时两臂的光程差就是该相干光源的时间相干性，也叫相干长度。相干长度与光源的频带宽度成反比，具有单一频率的光源相干长度为无穷大。目前，用于全息摄影的较理想的激光光源有连续波的氦氖激光器（λ＝632.8 nm），氩离子激光器（λ＝488 nm 和 514.5 nm）和脉冲红宝石激光器（λ＝694.3 nm）。

2）感光材料　因为全息摄影是光波相互干涉的过程，尤其是离轴激光全息图（利思-厄帕特尼克斯型），参考光束与物体光束之间有一不小的夹角，所以被全息底片记录下来的干涉条纹频率很高。在记录三维物体景像时条纹频率还要增加，因此要求全息底片有极高的分辨率。空间分辨率 γ 的表达式为

$$\gamma = \frac{2\sin(\theta/2)}{\lambda} \tag{10-3}$$

当全息摄影使用红宝石激光器（λ＝694.3 nm），物光与参考光之间的夹角在

$20° \leqslant \theta \leqslant 180°$时，要求全息底片的空间分辨率为 509～28801l_p/mm。可见 γ 与使用的激光波长 λ 及物光与参考光夹角 θ 有关。式(10－3)所提出的是空间分辨率最低要求，在记录三维漫反射景像时分辨率的要求更高。这样高的分辨率要求，一般的照相底片不能达到，必须使用全息记录介质。卤化银乳胶是全息摄影最常用的一种记录介质，它的感光、冲洗特性与一般摄影底片基本相同。

3)防振 激光全息摄影是将干涉条纹记录在照相乳剂上，为了保证所记录的干涉条纹具有高的反差，在全息摄影过程中，要求由于意外振动而使物光和参考光之间的光程差产生的随机变化小于 1/4 波长，或由于某个光学元件的抖动使干涉条纹相对于底片产生小于 1/4 条纹间隔的位移，否则不但得不到高反差的干涉条纹，甚至使全息底片均匀曝光而得不到干涉条纹的记录。如果用连续波激光器如氦氖激光器进行全息摄影，由于它的功率较低，曝光时间需要数十秒钟，这样长的曝光时间，如果不采取防振措施就无法拍摄到全息图，这就要求把全息摄影器件、激光器连同被拍摄物体都放在防振台上。即使使用了防振台，对于周围环境的干扰诸如气流、噪声等也有一定要求。双向光强的不等，影响了干涉的效果。20 世纪 80 年代末，天津大学秦玉文教授提出利用剪切镜将被摄物体形成相互错位的像，当激光照射到被摄物体表面上时就形成了散斑干涉图，图像经 CCD 输入到计算机图像采集系统中，对变形前后的两个散斑场作相减模式处理，便会在监视器上得到表示物体形变位移导数信息的干涉条纹。由于该技术缩短了采集图像的记录时间，因此弱化了刚体位移、机械振动、空气扰动等环境不稳定因素对条纹的影响。

如果使用脉冲红宝石激光器作为光源进行全息摄影，由于曝光时间是纳秒量级，在这样短的时间里，由振动产生的物光和参考光之间的光程差还不足以大于 1/4 波长，也不会产生过大的条纹移动，因此就不需要采取这种防振措施。

4)其他条件 为了得到一个好的全息图，除了上述三个条件外，还要考虑诸如物光与参考光的等光程问题、物光与参考光的光强比和物光与参考光之间的夹角等因素。

10.2.2 全息干涉检测原理

全息无损检测是全息干涉计量技术的实际应用，全息无损检测原理就是建立在判读全息干涉条纹与结构变形量之间关系的基础上。

在外力作用下，结构将产生表面变形。若结构存在缺陷，则对应缺陷部位的表面变形与结构无缺陷部位的表面变形是不同的。这是因为缺陷的存在，使缺陷部位的刚度、强度、热传导系数等物理量均发生变化的结果。因而缺陷部位的局部变形与结构的整体变形不一样。应用全息干涉计量的方法，可以把这种不同表面的变形转换成光强表示的干涉条纹由感光介质记录下来。如果结构不存在缺陷，则这种干涉条纹只与外加载荷有关，且干涉条纹是有规律的，每一根条纹都表示结构变形的等位移线；如果结构中存在缺陷，则缺陷部位的条纹变化不仅取决于外加载荷，还取决于缺陷对结构的影响。因而在缺陷处产生的干涉条纹，是结构在外加载荷作用下产生的位移线与缺陷引起的变形干涉条纹叠加的结果。这种叠加将引起缺陷部位的表面干涉条纹畸变，根据这种畸变则可以确定结构是否存在缺陷。图 10-2(a)所示为一叠层结构，前壁板之间局部脱胶，若以热辐射作用于所示结构前壁板上，前壁板表面温度升高时，其膨胀量将由热膨胀系数和温度变化的积确定。里面的胶层起着隔热作用，使得后壁板的温度变化较小，它相当于两层有温度差的板组合而成为一个准双金属片。这种结构将出现一定程度的弹性变形，弹性变形的大小取决于两块板的物理性能和相对厚度。然而脱胶区壁板之间是无约束的，前壁板的变形则不受后壁板的影响，从而使脱胶区和它周围非脱胶区之间产生了变形差，如图 10-2(b)所示。如果将这种变形差用两次曝光全息干涉法记录下来，反映在全息图上的缺陷部位干涉条纹将产生畸变，即形成封闭的“牛眼”条纹区就是结构的脱胶部位。

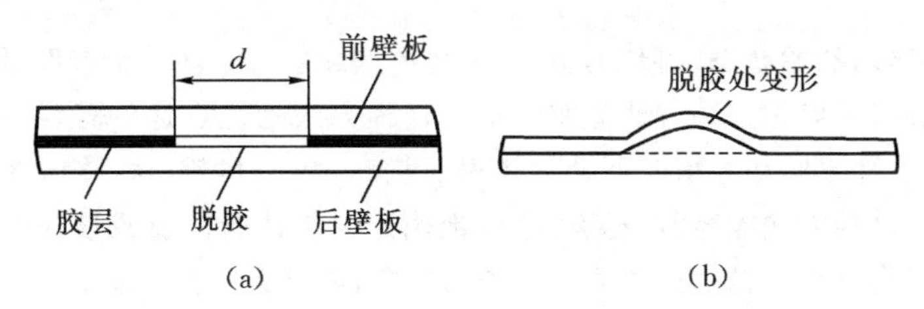

图 10-2　热加载两次曝光法显示的铝蜂窝夹层板局部脱胶缺陷反射条纹畸变图

(a)叠层结构；(b)脱胶处变形

10.3　激光全息检测方法

10.3.1　检测方法

被检测物体的内部缺陷在外力作用下，使它所对应的物体表面产生与其周围不相同的微量位移差，激光全息检测技术能够用全息照相的方法比较前后变化，从而检验出物体内部的缺陷位置和形状。

对于不透明的物体，光波只能在它的表面上反射，因此只能反映物体表面上的现象。然而，物体表面与物体内部是相互联系的，若给物体一定的负荷(例如机械的或热脉冲的载荷)，物体内部的异常就能表现为表面的异常。当然，外界载荷应以不使物体受损为限。

观察物体表面微量位移差的方法有三种。

1. 实时法

先拍摄物体在不受力时的全息图，冲洗处理后，把全息图精确地放回到原来拍摄时的位置上，并用拍摄全息图时的同样参考光照射，则全息图就再现出物体三维立体像（物体的虚像），再现的虚像完全重合在物体上。这时，对物体加载，物体的表面会产生变形，受载后的物体表面光波和再现的物体虚像之间就形成了微量的光程差。由于这两个光波都是相干光波（来自同一个激光源），并几乎存在于空间的同一位置（因变形甚小），因此这两个光波叠加仍会产生干涉条纹。假如物体内部没有缺陷，则受载后的物体表面变形是连续规则的，所产生的干涉条纹的形状和间距的变化也是连续均匀的，并与物体外形轮廓的变化相协调。物体内部如有缺陷，受载后对应于内部有缺陷的物体表面部位的变形就比周围的变形要大。因此，当与再现虚像的光波相干涉时，对应于有缺陷的局部区域，就会出现不连续的突变干涉条纹。

由于物体的初始状态（再现的虚像）和物体加载状态之间的干涉度量比较是在观察时完成的，所以称这种方法为实时法。这种方法的优点是只需要一张全息图就能观察到各种不同加载情况下的物体表面状态，从而判断出物体内部是否含有缺陷。因此，这种方法能经济、迅速、准确地确定出物体所需加载量的大小。其缺点是：①为了将全息图精确地放回到原来的位置，需要有一套附加机构以便使全息图位置的移动不超过几个光波的波长；②由于全息干版在冲洗过程中乳胶层不可避免地要产生一些收缩，当全息图放回原位时，虽然物体没有变形，但仍有少量的位移干涉条纹出现；③显示的干涉条纹图样不能长久保留。

为了解决全息图精确复位困难的问题，也可以采用“就地显影”的方法。当全息干版感光以后，不再从干版架中取下，而直接在原位冲洗处理。有的激光全息照相设备本身附带有显影装置，可以进行就地显影。至于乳胶层的收缩变形问题可以采用下述的“两次曝光法”来克服，或在原位冲洗中先放入清水进行曝光。

在观察实时条纹时，为了改善条纹对比度，常常改变光路的分光比，增加再现物像的亮度而减少原物体的照明光强，这可以采用可调分光器或在光路中放置（或去掉）滤光器来实现。总之，要使再现像光强和物体反射光强大致相同，以获得较好的条纹对比度。

2. 两次曝光法

该方法是将物体在两种不同受载情况下的物体表面光波摄制在同一张全息图上，然后再现这两个光波，而这两个再现光波叠加时仍然能够产生干涉现象。这时，所看到的再现像，除了显示出原来物体的全息像外，还产生较为粗大的干涉条纹图样。这种条纹表现在观察方向上的等位移线，两条相邻条纹之间的位移差约为再现光波的半个波长。从这种干涉条纹的形状和分布来判断物体内部是否有缺陷。

两次曝光法是在一张全息片上进行两次曝光，记录了物体在发生变形之前和之后的表面光波。这不但避免了实时法中全息图复位的困难，而且也避免了感光乳胶层收缩不稳定的影响，因为这时每一个全息图所受到的影响是相同的。此外，此法系永久性记录。其主要缺点是对于每一种加载量都需要摄制一张全息图，无法在同一张全息图上看到不同加载情况下物体表面的变形状态，这对于确定加载参数是比较困难的。

两次曝光法和实时法一样，在研究物体两种状态之间的变化时，其变化不能太大或者太小，要在全息干涉分析限度之内（几个、几十个波长变化）。如果变化太大，全息图再现的干涉条纹太密，以致人眼分辨不出来；若变化太小，也不能进行准确测量。因此选择合适的变化状态是用这两种方法检测时应注意的问题。

3. 时间平均法

时间平均法是在远比振动周期长得多的时间内对稳定振动的物体进行曝光，就像对静止物体拍摄全息图的过程一样。全息干版将振动物体在两个端点的状态记录下来，当再现全息图时，这两个端点状态的像就相互干涉而产生干涉条纹。用干涉条纹图样的形状和分布来判断物体内部是否有缺陷。所谓时间平均法可以理解成反复多次的两次曝光，这种方法对于稳定的周期振动分析非常有效，是迄今为止振动分析方法中最好的一种。

10.3.2　加载方法

无论用哪种全息干涉法来检测结构存在的缺陷，都是比较在外载荷作用下使结构产生变形所引起的表面反射光波光程的变化。记录和分析这种光波光程变化所形成的干涉条纹是检测的关键。因此，对被检结构施加合适的载荷是很重要的。常用的加载方法有机械加载、冲击加载、增压加载、真空加载、热加载以及声振动法等。

1. 机械加载

机械加载包括拉伸、弯曲、扭转和集中力等。机械加载常用来检测金属、陶瓷、混凝土等材料的裂纹缺陷，同时也常用于对结构进行应力、应变分析。机械加载检测灵敏度与裂纹取向有关。如果力的方向使裂纹产生张开位移，则裂纹容易发现；如果施加的外力使裂纹闭合，则被检裂纹就不易发现。对各向异性材料，检测灵敏度还与结构取向有关，易变形方向的缺陷容易发现，不易变形方向的缺陷就难发现。机械加载是通过表面位移的变化来反映裂纹缺陷的。因此，倾斜照明或观察方向能改善全息干涉法对表面内位移的灵敏度。

机械加载方法是一种常用的加载方法，容易实现，而且在高温和腐蚀条件下也可以进行。

2. 冲击加载

冲击加载是用摆锤或自由落体锤撞击被检物体，撞击作用使物体中形成应力波并向周围传播。应力波传到缺陷处，由于缺陷的作用，使得应力波形发生变化。用双脉冲全息干涉计量术记录应力波发生变化的干涉条纹图，即可确定缺陷所在部位。这种加载只限于用固体脉冲激光为光源的全息干涉计量。它可以对涡轮叶片、钢板、铝板、压力容器中的缺陷进行检测。

3. 增压加载

对于有孔蜂窝结构、轮胎、压力容器、管道等产品，可以用内部充气增压加载的方法进行全息检测。例如有孔蜂窝夹层结构当内部充压后，蒙皮在压力作用下向外鼓起。在脱胶处由于蒙皮和蜂窝芯之间没有粘住，该处蒙皮在气压作用下向外鼓起的变形比周围粘住的蒙皮变形要大，形成脱胶处相对于周围蒙皮变形有一个微小位移差，通过全息干涉法把这种位移差转换成光强的变化而形成干涉条纹图。这种全息条纹图，除了显示出蜂窝结构形状外，还会在脱胶缺陷处出现封闭环状条纹图。由于全息干涉法记录结构表面位移非常敏感，所以用这种加载方法所摄制的全息干涉条纹图很直观，检测效果好。

4. 真空加载

对于叠层结构、钣金胶接结构、无气孔蜂窝夹层结构以及轮胎等可以采用抽真空的方法进行加载，同样能够造成缺陷表面内外压差，引起表面变形。如图 10－3 所示，在被检构件上加一个光学透明的真空室，开始时使真空室内有 10.666 kPa(80 mmHg) 的低真空，使真空室密封地吸在面板上，并进行两次曝光法全息记录第一次曝光。然后提高真空室内的真空度(减小真空室内压)，迫使脱胶区向真空室外侧方向发生变形，直到结构力系达到平衡为止，随即进行两次曝光法全息记录第二次曝光，这样缺陷和结构的变形被以干涉条纹的形式记录下来。

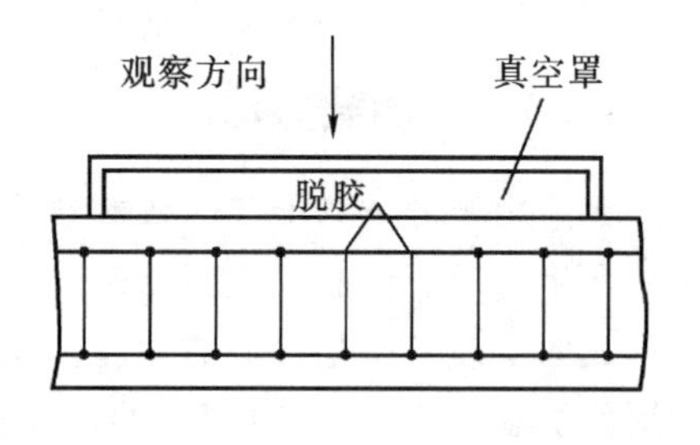

图 10－3　真空加载

5. 热加载

这种方法是对物体施加一个温度适当的热脉冲，物体因受热而变形，在内部有缺陷处，由于传热较慢，相对于缺陷周围的温度要高些。因此，造成该处的变形量相应也大些，从而形成缺陷处相对于周围的表面变形有一个微量位移差，可用激光全息照相记录突变的干涉条纹图样。

加热的方式可以用碘钨灯或红外线灯在物体表面直接照射加热，也可以用电炉、热风加热物体。

由于这种加载方式是对物体施加热脉冲，当加热刚停止时，物体中的温度梯度大。这时，物体内部的缺陷地区所造成的变形也大，最容易显示出缺陷图案来。但是，这时物体的整体变形也很大，因而所显示的干涉条纹之间的距离很小(干涉条纹稠密)，不便于对于涉条纹进行观察和分析。只有让物体充分冷却后，使物体的整体变形消失，而物体内部有缺陷区域的变形由于有一些滞后现象，还来不及完全消失时，才能够对干涉条纹进行分析，揭示出缺陷来。这样不但影响了检测的速度，而且对于埋藏较深的缺陷也不易发现，直接影响了检测的灵敏度。为了解决这个问题，可以采用干涉条纹控制技术，使干涉条纹局部得到放大而显示出缺陷来。

这种加载方法的主要优点是简单、方便；缺点是对缺陷的显示不如其他加载方式清楚，也不容易确定缺陷所在的深度。另外，加热法加载时，要防止由于冷热空气的对流而使物体产生过大的振动，这会使得干涉条纹发生移动而影响观察和记录的效果。

6. 声振动法

把一个宽频带的换能器(通常用压电晶体)胶接在试件的表面上，调节驱动电压来改变激振频率，在振动期间使全息干版感光。在缺陷区域，由于表面的结合松动或者能够完全自由振动，它的振幅就比其他区域大，因而在图像中就显示出一组特殊的干涉条纹，把松动区域的表面轮廓勾画出来。可以通过调节换能器的频率，使其与缺陷部位表皮形成共振，这样试件的整体振动则可以忽略不计。有时为了提高激励能量，可以将换能器的能量通过铝质的实心角柄传到试件表面。用这种换能器可以在角柄尖角输出端得到约 10 μm 的位移，而且不必胶接到试件表面，这样大大简化了操作过程。

声振动法的特点是它能够提供缺陷大小和深度的一种量度。因为一个脱粘缺陷区域被声信号策动时，它就会像一个鼓一样的以它的共振频率(基频)振动，要确定这个共振频率，可用实时法观察。一方面增加策动换能器的频率，一方面通过全息图进行观察，在达到共振频率时，马上就会出现干涉条纹的异常变化。按照基频振动公式

$$f_0 = 0.467\frac{h}{\alpha^2}\sqrt{\frac{r_0}{\rho(1-\mu^2)}} \tag{10-4}$$

式中：h 为脱粘表皮厚度，mm；α 为脱粘处的半径，mm；r_0 为杨氏模量；ρ 为密度；μ 为泊松比。

根据实时观察到的脱粘区域，可以确定 α 值大小，从而可以算出 h 值来，即缺陷距表面的深度。

上述几种加载方式各有特点，但无论采用何种方式，其目的是将物体内部的缺陷反映到物体表面上来。一般使物体表面产生 0.2 μm 的微量位移差，就可以使物体内部的缺陷在干涉条纹图样中有所表现。但是如果缺陷位置过深，在无损加载时，缺陷反映不到物体表面或反映甚微时，激光全息照相就无能为力了。

10.4 激光散斑干涉检测技术

10.4.1 激光散斑的物理性质

激光是一种具有高度相干性的光源，当它照射在具有漫反射性质的物体的表面，根据惠更斯的理论，物体表面每一点都可以看作一个点光源，从物体表面反射的光在空间相干叠加，就会在整个空间发生干涉，形成随机分布的、或明或暗的斑点，称之为激光散斑(speckle)。在全息实验中，我们观察被激光所照射的试件表面就可以看到上面有无数细小斑点。由于这些斑点的存在，使条纹的反差受到影响，当条纹过密时，即被斑点淹没了，因而观察不到条纹。因此在全息干涉法的发展初期，散斑是作为无用的噪声被人们认识的。随着全息干涉法的发展，人们对散斑作了更深入的研究，发现在同样的照射和记录条件下，一个漫反射表面，对应着一个确定的散斑场，即散斑场与形成此散斑场的物体表面是一一对应的。这就启发了人们可以根据对散斑运动的检测，来获得物体表面运动的信息，从而计算位移、应变和应力等一些力学量。在 20 世纪 70 年代初，人们发展了激光散斑干涉法这一新方法。这种方法发展的很快，因为它除了具备全息干涉法的非接触式、可以遥感、直观、能给出全场情况等一系列优点外，还具有光路简单、对试件表面要求不高、对试验条件要求低(如不需要防振)、计算方便、精度可靠、灵敏度可以在一定范围内选择等特点。全息干涉法对面内位移不灵敏，适宜测离面位移，而散斑干涉法适宜测面内位移。

激光散斑干涉法的用途很广，除了测取物体的位移、应变外，还可以用于无损探伤、物体表面粗糙度的测量、塑性区测量、振动测量、纹尖位移场测量等方面。

散斑的横向尺寸是从瑞里分辨率得到的，指的是爱里斑的半径，当两斑大于爱里斑的半径时,始能分辨。因此横向尺寸是指散斑的最小尺寸。

用散斑干涉法计量物体位移时,若位移量小于斑的横向尺寸,就不能检测;当位移量过大,超过了斑的纵向长度,得到的是完全不相干的两幅散斑图,也不能检测。

10.4.2　散斑干涉术测量方法

激光散斑干涉术与全息干涉术一样,分为两步。第一步是用相干光照射物体的表面,记录带有物体表面位移和变形信息的散斑图,第二步是将记录时所得到的散斑图置于一定的光路系统中,提取我们所需要的位移和变形信息。下面根据光路的布置不同,介绍主要的散斑干涉测量方法。

1. 单光束散斑干涉法

在被激光照明的物体表面以外的空间,形成随机分布的散斑场。分布在空间的散斑,称为客观散斑;通过透镜成像而记录在平面上的散斑,称为主观散斑。物体发生微小变形,散斑也随之发生变化,它们之间有着确定的关系。把物体表面变形前后所形成的两个散斑图,记录在同一张底片上。底片上的每个小区域,和物体表面的小区域一一对应;当此区域足够小时,在底片上对应的小区域内的两个散斑图几乎完全相同,只是错动了一个与物体表面位移有关的小的距离。这时各个斑点都成对出现。其错动的距离和方位,代表所对应的物体表面小区域的移动。用光学信息处理的方法,对所记录的底片进行分析,就可以得到物体表面的位移或位移的微分的分布。

单光束散斑照相已广泛用来测量物体表面的平动、倾斜和应变,如孔周的应变集中、蜂窝夹层板的变形、平面问题的应变和断裂力学实验中的位移场等。利用侧向散射光所形成的散斑,可以测量透明试件内部任一截面的位移和变形。

2. 双光束散斑干涉法

在相干光照明下,把待测表面漫反射所形成的散斑场,和固定且不变形的另一表面的漫反射所形成的散斑场叠加,构成一个新的散斑场。在待测表面发生变形的过程中,这个叠加而成的散斑场将发生如下变化:变形体表面沿法线方向每移动 1/2 波长的距离,斑的明暗变化就形成一个循环。当物体表面有不均匀的离面位移时,凡是位移为 1/2 波长及其整数倍的地方,散斑仍是原来的状态。变形前后斑的亮度分布的细节完全相同的区域,称为相关部分;反之,则称为不相关部分。故可以采用适当的方法,把相关部分的干涉条纹显示出来,从而了解物体表面的变形状况。

双光束散斑干涉法用于测量板的变形和振动,用于轮胎的无损检验以及测量人的耳膜在各种声响下的振动等。

1)双光束散斑图的记录 两束准直相干光束同时照明待测物体,并对称于表面法线,根据测量面内位移和离面位移的不同,分别按图 10-4(a)和(b)布置光路。两束照明光被物表面反射在成像平面进行干涉形成散斑图,对未变形和已变形状态,分别在同一记录介质上进行一次曝光,即得双曝光散斑图。

2)双光束散斑图的记录位移信息的提取 当物体发生位移后两散斑波前之间有相对位相的变化,引起了散斑图的变化,因此在双光束散斑图中含有位移的信息。由于人眼的分辨率有限,对于物体变形后引起位相改变而引起的散斑图的变化人眼一般看不见。因此,将带有位移信息的双曝光散斑底片置于傅里叶滤波光路中(见图 10-5),进行高通滤波,可以通过成像透镜看到强度变化的条纹,即可提取位移信息。

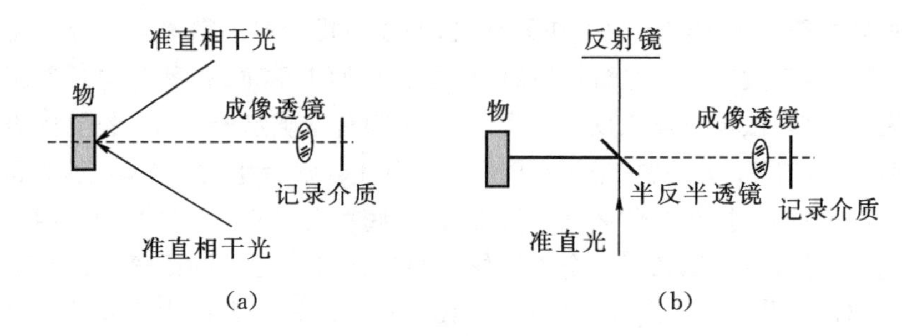

图 10-4 双光束散斑图的记录
(a) 测量面内位移;(b) 测量离面位移

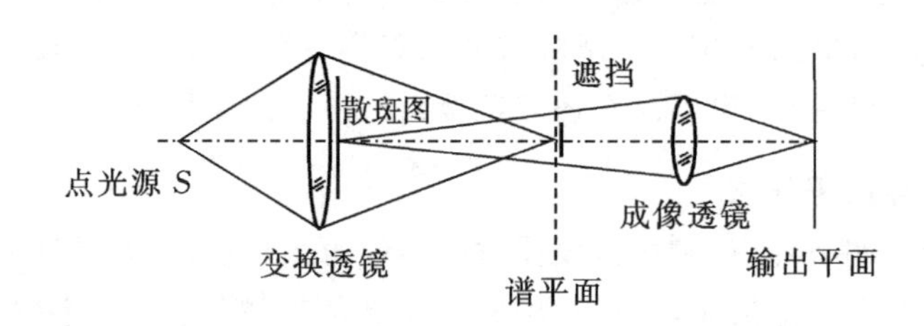

图 10-5 提取位移信息的高通滤波光路

3. 错位散斑干涉法

单光束散斑干涉法具有设备简单,操作方便,可以作非破坏性测量等优点。但是它的条纹质量一般较差,且主要适用于面内位移的测量,而在力学中,往往需要的是应变,即位移的导数。错位散斑干涉法可以直接得到位移的导数,而且大大改善条纹的质量,对抗振动要求也大大降低。下面介绍这一方法。

1)错位散斑图的记录　光路布置与单光束散斑照相相同,只是紧贴着照相机的镜头前放一玻璃光楔,光楔的角度很小,见图 10-6。由于光楔的作用使得被测物表面 $P_1(x, y)$ 和 $P_2(x+\delta_x, y)$ 两点,在像平面上重叠在一起,认为是 P 点,从而获得错位效果。

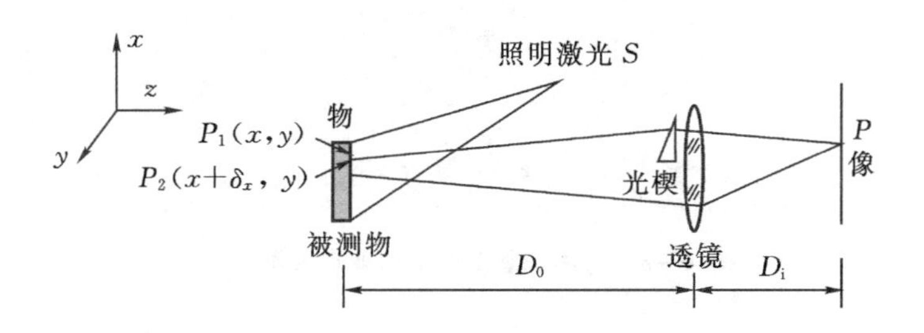

图 10-6　错位散斑图记录光路

通过调整光楔到被测物的距离或者改变楔角可以获得不同的错位量。记录的过程也和单光束散斑照相相同,在同一干版上,对未变形和变形后的形状分别记录一次。

2)错位散斑的条纹形成　错位散斑的记录过程与单光束散斑照相一样,分别在物体变形前后,对物体进行曝光,记录在同一张底版上,进行显、定影处理,即得到一张错位散斑照片,将照片放到傅里叶分析光路中去,挡去谱平面上的直流分量,即可看到清晰的条纹。

图 10-7 显示了一固支矩形板受中心集中载荷下水平方向剪切得到的条纹图。图 10-8 显示了用错位散斑得到的与内部缺陷有关的条纹。

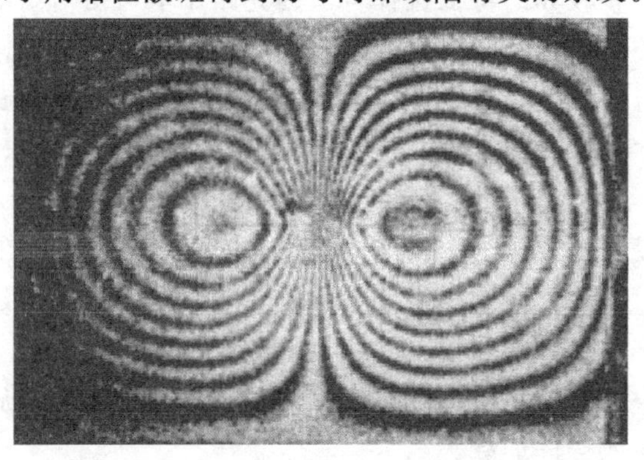

图 10-7　固支矩形板受中心集中载荷下水平方向剪切得到的条纹图

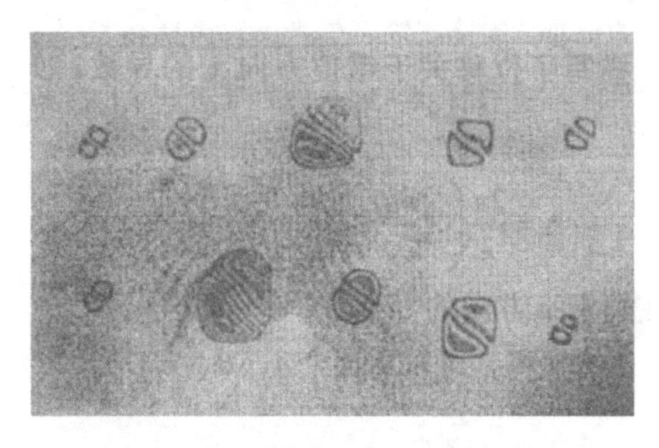

图 10-8 与内部缺陷有关的剪切散斑条纹

10.4.3 散斑和错位散斑干涉无损检测原理

1. 散斑干涉图及其干涉条纹特征

与全息干涉相类似，散斑干涉条纹也反映了物体的位移信息，散斑干涉条纹反映的是位移的等值线。根据缺陷的类型，选择相应的光路安排。对于面内裂纹和缺陷，在变形时 u(水平) 场或 v(垂直) 场的条纹将会有不均匀的变化，因此用双光束和单光束散斑法对缺陷比较敏感。对于脱粘一类的缺陷，它表现的主要是离面位移，原则上也可以用测离面位移的双光束散斑光路进行检测，但是用剪切散斑更为方便。

2. 缺陷(不连续性)判据——特征干涉条纹

可以根据变形和破坏的特征选择合适的光路用散斑法对缺陷进行无损检测。

对于脱粘一类的缺陷，如在全息干涉法中介绍的，可以简化为四边固支的板，在受到均匀压力时将产生弯曲变形，此时用错位散斑进行无损检测是很方便的，与全息干涉法相比，它得到的是离面位移的导数，因此可以消去刚体位移产生的条纹。

为了用散斑或错位散斑显示缺陷的信息，也需要比较结构在外载荷作用下使结构产生变形所引起的表面反射光波光程的变化。记录和分析这种光波光程变化所形成的干涉条纹是检测的关键。因此，与全息干涉无损检测一样，对被检结构施加合适的载荷是很重要的。同样也可以通过机械、增压、真空、振动和热辐射的方法对要测试的结构或构件加载。

10.4.4　电子散斑干涉术

1. 电子散斑干涉法

电子散斑技术可以说是双光束散斑技术的一个发展，它可以记录物体的面内位移和离面位移，由于有一个光束可以被看作是参考光，所以也被称为“TV”全息。全息干版被 CCD 摄像机、图像采集卡和计算机代替。光路系统如图 10 - 9 所示。

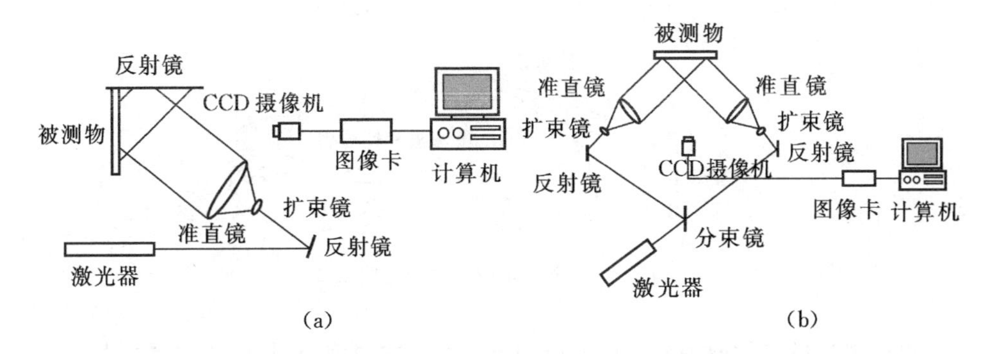

图 10 - 9　测量面内位移的电子散斑系统

(a)利用全反镜得到双光束照明的光路；(b) 对称光路

记录的过程与双光束散斑相似，所不同的是，前文中是在同一块全息干版上对物体变形前和变形后分别曝光，即光强是两次曝光之和；而电子散斑运用的是相减的算法，物体变形前后的散斑干涉场图像直接相减并取绝对值，即得到相关条纹。由于其条纹图存在有高频散斑的调制项，因此条纹质量较差，需进一步处理以提高条纹质量，主要手段是通过高频滤波把高频散斑去除，方法可以用硬件，也可以用软件，或者用相位处理的方法。

2. 电子错位散斑干涉术

电子错位散斑干涉技术(DSSPI 或 ESSPI)是继电子散斑干涉技术后发展起来的一种测量位移导数的新技术。电子散斑由于用 CCD 记录信息，而一般的 CCD 摄像机可以做到用每帧 1/30 s 的速度记录，因此对于防振的要求比用全息干版要低得多。电子错位散斑使用的单光束，由两个错位的像产生干涉，光路简单、对防振要求更低，可以完全脱离防振台，在工程环境条件下也能得到很好的测量结果，是一种具有很强实用性的检测技术，使现场实时检测成为可能，非常适合于现场测量，同时测量位移导数时能自动去除刚体位移，并且具有对于缺陷受载后的应变集中十分灵敏的特点。除此之外，它与电子散斑干涉不同，由于直接获取位移一阶导数，减少了因对位移进行数值微分来获得应变而导致的数据计算误差，从而提高了测量精度。基于上述特点，数字错位散斑干涉是一种很好的无损检测方法，目前在光学无损检测技术中占有非常重要的地位，设备也已商品化。图 10-10 即为电子错位散斑的光路系统。

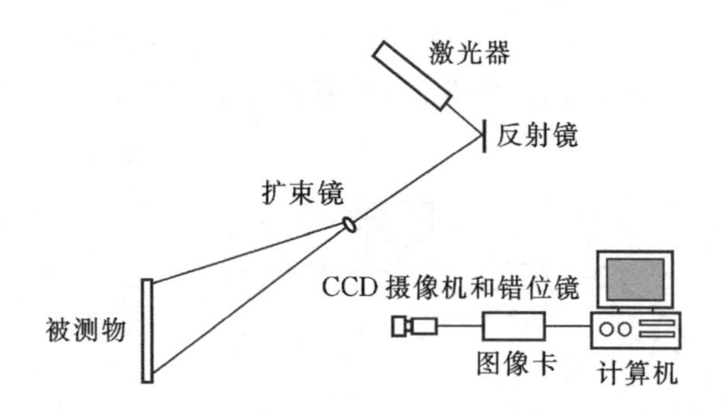

图 10-10 电子错位散斑的光路系统

电子错位散斑的原理与以前介绍的错位散斑的原理相同，即使用单光束照明，在 CCD 摄像机前置一错位镜头，对物体变形前和变形后进行两次曝光记录。所不同的是，电子散斑获取信息是通过两帧图像相减，得到条纹的信息。由于采用了 CCD 与计算机记录，用电子错位散斑可以实时得到位移导数的信息。

3. 可调实时时间差 DSSPI 技术

电子散斑干涉技术对于长时间的连续变形问题、大变形问题和准动态问题的位移测量非常有效，但也存在一些问题，如关于采样时间间隔控制的误差；图像在采集和显示过程中，是经过 A/D 转换变成数字信号，运算后又经 D/A 转换变成模拟量输出，在数据的转换和输入输出过程中，会丢失很多变形信息，出现误差；长时间测量和更换参考面次数较多时的积累误差；现场测试的机动性不好等。为此，需要对该方法进一步改进，提高测量精度，更加满足实际测量需要。

传统的散斑干涉条纹图的获得可以分为两次曝光法、时间平均法和实时法。两次曝光法是取物体的两个不同变形状态的光矢量进行干涉而形成干涉条纹图，该方法纯属静态测试；实时法则是把物体变形的一个状态记录下来，然后连续改变物体的变形状态，使连续变化的光矢量与第一状态所记录的光矢量相干涉产生不断变化的干涉条纹图。电子错位散斑干涉术的两次曝光法和实时相减法获得条纹图的原理与此相仿，只不过是改变了记录介质和干涉途径。它用视频摄像机代替了干版照相，用数字干涉或电子干涉代替了光学干涉。电子错位散斑的两次曝光法是取物体的两个不同变形状态的电子散斑图进行相减运算得到电子干涉条纹图；实时相减的电子错位散斑干涉术则是将物体变形的一个状态记录下来，存入计算机图像版的存储器中，然后连续改变物体的变形状态，使实时的不断变化状态的散斑场与图像版中的初始状态的散斑场进行模拟相减，形成实时电子干涉条纹图，并在监视器上显示出来。上述方法在无损检测中取得了许多成功的应用，但也存在一定的问题；两次曝光法从速度上不能满足现场要求；实时法也需要取物体的一个变形状态作为基准，然后变化载荷，以获取不同的信息。这样一来，一是费时；二是在大面积的情况下要频繁地改变参考面以寻找缺陷所在，操作比较麻烦；另外，由于摄像机分辨率和图像板分辨率目前一般为 512×512，更好些的为 1024×1024，从而限制了该方法的测量范围；此外应用于工程中的连续变形测量、长时间检测、大变形和动态变形等的位移测量，效果都不很理想，精度不高。而实时时间差技术很好地解决了上述问题。

实时时间差电子错位散斑技术与传统的电子错位散斑相比较，实时相减法是将物体变形初始状态冻结到某一个帧存体，在该帧存体中的数据是不变的，总是原先冻结的那一幅，变形后任意时刻的另一状态的图像输入到另一个帧存体并与冻结的初态图像实时相减；实时时间差法是在两个帧存体中的图像不断地更新，即在开始时将物体变形初态冻结到第一个帧存体，变形后时刻的另一状态的图像输入到第二个帧存体并与冻结的初始像相减并显示，同时将此状态的第二幅图像存入第一帧存体中覆盖原有图像，然后采集下一个 Δt 时刻的图像输入到第二个帧存体，再一次与第一个帧存体中图像相减运算实时显示，这样使两个帧存体中的图像不断更新，且分别存入相差 Δt 时间间隔的两个变形状态的图像信息，并进行实时相减运算。如果物体变形是连续的、长时间的，通过调节 Δt 总能够得到可分辨的条纹图，同时只要物体变形的变化连续，就可以连续不断地进行测量和采集。物体在不同载荷作用下其变形的速率是不同的，为了解决在不同变形速率下的测量，可以通过改变时间间隔 A_t，来实现，这就是可调实时时间差技术。根据被测物体变形的速率，首先输入需要的时间间隔 A_t，当变形快时 A_t 要小些，变形慢时 A_t 要大些。如图 10 - 11 所示为可调实时时间差电子错位散斑的光路系统。

图 10 - 12 为在电子错位散斑中采用实时时间差技术得到的图像。

图 10 - 12 显示了实时时间差技术的优点，在进行大面积测试时，可以先进行扫描，分析缺陷的部位，见图 10 - 12(a)；然后对局部缺陷进行放大观测，见图 10 - 12(b)。这对于现场无损检测是非常方便的。

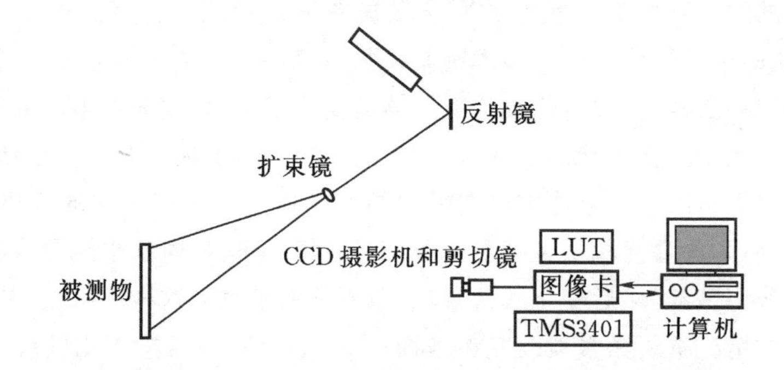

图 10-11 可调实时时间差电子错位散斑的光路系统

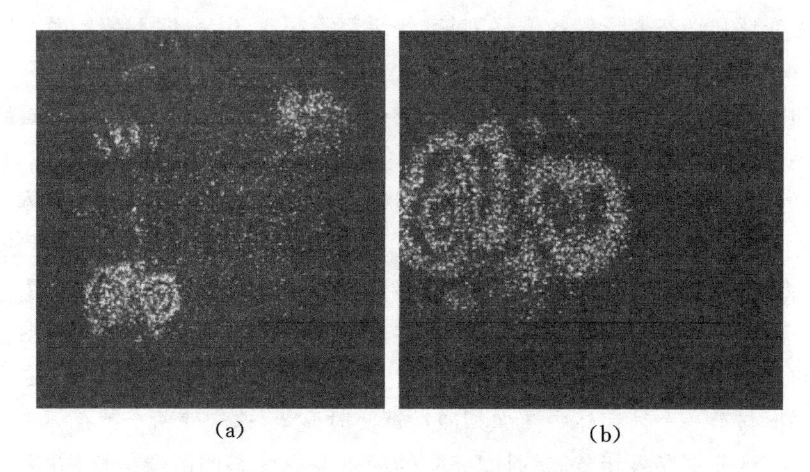

图 10-12 实时扫描得到全场的图像

(a)同时显示多个缺陷；(b)对局部缺陷放大观测

第 11 章　微波检测技术

11.1　概述

11.1.1　微波的特点

1. 微波

微波是介于红外和无线电波波段范围之间的电磁波。微波的频率在 300 MHz～3×10^5 MHz之间，相应的波长 1 mm～1 m；可按其波长大小划分为毫米波段、厘米波段和分米波段。微波波段还可以进一步细分，表 11－1 列出了微波的几个主要波段。无损检测中常用的波段是 X 波段和 K 波段。

表 11－1　微波主要波段划分

波长代号	频率范围/GHz	在真空中波长/cm	标称波长/cm
L	0.390～1.550	76.9～19.3	50/23
S	1.550～5.200	19.3～5.77	10
C	5.200～8.200	5.77～3.66	5.5
X	8.200～10.900	3.66～2.75	3.2
Ku	10.900～18.000	2.75～1.67	2.0
K	18.000～36.000	1.67～0.834	1.25
Q	36.000～46.000	0.834～0.625	0.82
V	46.000～56.000	0.625～0.536	0.60
W	56.000～100.000	0.536～0.300	0.30

2. 微波的特点

微波是电磁波，具有波-粒二重性。微波既是频率很高的波段，也是频带很宽的波段;具有通信容量大、抗干扰能力强、传递距离远等特点;微波束照射到物体时将产生显著的反射与折射,与几何光学相似,并以光速沿直线传播。微波波长与物体尺寸相比拟或分界面的线形尺寸不比波长大得多时,才具有波动特性,会产生绕射或衍射以及因极化和相干出现干涉现象。当波长与工件尺寸相当时,微波又有与声学相近的特性。微波频率能高达 3×10^5 MHz,振荡周期则只有 10^{-9} s～10^{-12} s。在自由空间,它是横电磁波,指向性与分辨能力较高。尤其在毫米波段的波束很窄,方向性极强。微波对非金属材料有较强的穿透能力。微波从表面透入材料内部时,功率随深度以指数形式衰减。微波在金属表面会产生全反射,对介电材料在表面和内部不连续界面处则产生部分反射和散射。

11.1.2 微波的应用范围

1)微波在农业中的应用 微波可用来对谷物、种子、烟草、木材等进行干燥处理,利用其对生物的热效应,可促进作物早熟、增产。

2)微波在医疗上的应用 微波可使肌肉发热,促使血液循环和新陈代谢,并可用来治疗癌症、风湿症、关节炎等。

3)微波在军事中的应用 利用微波的多普勒效应可制成航天雷达、远程预警雷达、气象雷达、导航雷达和微波防撞雷达等多种雷达,性能好、作用距离远,有的还可以对多个目标自动跟踪和测定目标特性。

4)微波在机械加工中的应用 可用来检测金属表面的光洁度、表面划伤、刻痕及材料的温度、厚度、湿度和固化度等;评价材料的性质和材料的缺陷,对介质材料测温,测量非金属材料上的金属薄膜厚度;

5)非金属材料的检测 由于微波能穿透很厚的非金属材料,因此可对塑料、环氧树脂、聚氨泡沫塑料、橡胶、陶瓷和胶质炸药等进行检测;能检测出复合材料中的脱胶、裂缝等缺陷;也能检测出固体火箭发动机金属壳体与胶质炸药间的胶接脱粘和裂缝等缺陷。

6)微波在通信、遥感领域的应用 利用埋地圆波导传送微波信息,频带宽、损耗低、容量大、距离远、保密性强;利用中继站按接力方式传递信息,受外界干扰的影响小;还可利用空气中介质对微波的散射或是以卫星做为中继站,实现超远距离通信,通信容量大,不受大气扰动影响。常见的有微波多路通信、微波中继通信、散射通信和卫星通信。

利用微波作信息传递媒介,根据各种物质的微波波谱特性,对远距离目标进行非接触性检测、成像和识别。常见有微波俯视成像雷达、微波辐射计、散射计、高度计等。可以全天候工作,不受云层和人为掩体的阻挡,探测效率高。

11.1.3　微波检测的特点

微波检测是以微波作为信息载体,对各种适用材料构件和自然现象进行检测,对物体性能和工艺参数等非电量进行非接触、非污染的快速测量和监控。

微波检测不把微波作为能量加以应用,而将微波作为传递信息的媒介,研究微波与物质相互作用及其具体应用,着重于检验、测试、诊断和监控领域的技术研究。因此,微波检测是一门信息科学与材料、工程科学交叉结合的前沿和边缘学科。

微波检测设备简单、操作方便;微波很容易穿过空气介质;非接触测量、非电量检测、不要耦合剂、不破坏产品或材料本身、无污染;检测速度快,可实现自动检测;能穿透声衰减很大的非金属材料,因此对声学传输特性不良的复合材料检测十分有用。与射线检测相比较,微波对人体无辐射性危害。

微波检测的灵敏度受工作频率限制,它在穿透金属导体时衰减很大,并且入射波在金属导体表面的反射量很大,只有少量的穿透波,所以微波不能用来检测金属导体或导电性能较好的复合材料内部的缺陷,如碳纤维增强塑料等。微波有近距离盲区,在距离小于所使用的微波波长时,就测不出缺陷来,一般微波不适用于测量小于 1 mm 的缺陷。微波检测还需要参考标准,并要求操作人员有比较熟练的技能。

11.2　微波检测的原理和方法

11.2.1　微波的性质

微波是一种电磁波,微波在传输过程中,电场方向、磁场方向和波的传播方向是不同的,三者互相垂直;电场和磁场强度都在变化,在任一点上两者时间和相位是相同的,而方向相互垂直。

微波的电场(E)和磁场(H)都是直线偏振平面的正弦波。

$$\begin{aligned} E(Z,t) &= E_{\max}\sin\left[2\pi\left(\frac{Z}{\lambda}-f\cdot t\right)\right] \\ H(Z,t) &= H_{\max}\sin\left[2\pi\left(\frac{Z}{\lambda}-f\cdot t\right)\right] \end{aligned} \tag{11-1}$$

电场和磁场的相互关系为

$$H_{\max}(Z,t)=\sqrt{\frac{\varepsilon_0}{\mu_0}}E_{\max} \tag{11-2}$$

式中:ε_0、μ_0 分别是真空中的介质常数和磁导率。

微波具有如下性质。

①波长短，微波的波长从1 mm～1 m，比无线电波短。当微波的入射波长小于物体尺寸时，将产生显著的反射。当波长远小于物体尺寸时，微波的传播特性和几何光学相似，具有直线传播、反射、折射、散射和干涉的特性。当波长和物体尺寸相仿时，微波特性又近似于声学。

②良好的定向辐射特性。在介质中传播的微波呈明显的指向性，尤其在毫米波段的波束很窄，方向性强。

③频率高、振荡周期短。微波的频率能高达3×10^{5} MHz，振荡周期则只有$10^{-9}\sim10^{-12}$ s。

④穿透力强。微波可透射过大多数非金属材料的结构。

⑤有量子特性。微波是电磁波，具有波-粒二重性。

11.2.2 微波检测原理

微波检测的基本原理是根据微波反射、透射、衍射、干涉、腔体微扰等物理特性的改变，以及被检测材料的电磁特性——介电常数和损耗角正切的相对变化，通过测量微波基本参数的变化，实现对缺陷的无损检测。

1. 微波的传播

微波入射到非导体介质界面上时，会产生以下各种传播方式。

1)反射与折射 反射与折射定律基本上与可见光的一样，当直线偏振平面波入射到两个非导体介质的界面上时，会产生反射波和折射的穿透波。

2)驻波 驻波是当两频率相同的波在相反方向传播时互相干涉所形成的。结果是形成其最大或最小点停留在固定位置或驻足原位的总场，两分量波仍然行进，仅驻波是停留的。

微波产生驻波的条件是入射波和反射波频率相同、方向相反。比较简单的方法是垂直输入一相干波。如果入射波遇到的反射面是金属板(理想导体)，那么就发生全反射，合成波的峰值是入射波与反射波峰值之和，称为纯驻波；如果入射波遇到介质除一部分反射波外，其绝大部分变成透射波，此时，驻波的波长、幅度和相位沿驻波图形变化，由介电材料的尺寸和性质决定。微波辐射形成的驻波技术可用于使用常规卡尺特别困难的地方精确地测量厚度。

3)散射 当微波入射到的表面不光滑、具有不规则性时，反射波就不是一个简单的单一波，而是一个许多波的组合，它们有着不同的相对强度、不同的位相和不同的传播方向，这样的表面反射称为散射。

2. 微波的电磁参数

微波在介电材料内受介电常数、损耗角正切两个电磁参数和材料的形状尺寸的影响。

(1)介电常数

对于介电材料,复数介电常数定义为

$$\varepsilon^* = \varepsilon - \mathrm{j}\frac{\sigma}{\omega} \text{ 或 } \varepsilon^* = \varepsilon_0(\varepsilon' - \mathrm{j}\varepsilon'') = \varepsilon_0\left(\varepsilon' - \mathrm{j}\frac{\sigma}{\omega\varepsilon_0}\right) \tag{11-3}$$

相对介电常数定义为

$$\varepsilon_r = \frac{\varepsilon^*}{\varepsilon_0} = \varepsilon' - \mathrm{j}\varepsilon'' \text{ 或 } \varepsilon_r = \varepsilon'(1 - \mathrm{j}\tan(\delta)), \tan(\delta) = \frac{\varepsilon''}{\varepsilon'} \tag{11-4}$$

式中:ε'为介电常数的实数部分,表示介质材料存储能量的能力;ε''为介电常数的虚数部分,表示介质材料损耗大小。

$$\varepsilon'' = \frac{\sigma}{\omega\varepsilon_0} = \frac{\sigma}{2\pi\frac{c}{\lambda}\varepsilon_0} = \frac{\sigma\lambda}{2\pi c\varepsilon_0} = \frac{\sigma\lambda}{2\pi\sqrt{\varepsilon_0/\mu_0}} = 60\lambda\sigma \tag{11-5}$$

由上式可知介质材料的损耗随电导率 σ 的增大和频率的降低而增加。

(2)损耗角正切

微波能在材料内部由于极化以热能形式损耗,将这个能量损失的大小用损耗角正切 $\tan\delta$ 来表示,它是微波在介电材料内损耗多少的衡量,表示材料每个周期中热功率损耗与储存功率之比。若 $\tan\delta$ 极小,认为此介质是无损耗的。

微波的两个电磁参数 ε'和 $\tan\delta$ 是材料组分、结构、均匀性、纤维取向、含水量及频率、温度等因素的函数。

包含有缺陷的被测材料,其介电常数既不等于空气的,也不等于某种材料的介电常数,而是介于单种材料和空气的介电常数两数值之间,为一复合介电常数。微波检测就是用复合介电常数和损耗角正切来评定材料内部缺陷的有无及其形状大小。

因复合介电常数的变化会引起试件的微波强度 E、频率 f 和相位角 Φ 的变化,所以微波检测归结为测量微波信号的强度、频率和相位角的改变。

3. 微波的腔体微扰

微波的腔体微扰是指谐振腔中遇到某些物理条件的微小变化,腔内引入小体积的介质等。这些微小扰动将导致谐振腔某些参量(如谐振频率、品质因数等)相应的微小变化,称为“微扰”。根据“微扰”前后物理量的变化来计算腔体参量的改变,从而确定所测量厚度的变化及温度、线径、振动等数值。

11.2.3 微波检测方法

微波检测方法分以下几种。

1. 穿透法

穿透法就是使微波穿透被测材料到达接收器，根据微波强度和相位的变化对缺陷进行检测。当穿透波在被测材料中传播，遇到裂纹、脱粘、气孔和夹杂物等缺陷时，部分能量会被反射、折射和散射，使穿透波的位相和幅度出现明显改变，比较穿透波和参考信号两者的位相和幅度，就可测出材料的缺陷。

1）穿透法检测原理 图11－1为穿透法检测原理示意图，检测系统中有发射和接收两个探头，微波发生器发射的微波经发射探头，入射到被测材料的第一个表面上，在此表面上入射波被部分反射，而大部分（穿透波）穿过被测材料到达接收探头，有时候穿透波在被测材料的第二个面上还会被反射，所以穿透波不会全部穿过材料的第二个面。把接收探头处的穿透波和直接从微波发生器发出的参考信号输入相位比较器，相位比较器通过比较穿透波和参考信号两者的相位和幅度，就可测出材料中的缺陷。

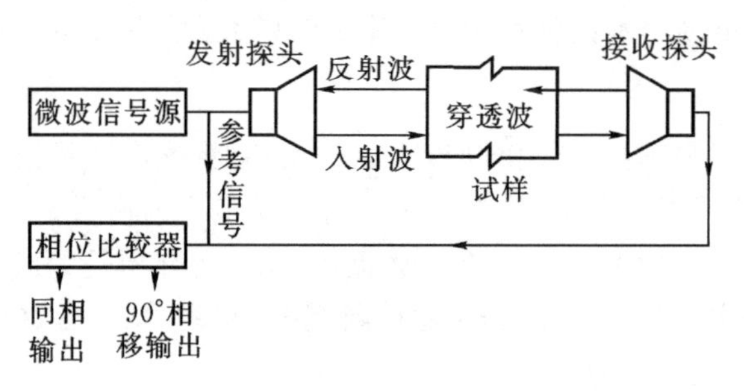

图11－1　穿透法微波检测示意图

2）穿透法的测试方法 按入射波类型不同，穿透法的测试方法可分为三种形式：固定频率连续波法；可变频率连续波法；脉冲调制波法。

3）穿透法的适用范围 穿透法可用于厚度、密度、湿度、介电常数、固化度、热老化度、化学成分、化合物含量、纤维含量、气孔含量、夹杂等测量。

2. 反射法

由材料内部或表面反射的微波，随材料内部或表面状态的变化而变化，利用这种原理进行微波检测的方法称作反射法。用于测量厚度和内部脱粘、裂纹分层、气孔、夹杂、疏松等。

反射法有固定频率连续波反射法、变频率连续波反射法和脉冲模式反射法等。固定频率连续波法不能确定裂纹深度，变频连续波法可以测出裂纹深度。脉冲模式反射法则由于脉冲的延时和入射波比较，能测出产生反射的缺陷位置。当要确定的缺陷深度很浅时，要采用很窄的脉冲波。

反射法有单探头式和双探头式两种形式。

① 单探头反射法。指微波的发射和接收都是通过同一个探头的测试方法。如图 11－2 所示，微波经过波导管从微波发生器到探头，入射到材料后接收反射回来的反射波到相位探测器，在相位探测器内把反射波和原来的入射波进行比较，给出同相输出和 π/2 相移输出两个信号。单探头反射法只在垂直或近乎垂直入射时的位置时，工作状态最好。

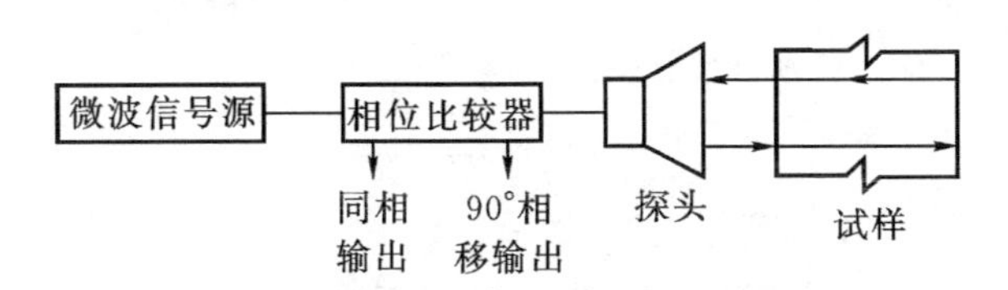

图 11－2　单探头反射法工作原理

②双探头反射法。在检测系统中，微波的发射和接收分别由两个探头承担。这样，发射探头可以在任何角度下工作。其工作原理如图 11－3 所示，设备和穿透法基本相似。但反射法不用透射波，穿透法则不用反射波。

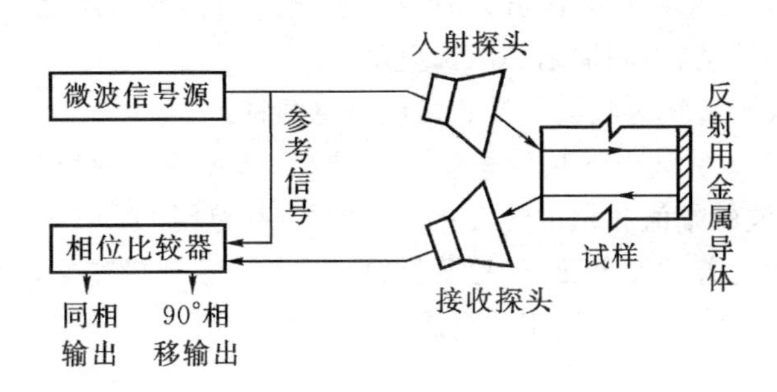

图 11－3　双探头反射法工作原理

3. 散射法

微波穿透材料时，贯穿材料的微波能量的散射中心随机地反射或散射，散射法就是根据测试微波散射回波强度的变化来判断材料内部缺陷状况的。用于检测气孔、分层、脱粘和裂纹等缺陷。

一般，安装散射计的收、发传感器可以按接收信号的强弱调整，也可以互相垂直。图 11－4 是用介质干窄波束探头作为传感器发射微波，用检波器接收信号，确定工件的散射特性，以判断内部缺陷。

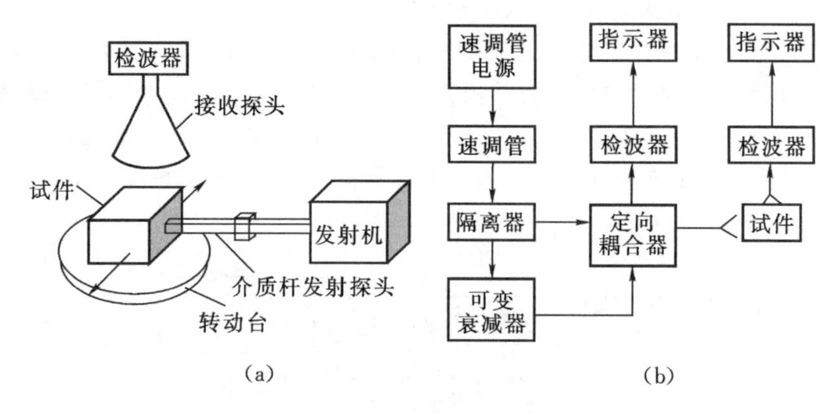

图 11-4 散射法检测系统框图

(a)装置图；(b)方框图

4. 干涉法

两个或两个以上微波波列同时以相同或相反的方向传播，彼此按经典情况，自然地产生干涉，或者使两组微波波列有意地按全息照相技术彼此相干涉。可用来测试金属材料的厚度、检测缺陷和图像显示。

常用的微波干涉法有驻波干涉和微波全息两种。

① 驻波干涉。驻波干涉法检测系统如图 11-5 所示。利用驻波测量线(又称开槽线)测量驻波的幅值和相位的变化，信号源频率范围 12.4 G～18 GHz，收发两用探头非接触地对着试件表面，被检测材料如有物理或化学变化，就会分别发出不同的改变信号。这种方法适用于非金属胶接件的检测。

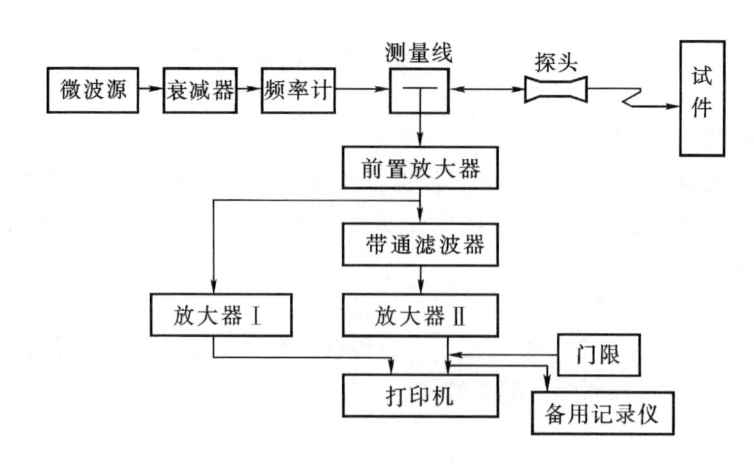

图 11-5 驻波干涉法检测系统框图

② 微波全息。微波全息分同轴全息与离轴全息。同轴全息是一种与光学全息照相术相结合的方法，根据微波的干涉和衍射原理应用“波前再现”的成像技术，也属于干涉检测范畴。利用微波能透过不透光介质的特性，可摄取被检测物的微波全息图像。由于经过物体的波前包含着物体的信息，因而完整地记录和保存波前(幅度和相位)，就能把物体的信息记录和保存下来，波前再现就是恢复原物体的全部信息。

离轴全息是将相干性很好的相干源分成两个波束，一束为物波，另一束为参考波，形成一定的角度，让两者在记录平面上相干涉，并把干涉图记录下来。

5. 微波涡流法

利用入射极化波、电桥或模式转换系统，测定散射、相位信号，用于检测金属表面裂纹，其深度取决于频率与传播微波的模式。

6. 微波层析法

利用透射材料的微波在介质内部的衰减、反射、衍射、色散等物理特性的改变，测定多个方向的投影值，并将它们与核函数卷积，进行反投影，用计算机重建图像。适用于检测非金属材料及其复合结构件断层剖面质量等。

11.3　微波检测仪器

11.3.1　微波测试装置

微波检测设备由微波信号源和传感器(微波信号发射部分)，传感器和微波电路(微波信号接收部分)，检波电路、放大电路、指示电路和记录单元(微波信号处理部分)组成。

微波测试计是指用微波测试时根据测试对象、测试目的和测试方法选择各种器件组装成的测试装置。根据测试方法的不同可分为穿透法微波测试计(图 11-1)，散射法微波测试计和连续波反射法微波测试计(图 11-6)。连续波反射法微波测试计使用定向耦合器作为接收信号的元件。定向耦合器是用来对传输线一个方向上传播的行波进行分离或取样的器件，输出信号幅度与反射信号幅度成比例。试件内部的分层和脱粘缺陷将增加总的反射信号。

11.3.2　微波探头

微波探头是微波检测中一种常用的微波传感器，它是微波测试装置整个仪器的心脏。它发射、接收微波信号，并将非电量变换成电参量，然后再经过微波电路

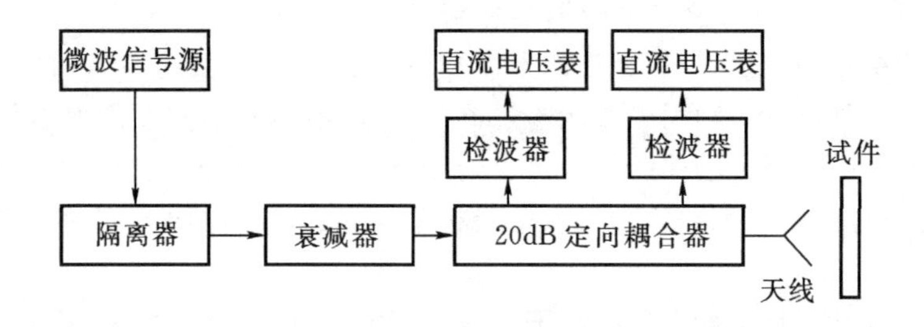

图 11-6 连续波反射法微波测试计框图

转为微波幅度、相位、频率或其他变化量。因此探头是电量和非电量互相转换的器件，所以又叫转换器。微波探头按结构不同，一般可分为空间波式、波导式、微带线式、带状线和表面波式以及谐振腔式等。用得比较多的是空间波式探头，其次是表面波式探头和谐振腔式探头。

1. 微波探头的要求

微波探头的好坏直接影响微波测试装置的精确程度。因此对微波探头的设计、制造和选择时有如下的要求。

①要适应于被测对象的结构特点和具体工作方式。例如是测固体、液体还是气体材料，是颗粒状、粉末状还是带状，是在工厂现场、还是在野外或者在实验室测试，是连续检测还是间断检测等。

②要满足预定的测量要求，比如检测范围、分辨率、精度，并且要考虑在测量范围内，仪器显示要最清晰、明确。

③检测的重复性要好，探头的反射要小，减小对电路的干扰。

2. 空间波式探头

空间波式探头最常见的是标准增益喇叭，有圆锥形和角锥形。这种类型的探头通常又称为喇叭天线，图 11-7 是角锥形的一种。空间波式探头是通过喇叭天线将原波导中传输的电磁波转换成自由空间波。微波的收发可用两个天线，也可共用一个天线。

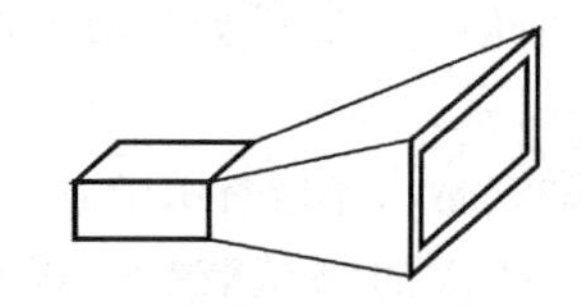

图 11-7 角锥形空间式微波探头

空间波式探头结构简单，被测试件的容量可以很大，取样代表性好，可用来测量各种状态和大小的材料。

3. 波导式探头

波导式探头是一种矩形管，微波在中间传输，被测试件穿过波导管，如图 11-8

所示，被测试件是扁平状物品。在矩形波导管上也可开其他形状的口子，波导式探头也可制成圆管形，以适应生产中输送的产品是圆管的特点。波导式探头的优点是电磁场集中、灵敏度高；其缺点是体积小、容量少。由于波导体积小、容量少和波导内电磁场集中等原因，被测物的形状、位置会对测试结果产生很大的影响。

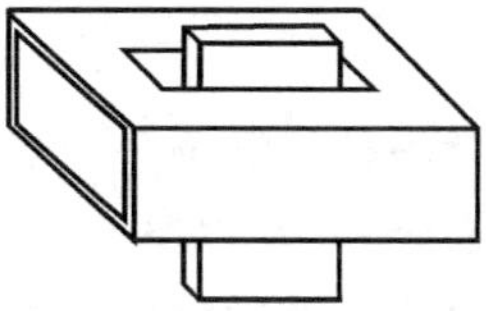

图 11－8　波导式微波探头

4. 微带线式探头

如图 11－9 所示，由于它的电磁场分布不像波导那样集中，并且微带衬底与试件的介电常数不一样，根据传输特性的改变，可以测知缺陷的存在。微带线式探头的优点是微波传输中只有一部分为波长场散布在带线外面，被测试件只需一面同测量探头接触。试件若隔着一层介质板放在微带线外面，则灵敏度减小。

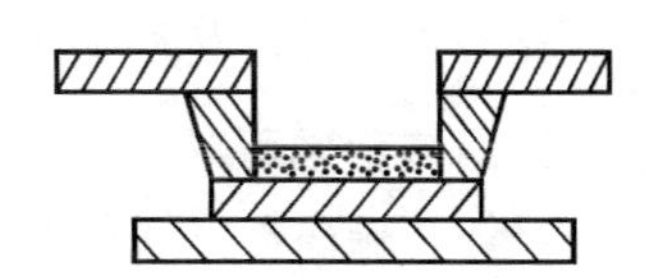

图 11－9　微带线式探头

5. 表面波式探头

如图 11－10 所示，微波声表面波是微波频率的表面波，以声波表面波的速度传输，研究这种波在层状固体分界面上的传播特性，以解决多层胶接的质量控制问题。

6. 谐振腔式探头

如图 11－11 所示，利用微波谐振腔微扰现象，以腔体作传感器，测厚或测径等，这种探头也可用于测量各种含微量水分的物料。腔体尺寸要使谐振频率恰好等于信号源的频率。也可在微波谐振腔接地板开一个小孔检验金属表面的粗糙度。

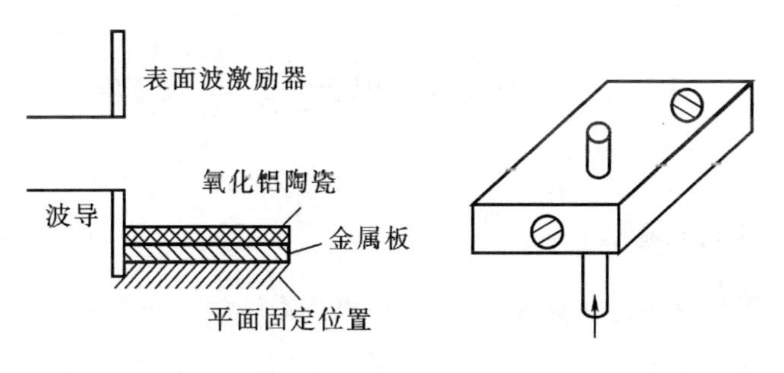

图 11－10　表面波式探头　　图 11－11　谐振腔式探头

11.3.3 微波信号源

微波信号源可分为真空器件和固态器件两大类。真空器件的功率范围比较大，固态源与真空器件相比，优点主要是电源简单、方便、不需预热、可在较宽范围进行电子调谐和机械调谐、稳定性较好、耐冲击振动、寿命长、可靠性好、结构紧凑、可集成化。因此，近年来，固态源已在中小功率方面取代真空器件，这里主要介绍微波固态信号源。微波固态信号源主要有双极晶体管振荡器、场效应振荡器、雪崩振荡器和体效应振荡器等几种。

1. 晶体管振荡器

晶体管振荡器一般用 4×10^3 MHz 以下、具有较大功率输出、效率高、稳定性较好等优点，是厘米波和分米波的较好源器件。

2. 场效应振荡器

场效应振荡器适合于在厘米波段工作，效率高、功率较大、频带宽、稳定性较好，是厘米波段最有发展前途的固态源。

3. 雪崩振荡器

雪崩振荡器一般在不大于 5 cm 的波段上工作，特别是在毫米波段和亚毫米波段工作时，输出功率大、频率稳定性好、价格低，但噪声稍高，且需要恒流恒压电源，工作电压较高。

4. 体效应振荡器

体效应振荡器的工作频率在 3×10^3 MHz 以上的频段。输出功率单管可达几百毫瓦，是该频段应用最广泛、也是较为成熟的器件。它的特点是频谱纯、频带宽，可在毫米波高端工作，供电简单、价格低廉；缺点是效率低。可做各种测试仪器的本振和发射源。

11.4 微波检测技术的应用

11.4.1 微波测厚

无论是金属材料还是非金属材料，都可以用微波技术测量其厚度。

1. 微波测厚计原理

如图 11－12 所示。由微波信号源产生的微波信号，其中一路经定向耦合器直接进入相位计；另一路经环形器过喇叭探头投射到金属板并被反射再进入喇叭，然后经环形器到另一环形器至另一喇叭，投射到金属板另一侧面后反射回来最后也进入相位计。两路行程差取决于被测金属板的厚度，由相位计测出两个波的相位差，即可确定厚度值。

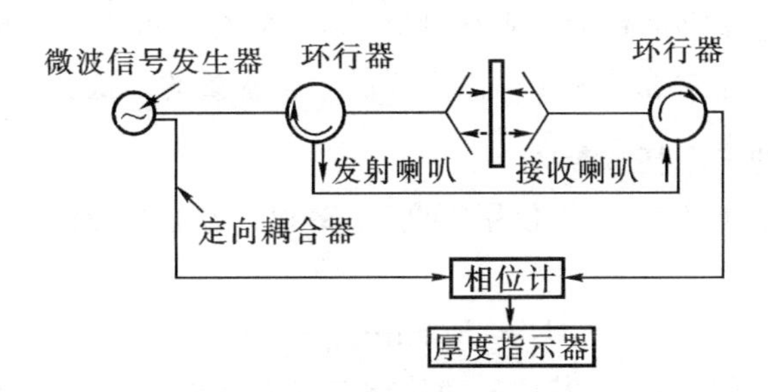

图 11-12　微波测厚计原理示意图

2. 微波测厚计的特点

这种厚度计具有设备简单、测量范围大、精度高、测量时与被测工件的化学成分无关、响应时间短和成本低等优点。

11.4.2　微波测湿

1. 微波测湿的特点及应用

微波测湿的最大特点是快速、连续、非接触式，因此非常适合于工业生产工程的自动化。可测量的水分范围为 0.001%～90%。微波测湿在粮食、造纸、土壤、石油、纺织等方面早已得到应用。

2. 微波测湿原理

微波测湿的原理是材料中的分子在微波场作用下产生旋转极化现象，从而消耗微波能量。水分子是极性分子，由于正、负电荷中心不重合，分子具有偶极矩，而且属于强偶极矩介质。这些偶极子在未受到外电场作用以前，电偶极子是随机的，或者说是杂乱无章的；如果将水置于外加电场中，由于外场力的作用，偶极子发生旋转，最后按外电场方向排列，这就是介质旋转极化现象。

在极化情形下，电偶极子从外电场获得能量，并以势能储存。材料的电偶极子数目越多，偶极矩越大，则储存的势能越大，通常用介电常数 ε' 代表材料储存势能的性能。如果取消外电场，则电偶极子又转回到杂乱无章的新的平衡状态。原来分子中储存的势能转化为动能促使分子之间碰撞，并以热能形式释放出来。用 ε'' 代表材料的损耗，ε^* 代表复介电常数，则

$$\varepsilon^* = \varepsilon' - j\varepsilon'' \qquad (11-6)$$

一般样品是某种材料和水的混合物，其介电常数既不等于水的介电常数也不等于某种材料的介电常数，而是复合介电常数。一般来说，复合介电常数值介于各单种物质与水的介电常数之间，既不会大于水的介电常数也不会小于单种物质的介电常数值。如果某种材料的含水量越高，则其复合介电常数值也越大。微波测湿正是根据复合介电常数的大小来确定样品中含水量的高低。

3. 微波测湿的三个基本参数

微波和所有电磁波一样，可以用幅度、频率和相位三个参数来描述。在正弦情况下，三者的关系为

$$E = E_m \sin(\omega t - \varphi) \tag{11-7}$$

当微波通过某种介质时，其幅度和传播速度以及相位会发生变化，变化的数值取决于该介质的介电常数值。微波通过不同介质其频率也会发生变化，其变化数值也与介质的介电常数有关。介质材料的介电常数与湿度有关，因此，微波测湿实际上归结为测量这三个基本参数的改变量，然后根据改变量来确定样品的水分含量。所以，幅度 E、频率 ω 和相位 φ 是微波测湿的三个具体测量的基本参数。

根据电磁波在介质中传播的理论，当微波通过一段长度为 L 的试件后，其幅度衰减量和相位相移量为

$$E = 8.686\frac{L\pi}{\lambda}\sqrt{\frac{\varepsilon' - P}{2}\left[\sqrt{1+\left(\frac{\varepsilon''}{\varepsilon' - P}\right)^2} - 1\right]} \tag{11-8}$$

$$\varphi = \frac{2\pi L}{\lambda}\sqrt{\frac{\varepsilon' - P}{2}\left[\sqrt{1+\left(\frac{\varepsilon''}{\varepsilon' - P}\right)^2} + 1\right]} \tag{11-9}$$

式中：$P=(\lambda/\lambda_c)^2$，λ 为自由空间的波长，称为工作波长；λ_c 为某种波在波导内不能传输时的波长，称为空间截断波长。

可见，随着材料湿度的不同、介电常数的不同，微波的幅度和相位会相应改变。微波的振荡频率随介质材料的介电常数改变的关系式为

$$\frac{\Delta\omega}{\omega_0} = -\frac{d}{L}\left(\frac{\varepsilon'}{\varepsilon_0} - 1\right) \tag{11-10}$$

式中：ω_0 为腔体原来的振荡频率；$\Delta\omega$ 为振荡频率改变量；d 为试件厚度；L 是振荡腔体的长度。

式(11-8)～(11-10)表明了微波的三个基本参数与被测材料湿度间的关系。实际测湿过程中，并不去测出介电常数的数值，而是直接由实验得出湿度与幅度衰减、相位相移或者振荡频率改变量的关系曲线。

4. 微波测湿步骤

微波测湿步骤如图 11-13 所示，①通过传感器将试件中所反映的非电量的

湿度转换为电量的介电常数；②通过微波电路将介电常数的改变量转变为振幅、相位和频率的变化量；③通过检波将振幅、相位和频率的变化量用低频电压、电流显示，或者用仪器直接高频显示。

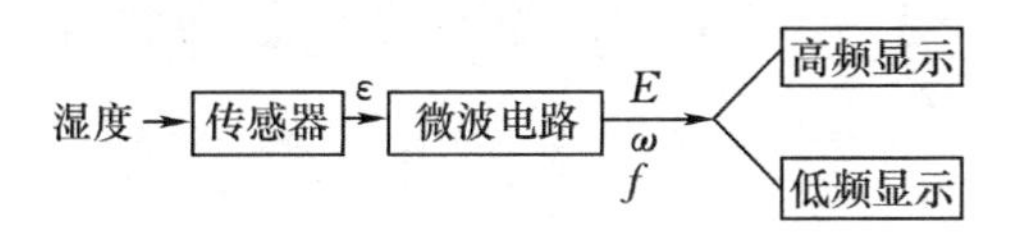

图 11－13　微波测湿步骤

11.4.3　微波探伤

1. 微波探伤原理

用微波检测技术可以对试件进行表面和内部探伤。微波能探测的缺陷可分为两类。

1）不连续缺陷的检测　裂纹、分层、空穴和杂质等不连续缺陷在微波技术中主要是应用反射波来检测，并且当不连续缺陷的最小尺寸大于入射波波长的一半时，反射幅度为最大。检测时，有缺陷和无缺陷处的微波反射信号不同，其差值随模拟缺陷平底孔直径的加大而增大。此类缺陷，用微波可探测 10 mm 厚玻璃钢板大于 $\Phi 3$ 平底孔的缺陷。

2）逐渐变化的缺陷检测　逐渐变化的缺陷如微孔隙，一般是在材料内部的缺陷。这类缺陷对微波不产生强反射，但能使微波衰减，一般采用透射法进行检测。透射波的强度随传输距离成指数关系减少。例如，环氧、酚醛和相类似的树脂类材料，微波很容易穿透过去；即使用丝、布、玻璃布或石棉等材料加强后，微波还能透射过去。

2. 微波探伤的优缺点

微波探伤不需要耦合剂；设备简单，操作方便；能快速连续检测，易于实现自动检测；能对声学传输性能不良的非金属材料进行检测。微波检测的灵敏度受到工作频率（或波长）的限制，要想提高检测灵敏度，必须提高工作频率。微波不易穿透金属和导电性较好的复合材料，如碳素纤维复合材料就不能用微波检测离表面较深的缺陷。微波探伤需用参考标准试件，以进行质量的比较和评价。

第12章　振动与噪声检测技术

设备在运行过程中，如果某些部件出现缺陷或发生故障，就会产生剧烈的振动同时发出强烈的噪声。因此，振动与噪声反映了设备内部的状态变化，通过检测、分析振动与噪声信号，可以找出产生振动与噪声的部位，判断设备内部的缺陷或故障。

12.1　振动检测的基本概念

12.1.1　机械振动的分类

1. 机械振动

表示机械系统运动的位移、速度、加速度量值的大小随时间在其平均值上下交替变化的过程。

2. 机械振动的分类

机械振动按其振动特性可以分为确定性振动与随机振动。确定性振动能用明确的数学解析式表示；随机振动不能用明确的数学解析式表示，其振动波形呈不规则的变化，可以用统计的方法来描述。图12-1所示为机械振动的种类。

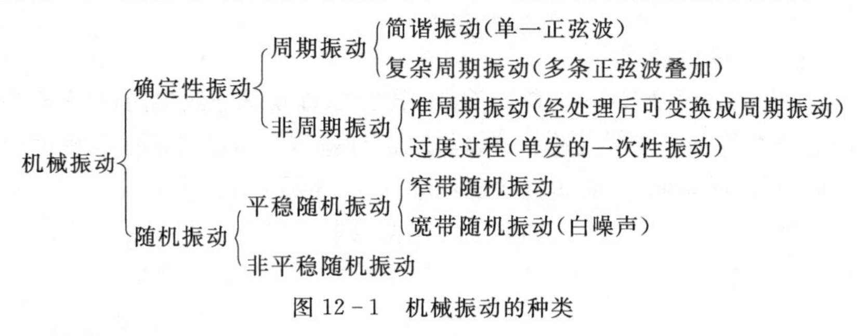

图12-1　机械振动的种类

3. 描述机械振动的要素

描述机械振动的三要素：振幅、频率、相位。

1）振动的幅值　设：实测的机械振动的信号为 $x(t)$，则振幅的表示方法有以下三种：

① 峰值：x_p，峰峰值：x_{p-p}

② 均值：

$$\bar{x} = \frac{1}{T}\int_0^T x(t)\mathrm{d}t \tag{12-1}$$

③ 有效值(均方根值)：

$$x_{rms} = \sqrt{\frac{1}{T}\int_0^T x^2(t)\mathrm{d}t} \tag{12-2}$$

2) 振动的频率　频率是振动的重要特征之一，频率分析是振动信号分析的重要手段。

3) 相位　相位也是振动信号的重要特征。对两个振动，相位相同可使振动叠加，振动加剧；相位相反可能使振动抵消，起减振作用。相位测量可用于谐波分析、动平衡测定、振型测量、判断共振点等。

12.1.2　振动检测参数

选择振动检测参数，希望这些参数包括丰富的信息量。通常用来描述振动响应的三个参数为振动的位移、速度、加速度。要根据频率特性来选择这些参数，一般，低频振动时的振动强度由振动位移值来度量；中频振动时的振动强度由振动速度值来度量；高频振动时的振动强度由振动加速度值来度量。

对于大多数机械设备，选择振动速度为检测参数；对发电、石化工业的大机组，一般采用振动位移为检测参数；对轴承、齿轮等部件，用振动加速度检测比较合适。

12.1.3　振动的量及量级

振动量的描述分绝对单位制和相对单位制。绝对单位制能客观地评定振动的大小，一般用 MKS 制。

位移的单位为米(m)，工程中用微米(μm)表示；

速度的单位用每秒米(m/s)，工程中用每秒厘米(cm/s)表示；

加速度的单位每秒每秒米(m/s^2)，工程中用重力加速度 g(980 cm/s^2) 表示。

相对单位制用“级”来表示，它分为算术级与几何级两种形式。算术级又称倍数级，用一倍、十倍、一百倍等表示；几何级又称对数级，以分贝(dB)表示。在机械设备振动检测中常采用分贝表示，使数量级缩小、计算过程简化，使乘除关系变成加减运算，按 ISO1683 标准规定，振动的级有

振动力级　　$L_F = 20\lg(\frac{F}{F_0})$　　$F_0 = 10^{-6}$ N；

振动位移级　$L_d = 20\lg(\frac{d}{d_0})$　　$d_0 = 10^{-12}$ m;

振动速度级　$L_v = 20\lg(\frac{V}{V_0})$　　$V_0 = 10^{-5}$ m/s;

振动加速度级　$L_a = 20\lg(\frac{a}{a_0})$　　$a_0 = 10^{-6}$ m/s^2。

12.2　振动测量系统

振动测量系统由测振传感器、测量放大器、A/D转换装置、计算机等组成。

12.2.1　测振传感器

测振传感器的作用是把被测对象的机械振动量(d,v,a)在要求的范围内准确地接收下来,并把它们转变成电信号输出。振动测量传感器的种类很多,按所测参数形式分类,振动测量传感器可分为:位移传感器、速度传感器、加速度传感器。

选择传感器要考虑的两个方面:传感器的性能指标及被测对象的要求。传感器的主要性能指标如下。

①灵敏度。传感器的输出电量(电压或电荷)与输出振动量(位移、速度、加速度)之比称为传感器的灵敏度$S=\frac{U}{v}$。灵敏度一般与频率有关,所以需了解灵敏度适应的频率范围。

②频响特性。传感器的频响特性是指灵敏度不超出某一规定精度范围时,输入机械量的频率范围。

③固有频率。传感器的谐振频率。

④动态范围。指传感器能测的最大振动量。

⑤分辨率。输出电压U的变化量ΔU可分辨时,输入机械量的最小变化量$\Delta d(\Delta v,\Delta a)$。

⑥温度、湿度等环境条件。

12.2.2　振动测量系统

振动测量系统可以是单通道也可以是多通道的,图12-2所示为单通道振动测量系统框图。

放大器是振动测量系统的重要部分,一般,由振动测量传感器输出的信号很弱,需经放大后才能满足后续设备的输入要求。对放大器的要求:①输入特性应满足传感器的输出要求;②输出特性应与后续设备的特性匹配。

图 12-2　单通道振动测量系统框图

不同的传感器要求配备的放大器也不同，例如压电式加速度传感器需要配置电荷放大器，电涡流式位移传感器需配置前置放大器等。

在振动测量过程中外界的干扰比较大，为了尽可能地在测量时减少外界的干扰，同时也为了降低 A/D 转换装置的采样频率，在振动测量系统中一般配置滤波器，滤波器的滤波频率可以根据被测对象的频率特性选择。

A/D 转换装置的功能是把经传感器、放大器、滤波器后的模拟信号转换成计算机能识别的数字信号。选择 A/D 转换装置需要考虑转换精度、量程、通道数、采样频率等。

12.3　噪声的基础知识

振动与噪声是机械设备在运行过程中的一种属性，设备内部的缺陷或故障会引起设备在运行过程中振动和噪声的变化，即设备的振动与噪声信号中携带了与设备内部缺陷和故障有关的信息。因此，噪声检测也是对设备内部缺陷和故障识别的重要手段之一。

12.3.1　声波的基本概念

1. 声波的产生与分类

从物理学的观点来讲声波由物体的振动产生的，气体、液体、固体的振动都能产生声波。敲击钢板，钢板所发出的声音就是固体振动产生的；输液管道阀门的噪声就是液体振动产生的；排放气体时的排气声则是气体振动的结果。

当机器振动时，这振动引起机器表面附近空气媒质分子的振动，依靠空气的惯性和弹性性质，空气分子的振动就以波的形式向四周传播开去。振动发声的物体称为声源，传播声波的物体称为媒质。

声波的频率范围很宽，从 10^{-4} Hz 到 10^{12} Hz，有 16 个数量级。声波根据其频率的高低可以分为次声、可听声、超声。

次声是指频率低于人耳听觉范围的声波，它的频率范围为 $f<20$ Hz；可听声是正常人的耳朵能够听到的声音，它的频率范围为 20～20000 Hz；当声波的频率高到超过人耳听觉范围的频率极限时，人耳就觉察不出这种声波的存在，称这种高

频的声波为超声波，其频率范围是 $f>2\times10^4$ Hz。

声波根据波阵面的形状可以分为：平面声波、球面声波、柱面声波。

2. 声压

声压是指有声波存在时，媒质中的压强相对于静压强（无声波存在时的压强）的变化量。一般静压强用 P_0 表示，声压用 P 表示。声压单位就是压强的单位，牛顿/平方米，称为帕斯卡，简称帕，记做 Pa。

一般测量声压时不是取最大值（幅值），而是用一段时间内瞬时声压的均方根值，即有效声压。实际应用中，若没有另加说明，则声压就是指有效声压。

$$P=\sqrt{\frac{1}{T}\int_0^T\left[P(t)\right]^2\mathrm{d}t} \tag{12-3}$$

式中：T 为时间间隔，对于周期性变化的声波，T 应是周期的整数倍，对于非周期性变化的声波，则 T 应取足够长；$P(t)$ 为瞬时声压；t 为时间。

3. 声场 有声波存在的弹性媒质所占有的空间称为声场，声场又可分为自由场、扩散场等。自由场是均匀且各向同性的无边界的媒质中的声场。实际中自由场是在有用区域内边界效应可以忽略的声场。一个反射面上的自由场称为半自由场，工程测量中一般用半自由场。

12.3.2 噪声及其分类

1. 噪声

从物理学的观点看，协调的声音为乐音，不协调的声音为噪音。从生理学的观点看，噪声就是人们不需要的声音。

2. 噪声的分类

噪声可以从不同的角度分类。

按声强随时间的变化规律，噪声可分为：①稳态噪声，噪声的强度不随时间变化；②非稳态噪声，噪声的强度随时间变化。

按噪声的频率特性，噪声可分为：①有调噪声，含有明显的基频和伴随基频的谐波的噪声；②无调噪声，没有明显的基频和谐波的噪声。

按产生噪声的机制，噪声可分为：① 空气动力性噪声，它是由气体的流动或物体在气体中运动引起空气振动所产生的噪声，例如喷气式飞机、锅炉、空气压缩机排气放气等引起的噪声即为空气动力性噪声；② 机械噪声，由机械的撞击、摩擦等作用产生的噪声；③ 电磁噪声，电磁噪声属于机械性噪声，例如在发电机，电动机中，由于交变磁场对定子和转子的作用，产生周期性的交变力引起振动而产生的噪声。

12.3.3　噪声的量与量级

1. 噪声的量

噪声的量有声压、声强、声功率。单位时间内通过垂直于声波传播方向单位面积的声能称为声强，符号 I，单位瓦/米^2(W/m^2)；声源在单位时间内辐射的总声能称为声功率，记做 W，单位瓦(W)。

2. 噪声的级

(1)声压级、声强级、声功率级

声音的强弱变化范围很大，人耳对声压的听觉范围是 $2\times10^{-5}\sim20$ Pa，可见用声压与声强来表示声音的强弱很不方便，仪器的动态范围也不可能这么宽。因此，为了把这种宽广的变化压缩为容易处理的范围，在噪声测量中，常用一个成倍比关系的对数量来表示，即用“级”(声压级、声强级、声功率级)来描述，单位为“分贝”(dB)。声压级、声强级、声功率级的计算公式如下

$$\begin{cases} \text{声压级}: L_P = 20\lg\dfrac{P}{P_0}\ \text{dB}, & P_0 = 2 * 10^{-5}\ \text{Pa} \\ \text{声强级}: L_I = 10\lg\dfrac{I}{I_0}(\text{dB}), & I_0 = 10^{-12}\ \text{W/m}^2 \\ \text{声功率级}: L_W = 10\lg\dfrac{W}{W_0}\text{dB}, & W_0 = 10^{-12}\ \text{W} \end{cases} \tag{12-4}$$

式中：P_0、I_0、L_0分别为声压、声强、声功率的基准值。

(2)声压级、声强级、声功率级之间的关系

对点声源(在半自由场中)

$$\begin{cases} L_W = L_I + 20\lg r + 8\ \text{dB} \\ L_W = L_P + 20\lg r + 8\ \text{dB} \end{cases} \tag{12-5}$$

对点声源(在自由场中)

$$\begin{cases} L_W = L_I + 20\lg r + 11\ \text{dB} \\ L_W = L_P + 20\lg r + 11\ \text{dB} \end{cases} \tag{12-6}$$

(3)声级的合成

设两台设备在某点的声压分别为：P_1、P_2，则，两个声压合成的有效值为

$$\begin{aligned} &P = \sqrt{P_1^2 + P_2^2} \\ &L_P = 20\lg\frac{P}{P_0} = 20\lg\frac{\sqrt{P_1^2+P_2^2}}{P_0} = 10\lg\frac{P_1^2+P_2^2}{P_0^2} \end{aligned} \tag{12-7}$$

设两台设备在某点的声压级分别为：L_{P_1}、L_{P_2}，且 $L_{P_1}>L_{P_2}$，则该点的总声压级为：$L_P=L_{P_1}+\Delta L_P$。$L_{P_1}-L_P>10$ dB 时，可以不考虑 L_{P_2} 的影响。表 12－1 为分贝增值表。

表 12－1 分贝增值表 dB

$L_{P_1}-L_{P_2}$	0	1	2	3	4	5	6	7	8	9	10
增值(ΔL_P)	3	2.5	2.1	1.8	1.5	1.2	1.0	0.8	0.6	0.5	0.4

(4)背景噪声修正

与被测对象无关的噪声称为背景噪声，也称本底噪声。

设背景噪声为 L_B dB，设备噪声为 L_A dB，总噪声为 L_C dB。

则，

$$L_C = 10\lg\frac{I}{I_0} = 10\lg\frac{I_A+I_B}{I_0} \tag{12-8}$$

令，$L_C-L_B=\alpha$ dB

$L_C-L_A=\varepsilon$ dB

则被测噪声为

$$L_A = L_C - \varepsilon \tag{12-9}$$

表 12－2 为背景噪声修正值，一般当背景噪声比总噪声小 10 dB 时，可以不考虑背景噪声对总噪声的影响。

表 12－2 背景噪声修正值 dB

α	1	2	3	4	5	6	7	8	9	10
ε	6.9	4.4	3	2.3	1.7	1.25	0.95	0.75	0.60	0.45

3. 频程

在实测中发现两个不同频率的声音作相对比较时，有决定意义的是两个频率的比值，而不是它们的差值。在噪声测量中，把频率作相对比较的单位叫做频程。

设，f_2 为上限频率；f_1 为下限频率；$f_中$为中心频率；Δf 为频带宽度(带宽)，则

$$\frac{f_2}{f_1}=2^n \qquad f_2=2^n f_1, f_1=2^{-n}f_2$$

$$f_中=\sqrt{f_1 f_2}=2^{-\frac{n}{2}}f_2=2^{\frac{n}{2}}f_1$$

$$\Delta f=f_2-f_1=(2^{\frac{n}{2}}-2^{-\frac{n}{2}})f_中 \tag{12-10}$$

按频程划分频率区间，相当于对频率按对数关系加以标度，所以这种具有恒定百分比带宽的频谱也叫等对数带宽频谱。在噪声测量中常用的频程有：$n=1$，称 1 倍频程或倍频程，$\Delta f=0.707f_{中}$；$n=1/3$，称 1/3 倍频程，$\Delta f=0.231f_{中}$。

可见，n 取得越小，就分得越细。表 12－3 为 $n=1$ 时倍频程的中心频率与带宽范围。

表 12－3　倍频程的中心频率与带宽范围　Hz

$f_{中}$	31.5	63	125	250	500	1000	2000	4000	8000
$f_{上}\sim f_{下}$	22～45	46～90	90～180	180～355	355～710	710～1400	1400～2800	2800～5600	5600～11200

4. 响度、响度级

人耳对声音的感觉不但与噪声的强弱有关，还与噪声的频率有关。一般人耳对高频声音敏感，低频声音迟钝，所以对声压级相同而频率不同的声音听起来可能不一样响。因此，仿照声压级引出了响度级的概念。它的定义是：选取 1000 Hz 纯音作为基准，凡是听起来同纯音一样响的声音，其响度级的值等于这个纯音的声压级的值。图 12－3 为等响曲线。

响度是从听觉判断声音强弱的量，通常，响度级增加 10 方，响度变化增加一倍。响度级的单位为“方”，响度的单位为“宋”。响度与响度级的关系

响度级：$L_N = 40 + 10\log_2 N$　（方）

响　度：$N = 2^{0.1(L_N-40)}$　（宋）

12.3.4　噪声评价指标

1. A 声级 L_A dB(A)

模拟 40 方的等响曲线设计的计权网络，考虑了人耳对低频噪声敏感性差的特性，对低频有较大的修正，能较好地反映人耳对噪声的主观评价。

由于 A 声级是宽频带的度量，不同频带的噪声对人产生的危害可能不同，但 A 声级相同，所以 A 声级适合于宽频带稳态噪声的一般测量。

2. 等效连续 A 声级 L_{eq}

声场内某一位置上，采用能量平均的方法，将某一段时间内暴露的几个不同的 A 声级的噪声，以一个 A 声级来表示该段时间内的噪声大小，用 L_{eq} 表示。

$$L_{eq} = 10\lg\int_0^T 10^{0.1L_{iA}} \tag{12-11}$$

式中：$T=T_1+T_2+\cdots+T_n$，总时间；L_{iA}为 T_i 时段内的 A 声级。

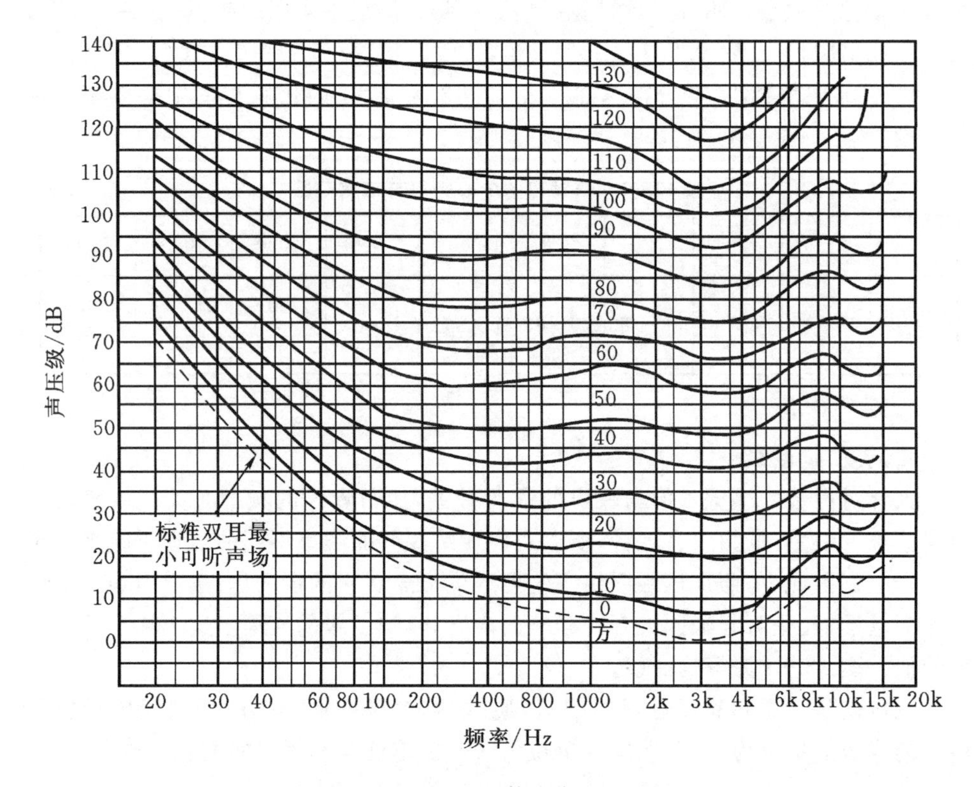

图 12-3　等响曲线

3. NR 等级数

噪声评价 NR 等级数是将所测噪声的频带声压级与标准的 NR 曲线比较，如图 12-4 所示。以所测噪声最高的 NR 值表示该噪声源的噪声等级。它是在考虑频率因素的基础上，进一步考虑了峰值因素，但不能很好地反映峰值持续时间及峰值起伏特性。因此，NR 数适合于对相对稳定的背景噪声的评价。

4. 累计分布声级

累计分布声级是一种统计百分数声级，即记录随时间变化的 A 声级并统计其累积概率分布。用 L_N 表示测量时间内百分之 N 的起伏噪声所超过的声级。L_{10} 相当于峰值声级；L_{50} 相当于平均声级，L_{90} 相当于背景噪声。

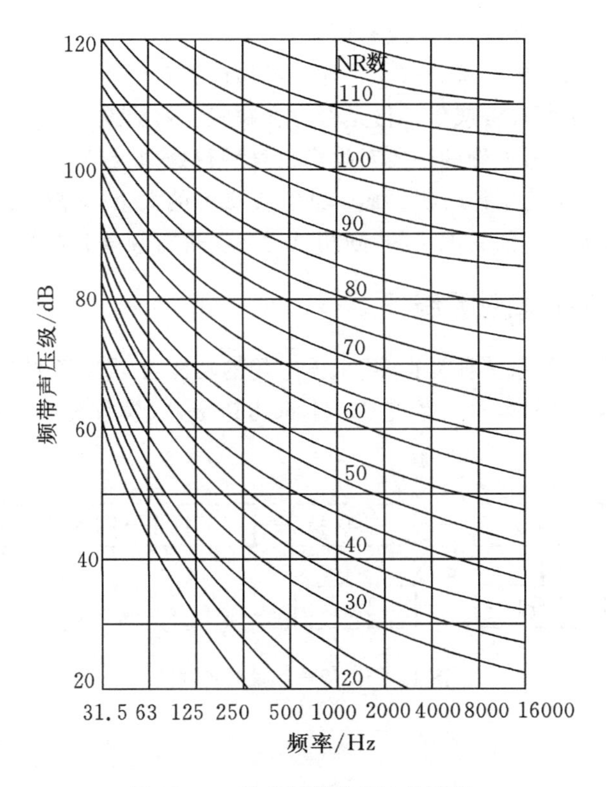

图 12-4　噪声评价数 NR 曲线图

12.4　噪声测量

在噪声测量中，测量的量一般是声压级，其他量通过一定条件下测得的声压级来计算得到。例如声功率级是通过测量特定测量面上的声压级（或频带声压级），经过计算求得声功率级，这些条件一般要在实验室中才能实现，在生产现场，这些量只能是近似测得。

噪声测量的目的不同，测量方法也有区别。

①评价机械产品的质量。需测量机器噪声的大小以判别其是否符合规定的要求。

②比较同类型或不同类型设备噪声的大小。设计相同，生产方法不同的产品所产生的噪声的差别；设计不同，生产方法相同的产品所产生的噪声的差别。需要测量噪声的大小，同时需要对噪声的特性进行分析，以改进加工工艺、结构设计等。

③查找机器内部的主要声源。可以采用近场测量方法，同时需要对噪声信号

作进一步分析,根据信号的特征查找声源。

④保护操作人员的健康。按相关标准测离声源一定距离处的噪声。

⑤利用噪声判断设备或零部件是否存在缺陷。检测设备在运行过程中噪声强度的变化,同时用信号处理的手段对噪声信号进行处理、分析。

一般来说,如果为了评价机器质量或普查噪声的大小,只需要测量噪声强度即可;如果为了达到上述的其他目的,则测试后还需进行频谱分析等。

12.4.1 噪声测量系统

用于噪声测量的系统种类很多,根据它们的功能与用途,系统包含的内部连接仪器或电路有所不同,但每个系统基本上都由声级计、模数转换装置或记录仪、计算机等组成,如图 12-5 所示。

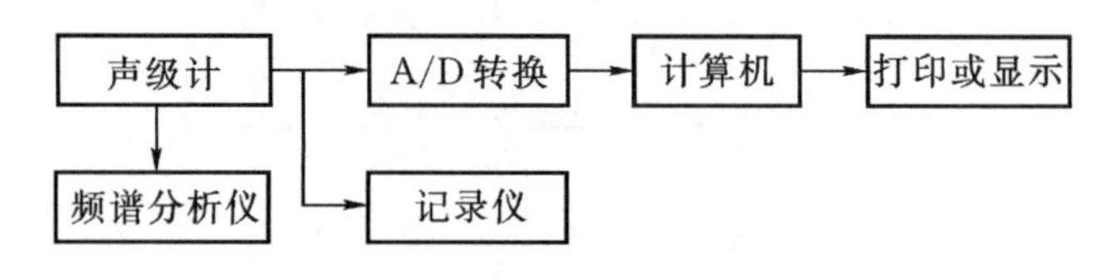

图 12-5 噪声测量系统框图

1. 传声器

传声器是将声能转换成电信号的电声换能器。根据其换能原理或元件的不同,有许多种类的传声器,如电容式、压电式、电动式等。常用的传声器为电容式传声器。

无论是哪一种类型的传声器,理想的噪声测量传声器应具有:①体积小;②敏感度与声压无关;③动态范围大;④频响特性宽;⑤不随温度、气压、湿度等环境条件变化;⑥电噪声低等特性。

(1)传声器的主要性能

①传声器的灵敏度。传声器的灵敏度有自由场灵敏度、声压灵敏度、扩散场灵敏度。传声器输出端的开路电压与放入传声器前该点的自由场声压之比称为自由场灵敏度。传声器输出端的开路电压与放入传声器后作用在传声器膜片上的输入声压之比称为传声器的声压灵敏度,单位为 mV/Pa 或 V/Pa

$$S = \frac{U}{P} \quad (\mathrm{V/Pa}) \tag{12-12}$$

由于传声器的放入,声场产生散射,当传声器放入声场后某点的声压比传声器放入前的声压大,声压对于同一传声器,自由场灵敏度略大于声压灵敏度,在高频时更明显一些。图 12－6 是 HS14401 型电容传声器自由场灵敏度与声压灵敏度随频率变化的特性曲线。

扩散场灵敏度，空间各点声能密度相同，从各个方向到达某一点的声能流的概率相同，各方向到达某一点的相位无规的声场称为扩散场。传声器的扩散场灵敏度是指传声器置于扩散场中，传声器输出端的开路电压与放入传声器前该点的扩散场声压之比。

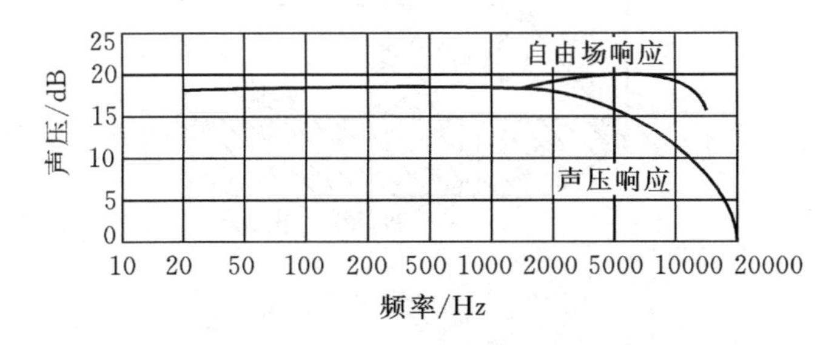

图 12－6　HS14401 型电容传声器的频率响应

②传声器的频率特性。被测信号的频率不同、灵敏度也不同的特性称为传声器的频率特性。传声器的频率特性希望在 20～20000 Hz 内平直。

③传声器的指向性。传声器法线方向的灵敏度与和传声器法线方向成 θ 角方向的灵敏度之比称为传声器的指向性。

$$D(\theta) = \frac{S(\theta)}{S(0)} \tag{12-13}$$

式中：θ 为与传声器膜片的法向夹角；$S(\theta)$ 为与传声器膜片的法向夹角 θ 方向的灵敏度；$S(0)$ 为传声器膜片的法向方向的灵敏度。

(2) 电容传声器

电容传声器具有频率范围宽、频率响应较平直、灵敏度变化小、长期使用稳定性好等优点。因此用于精密声级计与标准声级计中，是噪声测量中用得最多的传声器。电容传声器的缺点是内阻高，因此需要与阻抗变换器、衰减器、放大器匹配使用，而且要加极化电压才能正常使用。

电容传声器主要由紧靠着的背极板和绷紧的金属膜片组成，如图 12－7 所示。背极板和金属膜片相互绝缘，构成一个以空气为介质的电容器的两个极板。当一个直流电压加到两电极上时，电容器就充电，所加电压称为极化电压。电容传声器的膜片一般由镍膜做成。

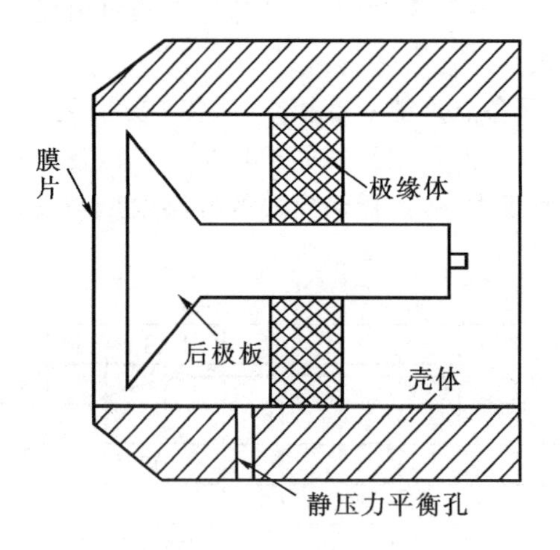

图 12-7 电容传声器简图

2. 声级计

声级计是一种按照一定的频率计权测量噪声的声压级和声级的仪器,是噪声测量中最基本的仪器。由于噪声是由振动而产生的,因此,把声级计上的传声器换成加速度传感器,就可以用来测量振动。

(1)声级计的类型

声级计按其用途可分为:一般声级计、脉冲声级计、积分声级计、噪声测量声级计、噪声统计分析声级计、频谱声级计等。按其体积大小可分为:台式声级计、便携式声级计、袖珍式声级计。按显示方式可分为:模拟指示和数字显示声级计。按其准确度可分为:0 型声级计,作为标准声级计;1 型声级计,作为实验室用精密声级计;2 型声级计,作为一般用途普通声级计;3 型声级计,作为噪声监测和普查型声级计。四种类型声级计的各种性能指标具有相同的中心值,仅仅是容许误差不同。表 12-4 是根据 IEC 和国家标准,四种声级计的参考频率、参考入射方向、参考声压级及参考温湿度下容许的固有误差。

表 12-4 各种类型的声级计容许的固有误差

声级计类型	0	1	2	3
固有误差/dB	±0.4	±0.7	±1.0	±1.5

(2)声级计的工作原理

各种类型声级计的工作原理基本相同,所不同的是附加了一些用作不同测量的特殊性能。声级计一般由传声器、放大器、衰减器、计权网络滤波器、检波器、显示器及电源等组成。图 12-8 是声级计工作原理框图。

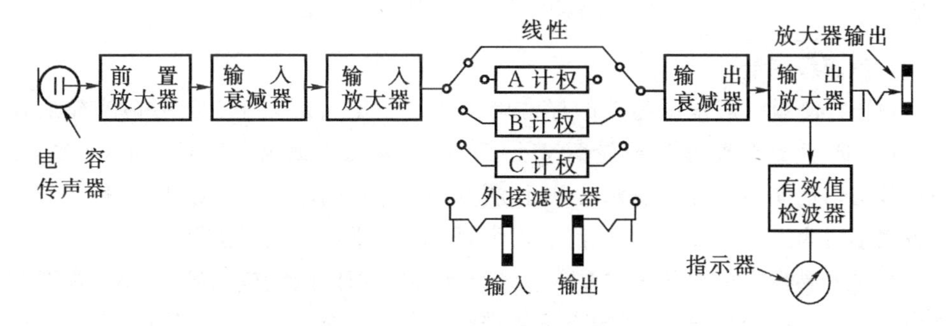

图 12-8　声级计工作原理框图

(3)声级计的计权滤波器

声级计计权滤波器是一组根据一定要求进行滤波的电子网络。声级计的计权特性已经由国际电工委员会进行了标准化，IEC651《声级计》标准中规定了 A、B、C 频率计权特性的要求，声级计只是具有一种计权特性。由于 A 计权应用最广，因此声级计中都具有 A 计权特性，有的还具有 C 计权，B 计权已经用得很少，D 计权用于航空噪声的测量。声级计几种计权特性的频率响应如图 12-9 所示。

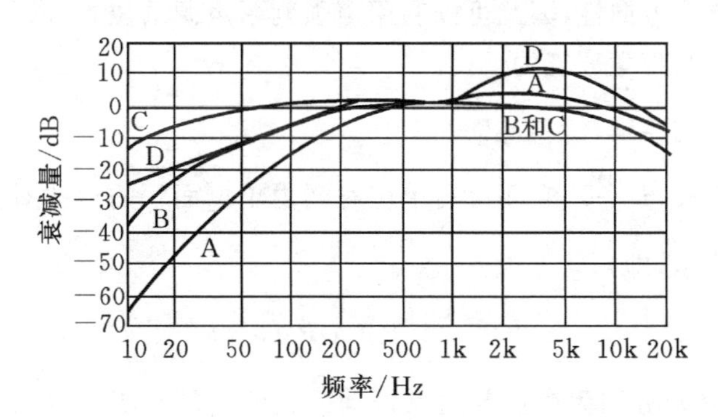

图 12-9　声级计几种计权特性的频率响应

12.4.2　噪声测量方法

对于机械噪声测量，一般要确定噪声源及声源所辐射的噪声的特性，所以，噪声测量方法一般要根据声源、环境、噪声特性以及测量目的来确定。衡量环境噪声是否符合标准，一般测量噪声的声压级或 A 声级；寻找机械设备的主要声源、判断设备内部的缺陷，一般测量并分析噪声信号，根据噪声信号的特征作进一步的分析；如果需要判断设备的噪声水平是否符合相关的标准要求，需要测量设备的声功率级。

1. 声压级测量

声压级测量一般根据相关的标准确定测量距离与测点个数。一般当轮廓尺寸＞1 m时，测量距离为1 m；轮廓尺寸＜1 m 时，测量距离为0.5 m。测点个数：设备不是均匀地向各个方向辐射噪声时，测点绕设备均匀布置5个以上，一般要根据设备大小定测点，声压级最大的测点作为评价设备噪声的主要依据。

当需要寻找机械设备的主要声源、判断设备内部的缺陷或故障时，不但需要测量声压级的大小，同时需要对噪声信号进行采集与分析。测点位置可以根据具体情况而定，必要时还可以采用近场测量方法。

2. 噪声的声功率级测量

判断设备的噪声水平是否符合相关的标准要求，需要测量设备的声功率级。声功率级的测量是通过测一定测量面上的声压级，然后经过计算得到的。测量方法有：自由场测量法、混响场测量法、概测法等。

12.4.3 声强测量方法

由于声强具有方向性，因此可以利用声强判断声源的位置、求噪声辐射功率，而且声强测量不受声学环境的干扰。

1. 声强测量的原理

由声强的定义，$I=\dfrac{W}{S}$，它还可用单位时间内单位面积的声波对前进方向毗邻媒质所作的功表示，即

$$I=\frac{1}{T}\int_0^T R_e(p)R_e(u)\mathrm{d}t \tag{12-14}$$

式中：$R_e(p)$、$R_e(u)$分别为声压与质点振动速度的实部。所以声场中某点的声强矢量的时间平均等于该点上某一刻的 p 与 u 的乘积。

$$I=\overline{pu} \tag{12-15}$$

在给定方向的声强

$$I_r=\overline{p_r u_r} \tag{12-16}$$

设1、2是声场中的两点，离声源的距离分别为 r_1、r_2，两点之间的距离 $\Delta r=r_2-r_1$，如果用相距 Δr 的两点声压差来代替声压梯度，同时在 r 处的声压用1、2点处的平均声压表示，则 r 点的声强可写成

$$I_r = \overline{p_r(t)u_r(t)} = \lim_{T\to\infty}\frac{1}{T}\int_0^T p_r(t)u_r(t)\mathrm{d}t \qquad (12-17)$$

由互相关函数 $R_{xy} = \lim_{T\to\infty}\frac{1}{T}\int_0^T x(t)y(t+\tau)\mathrm{d}t$ 可知，式(12-17) 中的声强 I_r 是 $p_r(t)$、$u_r(t)$ 在 $\tau = 0$ 时的互相关函数。即，$I_r = R_{p_r u_r}(0)$

又由互相关函数与互谱密度函数的关系，知

$$I_r = R_{p_r u_r}(0) = \int_{-\infty}^{\infty} S_{p_r u_r}(f)\mathrm{d}f \qquad (12-18)$$

按互谱的定义及 $u_r = -\frac{1}{\rho}\int_0^T (p_2 - p_1)/\Delta r\mathrm{d}t$，$p_r = \frac{p_1 + p_2}{2}$ 分别求出 $p_r(t)$、$u_r(t)$，并进行傅氏变换，经转换后，声强可用两测点声压（p_1 和 p_2）互谱的虚部表示

$$I_r = \int_{-\infty}^{\infty} S_{p_r u_r}(f)\mathrm{d}f = \frac{1}{2\pi\rho\Delta r}\sum_{i=1}^{n}\frac{I_m[S_{12}(f_i)]}{f_i} \qquad (12-19)$$

即，

$$I_r = \frac{1}{2\pi\rho\Delta r}\sum_{i=1}^{n}\frac{I_m[S_{12}(f_i)]}{f_i} \qquad (12-20)$$

式中：$S_{12}(f_i)$为频率 f_i 处点 1 和点 2 的声压的互谱；I_m 为虚部。

所以用双通道 FFT 求互谱，可以求出声场中某点的声强。

2. 声强探头的类型和特点

由声强测量的原理可知，要测某点的声强，必须安放两个传声器，这种双传声器组合的探头称为声强探头。声强探头是把两个相匹配的传声器按一定的排列方式安装在一个架子上，使两传声器中心之间的距离为 Δr。

(1)声强探头的类型及测量方向

根据传声器在声强探头内的排列方式，声强探头有对置式、顺置式和并列式三种。如图 12-10 所示。双传声器在声场中的测量方向有法向测量(图 12-10(a))与逆向测量(图 12-10(b)) 两种，逆向测量相对法向测量传声器方向旋转 90°。

(2)声强探头的指向特性

声强探头的指向特性可由式(12-21)来表示。图 12-11 为被测声强的大小、方向与声强探头之间的关系示意图。0°为法向测量，声强为 I_{max}；180°也为法向测量，噪声入射方向相反，声强为 $-I_{max}$；±90°为逆向测量，声强为 $\pm I_{min}$。

$$Q(\theta) = \frac{I(\theta)}{I(0)} \qquad (12-21)$$

式中：$I(0)$为法向测量时的声强；$I(\theta)$为与法向测量方向呈 θ 角时的声强。

双传声器探头的指向性与频率有关，随频率增加，“8”字形图形变“瘦”，如图

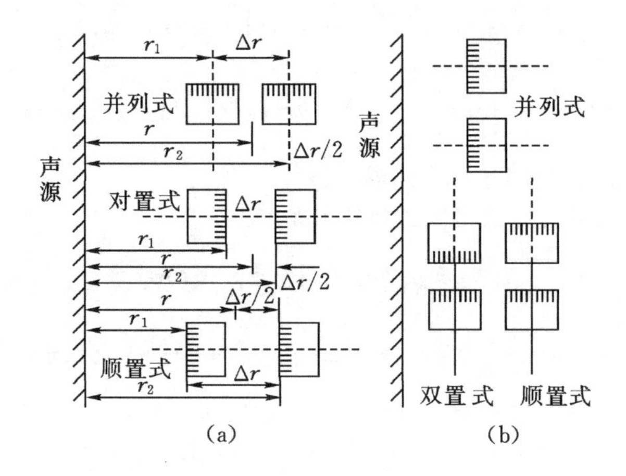

图 12-10 声强探头及测量方向

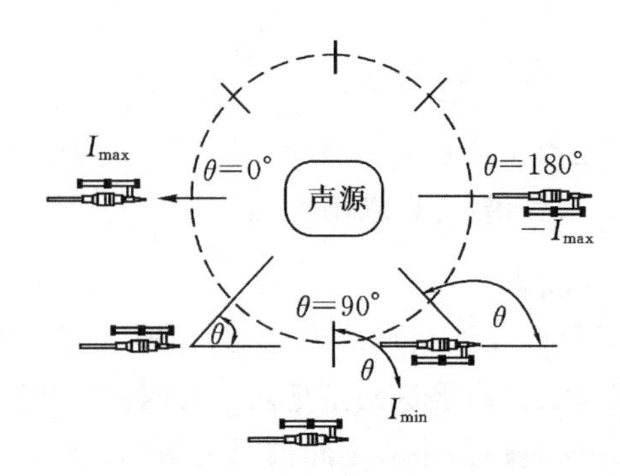

图 12-11 被测声强的大小、方向与声强探头之间的关系示意图

12-12 所示。

(3)声强探头的使用频率与 Δr 的关系

声强测量系统存在多方面的误差,主要误差有:①由于用有限差分代替压力梯度而产生的误差;②由于两个传声器相位角匹配得不好而引起的误差。另外还有互谱估计误差、传声器对声场的干扰引起的误差等。由于声强测量精度的限制,具有间隔 Δr 的双传声器只能适应一定的频率范围。

测量时通常要求 $\Delta r \ll r$,随被测频率的增加,误差也增加,为使误差控制在某一范围内,希望 Δr 减小,而当 Δr 减小时,相位误差增大。所以,对每一个传声器的组合都有一个推荐使用的频率范围。一般,Δr 较小时,下限频率不能太低;而 Δr 较大时,上限频率不能太高。例如,B&K 公司的 1/2″传声器,Δr=12 mm 时,f=125~5000 Hz;Δr=50 mm 时,f=31.5~1250 Hz。

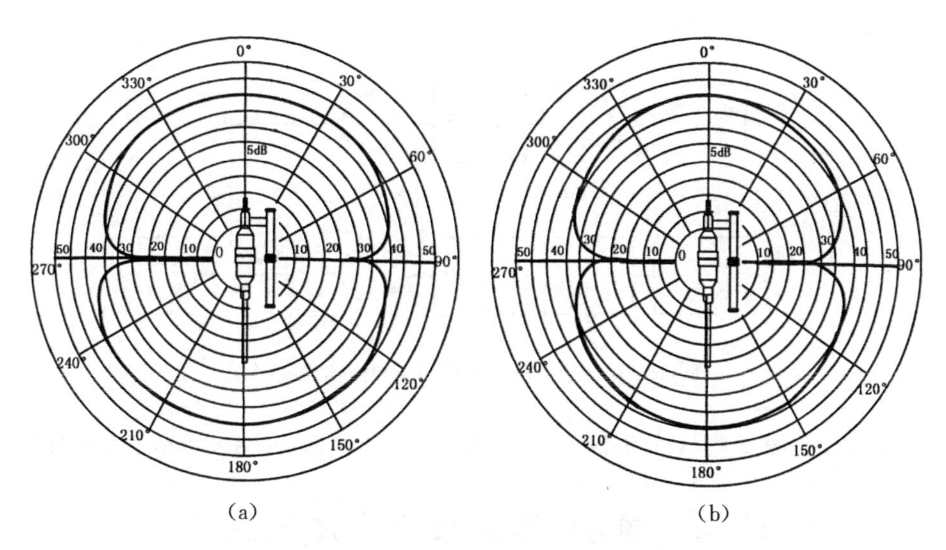

图 12－12　声强探头的指向特性

(a)Δr=12 mm，500 Hz；(b) Δr=12 mm，8 kHz

(4)声强测量仪

声强测量仪器通常由声强探头、分析处理仪器、显示仪器等组成。声强测量仪器大致可以分为三种。

①模拟式声强计。模拟式声强计能给出线性或 A 计权声强或声强级，也能进行倍频程或 1/3 倍频程声强分析。图 12－13 是小型模拟式声强计框图。

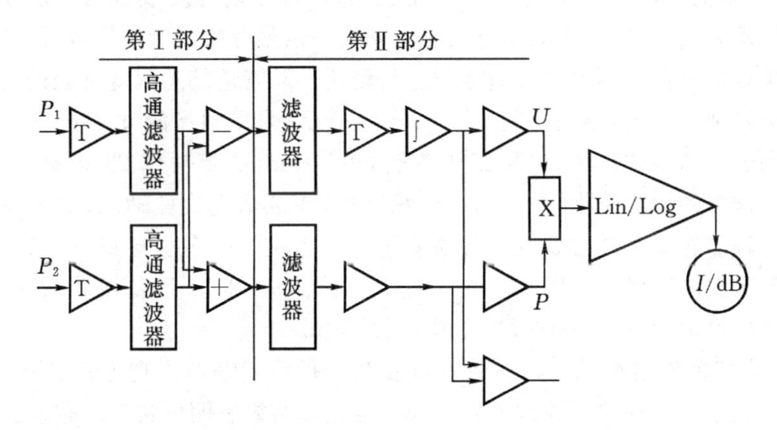

图 12－13　小型模拟式声强计框图

②用数字滤波技术的声强计。由两个相同的 1/3 倍频程滤波器获得实时声强

分析,图 12-14 是这种声强计的框图。

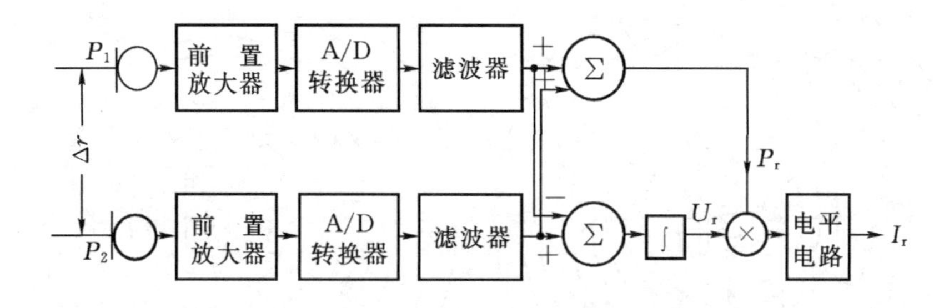

图 12-14 数字滤波器应用于声强测量框图

③利用双通道 FFT 分析仪,通过互谱计算得到声强,并能进行窄带频率分析。

12.5 振动、噪声检测方法的应用

12.5.1 振动检测方法的应用

设备振动检测的主要目的是判断设备内部的缺陷或故障,在工程中设备的振动检测有振动电平检测、通过信号处理的手段对振动信号进行分析等。振动电平值检测是一种最简单常用的方法,它只测量设备某些特定测点的总振级大小。一般只需在设备特征点处(如轴承处)安装传感器,用简单的测振计定期监测,振平可用有效值、峰值等,振平监测参数可以用振动位移、振动速度或振动加速度。振动信号的处理方法很多,其中频谱分析是振动噪声信号分析及特征提取的常用方法。

这里以电机振动测量与分析为例进行说明。某管道储运局输油处的两个输油站有 6 套输油泵系统,结构简图如图 12-15 所示,采用国产的 Y 系列三相异步电机和德国进口离心式油泵,电机工作转速 2970 rpm,额定功率 2300 kW。电机选用油环式润滑的滑动轴承,采用落地轴承结构;油泵采用滚柱轴承,电机与油泵通过膜片联轴器连接。考虑到电机与油泵运行时底座的热态变形量不一致,将电机与油泵安装在同一底座上以利于热态对中,根据 ISO 2372 设备振动标准,将电机振动报警值设定为 4.5 mm/s,高高报为 11.2 mm/s。

6 台电机的安装情况基本一致且自安装运行后就普遍出现振动超标工况,初步判断应属于同一种故障原因所致。现场的测试结果表明电机振动普遍超标或者接近报警值,其中一台电机带负荷稳定运行时的最大振动达到 12 mm/s。选取振动值最高的一台电机进行故障排查。

对振动最大的电机进行空载运行测试,测点选在电机轴瓦腰部与端部,水平与

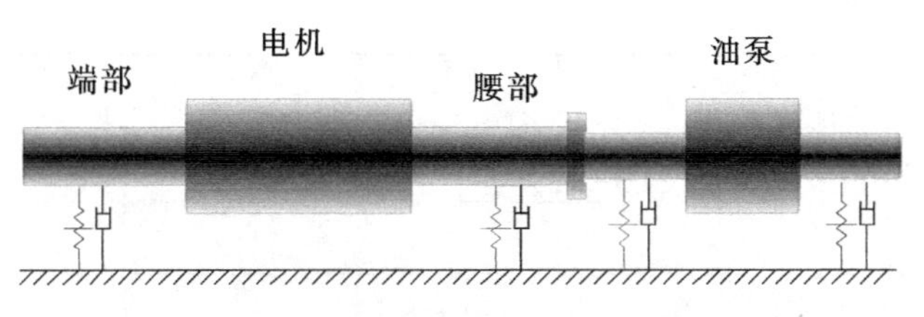

图12-15 输油泵机组结构简图

垂直方向总计安装了4个电磁式速度传感器，测点编号水平方向从端部到腰部为1X、2X，垂直方向为1Y、2Y。同时在腰部联轴器端配置了光电式传感器用于获取键相信号，测试过程中用速度传感器对电机底座振动也进行了测试。

空载运行启动后电机振动速度呈现周期约为5分钟的波动，不同波动周期的振动均值亦在变化，当振动爬升到一定程度(该电机约为4 mm/s)时电机振动在几分钟内急剧升高到约10 mm/s，如图12-16所示。

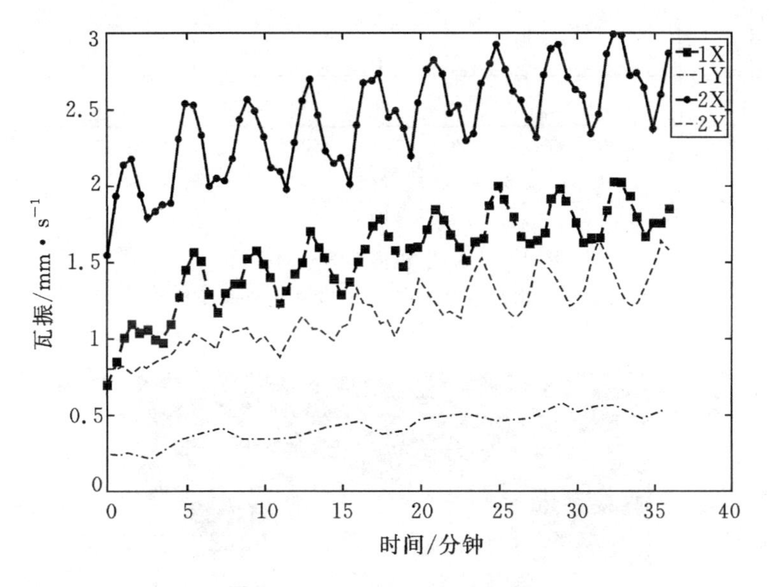

图12-16 电机启动后振动趋势

分析振动急剧升高后的频谱图发现高频分量比较明显，如图12-17所示。判断电机轴瓦可能出现碰磨，揭瓦后发现轴瓦乌金表面有明显的刮痕，乌金面出现局部点状剥落，如图12-18所示。

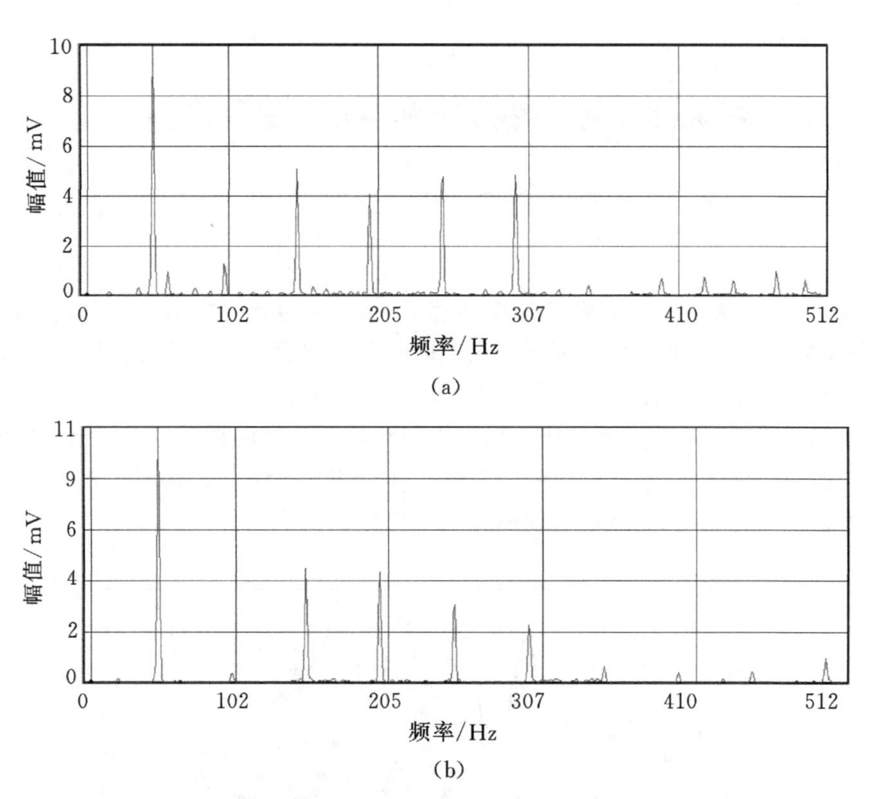

图 12-17 电机振动信号的频谱

(a)电机自由端垂直方向；(b)电机腰部垂直方向

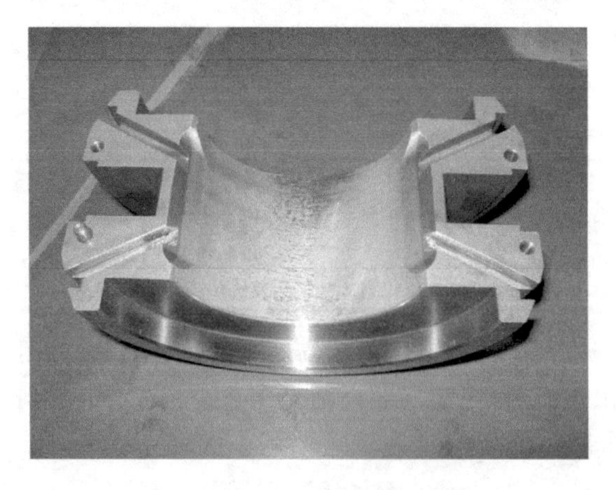

图 12-18 电机轴瓦表面损伤

12.5.2　噪声检测方法的应用

1. 设备噪声源的识别方法

设备噪声源的识别方法主要有：主观评价与估计法、近场测量法、表面振速测量法、频谱分析法等等。

①主观评价与估计方法。主观评价与估计方法是利用人耳对噪声的辨别能力，判断设备声源的方法。这种方法简单、直观，是常用的方法，但是判断的准确性与经验有关。

②近场测量法。近场测量法通常用于寻找设备的主要声源，用声级计在靠近设备的表面扫描，从声级计指示值的大小来判断噪声源的大致部位。

③表面振速测量法。为了解振动表面上各点辐射声能的情况，便于对辐射表面采取降噪措施，可以将振动表面分割成小块，测出表面各点的振动速度，并画出等振曲线，即形象地表达出振动表面各点辐射声能的情况。表面振速测量法对声学环境没有要求。

④频谱分析法。频谱分析法是噪声源识别的主要手段之一。一般，在噪声信号的频谱中可以找到与设备的结构特性相关的特征，从而识别主要声源。

2. 噪声检测方法的应用

这里以滚动轴承为例来说明噪声检测方法的应用。测量系统如图 12－19 所示。由于缺陷产生的噪声信号往往比较微弱，为了减少外界干扰对测量结果的影响，测量时传声器配置隔声套，同时在隔声套内部作吸声处理。图 12－20 是带外圈剥落故障的滚动轴承的噪声信号及包络谱。测量时轴承转频为 22 Hz，采样频率为 20 kHz，图中，fr 为轴承转动频率，$1*f_{fault}$、$2*f_{fault}$、$3*f_{fault}$为故障特征频率的

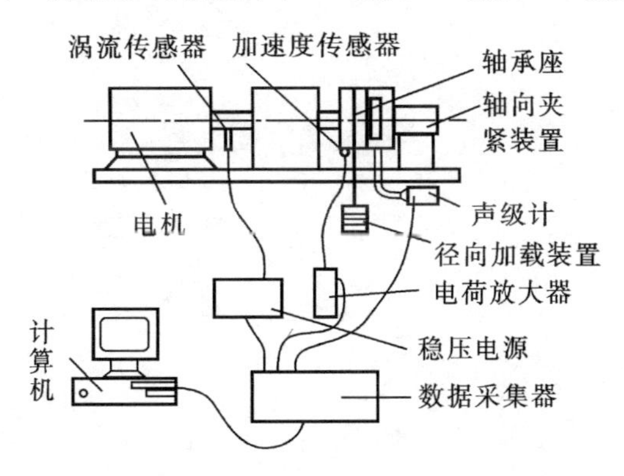

图 12－19　滚动轴承的噪声测量系统

1 倍频、2 倍频、3 倍频。由分析结果可知，用频谱分析方法可以提取噪声信号中与被测对象的缺陷相关的特征。

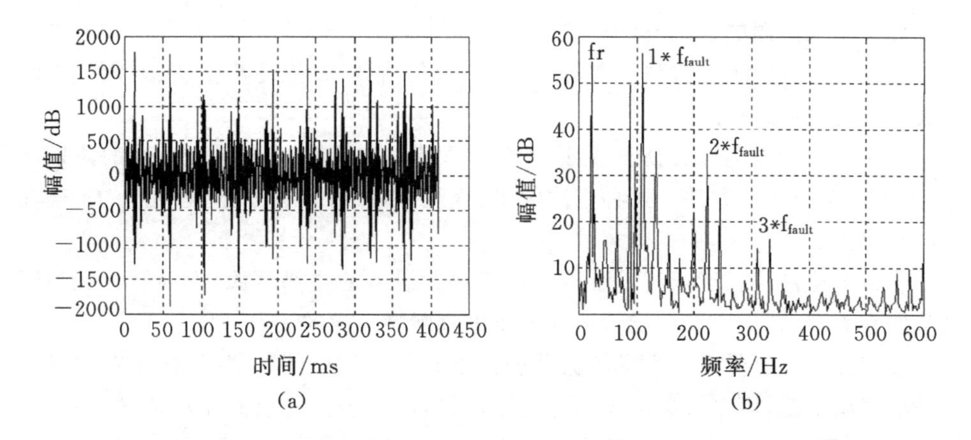

图 12-20 外圈剥落滚动轴承的噪声信号的时域波形及包络谱

(a)时域波形；(b)包络谱

第 13 章　泄漏检测技术

13.1　泄漏检测概述

泄漏检测技术(Leak Testing,LT)主要用于真空容器、压力容器或储液容器等探测,例如漏孔、裂纹等穿壁缺陷以及气密缺陷,以防止发生泄漏而酿成事故,避免能源、资源的损失以及污染环境等。

泄漏检测俗称“检漏”,它主要是用于发现漏孔类缺陷,即指封闭壳体壁在压力作用下或者壁的两侧存在浓度差时,气体或液体通过它能够由一侧到达另一侧的孔洞或缝隙——称为穿壁缺陷。

泄漏检测的基本原理是利用示漏介质(气体或液体)来判断有无穿壁缺陷(漏孔)存在,并根据示漏介质的漏率(压强差和温度一定时,单位时间内通过漏孔的示漏介质的数量),可以测定漏孔的大小。

根据采用示漏介质的种类、示漏介质通过漏孔的方式以及示漏介质的检测装置等,可以分成许多种检漏方法,大体上可以分为真空检漏(负压检漏)、充压检漏、背压检漏以及常压检漏四大类。在每一类中又各自有多种具体方法。

使用的示漏介质包括:水、油、着色剂、荧光物质、煤油、空气、氦气及氩气等惰性气体、氟利昂、氨气、二氧化碳气体、氢气、丙酮、放射性同位素(如氪 85、碘 131、同位素氘)、丁烷气、甲烷气、氧气、天然气等。

使用的检漏装置有:目视法、荧光探测仪、真空计、压力计、质谱仪、卤素检漏仪、喷灯、热传导检漏仪、试纸、涂料、火花检漏仪、放电管、示踪原子检漏仪、照相胶片、热电偶计、电离计、气敏检漏仪、超声仪、离子泵、光谱仪以及电真空器件等。

具体的检漏方法有:利用渗透现象为基础的压力渗透法(液压法)、常压下的渗透检验法(例如实用煤油+白粉,陈伟白垩粉法),还有听音法、火焰飘动法、气泡法、皂泡法、氟油法等气密性试验方法,以及压力变化法、质谱检漏法、卤素检漏法、气体显色检漏法、气体放电法、放射性同位素法、真空计检漏法、超声检测与声发射检漏法、气敏检漏法、离子泵法、激光快速检漏法、氮光谱法、漏气望远镜法、热阳极检漏法等。

各种检漏方法有各自不同的检漏灵敏度,并且检测费用、成本也各不相同。泄漏检测的特点是一般要求能够接触试件内外两个侧面,因此通常适用于薄壁容器,可涉及的产品种类非常广泛。但是试件表面的涂层或污染会妨碍检测,因此在检测时必须清除干净。此外,对于需要测定泄漏率的方法则需要有参考试样或标准试样。

13.2 泄漏检测基础知识

13.2.1 气体密封性能检测原理

1. 理想气体状态方程

在普通物理学的概念上,通常任何物质都具有固态、液态和气态,而气态是物质存在的各状态中较特殊的状态,它本身既无一定形状、也无一定体积,它的形状和体积完全取决于盛装气体的容器。任意数量的气体都能被无限地膨胀而充满于任何形状大小的容器之中。

为了对气体进行客观细致的研究,需要对客观气体分子进行一些假设限定,这些经过限定了的气体称为“理想气体”。而描述“理想气体”状态变化规律的数学方程式,称为“理想气体的状态方程”。即

$$\frac{PV}{T}=R \tag{13-1}$$

式中:R 为摩尔气体常数,是气体普适常量,即对所有气体均普遍适用的常量。

对于质量为 m,分子量为 M 的气体,则表述为

$$\frac{PV}{T}=\frac{m}{M}R \tag{13-2}$$

式中:常量 R 的数值取决于 P,V,T 等所用的单位。在国际单位制中,P 的单位用 Pa,V 用 m^3,T 用 K,则 $R=8.314$ J/K · mol。

2. 盖·吕萨克定律

从理想气体状态方程可以推导出,一定质量的气体,在压强不变的情况下,它的体积跟热力学温度成正比。即若 $P_1=P_2$,则

$$\frac{V_1}{T_1}=\frac{V_2}{T_2} \tag{13-3}$$

上式中 P_1、V_1、T_1 表示气体在初始状态下的压力、体积和温度;P_2、V_2、T_2 表示该气体在最终状态下的压力、体积和温度。这个方程表明一定质量的气体,不管其状态如何变化,它的压强和体积的乘积除以绝对温度,所得之商始终保持不变。这就是采用气体对工件进行密封性能检测的基本原理。

13.2.2　漏孔、漏率及其国际单位

工件有泄漏，必定有“漏孔”。这里通常指的漏孔是非常微小的，其截面形状也各不相同，漏孔漏气的路径也各式各样。漏孔经常出现在物质组织疏松、裂纹、裂隙、应力集中、弯折、可拆卸等部件，大多数是由于加工工艺不合理、结构不合理、安装不合理等原因造成的。漏孔的几何尺寸是很微小的，因此它不能用肉眼所觉察，而且漏气路径各式各样，截面形状也很复杂，所以漏孔的大小极难用它的几何尺寸来度量。

由气体定律$\frac{PV}{T}=\frac{m}{M}R$ 可知，当温度一定时，气体的质量可以用气体的压强和体积的乘积 PV(即气体量)来表示，而 PV 又是容易测量的，所以“漏孔”的大小可以用单位时间泄漏的气体量(PV)来表示，称为漏率。其物理意义为：压强×体积/时间。漏率的国际单位为“瓦特”(W)或 Pa · m³/s，1 W＝1Pa · m³/S＝103Pa · L/S＝7.5Torr. L/S。漏孔的漏率也就是通过漏孔的气体流量，受环境温度、漏孔两端的压差和气体等各类因素的影响。从漏率单位的量纲我们可以看到：由于 1 Pa＝1 N/m²，1 J＝1 N · m；因此 1 Pa · m³/S＝1 J/S＝1 W。

由此可见 PV 单位表示的流量本质上就是单位时间穿过某一截面的能量，它并不是气体分子本身携带的动能或位能，而是使气体分子通过某一截面流动所需的能量。

13.2.3　工件泄漏检测和判定

假设有一个被测工件(或物体)的内腔容积是 V，腔内压力是 P，在温度恒定的情况下，经过几秒或几十秒后，它的内腔容积没有变化，而腔内压力下降了一个确定值 ΔP，这时就可以判定该工件气体密封性能不好，或者叫做“有泄漏工件”；否则认为该被检测工件气体密封性能良好或叫做“无泄漏工件”。在实际工业生产过程中，绝对无泄漏工件是极少的。在实际检测过程中，通常总是根据该工件具体的应用环境条件和状态给出一个允许泄漏值，当工件泄漏值小于该值时则认为该工件“无泄漏”称为合格品。只有工件泄漏值大于该值时才认为“不合格”或“严重泄漏”。下面就三种典型系统的允许漏率进行讨论。

1. 动态真空系统的允许漏率

所谓动态真空系统，指工作时泵仍然对它进行抽气的系统，如真空冶炼炉、真空镀膜机、粒子加速器等。动态真空系统一般是利用抽速较大的泵来获得和维持工作真空的，因此即使系统存在较大的漏孔仍可以正常工作，对气密性的要求较低。但是一旦与泵隔开，真空度会急剧下降。这种系统允许漏率可以用气体流量

稳定关系来计算。在空载情况下，系统达到动态平衡时单位时间进入系统空间的气体量应该与被抽走的气体量相等，此时的平衡压力就是系统所能达到的极限压力 p_0。根据流量稳定关系有

$$Q = Sp_0 \tag{13-4}$$

式中：Q 为气体流量，包括漏气和放气两部分；S 为泵对系统的有效抽速。

在设计动态真空系统时，如果泵对系统的有效抽速 S 是确定的，要求系统达到的极限压力 p_0 也已知，则系统允许的气体流量[Q]为

$$[Q] \leqslant Sp_0 \tag{13-5}$$

一般选取[Q]的$\frac{1}{10}$作为允许漏率。即动态真空系统的允许漏率约为

$$[Q_L] \leqslant \frac{1}{10}Sp_0 \tag{13-6}$$

2. 静态真空系统的允许漏率

所谓静态真空系统，是指工作时已与泵隔离的真空系统，一般又称密闭容器，如显像管、电子管等。静态真空系统的特点是，体积小，要求的极限压力较低，而且要求在与真空泵隔离后的相当长时间内，真空度仍然能满足工作要求。因此，这种系统对漏气和放气的要求很高。假设不考虑封闭系统中加有的消气剂的抽气作用，设器件封离时的压力为 p_0，保证器件正常工作所需的最高压力为 p_t，器件内腔容积为 V，器件封离后保存和工作的时间为 t，则器件所允许的总气载（漏气和放气）为

$$[Q] \leqslant \frac{V(p_t - p_0)}{t} \tag{13-7}$$

一般选取器件[Q]的$\frac{1}{10}$作为允许漏率。即静态真空系统的允许漏率约为

$$[Q_L] \leqslant \frac{1}{10}\frac{V(p_t - p_0)}{t} \tag{13-8}$$

3. 压力系统的允许漏率

压力系统是指贮存气体的容器、要求在高压下工作的高压设备等。对压力系统提出的气密要求主要是在一定时间内其压力下降范围不能超过多少，因此允许漏率相对较容易计算。假设压力系统的容积为 V，充入气体的压力为 p_0，下面分三种情况进行讨论。

①如果要求在 t 时间内其压力下降不得大于 Δp 值，则系统的允许漏率[Q_L]为

$$[Q_L] \leqslant \frac{1}{n}\frac{\Delta pV}{t} \tag{13-9}$$

②如果要求在 t 时间内其压力不得下降到 p_t，则系统的允许漏率 $[Q_L]$ 为

$$[Q_L] \leqslant \frac{1}{n}\frac{(p_0 - p_t)V}{t} \tag{13-10}$$

③如果要求在 t 时间内其气体损失量不得大于 q，则系统的允许漏率 $[Q_L]$ 为

$$[Q_L] \leqslant \frac{1}{n}\frac{q}{t} \tag{13-11}$$

上式中的 n 为安全系数，一般建议 n 取值为 2～5。

13.3　泄漏检测方法

13.3.1　氦质谱泄漏检测法

1. 氦质谱检漏原理

氦质谱检漏是一种灵敏的气体分析方法。在被抽成真空的质谱分析室内有一电离盒，盒中的部分气体分子受到炽热灯丝发射出来的电子流的轰击，从而失去一个或几个外层电子，成为带正电荷的离子。这些离子受到加速电压所形成的负电场的吸引飞向引出板，如图 13－1 所示。离子穿过引出板上的狭缝后射入磁分析区，它在磁场作用下做圆形轨迹运动，其轨道半径可由下式得出

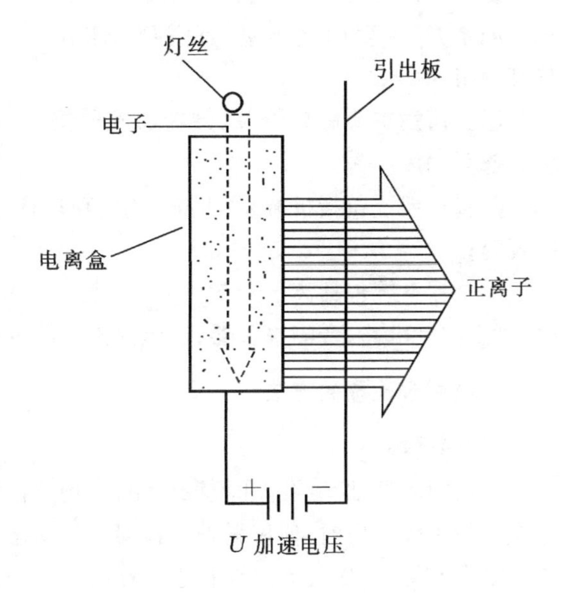

图 13－1　正离子飞向引出板

$$R = \frac{1.8}{H}\sqrt{\frac{M}{e}U} \tag{13-12}$$

式中：R 为离子运动的轨道半径，cm；H 为磁场强度，A/m；$\frac{M}{e}$ 为离子的质量与其电荷数之比，称为质荷比；U 为加速电压，V。

显然，当 U 和 H 为常数时，具有不同质荷比的离子将按不同的轨道运动。在偏转了一段路程后，各种离子将按照它们的质荷比分离成很多束离子流，这就是所

谓的质谱。在某一特定位置上设置收集极,就可以只接收具有一定质荷比的离子流。如果磁场不变,而逐渐改变加速电压,则各离子束运动轨道半径都会随着改变,而且将按质荷比的顺序一次到达收集极,产生离子流的信号输出,如图 13-2 所示。每个峰值对应于某种质荷比的离子,离子流的强度正比于每种气体在质谱室中的分压强。

将被检容器和仪器的质谱室相连,当用氦喷吹容器焊缝时,如果焊缝上存在漏孔,氦将通过漏孔被吸入质谱室内。把加速电压调整的只让氦离子流能到达收集极,就可以根据氦离子流强度来判断被检测容器存在着多大的漏孔。

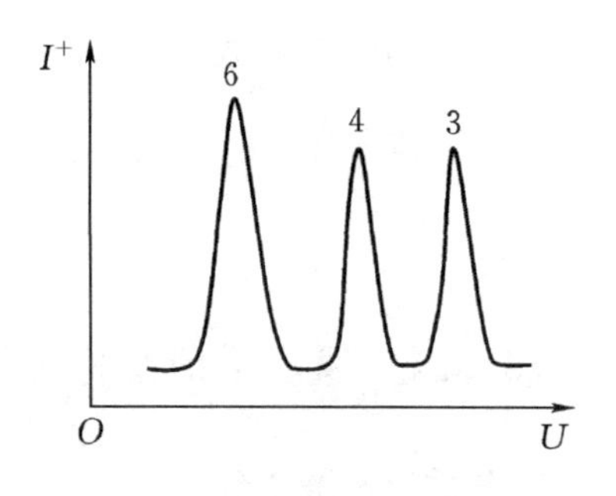

图 13-2 离子流信号输出

氦质谱检漏仪的型号较多,但是基本结构大同小异,主要由质谱室、真空部分和电气部分组成。

①质谱室主要由离子源、分析器和收集极三部分构成;

②真空系统包括机械泵、电磁阀组、真空计、扩散泵、抽速阀、冷井、节流阀、真空规等;

③电器系统包括离子流放大器、发射电流稳定电路、电源和扩散泵的加热电路、真空测量电路、音响报警器、灯丝保护电路等。

2. 氦质谱检漏的方法

(1)喷吹法

将被检容器抽真空并和检漏仪相连,用质谱检漏仪对被检容器进行抽气,当质谱室达到工作压力时,使仪器处于检漏工作状态,然后用氦气流向可疑漏气部位喷吹。如果有漏孔,氦气通过漏孔进入被检容器内部并迅速进入到检漏仪,由输出仪表指示出来。输出仪表读数变化的大小可以确定漏孔的漏率大小,由喷吹的位置可以确定检出漏孔的位置。这是目前使用最多,也是较为方便的一种方法,如图 13-3 所示。

当被检容器为大容器,气量多,可能存在的漏孔也较多,单用检漏仪来抽被检容器,真空度抽不上去,质谱仪不能正常工作,一般利用辅助抽真空系统对被检容器预抽。但是由于辅助泵的分流作用,会导致检漏的灵敏度降低。因此,若容积小且无大漏的容器可用机械泵辅助抽真空;而容积大的容器需要选择机械泵和扩散泵机组或涡轮分子泵辅助抽真空。

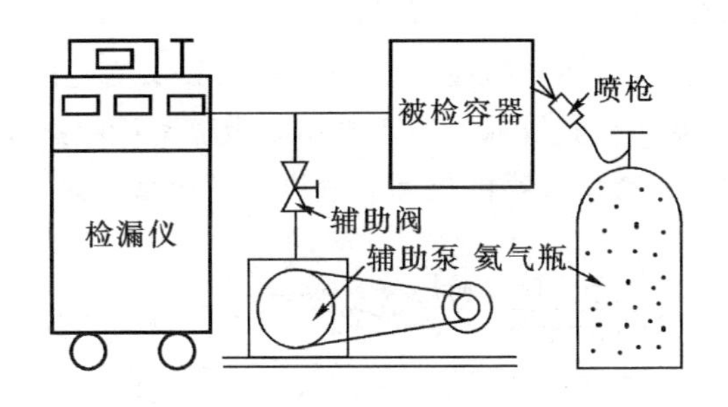

图 13－3　喷吹法检漏系统示意图

(2)氦罩法

将待检容器的可疑泄漏部位用氦气罩(经常用塑料薄膜罩)分段罩起来,然后将罩内抽成真空,再充入氦气。此时质谱仪输出指示如果增大,便表示被氦罩罩住的部分存在漏气。仪器所指示的漏率即为被氦罩罩住区域的总漏率。这种方法的检测灵敏度高,有效最小可检漏率基本等于仪器的最小检漏率,适于总检。但只能测出所罩部位的总漏率,不能确定漏孔位置,如图 13－4 所示。

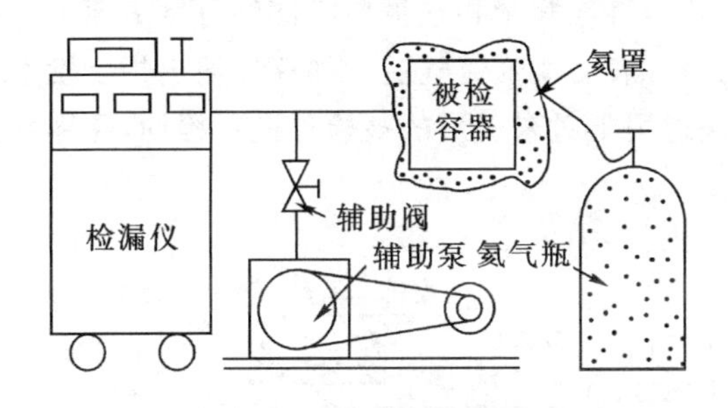

图 13－4　氦罩法检漏系统示意图

(3)累积法

当漏孔较小时,质谱室中的氦分压也很小,仪器往往没有反应。为了提高质谱室中的氦分压,可以用一个阀门将检漏仪和被检件隔离,漏孔漏出的氦气先贮存在被检件与阀门之间的体积中,累积体积中的氦分压会随着时间增加而直线上升。累积一段时间后,打开累积阀,质谱室中的氦分压会急剧上升,从而得到较大输出显示。这种方法只能检测被检部位的总漏率,不能确定漏孔位置。

(4)吸氦法

如图 13－5 所示,将被检容器抽真空,然后充入一定气压的氦气,用与质谱仪相连的特制吸嘴在容器外面探索，当吸嘴对着漏孔时，从漏孔漏出的氦气被吸嘴吸进仪器从而产生漏气指示，达到检漏的目的。影响吸氦法检漏灵敏度的主要因素是吸嘴型式、充氦浓度和充氦压强。通常采用的吸嘴有针阀型和渗氦型，利用聚脂薄膜的渗氦型吸嘴比针阀型吸嘴的检漏灵敏度高两个数量级。

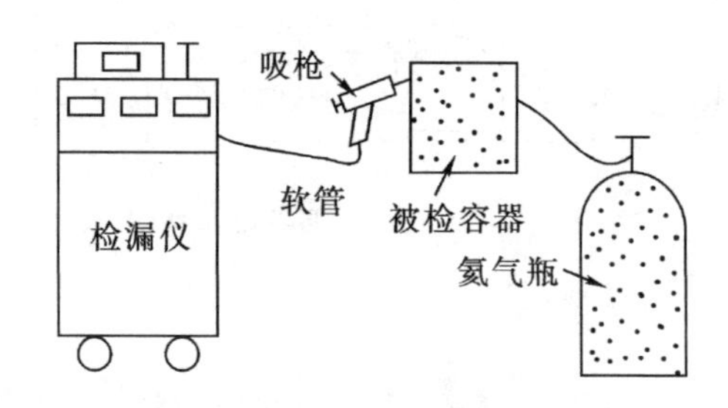

图 13-5　吸氦法检漏系统示意图

(5)**检漏盒法**

如图 13-6 所示，将特制的能与被检零部件表面良好吻合的检漏盒通过管道与质谱仪相连。检漏时，将检漏盒扣在被检零部件可疑表面上并密封好，将盒内抽真空，在与盒相对的另一表面喷吹氦气流。如仪器输出指示发生变化，则喷吹部位存在漏孔。这种方法适用于对未成形的被检件进行检漏，在零部件加工过程中，大量用于焊缝检漏。

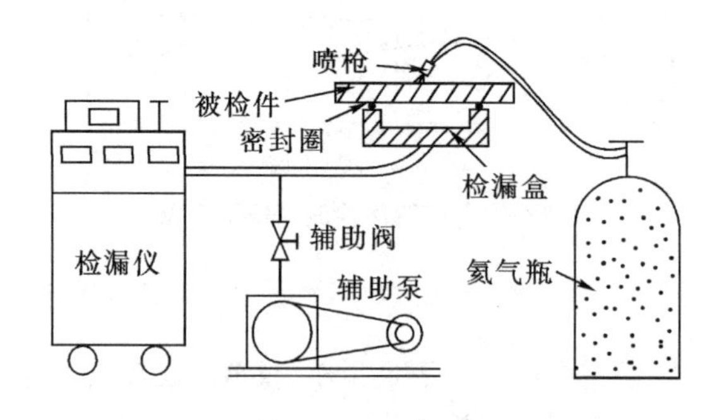

图 13-6　检漏盒法检漏系统示意图

(6)**真空室法**

对于要求较高的小型真空容器，可根据容器的大小，制作一个专用的辅助真空装置。将容器放入可拆式辅助装置中，然后密封，如图 13-7 所示。检漏时可分两种方法进行。

①将容器与质谱室相连,并预抽到一定的真空度,然后向辅助装置内充氦气,若有漏孔存在,氦气便渗入容器进入质谱仪,使仪器显示。

②将辅助装置与质谱仪相连,向被检容器内充氦气,如有漏孔,仪器同样会显示。

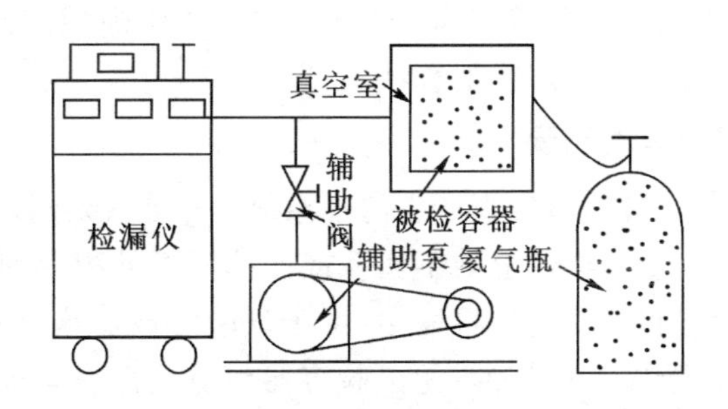

图 13-7　真空室法检漏系统示意图

13.3.2　气泡检漏法

1. 气泡检漏原理

气泡检漏法在粗检漏方法中应用最广。气泡检漏的基本原理是:当漏孔两侧存在压差时,示漏气体就通过漏孔从高压侧向低压侧流动,如果在低压侧有显示液体(如水、氟油、酒精等),漏孔处将有可能吹起一个个气泡,从而显示出漏率大小及漏孔的位置。

(1)产生气泡的条件

被检件在大气环境下做气泡检漏,气体通过漏孔泄漏时,主要受到三种压力的作用,即大气压力 p_a,被检件漏孔出口到实验液面之间液柱高度产生的压力 p_g,液体表面张力产生的压力 p_s。则被检件在显示液中冒泡的临界压力 p_r 为

$$p_r = p_a + p_g + p_s \tag{13-13}$$

只有那些内腔压力 $p \geqslant p_r$ 的被检件才有可能在显示液中冒泡。

(2)产生压差的方法

为了对被检件做气泡检漏,就要设法使被检件内外产生压差,增加被检件内腔的气体量,满足气泡检漏的条件。提高被检件内外压差的方法主要有以下三种:

①打气法。直接对被检容器充入干燥清洁的高压气体来产生压差。

②热槽法。在大气压下将示漏气体封入被检件中,或在高压下利用轰击法将示漏气体或低沸点液体压入密闭的被检容器内,然后将被检件浸入到装有预先加

热好的高沸点显示液的热槽中。被检件中原有气体或液体汽化出的气体受热后压力都会上升,从而使被检件内外产生压差。

③抽真空法。在常压下将示漏气体封入被检件中,然后将被检件浸入到一个密封容器的显示液中,将显示液上部空间抽成真空,使被检件内外产生压差。但是这种方法抽真空时不能使真空度过高,以免显示液产生强烈的蒸发沸腾,冒出气泡,影响和干扰被检件有漏时的气泡观察。

(3)影响检漏灵敏度的因素

试验液中不是由被检件漏气而产生的气泡很容易造成误判。产生这种冒泡的原因与以下因素有关:①被检件上的不通孔或凹凸不平处积存的气体浮出而形成气泡;②在热槽法检漏和抽真空法检漏中,由于试验液被加热或外部压力降低,试验液自身放气加快而形成一些气泡;③试验容器和被检件表面也会在高温和真空条件下产生放气而形成气泡。

试验液中的微小杂质可能堵塞小漏孔,会降低检漏灵敏度,所以保持试验液的清洁也很重要。

试验环境光照不足,影响对小气泡的观察,也会影响检漏的灵敏度。

2. 气泡检漏技术

(1)浸泡法

这种方法适用于检测在试验前经过密封,并且最大外形尺寸能允许它浸没在试验容器中的器件。

①充气加压浸泡法。将充好一定压力气体的被检件放入水槽中,需检测的部位向上,使其处于便于观察的位置。仔细观察需检测的部位,是否有单个或成串气泡冒出,观察时间不可太短。要认真区分冒出的气泡是真漏还是假漏产生的。真漏时从漏孔冒出的气泡,出泡的位置比较固定,出泡均匀且稳定。而假漏产生的气泡刚好相反,这种气泡往往是由于存在于某些缝隙中的气体或由一些粘附在被检件上的有机物放气造成的。充气加压法检漏的灵敏度与加压的压力有关,充气压力的高低一般都有严格的设计规定。还有一种充气加压的气泡检漏方法,适用于密闭的小型被检件,它没有可以充气的管口。首先将被检件放在压力罐中用高压气体加压,被检件若有漏孔,高压气体会进入容器内,内腔压力升高;从压力罐中取出被检件后,迅速放入试验液中,便会从漏孔位置观察到气泡。

②抽真空浸泡法。将被检件开口封严,放入真空检漏容器,并在容器中倒入酒精,使其液面淹过被检件约 5 cm,用真空泵对其抽真空,使被检件内外产生压差,被检件中的气体就会通过漏孔往外泄漏,在酒精中产生气泡。检漏时,因为酒精中溶解的气体会在真空条件下向外释放,形成气泡,将干扰对被检件漏气气泡的观

察。解决这一问题可以采取以下两项措施：一是在检漏前对酒精预先抽真空一段时间，使溶解的气体能基本释放出来；二是检漏时真空度不能太高，抽真空到 30～50 kPa 即可。

③热槽浸泡法。首先将热槽中的试验液加热到规定的温度并保持稳定，然后将被检件开口封严，放入热槽中。等待一段时间后，观察被检件是否有气泡产生。这种检漏方法是靠被检件内腔气体被加热后压力升高而产生压差，从而在漏孔处产生气泡，所以被检件放入热槽中时间不能太短，以免观察不到气泡造成误判。这种方法主要用于电子元器件的检漏。

(2)涂刷液体法

这种方法对于任何能在漏孔两侧产生压力差的被检件都适用，对于不宜采用浸泡法进行气泡检漏的管路系统、压力容器、泵或大型设备也适用。这种方法也称为皂泡法。

①充气加压法。对被检件充气加压后，在被检件低压端一侧需要检测的部位涂刷显示液体，观察有无气泡产生。涂刷显示液过程需要将液体缓慢流到被检部位，以防止液体本身产生气泡。对法兰盘连接处，必须将法兰间的所有缝隙涂满显示液，如果只涂半圈，漏出的气体可能从没有涂刷显示液的部位跑掉造成漏检。被检件在充气加压前，不能在被检件疑似泄漏的位置涂刷显示液，防止阻塞小漏孔造成漏检。

②抽真空法。在某些被检件不可能或不允许充气加压，但需要使用涂刷液体法做气泡检漏的情况下，一般可以使用抽真空法。检漏原理如下：在需检测部位涂刷显示液体并在其上放置真空罩盒，真空罩盒与被检件结合部位用橡胶垫或真空封泥密封，对真空罩盒抽真空后，仔细观察检测部位是否产生气泡。真空罩盒一般是透明或局部透明的，其上设置有抽真空的管口。同浸泡法抽真空的原理一样，检漏的真空度不能太高(30～50 kPa 左右)，以免显示液自身冒泡，造成对漏孔出气泡的干扰。

13.3.3　压力变化泄漏检测法

对于一些无法使用湿法进行泄漏检测的工件而言，压力变化检漏是常用的、发展成熟的、行之有效且简单实用的检漏方法之一。压力变化泄漏检测的基本原理是：向被检件中充入规定压力的气体，待容器内气体达到稳定状态后，在规定的测量时间内，检测系统检出压力的变化值 Δp，通过测量压力的变化来间接的测量泄漏量。按照被检件所测的压力变化形式，一般分为绝对压力检漏法和压差检漏法。

绝对压力检漏法是对工件的被测容腔在一定压力条件下进行充气，保持一定时间后，切断被测工件和气源的联系并记录下此时的压力示值，经过一定时间(数秒或数十秒)后,再次读取压力示值并和前次记录的压力示值进行比较。若被测容腔有泄漏,则两次压力示值有一个差值。此差值大小反映工件在检测时间周期内的泄漏状态,差值越大表示工件泄漏越严重。而压差法检漏过程与绝对压力法相似,与绝对压力法不同之处在于压差法采用一个参考件加入测量系统中,用压差传感器记录测量阶段测量件与参考件之间的压力变化值 Δp。这里重点介绍压差检漏法。

1. 压差式检漏法基本原理

压差式检漏法的基本工作原理同天平一样,一端是基准参考物(标准品),另一端是被测零件。但是,其测量顺序与天平正好相反,基准参考物与被测工件两边同时充入相同压力的空气,使“天平”——差压传感器两端平衡。如果被测工件有泄漏,即使是微小泄漏,其内部的压力会随着气体的泄漏逐渐降低,同基准物内压力相比会有一个压差,导致“天平”也将失去平衡,从而检测出两端因泄漏而产生的压差。气体密封性能检测仪将根据压差的变化测出工件的具体泄漏量,进而根据设定的气密性标准判断被测工件是否合格,并将这些信息传送给操作人员。如果标准品与被测工件形状、大小都相同,并且检测过程中,两端的外部环境状况完全一样,这就可以消除温度、振动等环境因素的影响,得到高精度的测量结果。

由于气体的可压缩性及热力学特性,压差式气密仪的工作过程主要包括:充气、平衡、检测和排气四个环节,每个环节的设置都直接影响到测试结果。

1)充气过程　按设定的测试压力给被测物和基准物充气的过程。其时间的选择应与被测物内容积大小、被测回路的复杂程度、测试压力的大小及检漏仪与被测物之间的连接长度成正比,而与充气回路的截面积及气源压力成反比。由于气源、管路及现场工作状况等因素,每次充气的随机性很大,一般加长充气时间可以降低随机干扰引起的影响,进而提高检测的稳定性。

2)平衡过程　充气后等待被测物和基准物内压力和温度达到稳定和平衡的过程。其时间的长短也与被测物内容积的大小、回路的复杂程度成正比,和充入气体的温度与室温间的差成正比。加长该时间对减少环境干扰、提高检测的稳定性和检测精度都很有帮助。但是,当被测容积很小时即使是微小的漏气量也将导致内部压力的急剧下降,这样如果平衡时间过长将会影响测试的准确性。

3)检测过程　测试系统达到平衡后检测差压传感器输出的过程。其时间的长度与被测物内容积的大小成正比而与泄漏率判定标准大小成反比。如果有漏气,观测时间越长“天平”倾斜越明显。因此适当加长检测时间可以提高测试的精度。

4)排气过程　测试完将气体排出的过程。排气时间的长短主要与被测物内容积及测试压力成正比。

由上可知,在设定的各个过程中,都要考虑被测物的容积、最大允许漏气量和测试压力,它们被称为被测对象的三要素。根据这三个要素选择应使用的检漏仪,再根据被测物的材质、形状、测试环境、要求的检测时间等具体情况来计算、调试出检测参数，以保证可靠高效地完成检测。

2. 漏率的确定

图 13－8 所示为压差式气密检漏的基本回路图，其工作过程如下：检测时打开阀门 V_1 和 V_2，将测试压力的空气充入到被测物和基准物内，然后关闭两个阀门。这时被测物内的压力可表示为

$$p_T V_W = p_1(V_W - \Delta V) + p_0 \Delta V_L \tag{13-14}$$

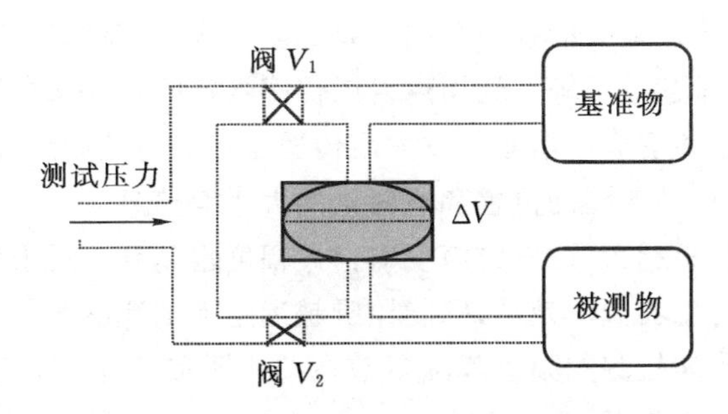

图 13－8　压差式气密检漏回路图

式中：p_T 为测试压力（设定的充气压力），Pa；p_1 为检测完成后被测物内的压力，Pa；p_0 为大气压（漏出后进入大气中），Pa；V_W 为被测物容积，ml；ΔV_L 为漏气量，ml；ΔV 为 Δp 引起传感器容积的变化量，ml。

基准物内的压力为

$$p_T V_S = p_2(V_S + \Delta V) \tag{13-15}$$

式中：V_S 为基准物容积，ml。

将以上两式整理后得到

$$\frac{p_1(V_W - \Delta V) + p_0 \Delta V}{V_W} = \frac{p_2(V_S + \Delta V)}{V_S} \tag{13-16}$$

压差传感器的灵敏度一般很高，存在微小的压差 $\Delta p(\Delta p = p_2 - p_1)$ 即可检出，所以在检测过程中被测物、基准物内的压力与测试压力相当，即 $p_1 \approx p_2 \approx p_T$，则有

$$V_L = \frac{\Delta V_L}{T} = \frac{\Delta p}{T p_0}\left\{V_W + \frac{\Delta V}{\Delta p}(1 + \frac{V_W}{V_S})(p + p_0)\right\} \tag{13-17}$$

式中：p 为工程上常用的表压，Pa；V_L 为泄漏率，ml/s；T 为检测时间，s；$\frac{\Delta V}{\Delta p}$ 为传感器系数，物理意义为产生压差时传感器内部的体积变化量，其单位为 ml/Pa，它的大小直接关系到检漏仪的精度和准确度。对于相同的泄漏量，$\frac{\Delta V}{\Delta p}$ 越接近于 0，产

生的压差会越大,从而越容易检测出微小泄漏。

13.3.4 声发射泄漏检测方法

1. 声发射检测技术基本原理

声发射泄漏检测技术是声发射技术应用的重要分支之一。其原理是:当气体或液体在一定压力作用下从漏孔泄漏时会在漏孔处激发出连续的机械波,通过示波器观察泄漏激发的声发射波形,其形状为幅度波动很小的、连续的、几乎无任何规律的波动。泄漏声发射波的频带范围分布随漏孔大小、泄漏速度、泄漏介质不同可从几赫兹到几百千赫兹不等。利用声发射传感器接收这些来自泄漏部位的声发射波,然后将机械波转变成电信号并放大后传送至声发射检测系统主机,经过分析处理就可以确定并得到泄漏的位置和泄漏量的大小等信息。

一般而言,泄漏量越大,激发的声发射信号幅度也越高。对于声发射泄漏检测技术而言,所用的传感器频率越低,则能监听越远距离的泄漏源。由于受到环境噪声的影响,声发射泄漏检测的频率范围多数在几十千赫兹至几百千赫兹之间。资料显示,目前声发射泄漏检测的灵敏度最高可以达到 $10^{-2} \sim 10^{-3}$ Pa·m^3/s。因此,可以看出声发射泄漏检测技术是一种相对灵敏度较低的检测技术,目前其主要应用在航空航天、石油化工、电力、核电等行业的管路、阀门、容器、贮罐等。

2. 声发射泄漏信号的表征

泄漏激发的声发射信号属于连续型声发射信号,表征连续型声发射信号的大小通常用平均信号电平值(简称 ASL)和有效值电压(RMS)来表示。ASL 值是用 dB 表示的信号幅度的平均值,RMS 值是用电压 V 表示的信号幅度的平均值。一般而言,RMS 值表征泄漏信号比 ASL 值要灵敏些,一些专用的声发射泄漏检测仪器就是利用 RMS 值的变化来推断泄漏是否发生;而一些通用的声发射检测系统,则多通过观察 ASL 值的变化来判断泄漏是否发生。

声发射泄漏检测时,采集到的信号 RMS 值和 ASL 值是一种综合效应,除泄漏声发射信号外还包括仪器本身的电噪声、环境电磁噪声、流体噪声、结构变形声发射等等。在这些影响因素中,对于一台特定的仪器本身电噪声基本是固定不变的,而环境电磁噪声则随检测环境不同而变化较大。随着仪器制造水平的不断提高,仪器适应环境噪声的能力已经大大提高,除非在非常恶劣的电磁环境中,例如靠近大功率发射台站等,其对信号幅度的影响不是特别显著。

流体噪声和结构变形声发射是声发射泄漏检测的主要影响因素。对于流体噪声,经常会在在线检测管路和容器时遇到,由于其声发射机制与泄漏产生声发射的机制一致,因此最难排除和处理。通常解决这类噪声的影响,只能采取提高检测频率，牺牲检测灵敏度的办法。对于结构变形声发射的影响，可以在保压时进行泄漏监测，因为保压时，大多数结构的声发射会趋于平静、收敛，这时结构变形声发射对监测的影响最小。

综上可以看出，判断是否发生泄漏的主要办法就是观察信号幅度（ASL 或 RMS 值）是否异常上升并维持在一定的水平，排除干扰因素后就基本可以判断是否发生了泄漏。

3. 泄漏源位置的确定

在声发射泄漏检测中，泄漏源位置的确定一直是该技术的难点。从泄漏声发射定位技术上看，泄漏源定位主要包括区域定位和时差定位。

区域定位可以确定泄漏源大致发生在哪个检测通道接收区域内，而准确定位则需要通过其他手段来实现。例如当泄漏产生时，在泄漏源处会激发出连续的声发射信号，这些声波以泄漏源点为中心向四周传播，这样信号就被布置在四周的声发射传感器所接收，各通道所接收的信号大小就在仪器上以 ASL 值或 RMS 值的形式显示出来。假如被检结构是各向同性，并且在各个传递方向上声波衰减率一致，则可以做出如下判断：哪个通道的信号幅度高则泄漏源距离这个检测通道最近。这样就可大致确定泄漏产生的区域。如果同时比较其他检测通道的信号幅度高低还可以进一步缩小泄漏源所在的区域范围。这种方法对于单一泄漏源的判断比较适合，然而对于在监测区域内存在多个泄漏源时，判断就十分困难。

泄漏信号的时差定位技术是声发射泄漏检测技术研究的热点。在单点泄漏的情况下可以利用两个声发射通道进行成功定位。时差定位法可以较为准确地确定泄漏源的位置，常用的有幅度衰减法、互相关法等等。幅度衰减法的原理是利用事先测量被检对象在各个方向的信号幅度衰减曲线，并利用两个或两个以上传感器的已知位置距离和对应的信号幅度值进行计算来确定泄漏源的准确位置。

另外一种时差定位方法为互相关时差定位法，其原理是采集多通道声发射信号的波形，通过波形分析、频谱分析及互相关分析方法来确定泄漏源信号到达传感器阵列中各传感器的时差，进而确定泄漏源的位置。这种技术在工况简单的构件上有较好的效果，但对于复杂构件、多点泄漏源的情况，由于声波传播过程的衰减和波形畸变严重，这种方法定位精度受到很大干扰。

无论哪种定位方法，都有自身的局限性，在实际应用中会受到各种干扰因素的影响。一般而言不同材料、结构的被检件其定位的具体算法和判断也有很大差异。实践证明，结构越简单，定位准确率也越高。

4. 漏率的确定

声发射泄漏监测中泄漏源漏率不能直接确定，需要借助其他方法进行定量，例如气泡法、氦质谱法等。通常声发射泄漏监测所发现的泄漏源漏率一般较高，在检测实践中对于发现的泄漏一般不再进行漏率确定而多数直接进行进一步处理。

13.3.5 其他的泄漏检测方法

1. 液压法

在容器内充一定压力的油或水，液体在容器外壁漏孔处会形成油渍或水渍。此方法可在容器进行耐压试验时观察。

2. 氨显色法

容器内充入二氧化碳气体，外部用氨气指示，漏气时可生成雾状的碳酸氨气体。若容器被抽到低真空以后，再充入浓度为0.2%的氨气，在外部可用溴酚兰试纸显示或用溴酚兰涂液喷涂法显示。若容器内充入一定浓度的硫化氢气体，在外部可用醋酸铅试纸检漏，可检漏率约为 1×10^{-7} Pa·L/s。

3. 卤素检漏法

卤素检漏法又称为卤素二极管检漏法，它是应用加热的铂元件(阳极)和离子集流极(阴极)的一般原理，使卤素蒸汽由阳极造成离子，由阴极来捕集，在电表上指出与离子生成速度成比例的电流。将代表工件气体泄漏量的电表读数和标准气体泄漏量读数进行比较，就可测定出当前卤素相对浓度。使用的示踪气体通常为氟利昂气体，其检漏率约为 $1\times10^{-4}\sim1\times10^{-6}$ Pa·L/s。

4. 真空计检漏法

利用真空计进行检漏，示踪气体通常是氢气或二氧化碳气体。当用热偶真空计检漏时，可检漏率约为 1×10^{-4} Pa·L/s。利用电离真空计检漏时，示踪气体一般为氢气、氦气或氯气，可检漏率约为 $1\times10^{-4}\sim1\times10^{-8}$ Pa·L/s。

5. 溅射离子泵检漏法

此检漏方法是把溅射离子泵作为检漏器，将被检容器接到溅射离子泵上，用氦气、氩气或氧气作为示踪气体，在容器外表面的可疑泄漏处进行喷吹，当有漏孔存在时，示踪气体进入容器内部，会引起离子泵的电流发生变化，这种方法要求被检容器的内压要大于10 Pa才能有效。

13.3.6 泄漏检测应用举例

泄漏检测的仪器很多，这里以氦质谱仪喷吹检漏方法为例进行说明。

1. 所需条件

采用氦质谱仪喷吹检漏时，需要的仪器及器件有：①氦质谱检漏仪一台；②通道型标准漏孔(漏率 $1\times10^{-4}\sim10^{-9}$ Pa · m^3/s)一支,应具有与被检容器相连接的接头;③喷枪一把;④氦气袋一个;⑤具有环焊缝和竖焊缝的被检容器一个,容积大于 100 L,其上具有与标准漏孔、辅助泵及检漏仪相连的接头及管道,焊缝上有一漏孔;⑥辅助泵(机械泵,抽速 1 L/s)一台;⑦低真空阀一个。

2. 操作步骤及要点

①将被检容器与检漏系统连接好,将标准漏孔接在被检容器远离检漏仪的位置上;

②启动检漏仪,调整好检漏仪的参数使其处于检漏状态;

③开辅助泵及辅助阀,将被检容器抽至低真空(5 Pa 以下);

④打开检漏仪检漏阀使检漏仪质谱室与被检容器相通;

⑤以检漏仪能正常工作为度,尽量关小辅助阀;

⑥当仪器输出指示稳定后记下其稳定值,该值为本底值 I_0;

⑦对标准漏孔喷吹氦气,当仪器输出指示稳定后记下其稳定值 I_1,I_1-I_0 值为标准漏孔信号值;

⑧ 用喷枪对标准漏孔喷吹氦气,确定检漏系统的反应时间;

⑨ 关闭标准漏孔阀,使仪器输出指示恢复到本底值 I_0;

⑩ 用喷吹法对被检容器进行检漏:

a. 检测竖焊缝时要从上向下检测,检测水平焊缝时要由近及远检测(相对于检漏仪位置);

b. 喷枪的移动速度要由反应时间确定,不能太快,喷枪离被检表面距离不能太远(5 mm 以内);

c. 检漏仪输出指示一旦上升,要立即将喷枪移开,待输出指示下降后再喷,观察输出指示是否再次上升,要反复多次以验证是否真正有漏;

⑪ 一旦发现漏孔,要在漏孔的位置旁做上明显的标记,当仪器输出指示稳定后记下其稳定值 I_2,I_2-I_0 值为漏孔产生的漏气信号;

⑫ 利用下面的公式计算被检出漏孔的漏率 Q

$$Q=\frac{I_2-I_0}{I_1-I_0}Q_0 \tag{13-18}$$

第 14 章　目视检测

14.1　概述

14.1.1　目视检测的定义及应用场合

人们用视觉进行的检查都称为目视检测，是有人类以来最古老的一种检测方法。现代目视检测是指用于观察评价物品的一种无损检测方法，它仅指用人的眼睛或借助于光学仪器对工业产品表面作观察或测量的一种检查方法。

目视检测可以观察到被检部件的表面状况，如整洁程度和腐蚀情况，并决定是否要为其他表面检测进行被检表面的预处理。因此，在对材料或部件进行表面检测时，目视检测是最简单，首先被考虑采用的。目视检测可发现一些明显的表面开裂和腐蚀坑等缺陷。

当应用磁粉、渗透等表面检测方法检测时，其显示结果也要通过目视检测予以观察和确认。因此，目视检测被广泛地应用于产品的制造、安装、使用的各个阶段。

14.1.2　目视检测的特点

原理简单、易于理解，不受或少受被检产品的材质、结构、形状、位置、尺寸等因素的影响，检测结果直观、真实、可靠、重复性好，一般不需要复杂的检测器材。

目视检测只是一般的宏观表面检测，眼睛的观察和分辨能力毕竟有限，不能发现表面非常细微的缺陷；在观察过程中由于受到工件表面照度、颜色的影响会发生漏检现象。

为了提高目视检测效果，早期人们曾应用放大镜、窥膛仪等光学仪器进行目视检测。近年来随着科学技术的发展，先后出现了光纤内窥镜、视频探测镜和工业检测用闭路电视等新型的光电仪器。应用这些仪器进行目视检测，特别是在需要检测、观察材料或部件的狭窄、弯曲孔道等部位内表面质量情况时，由于它们各具特点，大大提高了表面检测的效果，已日益成为无损检测工作中进行表面检测时不可缺少的重要手段。

14.2　目视检测中的光学基础

这里只介绍与目视检测相关的一些概念。

14.2.1　光学中的基本物理量

1. 光通量

在单位时间内通过某一面积的光能，称为通过这个面积的辐射通量。各色光的频率不同，人眼对各色光的敏感度也有所不同，因此，即使各色光的辐射量相等，在视觉上产生的亮度也不同，按照产生亮度程度来估计辐射通量的物理量称为光通量，光通量的国际单位为流明(lm)。一个光源发出的总光通量与总辐射通量之比称为光源的发光效率，它表示每瓦辐射通量所产生的光通量。对于利用电能的光源，其发光效率是每瓦耗电功率所产生的流明数。表 14－1 列出了一些光源的发光效率。

表 14－1　常用光源的发光效率

光源名称	钨丝灯	卤素钨灯	荧光灯	氙灯	碳弧灯	钠光灯	高压汞灯	镝灯
发光效率(lm/W)	10～20	30	30～60	40～60	40～60	60	60～70	80

2. 发光强度

发光强度用来描述光源发光的强弱，简称发光度，单位：坎德拉(cd)。点光源向各个方向发出的光能，如果在某一方向上划出一个微小的立体角 $d\omega$(如图 14－1 所示)，则在此立体角的范围内光源发出的光通量 $d\Phi$ 与 $d\omega$ 的比值称为点光源的发光强度。即

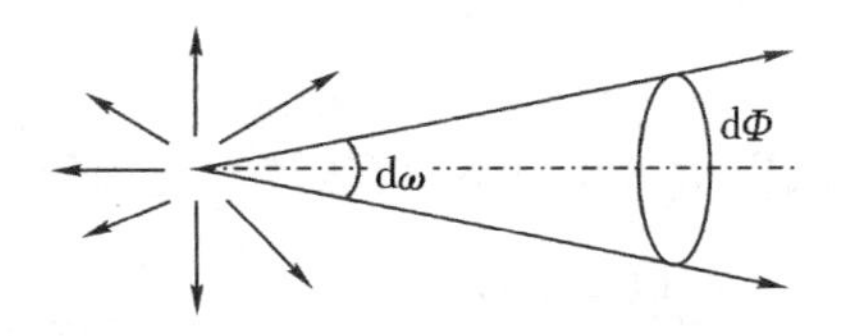

图 14－1　发光强度定义示意图

$$I=\frac{d\Phi}{d\omega} \tag{14-1}$$

式中：I 为发光强度，cd；Φ 为光通量，lm；ω 为立体角。

对于均匀发光的光源，I 为常数，此时，$I=\Phi/\omega$

3. 照度

1)照度　物体单位面积上所得到的光通量称为物体表面上的光照度，简称照

度。单位:勒克斯(lx)。1 勒克斯等于 1 m^2面积上得到 1 流明的光通量,即 1 lx=1 lm/m^2。在均匀照明的情况下,照度可用式(14-2)表示,图 14-2 为照度定义示意图。

$$E=\frac{\Phi}{S} \qquad (14-2)$$

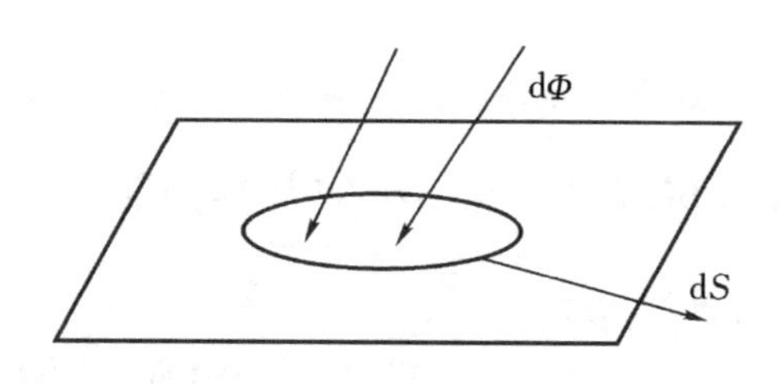

图 14-2 照度定义示意图

2)光出射度 发光体表面上微小面积范围内所发出的光通量与这一面积之比称为这一微小面积上的光出射度。若均匀发光体表面发出的光通量为 Φ,则光出射度

$$M=\frac{\Phi}{S} \qquad (14-3)$$

式中:S 为发光体的表面积,m^2;M 为发光体的光出射度,lx;Φ 为发光体发出的光通量,lm。

由式(14-2)与(14-3)可见,光出射度与光照度有相同的形式,其区别在于:光照度公式中的 Φ 是表面接收的光通量,而光出射度公式中的 Φ 是从表面发出的光通量。

3)反射率 被照明物体表面的反射或散射出入射到光源表面上的光通量称为二次光源。二次光源的光出射度与受照的光照度之比称为表面的反射率。

$$\rho=\frac{M}{E} \qquad (14-4)$$

式中:ρ 为反射率;M 为二次光源的光出射度,lx;E 为光照度,lx。

4. 照度定律

1)照度平方反比定律(照度第一定律) 若点光源的强度为 I,则以点光源为中心,r 为半径的球面上的照度为

$$E=\frac{\Phi}{S}=\frac{4\pi I}{4\pi r^2}=\frac{I}{r^2} \qquad (14-5)$$

光的平方反比定律只用于点光源,适合于光源尺寸不超过光源到物体表面距离的 1/10 的情况。

2)照度余弦定律(照度第二定律) 照度的大小还与受照面的法线与光线之间的夹角(即入射角)有关。设 O 为点光源,A、A_0 为同一立体角内的两个截面,面积很小(分别为 S、S_0),且彼此成 θ 角,如图 14-3 所示。A 截面的入射角为 θ,A、A_0 上的照度为 E、E_0,光通量为 Φ,则

$$E_0=\frac{\Phi}{S_0},\ E=\frac{\Phi}{S}$$

所以，$\frac{E}{E_0}=\frac{S}{S_0}=\cos\theta$

或，　$E=E_0\cos\theta$　　(14-6)

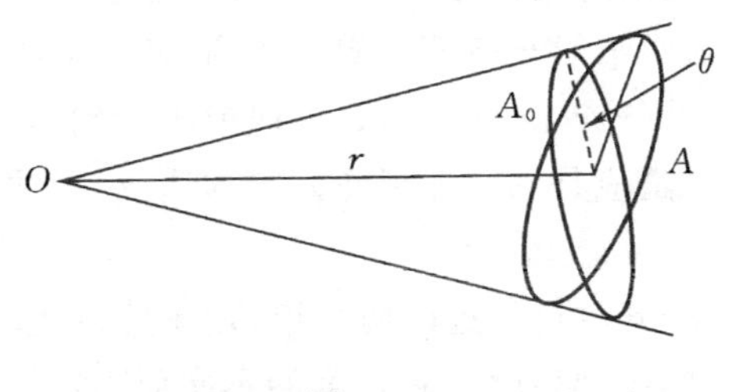

图 14-3

式(14-6)表明物体表面上的照度与光线入射角的余弦成正比。

若点光源 O 的发光强度为 I，A 截面到 O 点的距离为 r，则 A 截面的照度为

$$E=\frac{I\cos\theta}{r^2}\tag{14-7}$$

式(14-7)表示点光源在很小面积上所产生的照度与光线入射角的余弦成正比，与光源到表面的距离成反比。式(14-7)是一个点光源对物体表面照度的通用公式。当物体表面受到多个光源照射时，其照度等于各个光源所产生的照度的算术和。

5. 亮度

亮度是光源单位面积上的发光强度，单位为坎德拉/平方米(cd/m^2)。其另一种单位是“熙提”，它表示 1 cm^2 的均匀发光表面上发出的 1 cd 发光强度的亮度，即 1 熙提=1 cd/cm^2。

一般，光源在不同辐射方向上亮度的值不同。有一些光源的亮度不随辐射方向变化，这种光源称为“朗伯光源”，一般的漫反射表面，例如磨砂玻璃等漫透射面以及涂有氧化镁或硫酸钡的漫反射表面，经光源照射后，其漫透射光和漫反射光近似具有这种特性。

14.2.2　图像形成及看清物体的条件

视力是指人眼视物的能力。决定视力的主要因素是物体的大小及物体离眼睛的距离。其他还有物体的亮度、背景、对比度、颜色等。

1. 图像形成

1)眼睛的调节　眼睛能清晰地看见不同距离的物体的能力称为调节。人眼能

看清的物体的范围称为调节范围。正常人眼可从无限远到 250 mm 轻松调节。把眼睛中水晶体肌肉处于放松状态下所能看清的点称为明视远点，把眼睛中水晶体肌肉处于紧张状态下所能看清的点称为明视近点。人眼最适宜观察和阅读的距离为 250mm，这个距离称为明视距离。

2)眼睛的适应 眼睛的适应可分为暗适应与亮适应。暗适应是指从亮处到暗处，瞳孔逐渐变大使进入眼睛的光亮逐渐增加，暗适应逐渐完成。此时眼睛的敏感度提高，大约经过 50～60 分钟，达到极值。人眼能感受到的最低照度值称为绝对暗阈值，约为 10^{-9}lx。亮适应是从暗处到亮处时的适应，亮适应的过程比较短，一般只需几分钟。

3)人眼的分辨率 分开靠得很近的两个相邻点的能力称为人眼的分辨率。眼睛的分辨率随着被观察物体的亮度和对比度的不同而不同。当对比度一定时，亮度越大分辨率越高；当亮度一定时，对比度越大分辨率越高。光谱成分也会影响眼睛的分辨率，单色光的分辨率比白光好，对波长为 550 nm 的黄色光分辨率最好。

2. 看清物体的条件

人眼看清物体的条件包括视场、照度、视角。

1)视场 眼睛固定注视一点或借助光学仪器注视一点时所能看到的空间范围称为视场。看清物体的第一条件是物体的像要落在视网膜上，并且落在黄斑中央的中心凹处。

2)照度 光亮度的变化范围在 10 万倍左右，而瞳孔的调节范围是光通量可能通过面积的大约 16 倍。因此，看清物体的第二个条件是物体应该具有一定的照度。

3)视角 人眼能分辨的最小视角是 1′，因此，看清物体的第三个条件是视角不小于 1′。

14.3 目视检测的设备及器件

14.3.1 光源的种类及特点

光源有可见光光源和不可见光光源，不可见光光源如红外线、紫外线。目视检测主要是利用人眼对被检对象进行观察，因此，不可见光光源在目视检测中很少用。

可见光光源可分为自然光源与人工光源。日光是目视检测中被广泛使用的自然光源。使用时会受到地点、时间、照度要求、使用要求、使用条件的限制，往往不能充分利用自然光源。人工光源可分为温度辐射光源、气体放电光源、固体放光光源、激光光源。常用的人工光源及特点如表 14－2 所示。

表 14－2　人工光源及特点

光源		特点
温度辐射光源	钨丝白炽灯	发出的是连续光谱，显色性较好；当灯丝温度升高时，色表愈接近日光；按其灯丝的形状有点光源、线光源、面光源
	卤钨灯	有碘钨灯、溴钨灯等，与白炽灯相比，发光效率高、灯丝亮度高、寿命长、在整个寿命期可始终保持 100％的光通量；玻璃小而坚固，可使灯具和光学系统小型化。
气体放电光源	钠灯、汞灯、氙灯	发出不连续的线光谱，是光谱仪中常用的光源，统称为光谱灯
固体放光光源	半导体灯	又称为 P－N 发光灯或发光二极管，电压低、耗电少、点燃频率高、寿命长、体积小，发光效率低，常用作指示灯或显示器
激光光源	激光灯	单色性、方向性、相干性好，辐射密度高

在目视检测中，光源是重要的检测器件，必须正确合理选择光源，选择光源主要考虑：光谱能量分布特性、灯泡的寿命、使用条件。

14.3.2　反光镜、放大镜、显微镜、望远镜

表 14－3 列出了目视检测中常用的反光镜、放大镜、显微镜、望远镜的结构及特点。

表 14－3　目视检测中常用的光具

名称	构造	作用
反光镜（平面、凹面、凸面）	常用平面反光镜，通常采用透光性能好的光学玻璃并在背面镀银组成	利用光的反射原理转折光路，达到观察的目的
放大镜	最简单的放大镜是一个单片凸透镜，目视检测所用放大镜的放大倍数一般在 6 倍以下	正常眼睛的平均视野是能看清直径约 0.25 mm 的圆或宽度为 0.025 mm 的线；放大镜的作用是克服人眼的极限条件，使眼睛能够看清细节

续表 14-3

名称	构造	作用
显微镜	结构比较复杂,常由 4 个以上的透镜组合而成	可观察工件的组织结构;目视检测是一种宏观检测,目视检测中常用放大倍数低的显微镜
望远镜	最简单的望远镜由物镜和目镜组成	观察远距离物体,目视检测中的常用工具

14.3.3 管道镜

管道镜又称潜望镜,它是利用光的反射原理,改变光的行进方向,便于观察弯管道眼睛不能直接观察到的部位。如图 14-4 所示为最简单的管道镜。

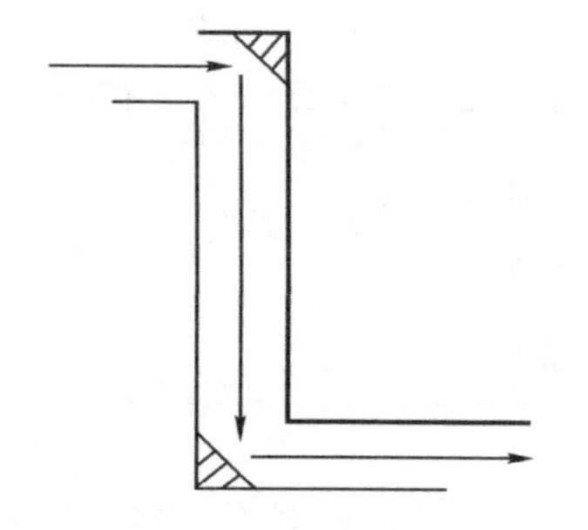

图 14-4 管道镜原理简图

14.3.4 工业内窥镜

工业内窥镜是利用光纤等作为光源,使用刚性或柔性的内视镜和摄影器材等设备,对零部件局部表面进行检测的技术。使用工业内窥镜对产品内部进行远距离目视检查是作为有效保证产品质量的无损检测手段之一,目前已广泛应用于航空、航天、能源、电力、兵器工业、汽车制造、建筑等领域。工业内窥镜是对产品内部远距离检查和人眼延伸的工具。在产品质量检查过程中,当有人眼无法观察到的缺陷时,可通过内窥镜的插入,实现对缺陷的观察和判断。工业内窥镜一般和光源组合起来使用,组成一个完整的系统。

1. 工业内窥镜的分类

工业内窥镜一般分为三大类:直杆内窥镜、光纤内窥镜、视频内窥镜。

(1)刚性直杆内窥镜

①刚性直杆内窥镜的结构及原理。利用一组自聚焦棒型透镜来传送图像,利用光导纤维来实现光的传送,在自聚焦棒型透镜的两端增加一个物镜和一个目镜、从而形成了一个直杆内窥镜。可通过目镜直接观察,外层为不锈钢管。根据使用要求的不同有不同的类型。图 14-5 为直杆内窥镜结构简图。

刚性内窥镜系统一般都是由照明装置(光源)和内窥镜(刚性杆)构成,另外还

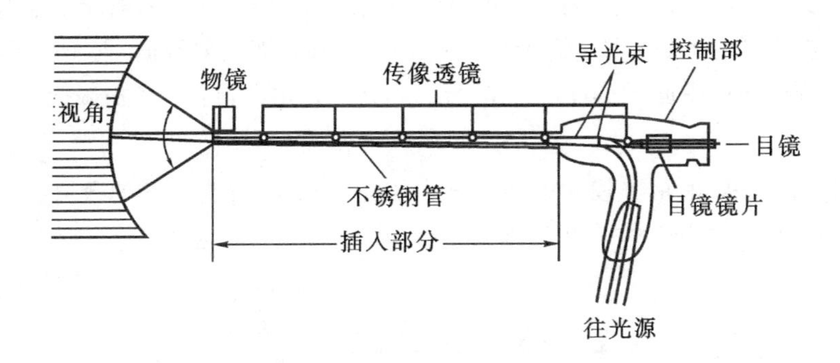

图 14-5　刚性直杆内窥镜结构简图

可以配置测量器具、内窥镜接口、显示器及记录装置(照相机、视频摄像装置等)。刚性内窥镜所用光源与柔性内窥镜相同。

②直杆内窥镜的主要检查范围。直杆内窥镜用于检测工件表面与观察者之间有直通道的场合。直接对正插入深度较浅的观察位置,例如狭窄直径的孔洞及笔直的管道内部,不需要拐弯的铸模件小孔,液压装置及喷嘴内部,飞机发动机叶片,枪管、炮管等,可以在目镜上直接观察,也可以在目镜上接上摄像头,在监视器上显示图像。

③直杆内窥镜的特点。成像图像清晰,在目镜上可获得高质量的图像,机械式手动对焦,侧视镜头可 360°旋转;但长度有限,不能弯曲。

④直杆内窥镜分类。根据使用要求不同,直杆内窥镜可分为不同的类型。如一般直杆内窥镜,直径 4.1～16.1 mm,长度 96～188 mm。细直杆硬性镜,直径 0.9～2.7 mm,长度 330～440 mm。视野角度可变直杆内窥镜(45°～115°),直径 6～8 mm,长度 21～1440 mm。另外还有高放大率刚性内窥镜,可延伸刚性内窥镜等。

(2)光纤内窥镜

1)光导纤维传光传像原理

①光导纤维。普通玻璃抗弯强度非常低,但玻璃纤维能够弯曲而不折断。光学玻璃比普通玻璃具有好得多的传光性质,因此,用光学玻璃制成的细纤维(光导纤维,简称光纤)能沿弯曲路径很好地传送光线及图像信息。光导纤维具有可弯曲性好、集光能力强等优点。光导纤维多数是圆柱形的,由具有较高折射率 n_1 的芯体和有较低折射率 n_2 的涂层组成。

②光纤传光原理。如图 14-6 所示,光纤传光是通过光的全反射来实现的。光线以 θ 角入射到光纤的入射端面上,经折射以 θ_1 角进入光纤后到达芯体与涂层间的光滑界面上,当入射光线满足全反射条件时,便会在界面上发生光纤内的全反射。全

反射光线又以同样的角度，在相对界面上发生第二次、第三次、…、若干次全反射，也就是光线在光纤内形成导波，直到从光纤的另一端面(即出射端面)射出。要是光线在包含光纤轴线的平面(子午面)内作全反射，其入射角必须有一个极限值 θ_M，有

$$\sin\theta_M = (n_1^2 - n_2^2)^{\frac{1}{2}} \tag{14-8}$$

只有当 $\theta<\theta_M$ 时的光线才能在光纤中传播。$\sin\theta_M$ 称为光纤的数值孔径，它反映了光纤的集光本领。数值孔径越大，光纤集光本领也就越强。

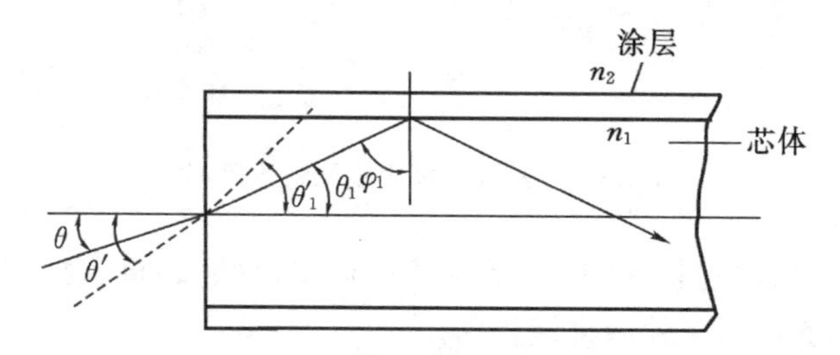

图 14-6　光纤传光原理示意图

光纤弯曲时，光线在内部的入射角将发生变化，此时通过光纤轴线的平面也只有一个，一部分光线将在弯曲部分溢出，从而引起传输损失。一般地，由于芯体直径很小(几微米至数百微米)，当弯曲的曲率半径相对于光纤直径来说很大时，弯曲引起的损耗可以忽略。此外，入射到光纤端面的光线除了处于通过光纤轴线的平面者外，还有许多斜光线，它们的逸出也会引起一定的传输损失。

③光导纤维传像的原理。将许多单根的光纤细丝整齐地排列成光纤束，使它们在入射端面和出射端面中一一对应，则每根光纤的端面都可看成一个取像单元。这样，经过光纤束就可以把图像从入射端面传送到出射端面，如图 14-7 所示。

2)光纤内窥镜的结构和原理

光纤内窥镜系统的基本配置为光纤内窥镜和光源。典型的光纤内窥镜由物镜先端部、弯曲部、柔软部、操作部和目镜组成。导光束、导像束以及用于操作头部角度的钢丝等均装在镜筒中，如图 14-8 所示。先端部、弯曲部和柔软部又合称为插入部，即在检测时，这一部分可根据需要插入设备内部；操作部主要是指调校前端探头角度的控制装置。光纤内窥镜包括插入部、操作部、目镜部。

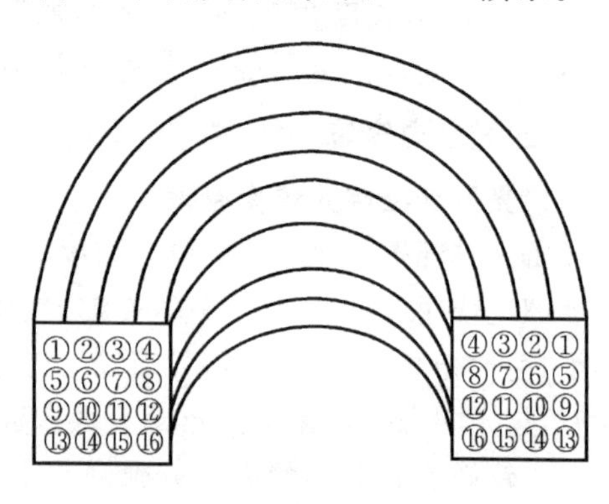

图 14-7　光纤传像原理示意图

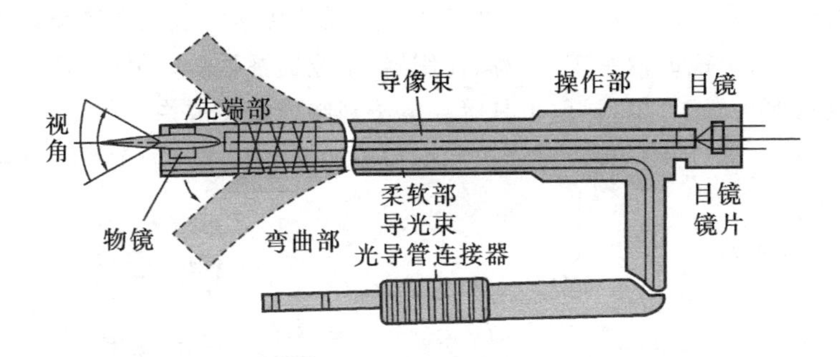

图 14-8　光纤内窥镜结构示意图

通过高品质的光导纤维束(导像束)来传送图像,使用另外一组光导纤维束(导光束)来实现光源的传送,在光导纤维束的两端增加一个物镜和一个目镜及控制部分,从而形成了一个光纤内窥镜。可通过目镜直接观察,内窥镜外层采用金属编织钨套管进行保护。

内窥镜所用外部光源有冷光源、氙光源和黑光灯等几种。

3)光纤内窥镜的主要检查范围

光纤内窥镜是一种管状光学仪器,用于检测管件内表面或其他肉眼难以检查到的工件内腔表面。

4)光纤内窥镜的特点

采用高密度光导纤维束,提供清晰明亮,高析像力的纤维图像,采用逐渐变软的 TF 管以便于插入管道中打弯,增强了内窥镜的可视性,前端部分可四方向弯曲120°组合起来可实现 360°观察,可换不同视野/向的探头,探头防水、防油。但光纤传像束的结构特征也给光纤内窥镜带来了一些不足。光纤内窥镜图像传输束中每一根光纤都为目镜传送一部分检测图像,但每根光纤均为独立的传输单元,各根光纤之间存在的很小空间成为图像传送的空档,使得传送到目镜上的图像中形成一个个“蜂房”或网格(称为“像素”),使得图像模糊不清。同时,光纤内窥镜光线束中某些光纤可能会在使用弯折过程中折断,使得目镜图像中出现灰点,从而降低分辨力。

其基本配置有光纤内窥镜、光源;可以选配内窥镜同 CCD 摄像头的接口、CCD 摄像头、工业监视器、抓取工具等。光纤内窥镜可分为:超细光纤镜,直径 0.64 mm,长 490～990 mm;普通光纤镜,直径 2.4～13 mm,长 600～6000 mm。

(3)视频内窥镜

视频内窥镜是把微小的 CCD 摄像头直接置于物镜后端,通过 CCD 把光信号转换为电信号,用电缆来将信号传送给控制器,最终把图像显示在屏幕上,或输出给录像设备或计算机。利用光导纤维来实现光线的传送。视频内窥镜系统的基本配置主要包括内窥镜成像系统、光源、控制器、工业监视器等。另外,还可以选配测量系统、测量探头、计算机、抓取工具等。电子视频内窥镜成像系统由先端部、弯曲部、柔软部、控制部以及视频内窥镜控制组和监视器等组成。如图 14－9 所示。

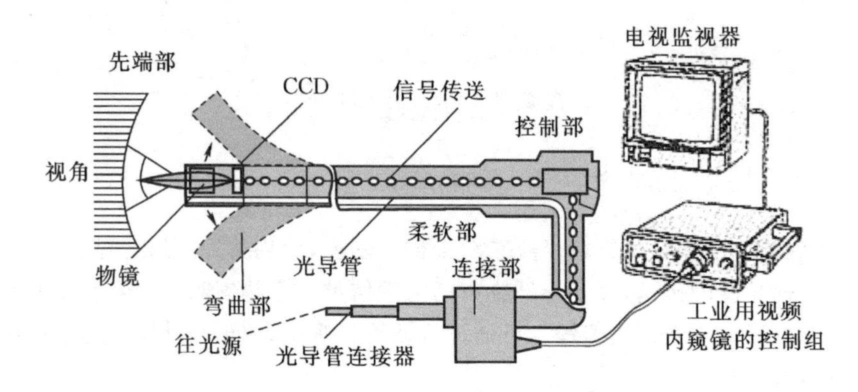

图 14－9 视频内窥镜成像系统示意图

内窥镜外层采用金属钨编织网,且采用 TF 管(逐渐变软管)方便插入管道中,可对图像进行三维测量,含有便携箱和充电系统,可不用交流电源在野外工作,可配抓取工具对管道中的多余物进行抓取。因此,视频内窥镜目前已是配置最全、功能最多、使用最方便、图像清晰度最高的内窥镜。但是内窥镜直径无法小于5 mm,对于孔径小于 5 mm 的小孔无法观察。

视频内窥镜主要用于对管道内表面、汽车发动机缸体内表面、喷油嘴、飞机发动机叶片、发动机油路管、燃烧室、电厂热交换管、冷凝管、管壁内部的焊缝/点检查,国防安检及人眼不易抵达地方的检查。

视频内窥镜具有便携性好、清晰度高、色彩真实等特点,可对缺陷进行三维测量,内含计算机,可对图像进行存储,可同计算机相连接,是目前最流行的一款内窥镜。内窥镜防水/油,可存储 JPG 格式的数字图像及声音注释,探头可自动对焦,可自动调节光源亮度。

与光纤内窥镜相比,视频内窥镜具有如下优点。

①分辨率高。某些视频内窥镜在每 3 mm^2 内有 31680 个像素,图像清晰、轮廓鲜明。在典型的检测距离(30 mm 以下),比传统的光纤成像分辨率可以提高一倍。

②景深大。比典型的光纤镜具有更长的固定场深,即景深更大。这样在检测时,可以节省移动探头及再次对焦时间,检测效率更高。

③使用寿命长。电子视频内窥镜采用电导线传输检测区域的图像信息,电导

线不像光纤那样易于折断，克服了光纤镜图像中的“蜂房”影像和灰点现象，可以保持图像信号稳定，工作寿命更长。

④可做真实的彩色检查。电子视频内窥镜成像系统可以对检测区域表面实现准确的彩色再现，获得准确的彩色图像。这在腐蚀、焊接区域烧穿等检测中具有重要意义。

⑤检测结果便于存储和管理。直接视频成像，检测图像可以直接存储，实现综合记录保存。

2. 内窥镜的使用要求

内窥镜使用过程中要避免周围强磁场以及剧烈的电压波动；环境稳定、湿度满足设备使用要求；检测不要在强烈光线直射下进行。

内径均匀的管路，探头直径不大于最小内径的 4/5；弯曲、内径不均匀的管路，探头直径不大于最小内径的 2/3；进入管内长度较长时，选用较细的探头；产品的弯曲半径变形应大于探头的最小弯曲半径。

14.3.5　照度计

照度计用于测量工作场所的光度，对点、线、面光源、漫射光源、不同颜色的可见光均能测量。照度计一般由探头、主机两部分组成，如图 14－10 所示。图中 C 为余弦校正器，F 为 $V(\lambda)$ 滤光片，当光辐射探测器 D 接收通过 C 和 F 的光辐射时，所产生的光信号首先经过 I/V 变换，然后经过运算放大器 A 放大，最后在显示器上显示出相应的光照度。

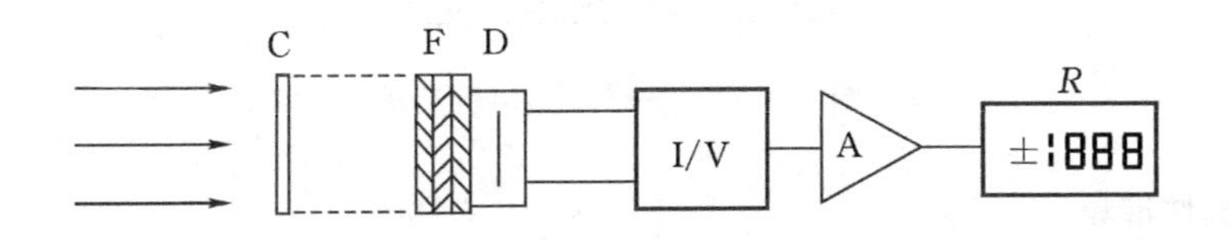

图 14－10　照度计原理示意图

在目视检测中，除了上述设备外，还需要使用记录设备、测量工具等。

14.4　目视检测操作

14.4.1　试件准备

1. 目视检测的必要条件

1)光源　光源是目视检测中的必要条件之一。光源可以是自然光源也可以是人工光源。一般检测时光照强度至少要 160 lx，检测一些小的异常区时，光照强度至少要 540 lx。

2)目视检测的分辨率 人眼是目视检测的主要工具，影响目视的因素有被测物体上的光学波长或颜色、光强、被检物体所处现场的背景颜色等。

正常眼睛在平均视野下能看清的物体：直径大于 0.25 mm 的圆盘、宽度大于 0.025 mm 的线条。正常眼睛不能聚焦的距离小于 150 mm。

目视检测必须达到的分辨率：在距离不大于 600 mm、与被测表面夹角大于 30°、自然光或人工光源条件下，能在 18%中性灰度卡上分辨出宽度为 0.8 mm 的黑线。图 14－11 是分辨率测定示意图。

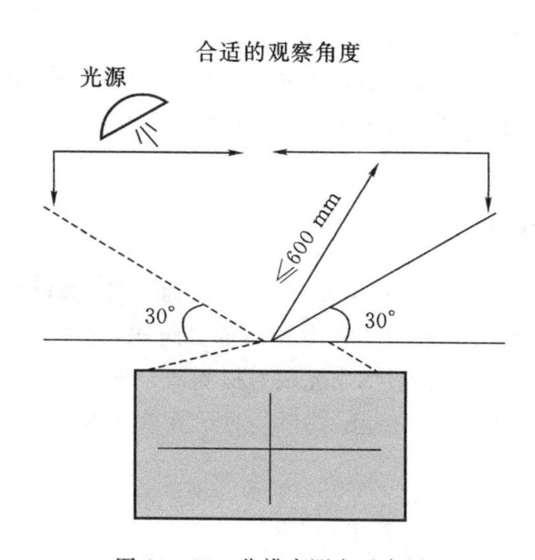

图 14－11 分辨率测定示意图

2. 试件准备

1)试件确认 试件确认的目的是防止误检或漏检，确认的内容包括：试件的批号、数量、编号或标识等等。

2)表面清理 目视检测是基于缺陷与本底表面具有一定的色泽差或亮度差而实现检测的，清理试件表面的目的是使检测时的观察结果全面、客观、真实。污物的清除方法有机械方法：抛光、干(湿)吹砂、铜丝刷、砂皮砂等；化学方法：碱洗和酸洗；溶剂去除法：溶剂液体清洗、溶剂蒸汽除油等。

14.4.2　目视检测方法

1. 直接目视检测

用人眼或使用放大倍数小于 6 的放大镜，对试件进行检测。在距离不大于 600 mm、与被测表面夹角大于 30°、自然光或人工光源条件下检测。直接目视检测应能保证在与检测环境相同的条件下，清晰分辨出 18%中性灰度卡上一定宽度(例如 0.8 mm)的黑线。

2. 间接目视检测

无法直接进行观察的区域，借助于各种光学仪器进行间接观察。间接目视检测必须具有直接目视检测相当的分辨能力。

3. 图像记录

目视检测记录有纸质记录、照相记录、录像记录、覆膜记录。照片记录清晰、直观、真实、成本低；录像记录清晰、直观、真实，要求使用摄像机有较高的专业技能；覆膜记录是用特种橡皮泥、胶状树脂等对缺陷进行印模，适用于记录表面不规则缺陷，对操作者有较高的要求。

14.5　内窥镜检测技术

14.5.1　内窥镜的选择

内窥镜的种类很多，不同的内窥镜适用范围也不一样。在选择内窥镜时除要考虑内窥镜的类型外，还要考虑探头直径、长度、可视方向、焦距等技术指标；同时要考虑防水、防油、耐腐蚀、耐磨的性能。

直杆镜使用方便、成像效果好，多用于不需要弯曲、检测范围在 500 mm 以内的产品，适用于直孔的检测。视频内窥镜功能多、可靠性高、适用于各种内部复杂的产品或需要进行定量检测、对比分析的场合，但由于受探头上的 CCD 芯片尺寸的限制，不适合检测内径小于 5 mm 的产品。光纤内窥镜多用于内径小于 5 mm，视频内窥镜无法检测的产品。

14.5.2　影响内窥镜检测的主要因素

1. 照明条件

多数内窥镜自带光源进行照明，光源安装在主机内，由灯泡产生光强、光纤传送到内窥镜探头的端部。由于受探头直径、光纤数量的影响，一般只有 1%～5%

的光线到达探头端口提供内窥镜检测的照明。因此，要求光源提供足够大的照明功率，照明光线与日光类似，以真实反映物体表面的颜色。

内窥镜照明应注意的问题包括：最佳光线方向、避免强光反射、光源的色温、使用与表面反射性质相适应的照明条件。

2. 探头位置与角度

探头与观察区域的距离影响清晰度、分辨率、图像放大倍数。通常离检测区域5～25 mm范围内观察图像的效果最好，探头与观察物体平面在45°～90°范围内可以达到较好的观察效果。

3. 通道

内窥镜探头由外部进入产品内部到达检测区域的通道应尽量靠近需检测位置，选择进入长度最短的通道；尽量减少探头需要弯曲的次数和程度；优先选择由上到下、由高到低的通道；优先选择宽阔的通道；采用边观察边通过的方法在通道中行进；保证探头在产品通道中的正确方向。

4. 图像的畸变

指通过透镜观察物体产生变形的现象。直杆镜、光纤镜观察时图像畸变较大，视频内窥镜可通过计算机进行校正。

5. 分辨率、放大倍数、可检测最小缺陷

分辨率是指通过内窥镜能清晰观察到最小物体尺寸的能力。影响内窥镜分辨率的因素包括：设备因素，探头直径、内窥镜系统分辨率、显示器最小点数；产品因素，表面形状、缺陷类型等。

放大倍数取决于探头上透镜放大倍数和探头与观察点的距离。内窥镜的分辨率、放大倍数共同作用决定可检测的最小缺陷。

6. 物体表面反射率

内窥镜的照明是为了获得物体表面足够的反射光线，吸光或发暗的表面需要较高的照明，粗糙度低的表面对光线有很强的反射能力，容易产生很强的眩光而影响对物体表面的观察，需要改变光的强度与探头的角度减小反射的影响。

14.5.3 内窥镜的使用及检测范围

内窥镜检测的程序包括：①了解被检测工件内部特点、检测内容、位置；②选择合适的探头；③检测前使眼睛适应检测环境及光线；④探头移动速度不大于10 mm/s；⑤对采集的图像进行处理分析。

内窥镜适用于检测管路、容器、孔洞及深孔制件、焊缝、内表面粗糙度等。

第 15 章　其他无损检测新技术

15.1　光纤无损检测技术

15.1.1　概述

光纤技术在 20 世纪 70 年代末兴起，目前，在全世界范围内形成了新的研究热门。光纤是一种绝缘体无缘介质，因此对被检测对象不会产生影响，其材料本身具有体积小、重量轻、耐高温高压、可塑性强等诸多优点，并且不会受到电磁场的干扰，其灵敏度和分辨率比传统传感器高几个数量级。光纤传感检测技术是伴随着光导纤维及光纤通信技术的发展而迅速发展起来的一种以光为载体、光纤为媒质，感知和传输外界信号(被测量)的新型检测技术。外界信号按照其变化规律使光纤中传输的光波的物理特征参量，如强度(功率)、波长、频率、相位和偏振态等发生变化，光纤将受外界信号调制的光波传输到光探测器进行检测，将外界信号从光波中提取出来并按需要进行数据处理。

根据被外界信号调制的光波的物理特征参量的变化情况，可将光波的调制分为光强度调制、光频率调制、光波长调制、光相位调制和偏振调制等五种类型。

现阶段在工程领域内开始付诸应用的分布式光纤传感主要有以下三类：

①基于瑞利(Rayleigh)散射原理的强度型分布式光纤传感；

②基于布拉格(Bragg)光栅理论的波长调制型准分布式布拉格光纤光栅(FBG)传感；

③基于拉曼(Raman)散射原理的强度型分布式光纤温度传感系统(DTS)。

相较于传统的常规传感器，分布式传感光纤具有显著的优势，能对沿光纤连续分布的环境信息和物理参量进行传感并加以定位，从而实现大范围的连续监测。不论何时何处，一旦出现脱空、裂缝等损坏并与光纤相交，即可被感知，并测定损伤程度和位置，排除经验判断的主观任意性影响。可防止漏测漏报，为预防重大安全事故提供有价值的关键信息，这是其他点式或多点式传感器无法实现的。由于传感光纤的耐久性，除施工期和竣工期起到检测功能外，运营期仍可继续监测结构损伤，评价和诊断结构健康状况并做出相应的维护决策。

15.1.2 光纤传感检测的基本原理和特点

1978年加拿大奥塔瓦通信中心的 Hin 及其他科研人员首次发现掺锗石英光纤紫外光敏特性——光诱导产生 Bragg 光栅效应。光纤光栅的基本光学特性就是以共振波长为中心的窄带光学滤波器。1989年 G. Meltz 发展了紫外光侧面写入光敏光栅技术，使光纤光栅的制作技术实现了突破性进展。近些年来，光栅写入的关键技术获得了重要的突破，使生产出性能优良的光纤光栅成为现实。

光纤光栅结构通过改变光纤芯区的折射率，产生小周期性调制而成。调制是指沿光纤轴线均匀分布的折射率产生大小发生的变化。光纤由芯层和包层组成，其内部材料是石英。通过对芯层掺杂(通常是掺锗)，使芯层折射率比包层折射率大，从而形成波导，光就可以在芯层中传播。当芯层折射率受周期性调制，即成为光纤光栅。光纤光栅会对入射的宽带光进行选择性反射，反射一个中心波长与芯层折射率调制相位相匹配的窄带光(带宽通常约为 0.1～0.5 nm)。这样，光纤光栅就起到了光波选择反射镜的作用。对于这类调谐波长反射现象的解释，首先是由威廉·布拉格爵士给出的，因而这种光纤光栅被称为光纤布拉格光栅，反射条件就称为布拉格条件。只有满足布拉格条件的光波才能被光纤光栅反射。所谓相位相匹配是指布拉格波长决定于折射率调制的空间周期 Λ 和调制的幅度大小，用数学公式表示如下

$$\lambda_{\mathrm{Bragg}} = 2n_{\mathrm{eff}}\Lambda \tag{15-1}$$

式中：λ_{Bragg}为光栅的布拉格波长；n_{eff}为光栅的有效折射率(折射率调制幅度大小的平均效应)；Λ 为光栅条纹周期(折射率调制的空间周期)。以上为折射率调制周期均匀的情况，如果芯层折射率调制周期不均匀，特别是调制周期沿光纤轴线线性变化，则反射光为宽带光，这种光纤光栅称之为啁啾光纤光栅。

对式(15-1)取微分得

$$\Delta\lambda_{\mathrm{Bragg}} = 2n_{\mathrm{eff}}\Delta\Lambda + 2\Delta n_{\mathrm{eff}}\Lambda \tag{15-2}$$

从式(15-2)可以看出，当 n_{eff}或 Λ 改变时，中心反射波长会相应地发生改变。光纤光栅传感的基本原理是(参见图 15-1)：当光栅周围的温度、应变、应力或其他待测物理量发生变化时，光栅周期 Λ 或纤芯折射率 n_{eff}将发生变化，从而使光纤光栅的中心波长产生位移 $\Delta\lambda_{\mathrm{Bragg}}$。通过检测光栅波长的位移情况，即可获得待测物理量的变化情况。

与传统无损检测技术相比，光纤传感检测具有如下优点。

①不受电磁干扰。由于在空间传输的电磁辐射的频率远低于光波的频率，因此在光纤中传输的光信号不会受到电磁辐射的干扰，能够在高压、强电磁场等恶劣环境中正常使用；而电子式传感器从信号的采集、传输和数据采集等各个环节都容

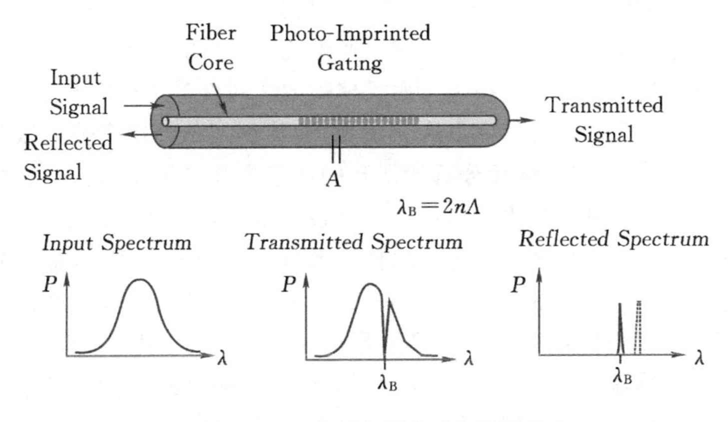

图 15-1　光纤光栅传感检测原理

易受到电磁辐射的困扰，影响测量的稳定性和准确性。

②绝缘性好、本质安全，适用于各种易燃易爆场合。

③体积小，重量轻，带有涂敷层的普通光纤的外径仅为 0.25 mm，这一微小尺寸使光纤能够用于空间受限制的工作环境，也便于埋入各种复合材料中。

④传输损耗小。单模光纤的损耗仅为 0.2 dB/km，可用于远距离遥测计量。

⑤容量大。光纤具有极大的传输容量，并且随着光纤通讯的发展而不断提高。在传感领域，单根光纤可实现多测点、多参量的分布式或准分布式测量，并且能够很容易地实现传感器的组网、复用。

⑥灵敏度高。大部分光纤传感器都具有较高的灵敏度，尤其是基于干涉原理的光纤传感器。

⑦耐腐蚀性。制作光纤的材料石英具有极高的化学稳定性，因此光纤传感器适宜于在较恶劣环境中使用。

⑧测量范围广。可测量温度、压强、应变、应力、流量、流速、电流、电压、液位、液体浓度.成分等。

15.1.3　光纤无损检测方法的应用

正是由于光纤检测技术具有这么多优点，最近十几年来，光纤传感检测系统在大型土木工程结构、航空航天、高压电力设备、风力发电，以及能源化工等领域得到了广泛的应用。波长解调技术的深入研究和不断进步，已经扩大了光纤光栅传感检测的应用范围，并为智能传感创造了新的机遇。智能结构监测、智能油井和管道、智能土木工程建筑、智能航空航海传感以及智能飞机机翼、智能发电机叶片等都需要高质量、低成本、稳定性好和传感特性精密的光学传感器，光纤光栅传感器阵列由于其波长编码、可同时测量多个物理量(温度、应力、压力等)以及一路光纤上应用波分复用技术等优点在上述领域已经得到了广泛的关注。

①旋转叶片应力应变检测技术。武汉理工大学的李正光利用光纤光栅传感器测量得到了叶片在实际运转情况下应力大小、裂纹扩展下的应力分布以及疲劳寿命,如图 15-2 所示。将有限元分析所得到的结果和光栅测试实验的数据对比分析,二者结果一致,尤其在应力大小和应力分布方面表现得更为吻合。从而确定了叶片高速旋转时容易产生裂纹的危险部位以及叶片的疲劳寿命,验证了光栅测量方法的可行性和逆向建模的可靠性,并为以后的叶片优化设计和在线监测提供了理论依据。美国亚特兰大的 Turner 研究员在风力发电机叶片上安装了 FBG 应力和温度嵌入式传感器,实现了叶片健康检测的现场数据分布式采集,为制造企业提供了智能远程设备维护服务,如图 15-3 所示。

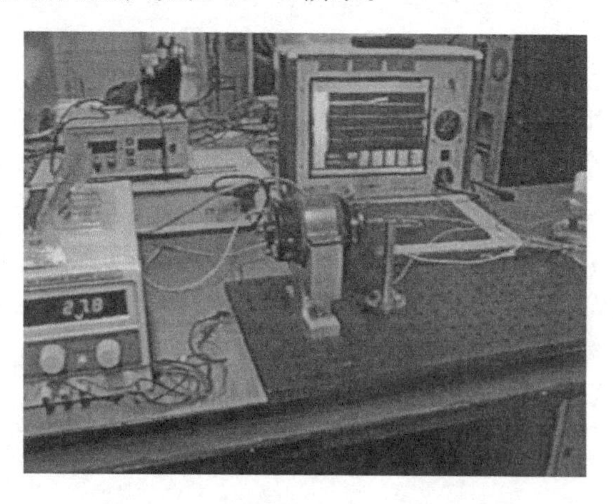

图 15-2 光纤光栅叶片应力测量平台

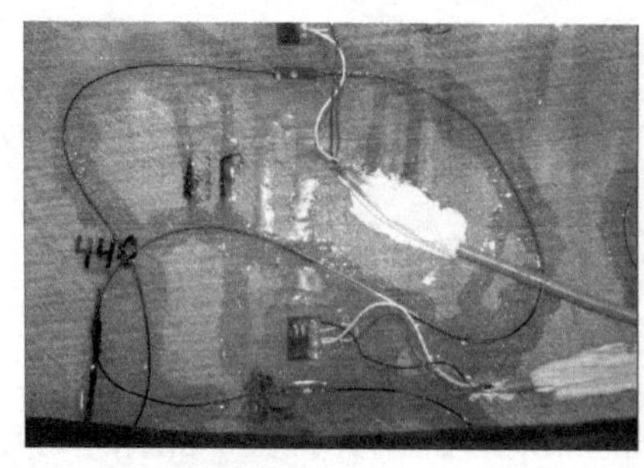

图 15-3 采用 FBG 应力和温度传感器的风力发电机叶片健康检测平台

②工程结构的健康检测。1998 年，欧盟几个发达国家联合成立了一个“混凝土结构性能评估集成监测系统”(Smart Project)项目。根据该项目的研究成果，光纤健康监测可使系统的运行费用降低 10%～20%，而且其模型对未来新建项目具有启发意义，可使整个试用期总费用额外节省约 10%。如果光纤传感器在土木工程中成功应用，不仅会节省很多监测费用，产生巨大的经济效益；同时也会进一步提高大型桥梁、水坝等基础设施的健康监测水平，更加可靠地保证人民群众的生命安全，有着巨大的社会效益。Seim 等人在美国俄勒岗州的 Hosetail Falls 大桥上利用 FBG 进行监测。该桥已老化，需补强大梁，为确定用纤维强化材料对大桥进行维修和补强的可行性，以及复合材料长期的工作性能，Seim 等人将 28 个 FBG 传感器安装在梁上，监测应变状况。瑞士的 Nellen 等人将 24 个 FBG 传感器埋入到碳纤维强化聚合物绞索中，用以测量一座桥梁预应力索的应变、温度变化状况以及在预应力锚固端应变随时间、位置按某种函数关系变化的衰减，包括：在绞索锚固端安装的过程中，监测环氧树脂的凝固程度；在桥吊装过程中监测各部分应变和碳纤维强化聚合物预应力索的应变；在桥建成以后对其进行长期的监测，按一定的时间周期采集数据，以了解长期服役状况。

③高压变电柜的故障检测。全封闭开关柜测温一直是电力设备运行检查中的难点问题，分布式光纤测温技术不仅能够测试开关柜内环境温度，同时还能监测设备某敏感点温度。选取开关柜内需要测温的敏感点，选取容易发热的闸刀刀口接触处、引流排接头、出线电缆接头等部位，设置了 4 处 3 相共 12 个监测点，这些敏感点的选择充分满足了重要开关柜内的温度监测需求，最终建立了实时温度监测系统，见图 15-4。检测系统建成投运以来，运行状况良好，监测数据实时准确，便

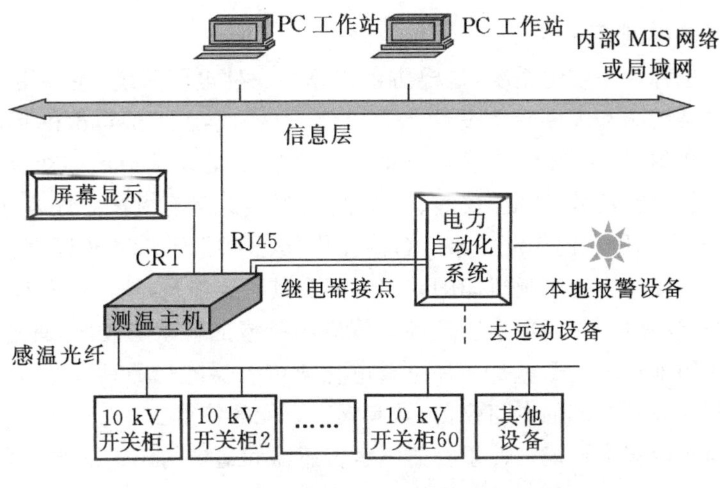

图 15-4　分布式光纤实时测温系统结构图

于及时发现电气接头温度异常状况，有效解决了封闭开关柜内不能测温的难题，提高了设备运行的可靠性，减少了停电检修的盲目性，提升城市供电网供电可用系数，为电力安全生产和“迎峰度夏”期间的可靠运行提供了有力保证。

15.2 电子鼻和电子舌无损检测技术

15.2.1 概述

20 世纪 60 年代，国际上兴起一门新的综合性学科——仿生学，它建立在生物学、电子学、生物物理学、控制论、人机学、数学、心理学以及自动化技术基础上，利用电子学、机械技术研究生物结构，对能量转换和信息流动的过程进行模拟，从而达到改善和创造崭新的自动控制装置的目标。

仿生传感器通过研究和利用生命有机体的分子和结构来设计和改进传感器工艺，使传感器具有生物的独特性能。仿生传感器研究的目标是开发人体感觉器官的替代品，其特点是能够模拟某些生物体功能，像人体感觉器官那样工作，发出信息、产生响应。仿生传感器的研究领域遍及生物医学中人体感受器官的诊断和修复，智能机器人、食品、环境、大气污染的检测，军事安全、化学和生物武器以及反恐等领域。未来人们可研制出许多仿生传感器，例如，用于人体感受器官损伤的修复和替代的具有仿生功能的人工眼、人工耳、人工鼻、人工舌以及人工皮肤；用于现场对食品和环境质量进行快速检测和鉴别的电子鼻和电子舌。

15.2.2 电子鼻和电子舌检测系统

1. 电子鼻检测系统

电子鼻也称人工嗅觉系统，是模仿生物鼻的一种电子系统，主要用来分析、识别和检测复杂嗅味和大多数挥发性化学成分。英国学者 Persuad 和 Dodd(1982)用 3 个商品化的 SnO_2 气体传感器模拟哺乳动物嗅觉系统中的多个嗅感受器细胞，对戊基醋酸酯、乙醇、乙醚、戊酸、柠檬油、异茉莉酮等有机挥发气体进行类别分析，开启了电子鼻研究的先河。第一台商业化“电子鼻”于 1994 年诞生。电子鼻技术是探索如何模仿生物嗅觉机能的一门学问。其研究涉及材料、精密制造工艺、多传感器融合、计算机、应用数学以及各具体应用领域的科学与技术，具有重要的理论意义和应用前景。电子鼻是一种包含电化学传感器阵列的具有部分专一性，以及恰当的模式识别系统的专门仪器，具有人工智能的特点。

电子鼻是由多个性能彼此重叠的气敏传感器和适当的模式分类方法组成的具有识别单一和复杂气味能力的装置。它的工作过程可简单地归纳为：传感器阵列

→预处理电路→神经网络和各种算法→计算机识别。电子鼻一般由气敏传感器阵列、信号预处理单元和模式识别单元等三大部分组成，如图 15-5 所示。

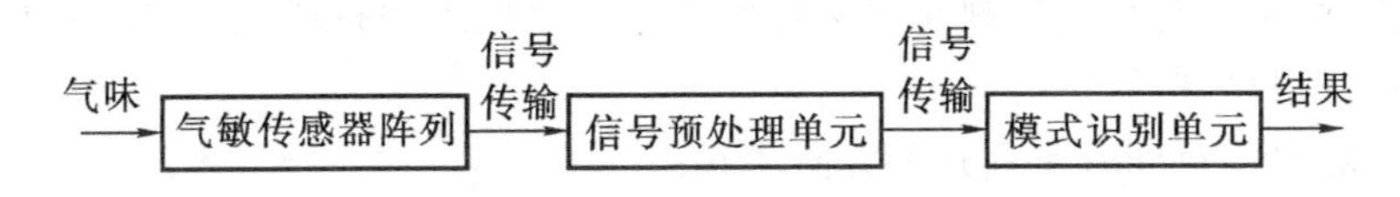

图 15-5　电子鼻组成示意图

2. 电子舌检测系统

电子舌是一种利用多传感阵列感测液体样品的特征响应信号，通过信号模式识别处理及专家系统学习识别，对样品进行定性或定量分析的一类新型分析测试设备。

电子舌技术是 20 世纪 80 年代中期发展起来的一种分析、识别液体"味道"的新型检测手段。作为一种模仿人类味觉功能的仿生系统，它主要由传感器阵列、信号的调理和采集、模式识别系统三部分组成。传感器阵列是一种利用低选择性、非特异性，交互敏感的多传感器组成的阵列，相当于生物系统中的舌头，可以用来感测液体样品的整体特征响应信号；信号调理电路和数据采集系统对味觉传感器产生的微弱信号进行放大、采样、传输，最后传送到计算机；模式识别系统采用电脑实现了生物系统中的大脑功能，采用信号模式识别处理或合适的多元统计分析方法，对样品进行定性定量分析，辨识不同性质物质的整体特征。

电子舌与电子鼻最大的区别在于前者测试对象为液体，后者为气体。电子舌作为一种现代化分析仪器，具有以下主要特点：①检测探头由多通道传感器阵列构成；②测试对象为液体化样品；③采集的信号为溶液特性的总体响应强度信号，而非有关某个特定组分浓度的响应信号；④从传感器阵列采集的原始信号，通过数学方法处理，能够区分不同被测对象的整体属性差异；⑤所描述的特征与生物系统的味感觉不是同一概念。

15.2.3　电子鼻和电子舌的发展方向

1. 电子鼻的发展方向

气体传感器与非化学传感器（比如热传感器）相比似乎还存在不少的问题。例如：①金属氧化物、聚合物化学电阻和声表面器件对环境温度和湿度的变化都很敏感，这意味着它们对测试条件要求苛刻，必须严加控制，或者加以监测并进行参数补偿；②传感器稳定性差，因而易于中毒；③阵列的校正和训练数据无法通用。然而，可以从人的嗅觉系统得到启发：嗅觉感受器细胞靠人体保持其温度基本稳定，靠黏液维持必要的湿度，而且生存期仅22天左右，单个细胞的选择性能和嗅感性能均不高，即使这样，人的嗅觉系统的整体功能却获得了令人惊叹的、高水平的选择性和灵敏度。因此，改善现在所采用的信号处理技术和材料技术有可能使现有的电子鼻获得可观的改进。

电子鼻研究可朝着下列几个方向展开：

①研究能对微量、痕量气体分子瞬时敏感的，且不受环境影响或能对环境变化进行自适应补偿的传感器阵列装置；

②研究能对得到的信号进行处理的高精度、高稳健性数据处理器，将有用信号与噪声有效分离；

③研究能将测量数据映射为与人的感官感受相一致的感官评定指标的模式识别方法。

随着传感器技术的快速发展和人们对嗅觉形成过程探索的不断深入，电子鼻的功能必将日益增强。电子鼻除了应用于食品、原材料和饮料工业外，在医学诊断、环境监测及军事领域等的应用也会越来越广泛。

2. 电子舌的发展方向

意大利D′Amico领导的研究小组研制成功了具有电子鼻与电子舌复合功能的新型分析仪器。该仪器测量探头的顶端是由多种味觉电极组成的电子舌，而底端是由多种气味传感器组成的电子鼻。此外，极具特色的是，电子舌与电子鼻皆采用非金属卟啉和相关的化合物作为敏感材料。该分析仪器可用于分析尿液，其中，电子舌直接接触被测尿液，而电子鼻则是检测被测尿液的气味，二者分别反映了尿液的不同化学信息。现在D′Amico正在探索将该仪器应用于临床诊断肾病。

此外，在Vlasov研究的电子舌中，味觉传感器阵列还大量采用硫属化合物玻璃材料。其特点是传感器信号稳定，从中可产生对每一种被测饮料确定的参数。传感器阵列的选择是根据预先的方法来选择每个传感器单元。因此，这种电子舌对于多成分的溶液(如重金属溶液、生物溶液以及食品等)不仅可以定性分析也可以定量分析。类似电子鼻采用主成分分析模式识别方法，对阵列味觉传感器的输出响应进行了处理和识别，实验结果表明，几种被测饮料都被电子舌相当准确地识别出来。

此外日本的Toko等采用类脂制备的PVC膜研制味觉传感器阵列，采用了8个味觉电极，上面包有类脂敏感膜，缓冲液用KCl溶液，且内部电极与外部被测液通过离子孔联系，上部用Ag/AgCl标准电极，整个传感器阵列是密封的。除应用类脂膜的静态响应多通道味觉传感器外，Toko等通过应用非线性动力学(如混沌控制)来构造味觉传感与辨识系统。当膜电势的振动呈混沌状态时，系统能够对其内部参数的轻微变化敏感，这是因为参数的灵敏度是混沌的最主要特征之一。

若在相图中混沌描述相关动力学复杂的分支结构，就很难在混沌升高时确定参数的值，也就是说，在很微小的干扰(参数值发生微小变化)下，混沌状态很容易转变成其他状态，或者加入味觉物质使参数改变，即使是一点改变，吸引子都会发生很大的变化。高灵敏度对于一个传感系统来说是一个很大的优点，但同时，它也是一个很大的缺点(因为很难保持相同的混沌状态)；要达到以上目的，必须要有一个功能强大的反馈系统。

实际上，到目前为止都没有在膜保持同一状态的情况下进行的实验。目前的系统能够在没有控制的条件下保持混沌状态很长一段时间。反馈控制系统是用来监视控制非线性状态的，它将使电子舌成为一种具有高灵敏度的新型味觉传感辨识系统成为可能。

15.2.4　电子鼻和电子舌检测技术的实际应用

1. 在食品新鲜度检测中的应用

人类主要通过嗅觉与味觉系统来辨别食品的好坏与新鲜度，因此，电子鼻与电子舌在食品检测中有其自身的应用价值。

在食品检测方面，可以用电子鼻来检测橄榄油和其他食用油是否变质以及鱼、鸡肉、猪肉、牛肉、火腿等肉类及蔬菜、水果等的新鲜度；也可以采用电子舌来检测橄榄油及其他食用油是否变质。英国科学家最近发明出用于检验食用油、饮料和牛奶是否快要变质的新型电子舌。意大利研究小组研制的电子鼻采用了大量的敷有改进后的非金属卟啉和相关化合物的石英微平衡器(QMB)。实验型电子鼻已经应用于区分鱼的新鲜度等食品分析中。

2. 在果蔬成熟度检测中的应用

目前农产品的无损检测手段不断得到发展，但它们都局限于特定的农产品，并且也不能进行在线检测，而电子鼻检测却能做到这些。它将通过气味检测得到的数据信号与农产品各成熟度指标间建立关系，从而能够做到在线检测生长中的水果或蔬菜所散发的气味并进行成熟度判别。Benady 等(1995 年)发明了一种检测水果成熟度的传感器，根据挥发的气味进行电子感应检测，在实验室里测试时，判断成功率在 90%以上。Kikkawa 等(1993 年)利用电子舌测量番茄的成熟度。

3. 在饮料识别中的应用

电子鼻在饮料检测中因为较传统方法具有实时性、快速分析的优点，而应用广泛。美国的 Rebecca N. Bleibaum 将电子鼻和电子舌结合用于检测苹果汁的质量。2002 年邹小波等研制出一套检测饮料散发气味的电子鼻系统，能够对可乐、橙汁、雪碧等几种常见的饮料进行快速、实时的区分。2003 年 Dutta 等用电子鼻对 5 种不同加工工艺(不同的干燥、发酵和加热处理)的茶叶进行了分析和评价。

味觉传感器也已经能够很容易区分几种饮料,比如咖啡、离子饮料等。2003年 Larisa Lvova 等人研究了电子舌在茶叶滋味分析中的运用,结果表明电子舌可以很好地预测咖啡碱(代表了苦味)、单宁酸(代表了苦味和涩味)、蔗糖和葡萄糖(代表了甜味)、L-精氨酸和茶氨酸(代表了由酸到甜的变化范围)的含量和儿茶素的总含量。

4. 在酒类识别中的应用

电子鼻与电子舌在酒类识别方面也有一定的应用价值,尤其在品牌的鉴定、异味检测、新产品的研发、原料检验、蒸馏酒品质鉴定、制酒过程的监控等方面大有用武之地。英国 Warwick 大学研制的电子鼻用于啤酒的香味检测,这种电子鼻设备能区分不同品牌的啤酒,更重要的是能区分合格的和腐败的啤酒。Satoru Liyama 等(1996年)利用味觉传感器和葡萄糖传感器对日本米酒的品质进行检测,对米酒的甜度预测作出了数学模型。一种由巴西某农业设施研究所设计的电子味觉指纹,可和人类的味蕾相媲美。这种仪器被称为新型便携式电子舌,不仅能代替人们的舌头品尝味道,且它能够精确有效地测量味道。电子味觉指纹能够感知人类不易察觉的微量的盐和糖的味道。电子舌能够感应出水中微量的杂质,从而区分出不同酒厂生产的相同年份的红酒,也能区分出相同酒厂生产的不同年份的酒。

5. 在粮食储存与加工中的应用

粮食的储藏损失主要是由微生物(主要是霉菌)的危害和虫害造成的,微生物的活动会造成粮食营养价值的降低,这些霉菌还会产生多种对人、畜禽有危害的霉菌毒素。目前,储粮的霉变与否大部分靠人的嗅觉感受评定,判定结果的准确性难以保证。

J. Olsson 和 T. Borjesson 用电子鼻和气质仪来分析大麦,同样用电子鼻来分析其挥发性成分以区分正常的和变质的大麦。日本的 Thi Uyen Tran 使用 Anritsu 公司的味觉传感器作为电子舌,来区分日本不同地区产的稻米,所得到的数据与经化学方法所得的数据比较得出,电子舌可以很好地区分出不同地区的生的和熟的稻米。2004年邹小波和赵杰文研制出一套能快速检测谷物是否霉变的电子鼻装置,该装置能快速、准确地分析所测谷物散发的气味,从而判定所测谷物是否霉变。庞林江采用德国 Airsense 公司的 PENZ 电子鼻对 1999~2003 年五个年份的陈化小麦进行了检测,主成分(PCA)分析结果显示可以辨别出不同年份的陈化小麦。

6. 水质评定和环境检测

人们对水质环境问题越来越关注,不仅对饮用水要求安全而且还要求味道好,这种要求的紧迫性越来越高。因此,电子舌作为一种令人满意的评定水质的测量系统,必然将广泛应用在生产生活中。电子舌对很多化学物质具有敏感性,能检测出水的软硬度和酸碱度,能检测出水中的有害物质。此外电子舌也可以应用于对工厂排水污染物的检测中,对有害物质具有很好的识别性。西班牙科学家使用电子舌系统对西班牙境内的 6 个地区的自然水进行分析检测,使用主成分分析方法得出不同地区自然水的水质和区域特性。此外,利用多传感器电子舌系统能够对地下水中的无机物进行分析,通过神经网络算法计算得到样本水中无机物种类和浓度等信息。对于实际工业生产污水,电子舌系统能够分析有害物质的种类,为污水处理提供有用信息。通过构建实时监控的电子舌系统,能够及时地将各处水质污染的情况汇总到中心进行处理监控,在环境保护领域有良好的应用价值。

7. 发酵工业

俄罗斯的 Turner C. 等人,使用电子舌监测食品批量发酵的过程。传感器阵列对发酵过程中食品所含成分的变化产生响应,这里主要是氨离子和葡萄糖,并且也对含量低的乙酸产生响应。结果显示电子舌的输出和发酵食品的光学密度(Optical Density)有线性关系,可以很好地监测发酵过程。用电子舌检测一个样品平均时间为 3 分钟,而传统的方法要 24 小时,这样能极大地提高生产效率。

8. 医药工业

中国的学者王平等人初步进行了电子鼻和电子舌用于药物药性筛选的研究。研究过程中采用味细胞膜敏感材料——类脂作为传感器的敏感材料,并采用了传感器的阵列技术及多维空间的模式识别技术。该方法针对目前国外味觉传感器响应时间长的缺点,利用传感器阵列瞬态响应的特征,能够对混合味觉物质进行快速分离和识别。

9. 在泄漏检测中的应用

由于密封材料老化造成的燃油和润滑油微渗漏,是一种典型的重复多发性故障,其检测和定位是机械设备检测的难点。尽管国内外曾经提出过油液压差检测、图像识别等方法,但由于渗漏造成的油压变化小、可能渗漏点多而难以根本解决问题。一般来讲,渗漏必然会产生一定的气体挥发,因此,通过人工电子鼻技术,可利用电子鼻阵列对渗漏造成的挥发气体进行有效识别。国防科技大学的研究表明:通过优化配置的气味传感器阵列,可以实现对微渗漏的汽油、机油、齿轮油的有效识别,有望为机械设备的泄漏检测提供新的方法。

15.3 中子照相无损检测技术

中子射线照相与X射线照相和γ射线照相类似，都是利用这些射线对物体有很强的穿透力的特征，实现对物体的无损检测。由于中子射线对大多数金属材料具有比X射线和γ射线更强的穿透力，对含氢材料表现为很强的散射性能。所以中子射线照相具有许多X射线和γ射线照相所没有的特点，从而成为射线检测技术又一新的重要组成部分。中子照相技术的发展，开辟了射线照相的新领域，进一步扩大了射线照相在无损检测中的应用范围。

15.3.1 中子照相检测原理

中子照相是利用发散角很小的均匀的准直中子束垂直穿透需要检验的物体。由于中子不带电荷，它在穿透物体时，与原子的核外电子层不发生电子库仑力作用，从而可轻易地穿过电子层，直接击中原子核而发生核反应，如吸收反应、裂变反应或散射反应等。这种核反应越强烈，中子强度减弱越多，从而使穿透中子束的强度发生相应的减弱。这种反应的强弱，与物体内部单位体积内核素性质、核素种类、原子核密度有关，也与被穿透物体的厚度有关。因此，随着上述因素的改变，穿透中子束的强度变化就与物体内部结构相对应，形成中子束强度分布图像。若用图像探测器加以记录和显示成像，就可得到表征物体内部的核素、密度和厚度变化的综合信息图像。这就叫中子照相透视图像，如图15-6所示。

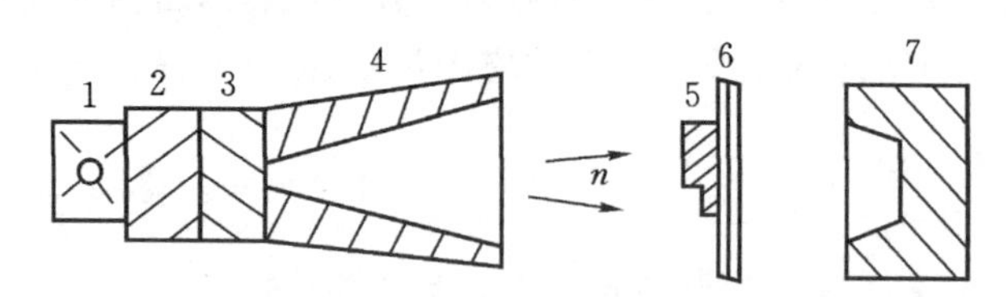

图15-6 中子照相示意图

1— 中子源；2—慢化剂；3—γ过滤器；4—准直器；

5— 被照物；6—图像探测器；7—屏蔽物

中子照相在无损检测中的下列特征和功用，是X射线和γ射线照相所不具备的。

一般来说，普通金属与中子的核反应截面较小，而大多数含氢材料是碳氢化合物，氢原子对中子具有较大的散射截面，使中子的穿透强度大为减弱。因此，当需检测重金属内所含氢材料的分布和状态时，中子照相方法可以达到较高的灵敏度。

这是 X 射线照相和 γ 射线照相无可比拟的。

自然界中大多数元素都有两种以上的同位素，即原子核中的质子数相同而中子数不同。如最简单的氢(H)元素，只有一个质子，但原子核内的中子数可为 0，1，2 三种不同情况，这就是氢的三种同位素，即氢、氘、氚，它们的物理和化学性能都略有差别，但核性能的差异更大。又如锂-6 和锂-7，铀-235 和铀-238 各自的原子序数相同，但同位素之间的核反应截面相差百倍，所以用中子照相鉴别锂-6 和锂-7，铀-235 和铀-238 是十分容易的。

在放射性物质中，除少数几种元素能直接发射高能中子外，其余大多数是放出 α、β 和 γ 射线，α、β 和 γ 射线和 X 射线一样，对 X 射线胶片有很强的感光效应。所以，对放射性物质进行 X 射线或 γ 射线照相时，物体自身放出的射线可直接在 X 射线胶片上感光，造成严重的干扰"云雾"使透视图像被"湮灭"，从而使无损检测工作无法实现。而中子照相可采用对中子反应截面较大的半衰期稍长的转换屏来记载中子图像，从而把所有的 α、β、γ 和 X 射线消除掉，实现纯中子透视图像的记录和显示。如燃烧后期的核燃料元件，放射性强度极大，如果要对此元件检验其内部的缺陷和燃耗情况，只有中子照相才能作无损检验。

原子序数(z)或核密度的变化是 X 射线照相无损检测的依据，但在中子照相中，原子序数即使差异很小，甚至是相邻的两个原子或元素，它们之间的中子反应截面往往也有很大的差别。例如，碳(C)和硼(B)，原子序数相近但对中子的反应截面可相差数百倍，金属铀和金属钆，反应截面可以相差上千倍。这时如用中子照相来检查石墨中的含硼量及其分布，以及金属铀中的含钆量及其分布，将会达到很高的精度。若是二氧化铀(UO_2)燃料元件中渗入了氧化钆微粒，中子照相能清楚地检验钆的分布和粒度大小。

中子照相和 X 射线照相在无损检测中是互为补充的。究竟采用哪种方法为好，要视被检物的具体情况(如材料组成、厚度)和要求(如缺陷的类型、检测目的)等来决定。例如，要检测薄壁(1～5 mm)铝金属中的气泡，一般用 X 射线照相方法即可达到较好的灵敏度，因为铝对 X 射线的吸收大于对中子射线的吸收；若要检查铝焊缝中的固态无机物夹杂，则中子照相可以达到较好的灵敏度，因为固态无机物的中子反应截面大大高于铝的反应截面。所以，若要全面检查其中的气泡和固态无机物夹杂，这就需要两种方法同时并用。

15.3.2　中子照相技术的应用

中子照相无损检测技术在工业、国防、航空、航天、考古和生物医学等方面得到了广泛的应用，发挥了重要的作用。

1. 在核工业中的应用

在核反应堆工程中，核燃料元件及其结构材料是最主要的部件。中子照相主要用来检测燃料元件中的缺陷，如裂纹、空隙、缺边角；检查燃料的分层、浓缩度和区分同位素，如区分铀-235和铀-238；还可以用来观察包层中燃料芯体的位置和尺寸。

2. 武器和炸药的检查

因为炸药的主要成分是氢化物，所以对X射线的衰减系数极小，但对热中子的衰减系数却很大，因而中子照相能检查含量极小的炸药部件。快速实时照相，可以研究子弹发射时火药燃烧的瞬时变化和火箭中推进剂的燃烧过程。检查火箭喷管，可以对某些故障进行分析。

3. 航空航天设备检测

在飞机制造中，中子照相已成为检查机翼铝合金蜂窝状结构环氧粘结质量的常规方法之一。此外，如检查火箭固态燃料是否断裂，飞行器中塑料、橡胶等含氢材料构件有无缺陷等情况，也需用中子照相来完成。中子照相还可以检查隐藏在飞行器金属构件中的腐蚀现象。

4. 电子工业中的应用

在电子工业中，常常需要检查电子元器件中的有机粘结质量，检查塑料和橡胶一类材料制成的电绝缘体中的缺陷，检查电子设备中的裂纹以及陶瓷电容、晶体管PN结的质量、电子微型电路和元器件的质量和缺陷等。

5. 机械、冶金工业中的应用

中子照相可用来对整体机械部件进行无损检验。如确定橡胶、塑料“O”型圈的位置；检查高压和真空系统中的铟金属垫圈；研究金属部件中的一些流体，如汽车或其他发动机中的燃料及润滑油的分布与流动状态；以及研究汽化器结冻现象。

中子照相在冶金工业中的应用主要有两个方面：一是观察分析样品结构，利用高分辨率的中子显微照相技术，定性、定量地研究金属样品的微观结构及组成；二是作为探伤方法，从宏观上检验冶炼过程中各个环节的质量可靠性，如检验石墨中水的含量，含硼金属中硼的含量与分布，铸件中的裂纹、气孔、型芯残渣、炉渣、锻件中的夹杂物等。

6. 粘结质量检测

用X射线照相检验两块金属件中一层粘结剂的存在是不可能的，然而，由于粘结剂是含氢材料，对中子散射较为明显，因此中子照相可以准确地检查密封部件内胶合线的连续性，以及粘结剂的厚度及其分布。尤其是粘结面较大的部件，粘结面的大小、粘结厚度对质量影响显著。所以,全面正确地检验粘结质量是保证产品质量的重要措施之一。

7. 考古中的应用

中子照相是考证古代文物的内部结构、制作工艺等的重要手段之一。在考古发掘中,经常碰到陶瓷碎片,通过测定其中各元素分布及含量,可以对当时的工艺水平及烧炼技术进行考证。除了用中子活化分析法外,大量工作可以通过中子照相来完成。

8. 农业中的应用

由于植物中含有大量的水分,中子照相时,反应特别灵敏,所以,可用中子照相探测树木内部的缝隙及空洞,并与 X 射线照相相结合来确定树木中水分的含量,以便测定树木湿度随季节的变化。同样,中子照相还可用于研究植物根系的生长情况,测量树木的年轮,测量土壤湿度等。

9. 生物医学中的应用

有些用 X 射线照相检查不出来的生物组织内部结构,用中子照相方法就能检查出来,X 射线照相对骨骼检查有效,但对含氢组织的区别能力很差。如骨骼的肿瘤 X 射照相就很难确定,而中子照相就能作出准确的诊断,而且边缘十分清晰。又如中子照相检查牙髓比 X 射线照相更灵敏,因为牙髓外围的珐琅质和齿质对 X 射线的“屏蔽”作用较严重,而中子却可轻易地透过它,把牙髓突出在照片上。

10. 科学研究中的应用

在科学研究中,中子照相用于动态研究正发挥着重要的作用。例如,观察密闭金属系统中多相流体运动状态、飞机引擎中燃料的燃烧状态、子弹火药燃烧过程,以及浇铸过程、振动过程、热交换中的沸腾过程等。

15.4 磁记忆效应检测技术

磁记忆效应是俄罗斯科学家,1997 年在美国旧金山举行的第五十届国际焊接学术会议上提出的,他提出金属应力集中区-金属微观变化-磁记忆效应的相关学说,并形成一套全新的金属无损检测技术——金属磁记忆(MMM)技术,该理论立即得到国际社会的承认。这一被誉为 21 世纪 NDT 新技术的检测方法,是集常规无损检测、断裂力学和金相学诸多潜在功能于一身的崭新无损检测技术,已迅速在澳大利亚、印度及东欧等国家和地区的许多企业中得到广泛推广和应用,我国也开始引进这项新技术。

15.4.1 金属磁记忆效应

机械零部件和金属构件发生损坏的一个重要原因，是各种微观和宏观机械应力集中。在零部件的应力集中区域，腐蚀、疲劳和蠕变过程的发展最为激烈。机械应力与铁磁材料的自磁化现象和残磁状况有直接的联系，在地磁作用下，用铁磁材料制成的机械零件缺陷处会产生磁导率减小、工件表面漏磁场增大的现象，铁磁性材料的这一特性称为磁机械效应。磁机械效应的存在使铁磁性金属工件的表面磁场增强，同时，这一增强了的磁场“记忆”着部件的缺陷和应力集中的位置，这就是磁记忆效应。

15.4.2 金属磁记忆效应检测原理

机械零件由于疲劳和蠕变而产生的裂纹会在缺陷处出现应力集中，由于铁磁性金属零件存在着磁机械效应，故其表面上的磁场分布与零件应力载荷有一定的对应关系，因此可通过检测零件表面的磁场分布状况间接地对零件缺陷和应力集中位置进行检测，这就是磁记忆效应检测的基本原理。

实验研究结果表明，铁磁性零件缺陷或应力集中区域磁场的切向分量 $H_p(x)$ 具有最大值，法向分量 $H_p(y)$ 改变符号且具有零值(见图15-7)。故在实际应用中，可通过检测法向分量 $H_p(y)$ 来完成对零件上是否存在缺陷(或应力集中区域)的检测。

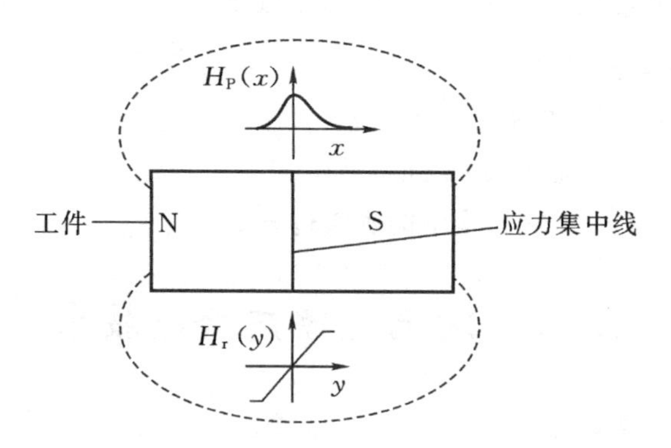

图 15-7 铁磁性零件应力集中区磁场的分布

15.4.3 金属磁记忆检测的应用

金属磁记忆方法可用于检测诸多金属构件，如输油管道、螺栓、汽轮机叶片、转子、轴承、齿轮副、路轨、桥梁、焊缝、港口机械，抽油杆和钻杆等有可能存在应力集中及发生危险性缺陷的铁磁性零件及设备。某些机器设备上的内应力分布，如飞机轮毂上螺栓扭力的均衡性，也可采用磁记忆法予以评估。通过采用磁记忆法和超声法作现场检测并作检测结果的对比，表明磁记忆法对金属损伤的早期诊断与故障的排除及预防具有较高的敏感性和可靠性。

15.5　正电子湮灭检测技术

早在 19 世纪 30 年代，人们在宇宙射线的观察中发现了正电子，后来在许多不稳定粒子的衰变和人工产生的 β 辐射中都能产生正电子；当高能的 γ 射线通过某些物质时也能观察到正电子。

当一个正电子在其进入物质的过程中和一个电子相碰撞或发生相互作用时，两个粒子都可能消失掉，同时它们的能量将完全转变为 γ 射线形式的电磁辐射，这就是“正电子湮灭”效应。进入物质的正电子在和游离的电子相遇之前便与物质原子相碰撞，并失去它的大部分动能而减慢速度，然后被原子中的电子所俘获，一个正电子和一个电子相互作用的结果，也可能形成一个类轻元素“模式”，即正电子偶素，此时正电子有氢核的作用，也可能最后发生正电子湮灭。近年来，人们逐渐发现正电子湮灭辐射对于探测原子和显微标度固体的不完整性蕴藏着新的活力，比如通过正电子在金属内空隙位置和其他缺陷区域的俘获进行对变形、疲劳破坏、蠕变、以及金属及合金内亚微观缺陷形成的研究，这些缺陷包括位错、空格点、空位群(空穴)和孔洞等，它们都能在正电子湮灭辐射的特征方面显示出直观的效应。

15.5.1　正电子湮灭检测原理和方法

测量证实，正电子湮灭能在金属 Cu、Ag、Au、Mg、Cd、In、Tl、Pb、Al、Zn 和 Fe 中进行。当高能正电子注入金属时，最初以大约 10^5 m/s 的有效速度在金属内几乎无规则地漂移，它们运动轨迹约为 25 μm 长，或相当于 2×10^5 个原子间的距离，并在约小于等于 20 ps 的时间内减速和变热。此正电子表现得像一个直径约 1 nm 的小球，它们可能扫掠过约 10^7 个晶格位置。当它们的有效速度减慢到接近电子的热振动速度时，便能借助于传道电子或价电子正常的湮灭。由于带正电的正电子自然地避开了带正电的原子核，且最初它们的相对速度较原子内层的约束电子大很多。因此，正电子借助于约束电子进行湮灭的可能性是很小的。在正常情况下，一个正电子从注入到湮灭所经历的平均寿命经常在 0.1～0.3 ns 的范围内，在目前实验室的条件下已能测量精确到±1 ps。

当正电子进入固体物质时，和物质中的电子相遇而发生湮灭。正负电子对湮灭结果放出几个 γ 射线光子。正电子湮灭同穆斯鲍尔效应、沟道效应等均已被用来研究固体的物质结构,并在无损检测领域中得到了应用。湮灭过程的特征受正电子所遇到的原子环境的影响,这便是正电子湮灭方法研究物质微观结构的基础。

正电子是电子的反粒子,二者除带有相反的电荷外,其他性质(自旋、质量)都相同。当正电子遇到电子时,正负电子对发生湮灭,它们的质量转换成 γ 射线的能量。湮灭过程服从爱因斯坦方程。由于湮灭过程中的动量守恒,因此最常见的是发射两个方向相反、能量各为 511 keV 的 γ 射线。这一湮灭过程是现代物理学几个基本守恒定律(能量、动量、电荷、自旋守恒)的直接证明。

从放射性同位素 ^{22}Na,^{57}Ni,^{58}Co,^{64}Cu 等辐射源发出的正电子进入到固体物质后,就在物质中热化,其动能减少至热能 kT(k 是波耳兹曼常数,T 是热力学温度),热化的时间约为 10^{-12} s,随后正电子以 k 量级的动能在物质中运动,直到最后与电子发生湮灭。能与正电子发生湮灭的电子,通常是离原子核较远的电子,如金属中的导电电子、化合物中的价电子等。正电子湮灭方法可以给出固体物质中电子的动能分布和密度分布,这两种分布在很大程度上决定着固体材料的许多特性。

15.5.2 正电子湮灭检测方法的应用

用正电子湮灭方法研究晶体缺陷有 3 个优点:由于缺陷对正电子的俘获作用较强,所以灵敏度高;对局部区域缺陷有选择性,可以区分空位型和间隙型缺陷;在很高的温度范围内都可以应用。

塑性变形可以产生几种点阵缺陷,如位错、空位和间隙原子等。真正能够俘获正电子的各种缺陷在湮灭辐射的特性方面将有显著效应。利用正电子在不同的点阵缺陷处有不同的俘获和湮灭速度,来对以上缺陷进行缺陷检测。正电子湮灭还可以用于检测材料的疲劳寿命、辐射损伤以及机械的早期损伤等。

15.6 液晶检测技术

液晶检测技术是在 20 世纪 60 年代发展起来的一种新技术。由于液晶对热、电磁场、应力、超声,化学气体等非常敏感。液晶检测技术是利用胆甾相液晶附于物体表面来显示彩色图像,借以了解物体内部的情况,检测有无缺陷,达到无损检测的目的。液晶检测显色灵敏、使用简便、图像直观,在飞机、宇航、空气动力学风洞实验中得到广泛应用。

15.6.1 液晶的特性

液体具有流动性,晶体具有特殊光学性质及一定的熔点。人们还发现有这样一类物质，它们在一定温度范围内，既有液体的流动性又有晶体的光学特性，把这种具有双重特性的物质称为液态晶体，简称液晶。举例来说：当加热胆甾相液晶时，在较低的相变点处（熔点），晶体结构开始破坏逐渐变成粘滞混浊的塑性物质，能够流动，但仍保持晶体的光学性质。随着温度升高，液晶会散射出红色、黄色、绿色、蓝色、紫色，达到高相变点处（澄清点）混浊状态消失，不再具有光学性质（即失去了液晶的各向异性光学性质）而形成一种透明的各向同性的液体（为无色状态）。当冷却时，材料又要经过相变区呈现紫色、蓝色、绿色、黄色、红色而后再冷却失去流动性转变为晶体。由上可见，通常所指的液晶实际是某些物质具有的一种中间状态。

液晶物质分为两类，热致型液晶及溶致型液晶。液晶物质多是有机化合物，有天然的也有合成的，生物体内也有液晶，如肌肉、红血球、肾上腺皮质、卵巢、髓鞘中。热变型液晶又可按分子排列分为三种：向列相液晶、胆甾相液晶和近晶相液晶。

15.6.2　液晶检测原理

液晶检测是将液晶涂于被检工件表面，用光照射液晶。液晶表面立刻显示鲜艳的彩色图像，借此图像就可知工件内部有无缺陷存在。目前主要用于探测蜂窝结构。

液晶分子对热非常敏感，微小温度变化液晶分子就显示不同的色彩，当液晶涂于被测物件表面上时，只要该物件本身存在导热的差异性，即存在微小温度差别，用光照射液晶时，液晶表面发生的色彩变化就表征工件温差的变化。所以说，液晶是一种显示元件，液晶检测法，属于热学方法。从物理学知道，不同的物质材料具有不同的质量定压热容 c_p、密度 ρ 及热导率 λ

$$Q = \lambda \frac{S(T_2 - T_1)t}{L} \tag{15-3}$$

式中：T_2 为较热部位的温度；Q 为传递的热量；S 为导热截面积；T_1 为较冷部位的温度；L 为传递距离；t 为传递时间；

蜂窝结构是由几种材料制成的，蜂窝结构中若出现脱胶、裂纹、胶堵塞、空洞、蜂格塌陷变形等缺陷，会严重影响产品质量，若用液晶法检测蜂窝结构，当热量传递到上述缺陷处时连续性遭到破坏，造成明显温差，液晶元件就会以彩色图像显示于表面，揭示出蜂窝结构产品材料存在的问题，达到无损检测的目的。

参考文献

[1] 刘贵民,马丽丽.无损检测技术[M].北京:国防工业出版社,2010.
[2] 宋志哲.磁粉检测[M].北京:中国劳动社会保障出版社,2010.
[3] 强天鹏.射线检测[M].北京:中国劳动社会保障出版社,2009.
[4] 李国华,吴淼.现代无损检测与评价[M].北京:化学工业出版社,2009.
[5] 任吉林,林俊明. 电磁无损检测[M]. 北京:科学出版社,2008.
[6] 郑晖,林树青.超声检测[M].北京:中国劳动社会保障出版社,2008.
[7] 胡学知.渗透检测[M].北京:中国劳动社会保障出版社,2007.
[8] 王晓雷.承压类特种设备无损检测相关知识[M].北京:中国劳动社会保障出版社,2007.
[9] 周在杞,周克印,许会. 微波检测技术[M].北京:化学工业出版社,2007.
[10] 施克仁.无损检测新技术[M].北京:清华大学出版社,2007.
[11] 刘德燕.无损智能检测技术及应用[M].武汉:华中科技大学出版社,2007.
[12] 郑世才.射线检测[M].北京:机械工业出版社,2006.
[13] 叶云长.计算机层析成像检测[M].北京:机械工业出版社,2006.
[14] 王跃辉.目视检测[M].北京:机械工业出版社,2006.
[15] 刘贵民.无损检测技术[M].北京:国防工业出版社,2006.
[16] 王任达.全息和散斑检测[M].北京:机械工业出版社,2005.
[17] 王自明.无损检测综合知识[M].北京:机械工业出版社,2005.
[18] 吴孝俭、闫荣鑫.泄漏检测[M].北京:机械工业出版社,2005.
[19] 史叶韦.超声检测[M].北京:机械工业出版社,2005.
[20] 林猷文、任学冬.渗透检测[M].北京:机械工业出版社,2005.
[21] 杨明伟.声发射检测[M].北京:机械工业出版社,2005.
[22] 王任达.全息和散斑检测[M].北京:机械工业出版社,2004.
[23] 徐可北、周俊华.涡流检测[M].北京:机械工业出版社,2004.
[24] 叶代平、苏李广.磁粉检测[M].北京:机械工业出版社,2004.
[25] 孙金立.无损检测及其在航空维修中的应用[M].北京:国防工业出版社,2004.

[26] 张晓光、高顶. 射线检测焊接缺陷的提取和自动识别[M]. 北京:国防工业出版社,2004.
[27] 邵泽波. 无损检测技术[M]. 北京:化学工业出版社,2003.
[28] 李喜孟. 无损检测[M]. 北京:机械工业出版社,2000.
[29] 程玉兰. 红外诊断现场实用技术[M]. 北京:机械工业出版社,2002.
[30] 王仲生. 无损检测诊断现场实用技术[M]. 北京:机械工业出版社,2002.
[31] 刘福顺. 无损检测基础[M]. 北京:北京航空航天大学出版社,2002.
[32] 朱名铨. 民航维修无损检测与故障诊断[M]. 西安:西北工业大学出版社,2000.
[33] 刘德镇. 现代射线检测技术[M]. 北京:中国标准出版社,2000.
[34] 赵强. 医学影像设备[M]. 上海:第二军医大学出版社,2000.
[35] 美国无损检测学会. 美国无损检测手册·渗透卷[M]. 上海:世界图书出版公司,1994.
[36] 张俊哲. 无损检测技术及其应用[M]. 北京:科学出版社,1993.
[37] 中国机械工程学会无损检测学会. 无损检测概论[M]. 北京:机械工业出版社,1993.
[38] 赵熹华. 焊接检测[M]. 北京:机械工业出版社,1993.
[39] 陈克兴、李川奇. 设备状态监测与故障诊断技术[M]. 北京:科学技术文献出版社,1991.
[40] 袁振明、马羽宽、何泽云. 声发射技术及其应用[M]. 北京:机械工业出版社,1985.
[41] 云庆华. 锅炉、压力容器无损探伤技术[M]. 天津:天津科学技术出版社,1985.
[42] 陈积懋,等. 胶接结构与复合材料的无损检测[M]. 北京:国防工业出版社,1984.
[43] 北京市技术交流站. 超声波探伤原理及其应用[M]. 北京:机械工业出版社,1980.
[44] Alan Turner, Tom W. Graver. Structural Monitoring of Wind Turbine Blades Using Fiber Optic Bragg Grating Strain Sensors[J]. Proceedings of the Society for Experimental Mechanics Series, 2011(16): 149—154.
[45] 秦国军,张文娜,孙海,等. 油液渗漏嗅觉传感阵列序空间信号选择方法研究[J]. 振动与冲击,2010,29(s):47—49.
[46] Lu B, Li Y, Wu X, *et al*. A review of recent advances in wind turbine condition monitoring and fault diagnosis [J]. In: Proc. IEEE conference on

power electronics and machines in wind applications. 2009，p:1—7.

[47] Yongwei Li，Zhenyu Wang，Xingde Han，*et al*. High-voltage equipment condition monitoring and diagnosis system based on information fusion[J]. Neural Computing & Applications，2009，18(5)：447—453.

[48] 杜永平，曹新义，夏长虹. 分布式光纤测温技术在全封闭开关柜中的应用[J]. 电力设备，2008，9(4)：43—46.

[49] 孙华东，李艾华. 非接触红外测温技术在点检系统中的应用，新技术新工艺[J]. 热加工工艺技术与装备，2007，11：60—61.

[50] 吴继平，李跃年. 红外热成像仪应用于电力设备故障诊断[J]. 电力设备，2006，7(9)：39—41.

[51] 胡锡宁，龚固，袁黎明. 大型球形储罐三源并列全景曝光技术[J]. 无损探伤，2006.

[52] 胡锡宁，田东明，胡学智. 射线曝光方程式的设计及应用[J]. 无损探伤，2005.

[53] 许永华，吴敏，曹卫华，等. 高炉温度场的红外图像识别检测方法及应用[J]. 控制工程，2005，12(4)：354—356.

[54] 尹向宝. 激光超声及其在无损检测中的应用[J]. 煤炭技术，2005.

[55] 陈清明，蔡虎，程祖海. 激光超声技术及其在无损检测中的应用[J]. 激光与光电子学进展，2005(4).

[56] 沈功田，张万岭，压力容器无损检测——红外热成像检测技术[J]. 无损检测，2004.

[57] 张红，黄志辉. AD590 在轴承温升测试中的精度分析[J]，测量与检修，2003，23 (5)：24—26.

[58] 钱梦騄. 激光超声检测技术及其应用[J]. 上海计量测试，2003.

[59] 张新春，姜照汉. 工业 CT 在固体火箭发动机质量检测中的应用[J]. 无损检测，2002，2.

[60] 高亮，刘自强. 凝汽器铜管多频涡流检测[J]. 湖北电力，2000 (3).

[61] 邵泽波，宋树波，柳纪华. 涡流检测技术在汽轮机叶片中的应用[J]. 吉林化工学院学报，1999 (3) .

[62] Seim J，Udd E，Schulz WL，Morrell M，Laylor HM. Health monitoring of an oregan historical bridge with fiber gratingstrain sensors[J]. SPIE，1999，3671：124—134.

[63] Nellen P M，Broennimann R，Meier U，Sennhauser UJ，Frank A. Fiber optical bragg grating sensors embedded in CFRP wires[J]. SPIE，1999，3670：440－449.

[64] 王绪敏,于月峰. 国产 600MW 机组凝汽器铜管的涡流检测[J]. 黑龙江电力技术, 1998 (10) .
[65] 任吉林. 涡流检测技术近 20 年进展[J]. 无损检测,1998(5).
[66] 韩书霞,李强. 智能全数字多频涡流检测仪在 B30 白铜管涡流探伤中的应用[J]. 无损探伤,1997 (1) .
[67] 张姚. B30 白铜管的多频涡流检测[J]. 压力容器,1993.
[68] 张俊. 营工业 CT 应用评述[J]. 无损探伤,1990,6.
[69] 姚培元. 无损检测新技术[J]. 南昌航空工业学院学报,1983.
[70] 葛宗年. 仿生电子舌系统及其应用研究[D] . 长春:东北电力大学,2010.
[71] 李正光. 基于光纤光栅测量的旋转叶片应力应变分析与实验研究[D]. 武汉:武汉理工大学,2008.
[72] 蒋旭鑫. 声发射信号特征提取方法的研究与应用[D]. 西安:西安交通大学,2009.
[73] 徐天. 声发射检测原理及其应用研究[D]. 西安:西安交通大学,2008.
[74] 蔡建. 疲劳裂纹扩展的健康监测技术研究[D]. 南京:南京航空航天大学,2008
[75] 张红梅. 基于气体传感器阵列的几种农产品品质检测研究[D]. 杭州:浙江大学,2007.
[76] 于慧春. 基于电子鼻技术的茶叶品质检测研究[D]. 杭州:浙江大学,2007.
[77] 王杜. 金属薄板的超声兰姆波无损检测技术[D]. 武汉:武汉科技大学,2007
[78] 丁利伟. 材料拉伸过程的声发射特性研究及声发射源定位技术[D]. 西安:西安交通大学,2007.
[79] 李凤英. 声发射技术在机械故障诊断中的应用与研究[D]. 西安:西安交通大学,2005.
[80] 易涛. 声发射检测在球罐检验中的应用研究[D]. 西安:西安交通大学,2005.